U0350559

华建集团 科创成果系列丛书
ARCPLUS

超高层建筑结构设计 与工程实践

STRUCTURAL DESIGN AND PRACTICE OF SUPER HIGH-RISE BUILDINGS

周建龙 著

同济大学 出版社
TONGJI UNIVERSITY PRESS

图书在版编目（CIP）数据

超高层建筑结构设计与工程实践/周建龙著. ——上海：同济大学
出版社，2017.12（2021.11重印）

ISBN 978-7-5608-7496-8

Ⅰ．①超… Ⅱ．①周… Ⅲ．①超高层建筑-结构设计 ②超高
层建筑-建筑工程 Ⅳ．①TU97

中国版本图书馆 CIP 数据核字（2017）第 289205 号

本书入选 2017 年上海市重点图书

华建集团科创成果系列丛书

超高层建筑结构设计与工程实践

周建龙　著

出 品 人：华春荣
策划编辑：胡　毅　吕　炜
责任编辑：胡晗欣
责任校对：徐逢乔
装帧设计：完　颖

出版发行：同济大学出版社　www.tongjipress.com.cn
　　　　　　（地址：上海市四平路 1239 号　邮编：200092　电话：021-65985622）
经　　销：全国各地新华书店、建筑书店、网络书店
排版制作：南京新翰博图文制作有限公司
印　　刷：上海安枫印务有限公司
开　　本：889mm×1194mm　1/16
印　　张：27.5
字　　数：880000
版　　次：2017 年 12 月第 1 版　　2021 年 11 月第 3 次印刷
书　　号：ISBN 978-7-5608-7496-8
定　　价：228.00 元

内容提要

目前我国是全球超高层建筑发展的中心，不仅在建或已建超高层建筑的数量和高度均名列前茅，而且其建设规模和设计复杂程度也属世界罕见。许多超高层建筑突破了我国现行相关技术标准与规范的规定。如何保证这些超高层建筑抗震和抗风的安全性、经济性和施工可建性，引起了我国政府以及工程技术人员的关注。

本书基于大量的超高层建筑工程实践，针对当前建筑高度大于 300 m 的超高层建筑结构设计面临的主要关键技术问题，从结构抗侧力体系选型、抗风技术、抗震技术、消能减震（振）技术、非荷载效应、巨型构件及节点构造、地基基础技术等方面进行了全面阐述和系统总结。同时，本书以华东建筑集团股份有限公司华东建筑设计研究总院完成的 9 个超高层建筑项目为工程实例，对超高层建筑结构设计关键技术及应用进行了剖析和介绍。

本书可供土木建筑工程设计人员和研究人员参考，也可供土木建筑类专业的学生学习使用。

作者简介

周建龙　华东建筑集团股份有限公司华东建筑设计研究总院首席总工程师，国家一级注册结构工程师，教授级高级工程师，中国勘察设计协会结构设计分会副理事长，中国建筑学会资深会员，全国超限高层建筑抗震设防专项审查专家委员会委员，同济大学兼职教授，上海市领军人才。

长期致力于超高层建筑及大跨结构的设计与研究工作。主持完成了上海环球金融中心、南京绿地紫峰大厦、上海铁路南站等工程的设计，负责审定武汉绿地中心、天津高银金融 117 大厦、武汉中心、苏州国际金融中心、上海世博中心、江苏大剧院、国家会展中心（上海）等重大工程项目。

主编和参编国家及行业规范十多项，获得各类设计奖二十余项，其中国家设计金奖 1 项、银奖 1 项，上海市优秀设计一等奖 8 项，全国优秀建筑结构一等奖 5 项，发表论文五十余篇。

总 序

文/秦云

　　伴随着中国的城市化进程，勘察设计行业经历了高速发展时期，行业技术水平在长期的大量工程实践中得到了长足发展。高难度、大体量、技术复杂的建筑设计和建造能力显著提高；以建筑业 10 项新技术为代表的先进技术得以推广运用，装配式混凝土结构技术、建筑防灾减灾、建筑信息化等相关技术持续更新和发展，建筑品质和建造效率不断提高；建筑节能法律法规体系初步形成，节能标准进一步完善，绿色建筑在政府投资公益性建筑、大型公共建筑等项目建设中得到积极推进。如今，尽管我国经济发展进入新常态，但建筑业发展总体上仍处于重要战略机遇期，也面临着市场风险增多、发展速度受限的挑战。准确把握市场供需结构的变化，增强改革意识、创新意识，加强科技创新和新技术推广，才能适应市场需求，才能促进整个建筑业的转型发展。

　　华东建筑集团股份有限公司（以下简称华建集团）作为一家以先瞻科技为依托的高新技术上市企业，引领着行业的发展，集团定位为以工程设计咨询为核心，为城镇建设提供高品质综合解决方案的集成服务供应商。旗下拥有华东建筑设计研究总院、上海建筑设计研究院、华东都市建筑设计研究总院等 10 余家分（子）公司和专业机构。集团业务领域覆盖工程建设项目全过程，作品遍及全国各省市及 60 多个国家和地区，累计完成 3 万余项工程设计及咨询工作，建成大量地标性项目，工程专业技术始终引领并推动着行业发展和不断攀升新高度。

　　华建集团完成的项目中有近 2 000 项工程设计、科研项目和标准设计获得过包括国家科技进步一等奖，国家级优秀工程勘察设计金、银奖，土木工程詹天佑奖在内的国家、省（部）级优秀设计和科技进步奖，体现了集团卓越的行业技术创新能力。累累硕果来自数十年如一日的坚持和积累，来自企业在科技创新和人才培养方面的不懈努力。集团以 "4＋e" 科技创新体系为依托，以市场化、产业化为导向，创新科技研发机制，构建多层级、多元化的技术研发平台，逐渐形成了以创新、创意为核心的企业文化。在专项业务领域，开展了超高层、交通、医疗、养老、体育、演艺、工业化住宅、教育、水利等专项产品研发，建立了有效的专项业务产品系列核心技术和专项技术数据库，解决了工程设计中共性和关键性的技术难点，提升了设计品质；在专业技术方面，拥有以超高层结构分析与设计技术、软土地区建筑深基础设计关键技术、大跨空间结构分析与设计技术、建筑声学技术、BIM 数字化技术、建筑机电技术、绿色建筑技术、围填海工程技术等为代表的核心专业技术，在提升和保持集团在行业中的领先地位方面，起到了强有力的技术支撑作用。同时，集团聚焦中高端领军人才培养，实施"213"人才队伍建设工程，不断提升和强化集团在行业内的人才比较优势和核心竞争力，集团人才队伍不断成长壮大，一批批优秀设计师成为企业和行业内的领军人才。

为了更好地实现专业知识与经验的集成和共享，推动行业发展，承担国有企业社会责任，我们将华建集团各专业、各领域领军人才多年的研究成果编撰成系列丛书，以记录、总结他们及团队在长期实践与研究过程中积累的大量宝贵经验和所取得的成就。

丛书聚焦工程建设中的重点和难点问题，所涉及项目难度高、规模大、技术精，具有普通小型工程无法比拟的复杂性，希望能为广大设计工作者提供参考，为提升我国建筑工程设计水平尽一点微薄之力。

序

文/张桦

近些年随着各地区经济的快速增长，超高层建筑在全球范围得到了空前的发展。根据世界高层都市建筑学会（Council on Tall Buildings and Urban Habitat，CTBUH)统计，在 2017 年全球共有 144 座 200 m 及以上建筑竣工，创造了年度高层建筑竣工数量的新纪录。中国连续第 10 年拥有最多的 200 m 及以上竣工建筑，2017 年以 76 座的数量大幅领先于其他国家。

华东建筑集团股份有限公司华东建筑设计研究总院在超高层建筑设计领域深耕细作了二十多年，从最初与境外设计公司合作设计，到现在与境外设计公司同台竞技、全过程原创设计及技术创新。华东建筑设计研究总院在超高层建筑发展的浪潮中，抓住机遇，迎头赶上，设计水平有了明显的提升，专业设计能力得到业内高度认可。笔者长期从事超高层建筑结构的设计与研究工作，积累了丰富的超高层结构设计经验。本书系统梳理和总结了我国超高层建筑结构设计的若干关键技术，特别是在新型高效结构体系的应用、结构抗震抗风形体优化、超高层建筑消能减震（振）对策、弹塑性动力时程分析及超高层建筑基础设计等方面颇具特色，书中集超高层建筑结构设计精华的众多工程实例可为读者进行超高层建筑结构设计提供更为详细的参考或借鉴。期望本书的出版，能为提升我国超高层建筑结构设计水平尽一点微薄之力，也期望我国早日从超高层建筑的"大国"走向超高层建筑的"强国"。

前 言

文/周建龙

　　这是一本写给工程师看的书，它没有复杂的公式推导，也没有规范条文的机械解读，有的只是我们对超高层建筑结构设计的深刻理解和长期工程实践经验的总结和提炼，让结构设计回归到以受力和材料为基础的本质，这是我们一直在努力的方向。

　　我国超高层建筑数量伴随着国民经济的发展而快速增加。根据 CTBUH 统计，截至 2017 年年底，全球已竣工的 300 m 以上的超高层建筑已达到 128 座，其中中国 59 座，阿联酋 25 座，美国 18 座。建筑高度 632 m 的上海中心大厦及 599 m 的深圳平安金融中心已建成使用，597 m 的天津高银金融 117 大厦和 530 m 的天津周大福金融中心已经结构封顶，636 m 的武汉绿地中心目前结构施工高度已超过 400 m，预计 2018 年完工……与此同时，塔冠高度 729 m 的苏州中南中心正在设计之中。我国已成为世界超高层建筑发展的中心。

　　与我国在建及建成的超高层建筑数量在全球遥遥领先相比，我国的超高层建筑设计水平的提升则稍显缓慢，工程实践似乎已经走在理论研究的前面。我们在工程实践中也发现了不少值得研究的问题，如对超高层建筑抗风设计的不够重视、对高性能材料的使用限制以及对巨震下结构性能的担忧等，使得结构工程师对抗震和抗风设计提出相对严格的要求，从而造成结构材料的增加和施工的复杂化。我们需要怎样的超高层建筑，如何设计出高效、合理和经济的超高层建筑结构，一直都是有追求的结构工程师需要思考的问题，促使我们不断追求最佳解决方案。

　　华东建筑集团股份有限公司华东建筑设计研究总院（以下简称华东总院）的发展与壮大，与我国高层和超高层建筑的发展是同步的，特别是在超高层建筑的设计领域。以 20 世纪 90 年代初上海浦东改革开放为契机，近 30 年来华东总院在超高层建筑设计领域积累了丰富的业绩和工程经验，掌握了核心技术，创作及设计完成了以东方明珠广播电视塔、上海环球金融中心、上海世茂国际广场、武汉绿地中心、武汉中心、南京绿地紫峰大厦、天津高银金融 117 大厦、天津周大福金融中心及中央电视台 CCTV 新台址主楼为代表的一大批超高层建筑项目。众多工程业绩和项目经验的沉淀和积累，给我们提供了很好的机会和信心，使得我们可以对我国超高层建筑结构设计的关键技术进行系统的梳理和总结，明晰和提炼，我们将与同行一起，为提升我国超高层建筑设计的水平而努力。

本书共分为两大部分，第一部分为本书的第1—7章，主要介绍超高层建筑结构设计方面的关键技术，第二部分为本书的第8章，为超高层建筑工程实例分析。第1—7章内容主要包括概述、超高层建筑结构体系与选型、超高层建筑结构抗风设计、超高层建筑结构抗震设计、考虑非荷载效应的施工过程模拟分析、超高层建筑结构构件与节点设计、超高层建筑结构基础设计。第8章选取了华东总院近年来完成的9个不同建筑高度、抗震设防烈度、结构体系和各具设计特点的超高层建筑工程实例，从结构选型、计算分析、结构设计特点和难点等方面进行详尽的介绍和分析。

参加1—7章编写的还有包联进、陈建兴、钱鹏、江晓峰、李烨、吴江斌、黄永强、童骏、刘明国、方义庆等；参与第8章工程实例编写的还有周健、黄良、陈锴、王荣、季俊、邱介尧、江彤等。

同济大学吕西林教授对本书进行了认真的审阅，提出了非常宝贵的意见，在此表示衷心的感谢。

本书中诸多超高层建筑项目的设计和完成得到了华东总院顾问总工程师汪大绥设计大师、全国及各省市超限高层建筑工程抗震设防审查专家委员会委员的悉心指导，以及华东总院其他同事的大力支持，在此一并表示感谢。

本书部分内容引用了国内外专家学者和设计同行的研究或设计成果，在此致以最诚挚的谢意，书中已尽可能详细地标明出处，如有遗漏在此由衷致歉。

由于作者水平有限，书中有不当与疏漏之处，敬请读者批评指正。

2017 年 10 月

目　录

总序
序
前言

第 1 章 ┃ 概述

3　　1.1　**超高层建筑定义**
3　　1.2　**超高层建筑的发展概况**
4　　1.3　**超高层建筑结构发展趋势**
4　　1.3.1　结构抗侧力体系多样化
4　　1.3.2　风洞试验及风振控制技术
5　　1.3.3　抗震性能化设计和消能减震技术
5　　1.3.4　混合结构、组合构件及高性能材料的采用
6　　1.3.5　超高层建筑结构施工模拟和竖向变形差异分析
6　　1.3.6　超高层建筑基础设计

第 2 章 ┃ 超高层建筑结构体系与选型

9　　2.1　**超高层建筑结构设计特点**
9　　2.1.1　水平荷载是决定因素
9　　2.1.2　侧向变形成为控制指标
9　　2.1.3　竖向变形和非荷载效应不容忽视
10　　2.1.4　扭转效应不可忽视
10　　2.1.5　结构顶部舒适度应重视
10　　2.1.6　应考虑结构长周期效应的影响
10　　2.1.7　采用消能减振阻尼装置来减小建筑的荷载响应
11　　2.1.8　深基础及基坑的支护结构问题凸显
11　　2.1.9　施工的可建性
12　　2.1.10　与建筑师的良好配合与协调

12　2.2　超高层建筑体型

12　2.2.1　抗风设计

13　2.2.2　抗震设计

14　2.2.3　高宽比

15　2.2.4　基础埋深

15　2.3　超高层建筑结构体系

15　2.3.1　筒体结构

20　2.3.2　束筒结构

20　2.3.3　巨型结构

23　2.3.4　筒中筒结构

25　2.3.5　框架-核心筒结构

29　2.3.6　连体结构

34　2.3.7　其他结构体系

37　2.4　超高层建筑结构体系与经济性

37　2.4.1　减小结构所受的水平荷载

38　2.4.2　提高结构的抗侧效率

43　2.4.3　结构体系布置原则

44　2.4.4　影响结构经济性的其他因素

46　2.4.5　超高层结构计算分析

50　2.5　参考文献

第 3 章 │ 超高层建筑结构抗风设计

55　3.1　风荷载特点

55　3.2　风荷载动力响应优化

55　3.2.1　建筑体型优化

58　3.2.2　结构动力特性优化

59　3.2.3　风荷载动力响应优化实例

62　3.3　风荷载确定

62　3.3.1　阻尼比

62　3.3.2　风洞试验

65　3.3.3　数值风洞模拟

65　3.4　舒适度控制

65　3.4.1　调谐质量阻尼器

69　3.4.2　调谐液体阻尼器

71　3.5　参考文献

第4章 | 超高层建筑结构抗震设计

75　4.1　超高层建筑结构抗震设计基本原则

75　4.2　超高层建筑抗震设计策略

76　4.2.1　结构体系选型

76　4.2.2　抗侧力构件的能力设计思想

77　4.2.3　结构延性和多道防线对结构抗震设计的影响

78　4.2.4　减震技术的合理应用

78　4.3　超高层建筑结构抗震设计的整体控制指标

78　4.3.1　剪重比

81　4.3.2　层间位移角

83　4.3.3　框架剪力分担比

85　4.4　超高层建筑的抗震性能化设计

85　4.4.1　抗震设计的性能目标

86　4.4.2　超高层建筑的性能目标制定

88　4.5　罕遇地震弹塑性分析

89　4.5.1　弹塑性分析建模

91　4.5.2　静力弹塑性分析

92　4.5.3　动力弹塑性分析

93　4.5.4　弹塑性分析结果的结构整体评价

94　4.5.5　弹塑性分析结果的构件性能评价

99　4.6　超高层建筑结构减震技术

99　4.6.1　黏滞阻尼器

103　4.6.2　位移型阻尼器

106　4.6.3　混合型阻尼器

108　4.6.4　减震结构分析

109　4.7　参考文献

第5章 | 考虑非荷载效应的施工过程模拟分析

113　5.1　施工模拟分析的必要性

114　5.2　施工模拟与非荷载作用分析的适用范围

116　5.3　非荷载作用

117　5.3.1　温度作用

117　5.3.2　差异沉降效应

118　5.3.3　混凝土收缩和徐变

124　5.4　施工模拟分析原理及应用

124　5.4.1　施工模拟分析原理

124　5.4.2　常用分析软件

126   5.4.3   考虑徐变收缩效应的施工模拟分析目的

128   5.4.4   超高层项目一般施工顺序

128   5.4.5   考虑徐变收缩效应的实用计算方法

130   **5.5**   **典型施工模拟分析实例**

130   5.5.1   工程概述

131   5.5.2   施工模拟分析重点

131   5.5.3   分析模型及参数

132   5.5.4   施工方案及进度

137   5.5.5   塔楼控制点变形历程图

137   5.5.6   长期荷载下墙柱的压缩变形与变形预调值分析

139   5.5.7   伸臂桁架工况分析

140   5.5.8   结论

140   **5.6**   **参考文献**

第6章 │ 超高层建筑结构构件与节点设计

145   **6.1**   **楼盖**

145   6.1.1   混凝土楼盖

146   6.1.2   组合楼盖

148   6.1.3   楼盖体系选型

152   6.1.4   楼盖设计注意事项

154   **6.2**   **核心筒**

155   6.2.1   核心筒的布置

156   6.2.2   核心筒剪力墙的类型及高强混凝土的应用

158   6.2.3   核心筒抗震性能设计

159   6.2.4   钢板-混凝土组合剪力墙设计

168   6.2.5   核心筒连梁设计

177   **6.3**   **巨柱**

177   6.3.1   概述

179   6.3.2   巨柱截面选型

180   6.3.3   组合截面钢骨形式

183   6.3.4   组合截面承载力计算方法

193   6.3.5   组合截面构造

197   **6.4**   **伸臂桁架**

197   6.4.1   概述

201   6.4.2   伸臂桁架的形式

208   6.4.3   伸臂桁架形式的效率分析

209   6.4.4   伸臂桁架位置的效率分析

211   6.4.5   伸臂桁架加强层的受力特点

215   6.4.6   伸臂桁架杆件的受力特点

217　　6.4.7　伸臂桁架的性能化设计

219　　6.4.8　加强层的楼板分析

221　　6.4.9　差异沉降变形对伸臂桁架的影响

222　6.5　巨型支撑

222　　6.5.1　支撑布置形式

223　　6.5.2　巨型支撑与次框架结构关系

224　　6.5.3　支撑与竖向变形

224　　6.5.4　巨型支撑计算长度

225　6.6　环带桁架与次框架

225　　6.6.1　环带桁架

226　　6.6.2　环带桁架设计

227　　6.6.3　次框架

227　6.7　塔冠

228　　6.7.1　塔冠风荷载

228　　6.7.2　带塔冠整体结构分析

228　　6.7.3　塔冠鞭梢效应分析

230　　6.7.4　塔冠结构设计

232　6.8　节点设计

232　　6.8.1　节点类型

232　　6.8.2　节点分析

233　　6.8.3　柱脚节点

234　　6.8.4　伸臂桁架与核心筒连接节点

237　　6.8.5　伸臂桁架与框架柱连接节点

239　　6.8.6　环带桁架连接节点

242　　6.8.7　巨型支撑连接节点

244　6.9　参考文献

第7章 │ 超高层建筑结构基础设计

249　7.1　超高层建筑基础特点与设计要求

249　　7.1.1　超高层建筑地基基础特点与难点

251　　7.1.2　主要技术问题

253　　7.1.3　设计要求

258　7.2　天然地基筏形基础设计

258　　7.2.1　天然地基筏形基础形式

258　　7.2.2　天然地基筏形基础的设计关键

264　　7.2.3　大连绿地中心天然地基设计实例

268　7.3　桩基础设计

268　　7.3.1　主要桩型特点与发展

276　　7.3.2　大直径超长灌注桩的设计

281　7.3.3　嵌岩桩的设计

284　7.3.4　群桩基础受力与沉降分析

288　7.3.5　关键施工工艺与质量控制

290　7.3.6　工程设计实例

295　7.4　超高层建筑裙房地下室抗浮设计

295　7.4.1　抗浮验算原则与内容

296　7.4.2　增加配重法

297　7.4.3　抗拔锚杆

298　7.4.4　抗拔桩

301　7.4.5　释放水浮力法

302　7.5　参考文献

第8章 ｜ 超高层建筑结构设计工程实例

309　8.1　长沙国际金融中心 T1 塔楼

309　8.1.1　工程概况

312　8.1.2　塔楼结构体系

313　8.1.3　地基基础

313　8.1.4　结构整体计算分析

316　8.1.5　考虑非荷载效应的施工模拟分析

317　8.1.6　结构图纸及施工照片

319　8.2　武汉中心

319　8.2.1　工程概况

320　8.2.2　基础与地下室设计

321　8.2.3　上部结构体系

323　8.2.4　塔楼结构计算主要结果

324　8.2.5　结构主要特点

326　8.2.6　塔冠

326　8.2.7　结构超限判别及主要措施

327　8.2.8　关键节点设计研究

329　8.2.9　优化施工顺序调整结构内力分布

331　8.3　武汉绿地中心

331　8.3.1　工程概况

333　8.3.2　塔楼结构体系

334　8.3.3　地基基础设计

335　8.3.4　结构的整体计算分析指标

337　8.3.5　塔楼结构设计特点

338　8.3.6　平面折线、空间倾斜转换桁架受力特点研究

341　8.3.7　主要图纸及施工照片

342　8.4　上海环球金融中心

342　　8.4.1　工程概况

343　　8.4.2　结构体系与布置

344　　8.4.3　地基基础设计

346　　8.4.4　整体结构计算分析指标

348　　8.4.5　结构设计特点、关键技术应用

351　　8.4.6　主要图纸

357　**8.5　天津周大福金融中心**

357　　8.5.1　工程概况

358　　8.5.2　上部结构体系与布置

359　　8.5.3　地基基础及地下室结构设计

359　　8.5.4　整体结构计算分析

361　　8.5.5　结构设计特点、关键技术应用

365　　8.5.6　主要图纸

372　**8.6　天津高银金融117大厦**

372　　8.6.1　工程概况

373　　8.6.2　上部结构体系与布置

375　　8.6.3　地基基础设计

376　　8.6.4　整体结构计算分析指标

378　　8.6.5　结构设计特点及关键技术应用

381　　8.6.6　主要图纸

384　**8.7　天津津塔**

384　　8.7.1　工程概况

385　　8.7.2　塔楼结构体系

387　　8.7.3　地基基础设计

387　　8.7.4　结构的整体计算分析指标

389　　8.7.5　薄钢板剪力墙设计与研究应用

397　　8.7.6　主要图纸

398　**8.8　南京金鹰天地广场**

398　　8.8.1　工程概况

399　　8.8.2　上部结构体系与布置

399　　8.8.3　地基基础设计

400　　8.8.4　整体结构分析

401　　8.8.5　结构设计特点

406　　8.8.6　主要图纸

408　**8.9　乌鲁木齐绿地中心**

408　　8.9.1　工程概况

410　　8.9.2　结构体系与布置

414　　8.9.3　地基基础设计

414　　8.9.4　整体结构分析

417　　8.9.5　黏滞阻尼器耗能效果

418　**8.10　参考文献**

第 1 章 | 概　述

1.1　超高层建筑定义

对于超高层建筑的界定，不同国家和组织有不同的标准。联合国教科文组织所属的世界建筑委员会于 1972 年召开的国际高层建筑会议上将 9 层及以上的建筑定义为高层建筑，40 层及以上（建筑高度在 100 m 以上）的建筑定义为超高层建筑。根据我国《民用建筑设计通则》（GB 50352—2005）和《建筑设计防火规范》（GB 50016—2014）规定，建筑高度超过 24 m 即为高层建筑，超过 100 m 的均称为超高层建筑。世界高层建筑与都市人居学会（Council on Tall Buildings and Urban Habitat, CTBUH）则将 300 m 作为超高层建筑与高层建筑的分界线。本书主要聚焦于建筑高度 300 m 及以上的这类超高层建筑。

1.2　超高层建筑的发展概况

19 世纪 30 年代芝加哥出现了第一幢摩天楼，从那时开始，超高层建筑一直被认为是世界大都会的形象标志。1930 年竣工的高达 319 m 的克莱斯勒大厦将建筑带入了一个新高度，从此超高层建筑登上了历史舞台。在随后的几十年中，在经济大发展的背景下，建筑高度不断出现新突破，2010 年竣工的阿联酋哈利法塔（828 m）及正在建造中的沙特阿拉伯王国塔（>1 000 m）是超高层建筑设计和施工水平的一个新标志。而连体建筑的出现则改变了人们对高层建筑的传统认识，也将超高层建筑的发展带入了一个全新的时代——摩天大楼不再是单纯的一座建筑，而是一个城市综合体或空中城市的时代。

超高层建筑的发展历程，同时也反映了经济的发展历程，根据 CTBUH 的统计，截至 2017 年，全球已竣工的 300 m 以上的超高层建筑已达到 128 座，其中中国 59 座，阿联酋 25 座，美国 18 座（图 1-1）。

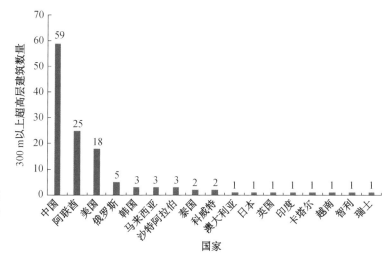

图 1-1　全球已竣工超高层建筑分布
（数据来自 CTBUH 网站：http://www.ctbuh.org）

我国的超高层建筑发展始于 20 世纪 90 年代，经过 20 多年的发展建设，现已进入了超高层建设的繁荣期。根据 CTBUH 的最新统计，截至 2016 年，中国境内 300 m 以上高层建筑已建成 43 栋，尚有 85 栋在建中。

中国超高层建筑数量不断增多的同时，建筑高度也在不断突破。根据 CTBUH 的相关统计，到 2020 年世界最高的 20 栋建筑中，中国将占有 12 栋。其中高 632 m 的上海中心已于 2016 年 4 月投入正式运营，它是目前中国已建高楼中的第一高楼，同时也是世界第二高楼，仅次于高 828 m 的阿联酋哈利法塔。另外，高 600 m 的深圳平安金融大厦也已于 2016 年 4 月竣工，高 636 m 的武汉绿地中心目前已进入地上施工阶段，高 597 m 的天津高银金融 117 大厦结构已封顶，正在进行幕墙安装，高 530 m 的天津周大福金融中心已进入上部结构施工……与此同时，高 729 m 的苏州中南中心正在设计之中，届时将再次刷新中国超高层建筑第一高度。

显然，中国已成为世界超高层建筑发展的中心之一。

1.3 超高层建筑结构发展趋势

1.3.1 结构抗侧力体系多样化

超高层建筑结构抗侧力体系是衡量超高层建筑结构是否合理和经济的关键。超高层建筑结构抗侧力体系的发展除了从传统的框架、剪力墙、框架-剪力墙、框架-核心筒、框筒结构逐步向框架-核心筒-伸臂、巨型框架、交叉网格筒、桁架支撑筒、筒中筒、束筒等结构体系转变外，还衍生出 Michell 桁架筒以及内筒采用钢板剪力墙等新型结构体系，并出现了多种体系交叉混合使用的情况。结构材料的使用也从纯混凝土结构、钢结构向钢-混凝土混合结构的转变。此外，随着建筑高度的不断增加，建筑功能越来越复杂，对结构抗侧力体系的效率要求也越来越高，对结构体系的创新需求也越来越迫切。结构体系呈现主要抗侧力构件布置周边化、支撑化、巨型化和立体化的特点。斜交网格结构（中央电视台 CCTV 新台址主楼、广州西塔）、钢板剪力墙结构（天津津塔，330 m）以及悬挂结构体系等新结构体系也逐渐得到应用。由于建筑功能从单一的办公建筑朝住宅/公寓及酒店等多功能、综合性用途发展，甚至出现以超高层建筑群组成的"空中城市"，超高层建筑结构体系也出现了超高层连体结构新类型。

1.3.2 风洞试验及风振控制技术

对于超高层建筑，风荷载是结构设计的主要控制荷载，因此风荷载的大小对结构的经济性起着至关重要的作用。风荷载的大小主要与建筑的体形、结构的动力特性、大气风环境以及建筑物周边环境等因素有关，这与结构抗震设计的概念和要求有所不同。由于国内超高层结构设计时对结构的抗震设计关注更多，而对结构的抗风设计不够重视，往往会导致建筑外形和结构设计的不合理。因此在方案设计初期阶段，就应该结合风洞试验对建筑朝向和体形等进行规划、优化和评估，这样就可以起到事半功倍的效果。实体风洞试验技术和数值风洞技术是评估超高层结构风致响应的重要手段。

超高层建筑除了建筑高度在不断增加外，结构的高宽比也越来越大，甚至出现了高宽比大于 20 的建筑。因此在这种情况下，建筑物顶部的使用舒适度就成为结构设计必须解决的主要问题之一。对此，国内外一些已建成的超高层建筑，如台北 101 大厦、上海中心大厦、上海环球金融中心、特朗普世界大厦（Trump World Tower）、约翰汉考克中心（Hancock Tower）等，就通过设置调频质量阻尼器（Tuned Mass Damper，TMD）、调谐液体阻尼器（Tuned Liquid Damper，TLD）、黏滞阻尼器和黏滞阻尼墙等措施来降低风荷载作用下结构顶部楼层的加速度响应峰值的响应，从而达到改善建筑物使用舒适度的目的。通过参照飞机和汽车先进的气动设计理念，利用风洞试验对超高层外形进行优化已逐渐为工程师们所接受，此外建筑物周边的风环境对行人和空调新风及出风口设置的影响、建筑的烟囱效应控制等越来越受到重视。

1.3.3　抗震性能化设计和消能减震技术

由于超高层建筑的重要性，超高层结构的抗震设计性能目标应较常规建筑更高，而计算技术的发展特别是动力弹塑性分析技术的发展，使基于性能的超高层抗震设计成为可能。在不进行大型结构地震振动台试验的前提下，可以找出结构设计的薄弱部位，并且有针对性地采取加强措施，使抗震结构体系的设计更为安全、经济、高效。

自"9·11"纽约世界贸易中心遭袭击倒塌以来，人们对结构在偶然荷载作用下的防连续倒塌问题的关注日益增长。超高层建筑由于其标志性和重要性，很容易成为恐怖袭击的目标，因此在超高层结构设计中对多道结构防线、多道传力途径方面提出了更高要求，要考虑极端或偶然状态下（如恐怖袭击、发生大火等）结构及人员的安全，确保结构在某些部位遭到局部损坏时，整体不发生连续倒塌。

近些年来，通过引入消能减震装置（阻尼器），超高层建筑抗震设计已从单纯的"抵抗"向"消减"转变，消能减震装置（阻尼器）除了能有效减小结构小震作用下所受地震响应外，还能确保结构在大震或超大震下的安全，并且能取得较好的经济效果。

1.3.4　混合结构、组合构件及高性能材料的采用

超高层建筑在发展初期，钢结构是其主要结构材料，尤其在北美地区。但随着建筑高度的不断增加，风载作用下结构顶部的加速度控制成为需要考虑的主要因素之一。因此，钢-混凝土混合结构应运而生。钢-混凝土混合结构体系既有混凝土结构刚度大、质量大的抗风优势，又有钢结构强度高、抗震延性好的优点，使得钢-混凝土混合结构在超高层建筑中应用更为广泛。截至 2016 年，在全球 300 m 以上的超高层建筑中，纯钢结构只占 10.44%，钢-混凝土混合结构占比为 48.1%。另外，组合构件也得到越来越多的应用，它可以充分发挥钢和混凝土两种材料的优势，钢管混凝土、钢骨混凝土、钢板混凝土组合剪力墙等组合构件几乎成为超高层结构的标准配置。

高性能混凝土的研制成功及施工技术的进步使建造超高层建筑成为可能，目前 C80 高强混凝土已完全可应用于工程实践，并且具有良好的施工性能。此外，相关的试点工程中，C120 的高性能混凝土甚至可以成功地泵送至 600 m 的高度。采用高强混凝土既可以减轻结构自重，从而减少柱子或墙的截面尺寸，又可以提高混凝土的耐久性。另外，屈服强度大于 460 N/mm² 的高强度钢材也已成功运用于工程实践（如中央电视台 CCTV

新台址主楼)。楼面轻质混凝土的采用,使建造更高的建筑成为可能,同时也改善了结构的抗震性能。

超高层建筑结构侧向荷载巨大,很多情况下会采用巨型结构体系,因此主要受力构件截面尺寸会很大。为了减小构件截面尺寸,采用组合构件是一个理想的选择,但这些构件的实际受力性能还需要模型试验和实际工程的内力及变形监测加以验证。

混合结构体系及组合构件的采用,使结构的节点连接变得复杂,节点的连接方式除考虑受力可靠之外,还应考虑施工的便利性及可靠性。

1.3.5　超高层建筑结构施工模拟和竖向变形差异分析

与一般的多层和高层建筑相比,超高层建筑结构的设计除了需要在结构体系选择、抗震设计和抗风设计等方面有更高的要求之外,还需要考虑非荷载作用下的结构变形和内力分析。非荷载作用主要包括温度作用和混凝土的收缩、徐变以及地基的不均匀沉降等。由于超高层建筑的高度都在两三百米以上,不同类型的竖向构件在压应力水平和材料等方面均存在着明显差异,还要受混凝土材料的收缩、徐变作用的影响,因此导致超高层结构的不同竖向构件间必然产生不可忽视的竖向变形差异,导致相邻的结构构件及非结构构件产生附加内力,还可能影响设备的安装和使用。

分析超高层结构竖向构件变形及差异应考虑实际的施工过程模拟及构件长期徐变收缩的影响,还应结合施工过程的监测数据,评估差异变形对伸臂桁架、环带桁架等构件产生的附加内力的影响,施工过程中应采取措施尽可能减小差异变形的影响,同时对构件的下料长度作调整,以满足楼层标高的要求。

1.3.6　超高层建筑基础设计

超高层建筑的基础在工程质量和安全中极具重要性,基础造价可达到主体结构造价的1/5~1/3。超高层建筑的深基础设计有别于常规的建筑基础,具有基底压力大、沉降控制要求高、风和地震作用的影响大和基础稳定控制复杂等特点。其中,基础沉降与基础底板内力分析一直是个难题,因为超高层建筑筏板设计中的内力计算与变形计算是关联的,这与地基土特性、桩基与筏板刚度和上部结构的刚度等因素密切相关。因此,研究超长桩基础的受力变形特性、基础底板的变形形态就成为设计的首要任务。通过大量的地基及桩基试验、大量的基础内力和沉降观测及对结果的分析,可为超高层建筑基础设计提供非常宝贵的设计依据。对超高层基础的长期监测也逐渐成为趋势。

超高层建筑一般基础埋置较深,基坑围护方式对超高层的施工工期、基础的经济性及周边环境有较大的影响,因此结合建筑周边的环境要求和结构特点及施工组织等,采用合适的围护方案也是超高层建筑基础设计要考虑的重要内容之一。

第 2 章 │ 超高层建筑结构体系与选型

2.1　超高层建筑结构设计特点

2.1.1　水平荷载是决定因素

超高层建筑与中低层建筑相比，结构不仅要承受重力荷载，而且要负担较大的水平荷载（如风荷载、地震作用等）。随着房屋高度的增加，水平荷载往往成为设计的控制因素。简单来看，超高层建筑可以视为固定在地面上的一根悬臂杆件，在侧向荷载为倒三角荷载时，荷载效应与建筑高度的关系中，轴向力 N 与建筑高度 H 大致成正比，而结构弯矩和位移与建筑高度 H 呈指数关系，如图 2-1 所示。

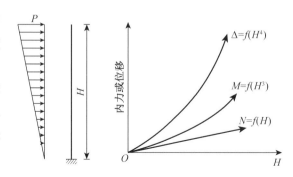

图 2-1　均布水平荷载作用下建筑高度与结构内力和水平位移的关系

超高层建筑结构设计首先要考虑结构体系应具有明确的竖向荷载和水平荷载的传力途径，而竖向荷载的传力途径是应优先考虑的。在水平荷载中，风荷载与地震作用是引起结构水平位移和振动的最主要因素，而对于超高层结构而言，很多情况下风荷载会成为设计的控制荷载。考虑到风荷载的大小又与建筑外形与结构的动力特性密切相关，因此，在风载作用下除应保证结构有足够的刚度，以控制建筑的水平变形及顶点加速度外，同时应选择合适的建筑体形以减小风荷载作用。

超高层建筑在地震作用下的变形与风荷载作用下有所不同，刚度太大会导致地震作用的增加，而刚度太小又会产生过大的变形，引起结构的倒塌，因此选择合适的刚度尤为重要。抗震设计规定的"小震不坏、中震可修、大震不倒"原则，要求结构应具有足够的承载力、合适的刚度和良好的延性。

设计超高层建筑结构时，抗风与抗震要求的出发点往往不一样：抗风设计时往往要求建筑顶部质量大，结构刚度大；而抗震设计时，则要求结构质量小，刚度适中，变形能力与延性好。因此，设计时应综合考虑结构的抗风与抗震需求，选择合理的建筑体型和结构抗侧力体系。

2.1.2　侧向变形成为控制指标

随着建筑结构高度的增加，水平荷载作用下的结构侧向变形与建筑高度的四次方成正比。过大的侧向变形不仅会使结构构件开裂变形，影响结构安全，而且会使结构因 $P\text{-}\Delta$ 效应而产生较大的附加弯矩，使结构产生整体失稳，并使非结构构件如隔墙、幕墙以及电梯轨道等产生过大变形而损坏或不能正常运行。

2.1.3　竖向变形和非荷载效应不容忽视

当超高层建筑达到一定高度（如 300 m 及以上）时，其竖向构件中由于结构竖向荷载产生的压缩变形不容忽视。另外，在混合结构体系中，钢筋混凝土筒体以及钢柱［或钢骨混凝土土柱（SRC 柱）、钢管混凝土柱（CFT 柱）等］之间由于轴压应力不同会产生较大的差异变形，从而在水平构件（如伸臂桁架、楼面大梁）中产生附加的内力。竖向构件的压缩变形及其差异对预制钢构件的长度、楼面标高控制以及防止内隔墙开裂等也会产生影响。

在超高层混凝土结构中，由于收缩和徐变作用引起的竖向变形积累相当可观，同时它们在水平构件中会引起明显的附件内力，尤其在建筑的上部区域。收缩和徐变也会导致竖向荷载作用下的内力重分布，而且与施工的顺序和时间相关，需要详细的施工模拟分析才能准确评估。

对于局部或整体外露柱的建筑，在外柱与其相邻的内柱（或内筒）之间，因较大温差，或对其相对变形的任何约束都会引起相连构件产生应力。

随着结构高度的增加，通过竖向构件传递的荷载非常大，当场地条件较差（如软土地基）时，基础变形或沉降差异会比较大，在基础底板以及上部结构中将产生应力重分布。如果基础产生倾斜，结构侧向变形就会增加，从而将加大 $P\text{-}\Delta$ 效应。

2.1.4　扭转效应不可忽视

在超高层建筑结构设计中，结构的扭转效应是不容忽视的问题。因为对于超高层建筑来说，有时为了考虑功能或者视觉的要求，其质量、刚度的分布无法做到很均匀，当水平荷载作用在这样的高层建筑上时就容易产生比较大的扭转作用。扭转作用将会影响到抗侧力体系的侧移，从而使其他的抗侧力构件所受的剪力受到影响，最后整个结构构件的内力和变形也会发生变化。即使是结构的质量和刚度分布均匀的高层结构，在水平荷载作用下也仍然存在扭转效应。

2.1.5　结构顶部舒适度应重视

高层在横风向作用下，结构振动加速度与结构顶部幅值成正比。结构振动加速度的大小将影响结构的使用舒适度，从而影响建筑结构的使用品质。

2.1.6　应考虑结构长周期效应的影响

一般来说，超过 300 m 的超高层建筑结构其自振周期都会超过 6 s。常规的地震反应谱在 6 s 以内的地震影响系数比较可靠，超过 6 s 的地震影响系数及用于超高层设计的实际地震记录均要专门研究。对长周期的结构采用基于振型分解的加速度反应谱法可能无法得到准确的地震反应，是否采用位移谱方法则需要进一步研究。1985 年，墨西哥地震对当地高层建筑的影响和 2008 年汶川地震对上海地区超高层建筑的影响（上海与汶川之间有 1 000 km 以上距离）就是最好的例证。

2.1.7　采用消能减振阻尼装置来减小建筑的荷载响应

高层建筑在风荷载作用下，不仅会产生侧向位移，而且在建筑的顶部会产生晃动，从而给使用者带来不安全感和不舒适感。

风引起的结构顶部舒适度和结构总抗侧刚度与阻尼的平方根成反比，但通过增加结构的抗侧刚度和固有阻尼来控制建筑的变形及顶点加速度往往不经济且不可行。为此，可通过设置外加阻尼系统来改善建筑的舒适度，被动的黏滞阻尼器和调谐质量阻尼器是其中应用最广泛的阻尼器。

随着建筑结构高度的增加，无论是混凝土结构还是钢结构，结构固有阻尼均有减小的趋势，如图2-2所示。

由图2-2可以看到，通过对已建成的超高层建筑的阻尼比进行测试，发现实测值较现有规范规定值有很大幅度的减小，300 m以上的超高层建筑，其结构固有阻尼比基本都在1%以下，这种现象在以后的超高层建筑结构抗风设计中必须引起足够的重视。

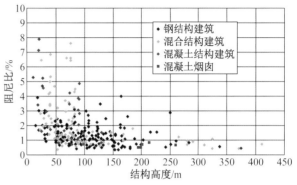

图2-2　高层建筑固有阻尼比实测值

2.1.8　深基础及基坑的支护结构问题凸显

超高层建筑由于结构整体稳定以及抗倾覆要求，基础埋深需满足结构高度的1/20。在软土地区，较大的基础埋深以及巨大的上部荷载，需要考虑深基础和围护方式以及大直径超长桩的应用。

目前，深基坑支护工程通常采用的设计与实施方法包括两类基本形式：传统顺作法基坑支护结构和逆作法基坑支护结构。顺作法施工方法是开敞式施工：基坑设置支护结构后，垂直开挖至设计标高，然后浇筑钢筋混凝土底板，再由下而上逐层施工各层地下结构，待地下结构完成后再逐层进行地上结构的施工。而利用主体工程地下结构作为基坑支护结构，并采取地下结构由上而下建造的设计施工方法称为逆作法。根据工程的不同特点，逆作法可设计为不同的围护结构支撑方式，分为全逆作法、半逆作法、部分逆作法等多种形式。相对而言，顺作法的工期会长一些。

结合各工程的具体特点，逆作法通常可以为工程实施带来如下优势：①围护体系刚度大，利于保护场地周边对变形敏感的环境；②结构梁板作为围护结构支撑体系，可节省大量临时支撑构件工程量，并为主体结构的施工提供更多的施工场地；③针对性设计的逆作法方案可对工程工期控制产生积极影响。

现有的工程实践表明：超高层建筑的主塔楼由于其结构复杂且施工工期长，大多采用顺作法；而塔楼以外的结构可根据工程及环境的具体情况选择是否采用逆作法。

2.1.9　施工的可建性

由于超高层建筑结构采用了新型结构体系，深基础、大量的组合构件和大尺寸构件、复杂节点构造以及高强度材料应用等，这些都会给施工带来巨大的挑战，而这些问题往往需要设计、施工和监理等各方一起协商和努力解决。因此，施工的可建性也是结构工程师在超高层建筑方案设计阶段必须考虑的问题之一。

2.1.10　与建筑师的良好配合与协调

　　由于超高层建筑的功能复杂性，所有专业（包括建筑、结构和设备）的工程师应相互合作和配合，才能确保满足建筑功能、使用、安全耐久和便于施工的结构形式。对于超高层建筑而言，结构形式的优劣是影响建筑方案是否成立和经济的决定性因素，因此在超高层建筑前期的方案创作过程中，结构工程师应该有更多的参与。而对于一些特别高的建筑，如果结构形式屈从于建筑平面布置和造型的要求，将会引出一些结构难题与巨额的建造费用，此时就需要工程师与建筑师良好的配合和协调才能有效解决。

2.2　超高层建筑体型

2.2.1　抗风设计

　　风荷载的大小不仅与结构的动力特性相关，而且还与建筑形体密切相关，因此选用合适的建筑平面和体型有利于减小结构所受的风荷载作用。

　　1. 对称平面

　　采用对称平面可减小风荷载作用下的结构扭转效应，常用的双轴对称建筑平面如图 2-3 所示。

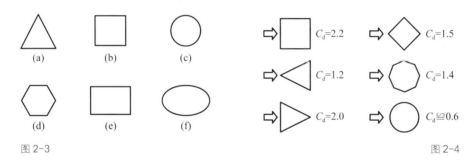

图 2-3　　　　　　　　　　　　　　　　　　　　　图 2-4

图 2-3　常用的双轴对称建筑平面

图 2-4　常用的平面形状体型系数（与圆形比较的相对值）

　　2. 流线型平面

　　高层建筑的楼层平面采用流线型形状，可显著减小高楼的风荷载效应。流线型平面的风载体形系数要比带棱角平面的小得多。不同平面形状的顺风向体型系数如图 2-4 所示。

　　3. 减小横风向荷载效应的常用措施

　　超高层建筑横风向荷载往往是主控风载，图 2-5 给出了减小横风向荷载的一些常用措施。

　　4. 优化建筑物的平面朝向

　　如果条件允许，可通过调整优化建筑物平面朝向，使大楼产生最不利气动响应的风向远离当地主要的强风风向，从而达到减小风荷载的效果。

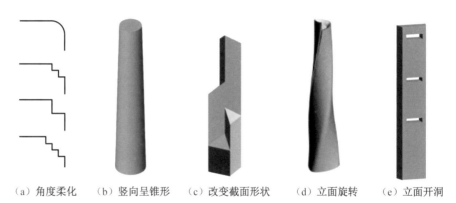

（a）角度柔化　　（b）竖向呈锥形　（c）改变截面形状　　（d）立面旋转　　（e）立面开洞

图 2-5　减小横风向荷载的措施

2.2.2　抗震设计

（1）进行抗震设计的超高层建筑，其平面宜简单、规则、对称，减小偏心；竖向体型宜规则、均匀，结构刚度下大上小；并且要有多道设防的概念。[1]

（2）位于地震区的高层建筑，其立面形状宜采用矩形、梯形或三角形等沿高度均匀变化的简单几何图形。避免采用楼层平面尺寸存在剧烈变化的阶梯形立面。

高层建筑的立面收进及悬挑也有相应要求。如图 2-6 所示，上部楼层收进后的水平尺寸 B_1 不宜小于下部楼层水平尺寸 B 的 0.75 倍 [图 2-6 (a)，(b)]；当上部结构楼层相对于下部楼层外挑时，下部楼层的水平尺寸 B 不宜小于上部楼层水平尺寸 B_1 的 0.9 倍 [图 2-6 (c)，(d)]。

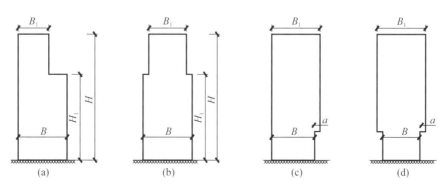

(a)　　　　　　(b)　　　　　　(c)　　　　　　(d)

图 2-6　立面收进及悬挑示意图

（3）建筑平面应尽可能采用图 2-3 所示的方形、圆形等双轴对称的简单平面形状。如采用其他形状，平面长度不宜过长，突出部分长度不宜过大（图 2-7），宜满足表 2-1 的要求。

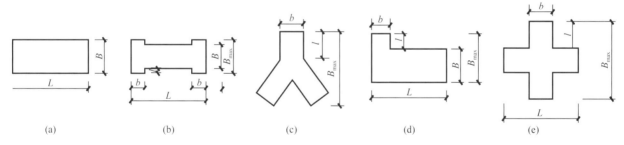

(a)　　　　　　　(b)　　　　　　　(c)　　　　　　(d)　　　　　　　(e)

图 2-7　建筑平面

表 2-1　平面与突出部分尺寸比值限值

设防烈度	L/B	l/B_{max}	l/b
6 度、7 度	≤6.0	≤0.35	≤2.0
8 度、9 度	≤5.0	≤0.30	≤1.5

（4）结构的平面布置应减小扭转效应的影响，楼层的质量沿高度宜均匀分布，楼层质量不宜大于相邻下层的 1.5 倍。

（5）超高层建筑中楼层与其相邻上层的侧向刚度比不宜小于 0.9，楼层层高大于相邻上部楼层层高 1.5 倍时，该楼层侧向刚度小于相邻上部楼层侧向刚度的 1.1 倍，底层侧向刚度小于相邻上部楼层侧向刚度的 1.5 倍。

其中，楼层侧向刚度定义为

$$K_i = \frac{V_i}{\delta_i} \qquad (2-1)$$

式中，V_i 为 i 层剪力；$\delta_i = \dfrac{\Delta u_i}{h_i}$，即 i 层层间位移角，Δu_i 为 i 层层间位移，h_i 为 i 层层高。

2.2.3　高宽比

超高层建筑的高宽比是对结构刚度、整体稳定、承载能力和经济性合理性的宏观控制。一般情况下，可按考虑方向的最小宽度来计算高宽比；但对突出建筑物平面很小的局部结构（如楼梯间、电梯间等），一般不应包括在计算宽度内。

超高层建筑高宽比宜满足表 2-2 的要求。此外，核心筒尺寸可取为标准层平面尺寸的 1/3～1/2，核心筒包围面积占楼面面积的 20%～30%。对框架-核心筒结构，核心筒高宽比不宜大于 12；对筒中筒结构，核心筒高宽比不宜大于 15。当外框结构设置角筒或剪力墙时，核心筒高宽比要求可适当放松。

1. 结构经济高宽比

结构高宽比一般不宜超过 8（规范对于高宽比的要求见表 2-2），当高宽比超过 10 以后结构的经济性会存在较大问题。

表 2-2　规范对于高宽比的要求

结构体系	非抗震设计	抗震设防烈度		
		6 度，7 度	8 度	9 度
框架	5	4	3	2
板柱-剪力墙	6	5	4	—
框架-剪力墙、剪力墙	7	6	5	4
框架-核心筒	8	7	6	4
筒中筒	8	8	7	5

2. 减少结构高宽比的措施

为了提高结构的高宽比，一种方式是采用空心平面布置形式，如图 2-8 所示；另一

种方式是采用连体结构来实现，如图 2-9 所示。[2, 3]

图 2-8 空心平面
图 2-9 连体结构

图 2-8　　　　　　　　　　　　　　　　　　　　　　　图 2-9

2.2.4　基础埋深

　　基础埋深是指基础底板或桩基承台底面的埋置深度，一般可从室外地面算起；若结构地下室周边由于设置采光井等原因而无可靠侧限时，应从具有一定侧限能力的地面算起。

　　基础的埋置深度必须满足地基承载力和结构稳定性的要求，以减少地基沉降量及不均沉降引起的房屋的整体倾斜；防止建筑在水平荷载作用下的倾覆与滑移。采用天然地基的高层建筑基础埋置深度可取房屋高度的 1/15；采用桩基础（不计桩长）时，可取房屋高度的 1/18。

　　对于一些特别高的超高层建筑，如果其基础埋深无法满足规范要求，则需进行整体结构的抗倾覆验算，并对基础承载和桩基抗拔与抗压承载力进行复核与加强。

2.3　超高层建筑结构体系

　　超高层建筑结构的受力特点决定了结构抗侧力体系选择的合理性是结构经济性的关键因素。当结构达到一定高度后，每增加一层，抵抗侧向荷载所需的结构材料要比中低层建筑多得多。因此，超高层建筑结构体系主要采用抗侧力更为高效的筒体结构及其衍生的结构形式，主要有筒体结构、束筒结构、筒中筒结构、框架-核心筒结构、巨型结构、连体结构和其他一些新型结构体系。每一种结构体系均有其合适的适用高度。[4]

2.3.1　筒体结构

2.3.1.1　框筒结构

1. 受力特点

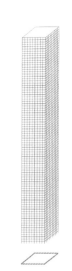

图 2-10 框筒结构示意图

框筒结构是由布置在建筑周边的小柱距、高梁截面的密柱深梁组成（图 2-10 为其示意图）。框筒结构在形式上是由建筑四周的框架组成，但其受力特点却不同于一般的框架结构。框架是平面结构，它主要抵抗与框架方向平行的水平力产生的层剪力和倾覆力矩，而框筒的受力却是空间的，在水平力作用下，层剪力主要由与水平力方向平行的腹板框架来承担，而层倾覆力矩则由腹板框架与垂直于水平力方向的翼缘框架共同承担。平行于侧向荷载的框架起着多孔筒体的"腹板"作用，而垂直于侧向荷载的框架则起着"翼缘"的作用。竖向重力部分由外框架承担，部分则由内柱或内筒承担。

在水平荷载作用下，框筒结构的截面变形不再符合初等梁理论的平截面假定，腹板框架和翼缘框架的正应力不再是直线分布而是曲线分布，这个现象就是框筒结构中的剪力滞后效应（Shear Lag Effect）。这一现象在结构底层最为明显 [图 2-11 (a)]，随着层数的增加，其影响逐渐减少。从结构中部开始，角柱轴力小于临近的中柱。到了结构顶部附近，甚至出现角柱易号 [图 2-11 (b)]，该现象称为负剪力滞后现象（Negative Shear Lag Effect），即轴向应力的分布由凹曲线逐渐变为凸曲线。与之对应，之前的剪力滞后效应，称为正剪力滞后效应（Positive Shear Lag Effect）。正剪力滞后一般出现在框筒结构的中下部，而负剪力滞后出现在框筒结构的中上部。[5]

为了更好地区分正负剪力滞后，可定义剪力滞后系数：

$$\lambda = \frac{\text{考虑剪力滞后效应所求得的柱轴压应力}}{\text{按平截面假定所求得的柱轴压应力}}$$

当 $\lambda < 1$ 时，为正剪力滞后；当 $\lambda > 1$ 时，为负剪力滞后。在框筒结构中，λ 越靠近1，剪力滞后效应越小，框筒的空间受力作用增强。

剪力滞后效应的结果是角柱的内力增大，中柱的内力减小，框筒结构的空间作用减小。因此框筒结构的布置关键是尽可能地减小筒体的剪力滞后效应，提高其空间作用。

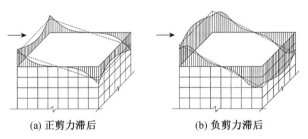

(a) 正剪力滞后   (b) 负剪力滞后

图 2-11 框筒结构中的剪力滞后现象

2. 设计要点

影响框筒结构剪力滞后的因素很多，主要有柱距与裙梁高度（裙梁的抗侧刚度）、角柱与中柱的面积比、结构高宽比、框筒结构的平面形状、长宽比、内外筒刚度比以及轴压比等。

为了保证框筒结构空间作用的发挥并减小剪力滞后效应，框筒结构的平面外形宜选用圆形、正多边形、椭圆形或矩形；而且框筒结构的平面尺寸一般不宜过大，对于垂直于水平荷载方向的框筒边长不宜超过 45 m，采用矩形截面时长短边之比一般也不宜大于1.5。此外，只有在结构高宽比较大的情况下，框筒结构才能像箱形悬臂梁一样发挥整体弯曲的空间作用，因此框筒结构的高宽比宜大于 4；但同时作为超高层结构，为了确保其经济性，其高宽比也不宜过大，一般不宜大于 8。

对于框筒结构，柱距大小和梁截面高度是筒体空间作用的决定性因素。为此，框筒柱距一般不宜大于 3 m 和层高，框筒柱的长边应沿筒边方向布置，必要时可以采用 T 形截面；当建筑结构高度较高时，柱距可以适当放宽，一般也不宜大于 4.5 m。同样，对于框筒结构尽可能加大裙梁高度是必要的，裙梁的高度一般可以取 1.0～1.5 m，最小不应小于 0.6 m；此外，裙梁的跨高比不应大于 3。

框筒结构的设计概念是从实体筒引申过来的，框筒结构就相当于开满洞口的实体筒，为了确保筒体的空间作用，结构的开洞率不宜过大，一般不宜小于 40%，不应大于 50%。

3. 工程实例

框筒结构体系最早是由美国的 Fazlur Khan 提出的，他设计了第一座框筒结构建筑——43 层的芝加哥 Dewitt-Chestnut 公寓，于 1965 年竣工。前纽约世界贸易中心双子塔，由两幢 110 层、高 417 m 的钢框筒结构组成，平面尺寸为 63.5 m×63.5 m，标准层高 3.66 m，柱距 1.02 m，裙梁高 1.32 m，每 32 层设置一道 7 m 高的钢板圈梁用以减小剪力滞后效应（图 2-12）。

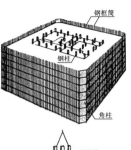
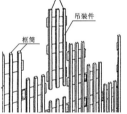

图 2-12　前纽约世界贸易中心双子塔

图 2-13　支撑框筒结构示意图

2.3.1.2　支撑框筒结构

1. 受力特点

一些建筑为了给使用者提供无遮挡的开阔视野和明朗的外观，要求建筑周边采用较大的柱距和较矮的框架梁，即"稀柱浅梁"外框。但这种结构体系剪力滞后效应明显，不能形成筒体的空间作用，结构的抗侧效率很低。为此，可通过在"稀柱浅梁"的各个立面上设置大型交叉支撑，各个平面的支撑斜杆在框筒转角处与角柱相交于一点，以确保支撑传力路线的连续，从而使结构形成一个整体受力且空间作用良好的悬臂结构，这一结构体系被称之为支撑框筒（图 2-13）。

支撑筒在水平荷载作用下发生整体弯曲时，本应该由腹板框架与翼缘框架中裙梁共同承担的竖向剪力主要由支撑来承担；由于支撑的轴向刚度大，所以支撑框筒结构可基本消除框筒结构的剪力滞后效应，从而更充分地发挥筒体的空间作用，适用于建造更高的建筑。

2. 设计要点

支撑框筒体系由建筑外圈的支撑框筒与建筑内部的承重框架所组成，根据受力特点，建筑外圈的支撑框筒可分为"主构件"和"次构件"，主构件包括角柱、斜杆和主楼层框架梁；次构件包括中间柱和处于主楼层之间的各层框架梁。

设计时支撑平面内的斜撑与水平构件的合适角度宜控制在 40°～50°；并加强斜撑杆件与楼板的连接，以保证斜撑杆件的平面外稳定。

对于主构件，要求其自身具有足够的刚度和连续性来传递轴向力，次构件主要承担重力荷载，一般不参与抵抗水平荷载。

3. 工程实例

图 2-14 为 1970 年美国芝加哥建成的 John Hancock Center，100 层，高 332 m，它是一幢集办公、公寓和酒店为一体的多功能建筑。因为考虑上部公寓的进深不能太大，因此整个建筑体形采用了下大上小的四棱台体。其底层平面尺寸为 79.9 m×46.9 m，顶层平面尺寸为 48.6 m×30.4 m，底层最大柱距达到 13.2 m，远大于框筒结构要求的 4.5 m。[4]

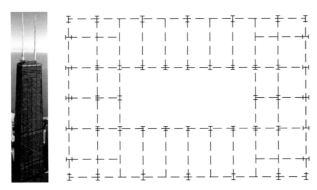

图 2-14 芝加哥 John Hancock Center

图 2-15 斜交网格筒结构示意图

2.3.1.3 斜交网格筒结构

1. 受力特点

斜交网格筒不是一种一般意义上的"柱"，而是以网状相交的斜杆作为同时承受垂直和水平荷载构件的结构体系。其与一般框筒结构不同之处在于，交叉布置的斜柱替代了常规结构中的垂直柱系统，使其具备同时承受结构竖向和侧向荷载的高效机制(图 2-15)。

交叉布置的斜柱内力传递效率高，网筒可以看成许多个三角形网格单元的组合(图 2-16)，这些三角形单元由水平横梁与斜柱所组成，斜柱交点所在楼层称为单元的节点层。斜柱与节点层的环梁是结构主要受力构件，称之为主构件；节点层之间的环梁，为次构件。因此荷载传递并非自上而下垂直传递，而是沿三角形两边分散传递，经过多个三角形网格单元的叠加和套合形成坚固的网格化受力体系，当斜交网格筒结构发生局部的损伤甚至破坏时，体系将发挥较强的空间整体协同工作性能，避免因局部的失效而导致结构整体的坍塌，因此该体系有着很强的鲁棒性。[6]

斜交网格筒体中，斜杆是主要的竖向受力构件，同时也是主要的水平受力构件，为结构提供很大的抗侧刚度，但其刚度优势随结构高宽比的增大而逐渐减弱。在竖向荷载下，水平梁均不同程度地受轴向拉力，该拉力的分布规律呈现主层大、次层小，两边大、中间小，下部大、上部小的特点。

结构的抗侧刚度主要取决于斜杆的截面面积，而对杆端的约束形式、梁截面尺寸等反应不敏感。斜交网格体在水平和竖向荷载作用下均表现出明显的空间受力性能，结构的平面形状对其空间性能有显著影响，外形柔和、斜杆传力途径没有明显转折的平面，有利于体系受力。

体系中斜柱以轴向拉压内力为主，能有效利用构件材料的力学性能提供很大的侧向刚度，为减小内筒或内框架的刚度要求提供了可能，从而可为建筑内部的布置提供更大的自由度，因此在超高层建筑的建造中具有较好的经济效益和广阔的应用前景。

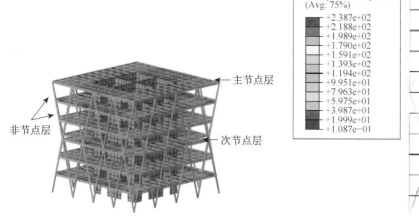
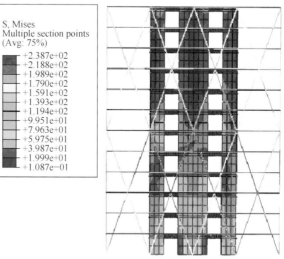

图 2-16　斜交网格结构单元

2. 设计要点

斜交网格筒的抗侧刚度受网格角度的影响较大，在网格角度为 60°～70°之间时，斜交网格筒的抗侧效率最高。

斜交网格筒平面形状越趋近于圆形，斜柱、环梁的内力分布越均匀，因此筒体平面形状宜采用圆形或接近圆形的凸多边形，多边形平面的角部宜采用圆弧过渡。考虑到交叉斜杆是斜交网格的主要受力构件，宜采用延性较好的钢结构或钢管混凝土结构，水平杆件为拉弯构件，宜采用钢结构构件。

节点层应设置封闭的水平杆件，并与网格节点刚性连接。应加强交义斜杆与楼板的连接，保证斜杆的平面外稳定。

3. 工程实例

2004 年建成的瑞士再保险总部大楼（Swiss Re Building），位于英国伦敦"金融城"圣玛丽斧街 30 号，共 40 层，高 180 m，它是一幢集办公建筑。大楼采用圆形周边放射平面，外形像一颗子弹，为螺旋形，每层的直径随大厦的曲度而改变，直径由 50～56 m（17 楼）之后逐渐收窄（图 2-17）。

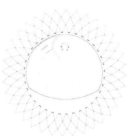

图 2-17　瑞士再保险总部大楼

2.3.2 束筒结构

1. 受力特点

两个或两个以上的框筒紧靠在一起成"束"状排列，称为束筒。与框筒相比，束筒的腹板框架数量要多，也就使得翼缘框架与腹板框架相交的角柱增多，这样就大大减小了筒体剪力滞后效应。

因此束筒结构与框筒结构相比，具有更大的刚度，且可以组成较复杂的建筑平面形状，特别是针对外框筒边长过大或平面狭长，采用束筒更为有效。

2. 工程实例

最著名的束筒结构为芝加哥西尔斯大厦（Sears Tower），高 443 m，共 110 层，是世界上最高的钢结构建筑。其底层平面尺寸为 68.6 m×68.6 m，50 层以下为 9 个框筒，51～66 层为 7 个框筒，67～91 层为 5 个框筒，91 层以上为 2 个框筒，并在 35 层、66 层和 90 层沿框架外周各设置一道环形桁架，用以提高结构的整体性和抗侧刚度。通过采用束筒的形式，整个外框结构的抗侧效率从 61% 提高到了 78%（图 2-18）。

图 2-18　芝加哥西尔斯大厦

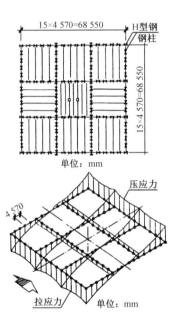

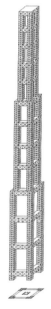

图 2-19　巨型
结构示意图

2.3.3 巨型结构

巨型结构是把常规尺寸的框架或桁架结构按照相似原理成比例放大而成。与常规框架与桁架的杆件截面相比，巨型结构的构件截面尺寸要大得多。一般巨型梁会采用桁架的形式，巨型柱与支撑可以是由钢构件组合成的立体桁架，也可以是由钢与混凝土组成的巨型组合构件（图 2-19）。

2.3.3.1 巨型框架

1. 受力特点

巨型框架是由巨型框架柱（由多根柱通过水平杆及斜撑形成的筒体或钢筋混凝土实腹筒）及巨型框架梁（大多为空间水平桁架）形成的巨型结构体系，巨型梁隔若干层设置一根，巨型梁之间设置次要结构，结构整体抗侧刚度由巨型梁柱提供。

该体系受力明确，使用功能灵活且强度及刚度均较大，并且能很好地解决竖向构件的差异变形，因而是超高层建筑中很有前途的一种新的结构体系。

2. 工程实例

巨型框架体系的典型工程有台北 101 大厦，其总建筑面积为 37.4 万 m^2，地上 101 层，地下 5 层，高 508 m，底层平面尺寸为 45.5 m×45.5 m，是以办公为主的超高层建筑。整个塔楼的结构体系为采用井字形布置的巨型框架，它由每 8 层楼设置一或两层楼高的水平桁架、巨型外柱及内部的巨型格构柱组成的 11 层高巨型框架单元所组成（图 2-20）。

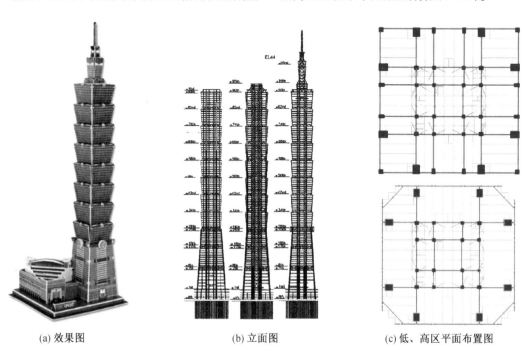

| (a) 效果图 | (b) 立面图 | (c) 低、高区平面布置图 |

图 2-20　台北 101 大厦

巨型外柱采用矩形 CFT 柱，每边布置 2 根，从底部一直延伸至 90 层，底部截面最大尺寸为 2.4 m×3 m×80 mm。结构外框在 26 层以下还另外布置了 1.2 m×2.6 m～1.2 m×1.6 m 及 1.4 m×1.4 m～1.6 m×1.6 m 两种 CFT 柱，27 层以上则配合建筑斜面造型而使用 H900 mm×400 mm～H1 000 mm×500 m 的钢柱并与 H 型钢梁组成次框架，用于传递局部荷载。

结构内部核心处的 CFT 柱间以钢梁和斜撑相连形成巨型的格构柱，斜撑主要采用中心支撑形式，部分斜撑因开门的要求设置为偏心支撑。设备层上下钢梁间设置斜撑形成的水平桁架将内外柱间连接成巨型框架以传递水平荷载与竖向荷载。图 2-20 中的立面图给出了台北 101 大楼结构中 3 种巨型框架的立面，每种框架在 X，Y 方向各设置两榀，共计 12 榀。

2.3.3.2　巨型桁架

1. 受力特点

与巨型框架相似，整个建筑采用巨型柱、巨型梁以及巨型支撑组成平面巨型桁架，这一结构抗侧力体系被称为巨型桁架结构。实际设计时，常将周边各个面内的巨型桁架的斜腹杆交汇在角柱，围成一个巨型桁架筒以提高结构的整体性和抗侧刚度。在巨型桁架结构中巨型桁架是主结构，往往要跨越多个楼层，承担着主要的水平荷载与竖向荷载；而在每个桁架单元内，也会设置一些次结构，用于传递桁架单元内楼层的竖向荷载。

与巨型框架相比，巨型桁架的层间竖向剪力主要通过桁架的斜腹杆的轴向力来传递，且巨柱均集中布置于结构平面的角部，最大程度利用了结构材料，是一种非常高效且经济的抗侧力体系。

2. 设计要点

设计时支撑平面内的斜撑与水平构件的合适角度宜控制在 40°～50°；并加强斜撑杆件与楼板的连接，以保证斜撑杆件的平面外稳定。

结构平面的角部可设置刚度较大的角柱，可最大程度利用结构材料；可结合设备层布置带状桁架，形成支撑筒的水平构件。

3. 工程实例

上海环球金融中心是典型的巨型桁架结构，建筑面积为 38 万 m²，地上 101 层，地下 3 层，高 492 m，底层平面尺寸为 57.6 m×57.6 m，是一幢集办公、商贸、酒店和观光为一体的超高层建筑。整个结构外框采用由巨型柱、巨型斜撑和水平环形桁架构成的巨型桁架结构（图 2-21）。

 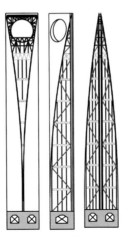 

(a) 效果图　　　　　(b) 立面图　　　　　(c) 低、高区平面布置图

图 2-21　上海环球金融中心

塔楼有 A 和 B 两种类型的巨型柱。A 型巨型柱位于塔楼的东北角和西南角，该两处柱子位置于各层维持不变。A 型巨型柱由 2 根边缘柱与连接两柱的墙体组成。B 型巨型柱位于建筑的东南角和西北角，该两处柱子位置随着楼层的增加而沿建筑立面变为倾斜柱。每一根 B 型巨型柱在 43 层处一分为二成为 2 根倾斜柱，并一直延伸至 91 层。

巨型斜撑为内灌混凝土的焊接箱形截面。截面由两块竖向翼缘板和两块水平连接腹板组成。巨型斜撑中内灌混凝土，是为了增加巨型斜撑的刚度，而非为了提高强度。填充的混凝土也增加了建筑物的阻尼。巨型斜撑除了用于抵御侧向荷载以外，还用于承受从周边柱子（或其他渠道）传来的部分重力荷载，底部最大支撑截面尺寸为 1 600 mm×480 mm。

2.3.4 筒中筒结构

筒中筒结构是由外筒与内部核心筒结构组成（图2-22）。外筒可以采用密柱框筒、框架支撑筒和斜交网格筒等形式。采用钢筋混凝土结构时，内筒一般采用混凝土剪力墙组成的筒体；采用钢结构时，内筒一般采用钢框筒或钢支撑筒。

筒中筒结构是一种双重抗侧力体系，在水平荷载作用下，内外筒需要协同工作。筒中筒结构由于内筒的存在，其抗侧刚度要比相同的筒体结构强。因此相同条件下，它的外筒可以做得更加通透，以满足建筑的设计要求。

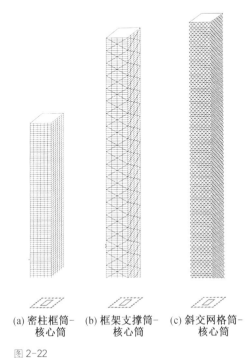

(a) 密柱框筒-核心筒　(b) 框架支撑筒-核心筒　(c) 斜交网格筒-核心筒

图2-22

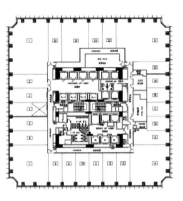

图2-23

图2-22　支撑筒结构示意图

图2-23　北京国贸三期

2.3.4.1 框筒-核心筒结构

框筒-核心筒结构是指外筒采用框筒结构的筒中筒结构。

典型的工程实例有北京国贸三期（图2-23），建筑面积为28万 m^2，主塔楼建筑高度为330 m，共74层，底层平面尺寸为52.2 m×52.2 m。内部为型钢混凝土核心筒，外部为型钢混凝土框筒，沿结构高度设置了两道两层高的外伸臂桁架。[7]

2.3.4.2 框架支撑筒-核心筒结构

框架支撑筒-核心筒结构是指外筒采用框架支撑筒结构的筒中筒结构。

1. 实例一

天津高银金融117大厦主塔楼（图2-24）是典型的框架支撑筒-核心筒结构，建筑面积为37万 m^2，主塔楼建筑高度为597 m，地下3层，地上117层，底层平面尺寸为65 m×65 m，随高度最终收为45 m×45 m。内部为型钢混凝土核心筒，外部采用巨型柱、环形桁架及巨型支撑组成的框架支撑筒。

整个巨型支撑框架在角部采用4根巨型钢管混凝土柱，底部最大面积为45 m^2。环形桁架结构利用建筑设备层，每12～15层设置一道，沿高度共设置9道。巨型支撑设置于

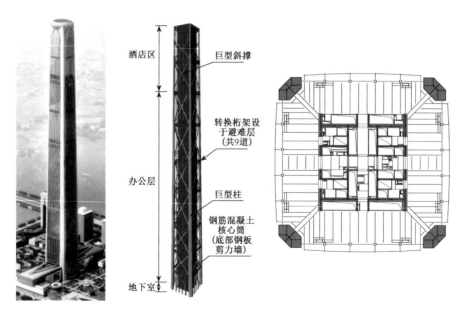

图 2-24 天津高银金融 117 大厦主塔楼

塔楼的 4 个立面上,采用焊接箱形截面,底部一区采用人字撑,其他区则采用交叉支撑。每两道环形桁架之间设置次框架结构用于支撑楼盖结构。[7]

2. 实例二

天津周大福金融中心(图 2-25),建筑面积为 25.1 万 m²,建筑高度为 530 m,结构高度为 443 m,地下 4 层,地上 94 层,底层平面尺寸为 61 m×65 m,随高度平面逐渐内缩。内部为混凝土核心筒,外部采用斜撑和抗弯框架组成的框架支撑筒。

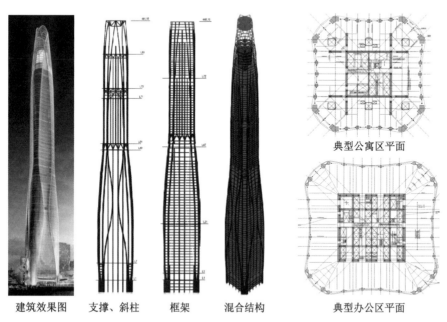

建筑效果图　支撑、斜柱　框架　混合结构　典型办公区平面

图 2-25　天津周大福金融中心

整个塔楼的结构与建筑外形形成了一个有机的结合,塔楼的 8 根斜撑沿着建筑的外轮廓脊线蜿蜒上升,将角柱、边柱与框架连系在一起,共同受力,提高了整个外框的抗侧刚度。49 层以下,支撑采用直径为 1.8 m 的 CFT 柱,50~88 层采用边长为 1.1 m 的

SRC柱，89层以上则采用边长为 1 m 的纯钢柱。塔楼一共设置了 4 道环形桁架，首道（48～51 层）桁架既作为抗侧力体系中的一部分，同时又作为转换桁架，将上部 4.5 m 的柱距转换成下部的 9 m。

2.3.4.3 斜交网格筒-核心筒结构

斜交网格筒-核心筒结构是指外筒采用斜交网格筒结构的筒中筒结构。

典型的工程实例有广州西塔（图 2-26），建筑面积为 39.5 万 m²，主塔楼建筑高度为 425 m，共 103 层，底层平面尺寸为 65.9 m×65.9 m。内部为型钢混凝土核心筒，外部采用钢管混凝土斜交网格筒。

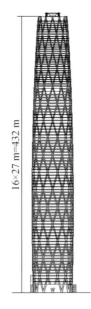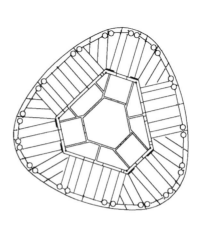

图 2-26 广州西塔

整个塔楼高宽比达 6.5，平面为类三角形，外周边由大段曲率不同的圆弧构成；立面由首层至 31 层外凸，31 层至 103 层内收，剖面外轮廓也呈弧线。西塔外周边共 30 根钢管混凝土斜柱于空间相贯，节点层间距离为 27 m；73 层以下每节点层间分 6 层，层高 4.5 m；其余分 8 层，层高 3.375 m。

广州西塔斜交网格外筒的组成包括：①竖向构件——以一定角度相交的斜柱，斜柱的竖向交角在 13.63°～34.09°变化；斜柱为钢管混凝土柱，钢管直径 1 800 mm，壁厚 35 mm，每一个节点层直径缩小 50 mm 或 100 mm，至顶层钢管直径为 700 mm，壁厚为 20 mm。②水平构件——沿外周边布置、连接网格节点的环梁及沿外周边布置、支承于斜柱的楼面梁。[9]

2.3.5 框架-核心筒结构

1. 受力特点

筒体结构是将筒体布置在整个建筑的外框，框筒和束筒结构的密柱深梁，支撑框架筒与斜交网格筒中的斜杆（支撑）都会影响到建筑物内外眺的视线，建筑外形也会比较单调；另外随着层数的增加，如何充分有效地利用建筑面积成为超高层设计中的重要课题。

为此将竖向交通、卫生间、管道井和其他服务性功能用房集中布置在楼层平面的核心部位，在该服务性区域设置一圈剪力墙（或支撑），从而在楼层中心形成一个抗侧刚度与强度都很大的竖向筒体，即所谓的核心筒。核心筒作为超高层结构的主要抗侧力构件，可承担绝大部分的水平荷载。而建筑外周可设置主要用于承担竖向荷载的框架，如此框架的柱距可以加大，裙梁的高度也得以减小。这种由核心筒与外周框架共同组成的结构体系称为框架-核心筒体系（图2-27）。

框架-核心筒体系中的框架是平面框架，主要在平面内受力，没有筒体的空间作用。在水平荷载作用下，主要是核心筒和与水平力作用方向平行的腹板框架起到抗侧作用，其中核心筒由于其刚度与强度都比较大，成为抗侧力的主体。为了能使翼缘框架中柱也参与结构整体的抗倾覆，可以在翼缘框架柱与核心筒之间设置水平伸臂构件（图2-28）。采用外伸臂构件后，这种结构体系的建造高度已可达400 m以上，其建筑高度可以与筒中筒结构相接近。

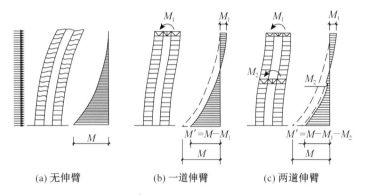

(a) 无伸臂   (b) 一道伸臂   (c) 两道伸臂

图2-28　伸臂对核心筒所受倾覆力矩的影响示意图

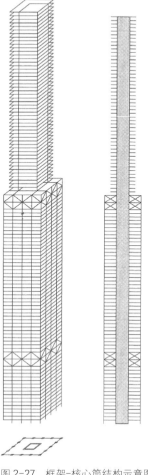

图2-27　框架-核心筒结构示意图

设置水平伸臂层的楼层一般称之为加强层，为了进一步减小翼缘框架柱的剪力滞后效应，增大结构的抗侧刚度，可以在加强层的周边设置环形桁架。水平伸臂构件可以采用桁架、空腹桁架和墙等形式。

加强层在平面的两个方向均设置伸臂构件，伸臂构件宜贯通核心筒，形成井字形。加强层的数量与位置对其作用会有较大的影响，但也不是越多越好；考虑到施工工期，加强层的数量也不宜太多，关于加强层的最优数量及布置位置在后面的章节中会有专门的讨论。

2. 设计要点

对于框架-核心筒体系，核心筒是最主要的抗侧力构件，因此应确保核心筒有足够的延性。可通过在核心筒角部设置型钢，采用钢板或型钢连梁、钢板混凝土剪力墙、交叉配筋剪力墙和双连梁等方式来实现。

为了提高结构的冗余度，可以将其设计成双重抗侧力体系。其中核心筒承担绝大部分的剪力，是抗震（抗风）的第一道防线，外框作为抗震（抗风）的第二道防线，此时外框架剪力应按规范要求调整。

由于外框与内部核心筒在竖向荷载作用下存在一定的变形差，为了避免在梁中产生次弯矩，外框柱及核心筒之间的楼面梁一般采用铰接。同样，为了避免在伸臂桁架中产生不利的轴力与次弯矩，一般考虑外框与核心筒之间变形差稳定之后，再连接伸臂桁架。

2.3.5.1　稀柱框架-核心筒

对于框架-核心筒体系，当外框采用普通大小的柱截面时，外框架柱间距可达 8～10 m，此时该体系被称之为"稀柱框架-核心筒"。该体系在超高层建筑中应用较为广泛，比较典型的工程实例有武汉中心、南京绿地紫峰大厦、苏州国际金融中心和苏州中南中心等。

武汉中心总建筑面积 34 万 m²，地上 88 层，地下 4 层，高 438 m，平面尺寸为 52.6 m×52.6 m，整个结构采用稀柱框架-核心筒-伸臂桁架体系（图 2-29）。

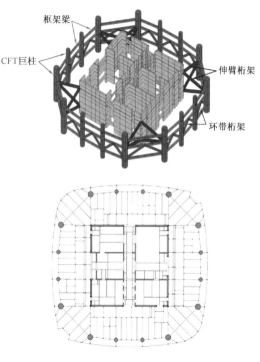

图 2-29　武汉中心

66 层以下区域由每侧边 4 个（柱距约 9.45 m）、共 16 根框架柱组成，66 层以上由每侧边 2 个（柱距约 28.35 m）、共 8 根框架柱组成。自 68 层至 87 层沿每个侧边布置 5 个次结构柱；它们通过外周框架梁以及 68 层和 87 层的环带桁架连成整体。次结构柱与框架梁、环带桁架共同形成刚度较大的密柱刚架，将竖向荷载传递至 8 根框架柱，同时也提高了此区段的框架抗侧刚度，两道防线的作用得到了体现。

在建筑避难层或设备层布置了 6 道环带桁架，分别位于 18 层、31 层、47 层、63 层、68 层、87 层。共布置有三道伸臂桁架，每道为两层高，分别位于 31～32 层、47～48 层、63～64 层。伸臂桁架能有效提高结构周边巨柱框架的抗倾覆弯矩，在结构进入弹塑性状态后伸臂桁架能屈服耗能，可作为抗震设防的另一道防线，能够提供较大的结构冗余度。

2.3.5.2 巨型框架-核心筒

对于稀柱框架-核心筒体系，柱网从下到上基本是相同的，适用于从底层到顶层功能大体相同的建筑，而当建筑上下各区功能要求不同时，这种结构体系往往不再适用，此时巨型框架-核心筒体系就是一种不错的选择。

巨型框架-核心筒体系是将外框设计成主、次框架结构。主框架是一种跨度很大的跨层框架，每隔6～15层设置一根巨型框架梁（桁架），它与巨型柱一起形成巨型框架，用于提供外框的抗侧刚度。巨型框架之间楼层设置柱网较小的次框架。次框架仅用于传递对应楼层的竖向荷载，并将其传递给巨型的框架梁，而这些楼层水平荷载则由楼盖直接传到巨型框架上。

由于巨型框架自身的抗侧刚度有限，所以经常要通过伸臂桁架与内部核心筒连接在一起来抵抗水平荷载的作用。由于该体系将竖向荷载尽可能多地传递至巨型柱上，因而可以避免其在水平荷载作用下受拉。

该体系在超高层建筑中应用较为广泛，比较典型的工程实例有上海中心大厦、深圳平安金融大厦、香港国际金融中心二期、广州东塔、于家堡03-08地块和贵阳文化广场大厦等。

1. 工程实例1——于家堡03-08地块

于家堡03-08地块，建筑面积21万 m²，地上62层，地下4层，高297 m，底层平面尺寸为51 m×51 m，整个结构采用巨型框架-核心筒-伸臂桁架体系（图2-30）。

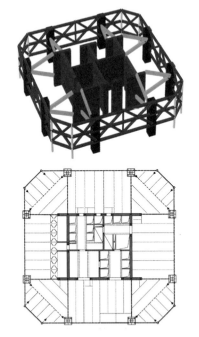

图2-30　于家堡03-08地块

结构体系是在每侧边设置2根巨型框架柱，共8根巨型框架柱组成。底层框架柱截面为3.5 m×2.2 m，到结构顶部缩小为1.5 m×2.2 m。在建筑避难层或设备层布置了5道环带桁架，分别位于7层、21～22层、35～36层、49～50层、61层，与8根巨柱一起形成巨柱巨型框架。另外设置了3道伸臂桁架，每道为两层高，分别位于21～22层、

35～36层、49～50层。伸臂桁架能有效提高结构周边巨柱框架的抗倾覆弯矩，在结构进入弹塑性状态后伸臂桁架能屈服耗能，可作为抗震设防的另一道防线，能够提供较大的结构冗余度。

2.工程实例2——贵阳文化广场大厦

贵阳文化广场大厦位于贵阳市文化和商业轴线的交叉处，将成为贵阳最高的大厦，为酒店办公两用建筑，设有巨大的公共观景台。该建筑地上108层，地下4层，高540 m，底层平面尺寸为65 m×65 m，顶部收到38 m×38 m，整个结构采用巨型框架-抗弯框架-核心筒体系（图2-31）。

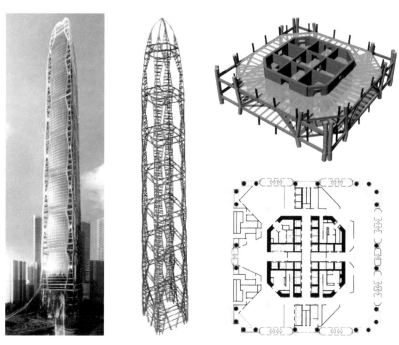

图2-31　贵州文化广场大厦

塔楼在结构的角部分别设置了4根巨型格构柱，每隔14层设置一道桁架，形成巨型框架。为了提高整个结构的抗侧刚度，在每榀巨型框架中还设置了抗弯次框架，本区的次框架的竖向荷载通过底部的桁架传给角部的4根巨型格构柱。该结构形式不仅可以提供良好的受力性能，而且巨柱的通透性还可以减小塔楼所承受的风荷载作用[①]。

2.3.6　连体结构

连体建筑是指两个或多个建筑由设置在一定高度处的连接体相连而成的建筑物。通过在不同建筑塔楼间设置连接体，一方面可以将不同建筑物连在一起，方便二者之间的联系，解决超高层建筑的防火疏散问题；同时连体部分一般都具有良好的采光效果和广阔的视野，因而还可以作为观光走廊和休闲场所等。另一方面，连体结构在立面和平面上拥有充分的创造空间，独特的外形会带来强烈的视觉效果，目前已建成的高层连体建筑大多成为一个国家或地区的标志性。正是这些特点，使得这种连体结构形式越来越受

---

① 参考来源：http：//www. som. com/china/projects/guiyang _ cultural _ plaza _ tower#sthash. nnaLrKUt. dpuf

到青睐，近年来得到了广泛的关注和应用。

从结构的角度，连体结构可以充分利用结构之间的距离来提高整个结构群的抗侧刚度，来满足人们对建筑高度和巨型化的追求。从受力角度看，连体结构可以看作是巨型结构的一种，每一塔楼可以看成是巨型结构中的巨柱，而连体则可以看成是巨型结构的巨型梁。

1. 连体结构分类

超高层连体建筑按照建筑造型和结构特点具有多种分类方式，主要分类方法如下：

1）按照塔楼的数量进行分类

超高层连体建筑按照塔楼的数量可以分为双塔连体、三塔连体和更多数量的塔楼连体。在实际工程中，最常见的是双塔连体，如吉隆坡彼得罗纳斯大厦和苏州东方之门（图2-32）等。对于三塔连体建筑，在建和已建成的数量则相对较少，如新加坡滨海湾金沙酒店（图2-33）和南京金鹰天地广场等。多塔连体建筑近年来也有一定的发展，如杭州市民中心（6塔，图2-34）和北京当代MOMA（9塔，图2-35）。

超高层建筑结构设计与工程实践

图 2-32    图 2-33

图 2-32 苏州东方之门

图 2-33 新加坡滨海湾金沙酒店

图 2-34   图 2-35

图 2-34 杭州市民中心

图 2-35 北京当代 MOMA

2）按照塔楼的结构布置分类

超高层连体建筑按照塔楼的结构布置可以分为对称连体结构和非对称连体结构。对称连体结构又可分为双轴对称和单轴对称，双轴对称结构仅会产生水平振动；对于单轴对称结构，当水平作用与对称轴垂直时，仅引起该方向的水平运动，而水平作用在另一方向时，则会引起结构的平扭耦联振动。非对称连体结构平扭耦联效应明显，受力最为复杂，如中央电视台CCTV新台址主楼（图2-36）和南京金鹰天地广场（图2-37）。

图2-36　中央电视台 CCTV 新台址主楼
图2-37　南京金鹰天地广场

图2-36　　　　　　　　　　　　　　　　　　　　　　　　　　　　　图2-37

3）按照塔楼与连接体的连接方式分类

超高层连体建筑按照塔楼与连接体的连接方式可以分为强连接结构和弱连接结构。

强连接是指连接体结构较强，有足够的刚度将各主体结构连接在一起整体受力和变形。两端刚接、铰接的连体结构都属于强连接结构，如苏州东方之门、中央电视台CCTV新台址主楼和南京金鹰天地广场等。

弱连接是指连接体结构较弱，无法协调各主体结构使其共同工作，连接体对主体塔楼的结构动力特性几乎不产生影响；一端铰接一端滑动和两端滑动均属于弱连接结构，连接体通过可动隔震支座与塔楼相连，如吉隆坡彼得罗纳斯大厦和北京当代MOMA。

相较一般超高层单塔与多塔结构，超高层连体结构体型复杂，连接体的存在使得各塔楼相互约束、相互影响，结构在竖向和水平荷载作用下的受力性能的影响因素众多，主要影响因素有以下几点：

（1）塔楼的数量、结构形式、对称性和间距；

（2）连接体的数量、刚度和位置；

（3）连接体与塔楼的连接方式；

（4）有大底盘时底盘层数、高度及楼面刚度。

2. 受力特点和设计要点

由于影响因素多，超高层连体结构的力学性能比一般结构要复杂得多，其主要的受力特点和设计要点有：

1）动力特性极其复杂

各塔楼相连后，整体刚度增大，但刚度不同的各塔楼被连接体协调变形后模态特性难以预知。同时，连接体与各塔楼的相对刚度、连接体所处的塔楼位置均会对整体结构动力特性产生较大的影响，这使得连体结构的振动模态极其复杂。除连体部位外，各塔楼振动不同步，塔楼反向运动或同向不同步运动是连体结构振型的一个重要特征。

此外对于超高层连体结构，高阶模态对结构反应的贡献大大增强，达到规范规定的有效质量参与系数所需计算的模态数大大增加。

2）扭转效应显著

与其他体型的结构相比，超高层连体结构扭转变形较大，平扭耦合效应更强。在水平风载和地震作用下，结构除产生平动变形外，扭转效应随着塔楼不对称性的增加而加剧。即使对于对称连体结构，由于连接体楼板的变形，各塔楼除有同向的平动外，还可能产生相向运动，该振动形态是与整体结构的扭转振型耦合在一起的。实际工程中，由于地震在不同塔楼之间的振动差异，各塔楼的不同步运动极有可能产生响应，由于这种不同步的振动特性，结构各平动模态中的扭转分量也有较大幅度的提高，甚至扭转模态提前。在进行抗震计算和设计时，需进行双向地震作用的验算，并考虑平扭耦联效应对结构受力的影响。

3）连接体受力复杂

该条仅针对强连接结构，连接体在连体结构中起到至关重要的作用，第一，连接体往往跨度较大，且使用功能复杂，荷载重，起到将荷载传递至各塔楼的作用；第二，在水平风载和地震作用下，连接体起到在各塔楼间传递水平力的作用；第三，由于结构的不对称性，各塔楼独立动力特性差异较大，连接体起到协调各塔变形，实现各塔楼共同工作的作用。因此，连接体在重力荷载、风载、地震等作用下，处于拉、压、弯、剪、扭的多种应力状态下，受力状况十分复杂。

4）风荷载的准确计算非常重要

对于超高层结构，风荷载往往超过地震作用成为结构的控制水平作用，因此风载的准确计算对于超高层连体结构的重要性也不言而喻。但是相较普通超高层结构，超高层连体结构的风荷载作用极为复杂，塔楼形状、数量，塔楼距离、相对角度，连接体形状、刚度、位置等因素均对风荷载产生重要影响。另外，两塔楼之间形成的狭窄通道使风场流速加大，风压增强。但是目前，关于超高层连体结构风载的相关研究资料极少，理论计算方面尚"无章可循"，主要手段是进行风洞试验研究。

5）竖向地震响应明显

超高层连体结构由于连接体的大跨、重载特点，其对于竖向地震作用的敏感度较高。目前，高层结构竖向地震作用的研究关注度远不及水平地震作用，关于高层连体结构竖向地震的研究资料极少，规范有关条文较简单。已有研究表明：现行抗震规范中的计算方法对连体结构均不适用，且会使结果偏于不安全。

6）施工过程对结构性能影响较大

超高层连体结构的施工技术较为复杂，目前针对各种高空悬挑结构，为提高施工效率，节约工程成本，类似桥梁合龙施工结构连接技术在建筑结构中也得以应用，如CCTV两塔悬臂分离安装，然后逐步阶梯延伸，最后空中合龙。不同的施工顺序和方法对于不同阶段的结构受力会产生巨大影响，因此对于连体结构，必须考虑不同的施工顺序和施工方法，对结构进行施工全过程模拟分析，确保结构的安全。

7）竖向刚度突变

连接体与上下相邻楼层刚度突变严重，这些相邻楼层均为结构的薄弱楼层，受力复杂，存在明显的类似"应力集中"现象。设计时需对这些楼层进行准确分析，并予以加强。

除此之外，由于超高层连体结构的平面体型较大，各塔楼间的距离较远，必要时还需考虑行波效应对结构受力的影响。即使是对于强连体结构，连接体相对塔楼的刚度依然较小，加之往往连接体上功能复杂，连接体的舒适度验算和振动控制问题也十分重要。

综上可以看到，超高层连体建筑的受力复杂程度远远超过一般超高层建筑，给结构分析和设计带来巨大挑战。因此，超高层连体结构宜采用相同或相近的体型、平面和刚度，且成对称布置。对于层数和刚度相差较大的建筑，在7度及8度抗震区不宜采用强连接的连体结构。连体结构应尽可能减轻自重，并注重支座与塔楼的连接计算与设计。

3. 工程实例

南京金鹰天地广场位于南京市河西新商业中心南端，是集高端百货、五星级酒店、智能化办公、国际影院、文化教育、大中型餐饮、特色休闲区、娱乐、健身及高级公寓为一体的城市高端大型综合体。其占地面积约5万 m^2，总建筑面积约90.1万 m^2，其中：地上建筑面积约68万 m^2，由9～11层裙楼及3栋超高层塔楼组成；地下4层，地下建筑面积22.1万 m^2。塔楼A共计76层，总高约368 m；塔楼B共计67层，总高约328 m；塔楼C共计60层，总高约300 m。同时，塔楼B在平面上与塔楼A和塔楼C呈19°夹角。3栋塔楼在约192 m高空处通过6层高的空中平台连为整体。3栋塔楼与裙房间设置抗震缝分为独立的结构单元（图2-38）。

 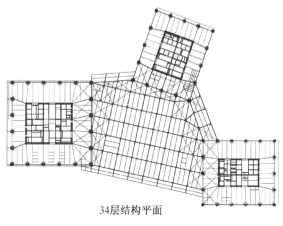

34层结构平面

图2-38　南京金鹰天地广场效果图及典型平面图

金鹰天地广场的建筑结构采用多重抗侧力结构体系：混凝土核心筒＋伸臂桁架＋型钢混凝土框架＋连接体桁架，以承担风和地震产生的水平作用。结合建筑设备层与避难层的布置，沿塔楼高度方向均匀布置环形桁架。于空中平台6层中除顶层以外的5层周边设置整层楼高的钢桁架，钢桁架贯穿至相连的3栋塔楼核心筒或与塔楼环形桁架相连，以承担空中平台的竖向荷载，并协调3栋塔楼在侧向荷载作用下的内力及变形。

连接体结构由连接体底层的转换桁架、周边5层楼高贯穿至相连3栋塔楼的钢桁架，以及转换桁架之上的钢框架结构组成，结构体系详见图2-39。转换桁架双向正交布置，承托其上5层空中平台楼层的竖向荷载，并将其传至周边3栋塔楼，转换桁架均向塔楼方向延伸一跨至塔楼核心筒外墙；而5层楼高的周边钢桁架除了承担竖向荷载以外，还将协调3栋塔楼在侧向荷载作用下的内力及变形。

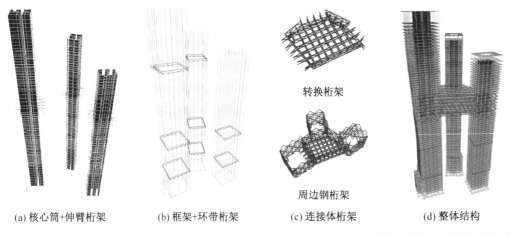

(a) 核心筒+伸臂桁架　　(b) 框架+环带桁架　　(c) 连接体桁架　　(d) 整体结构

转换桁架

周边钢桁架

图2-39　南京市金鹰天地广场结构体系

2.3.7　其他结构体系

2.3.7.1　悬挂结构

悬挂体系是利用钢吊杆将大楼的各层楼盖，分段悬挂在主构架各层横梁上所组成的结构体系。

1. 受力特点

层数较少的大跨度结构，一般是将各层楼盖通过吊杆悬挂在主构架的顶部钢桁架上。主构架一般采用巨型钢框架，其立柱可以是类似竖放空腹桁架的立体刚接框架，也可以是小型支撑筒；其横梁通常采用立体钢桁架。主构架每个区段内的吊杆，一般是吊挂该区段内的十几层楼盖，通常是采用高强度钢制作的钢杆，或者是采用高强度钢丝束。

悬挂体系可以为楼面提供很大的无柱使用空间。对位于高烈度地震区的楼房，在悬挂结构与核心筒之间安装黏弹性阻尼器，形成悬吊隔震体系，还可显著减小结构地震作用反应。

2. 工程实例

1979年重建的香港汇丰银行大厦属于典型的钢框架悬挂建筑结构。该建筑共43层，高约180 m，主体由8根巨型钢格构柱及桁架转换层形成巨型框架悬挂结构，正面为桁架将两根大柱连成单跨外伸框架；建筑纵向用十字交叉杆系将平面框架连接成三跨框架。其整体为巨型空间框架，悬挂部分通过竖向吊杆和斜拉杆传递到主体框架上，整体受力性能良好（图2-40）。

在建筑的整个高度上，5组2层高的桁架将钢柱连接起来，各组楼层就悬挂在桁架上。3跨结构的高度不同，形成了一个错落的轮廓。大厦内部空间具有相当的灵活性，自1985年建筑投入使用以来，银行的所有人员已多次改变办公位置。1995年，仅仅用了6个星期的时间，就在建筑内新增了一个证券厅。

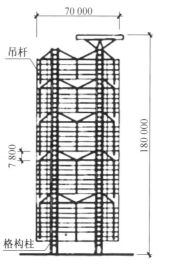
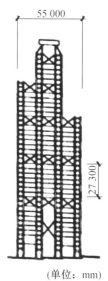

吊杆

格构柱

(单位：mm)

图 2-40 香港汇丰银行大厦

2.3.7.2 脊骨结构

脊骨结构是在巨型框架的基础上进一步发展而来的，适合于一些建筑外形复杂、沿高度平面变化较多的复杂建筑，取其形状规则部分——通常在建筑平面的内部，做成刚度和承载力都十分强大的结构骨架抵抗侧向力。

1. 受力特点

脊骨结构一般由巨型柱和柱之间的剪力膜组成，巨型柱可以做成箱型柱、组合柱、桁架柱等，剪力膜多为跨越若干层的斜支撑组成的桁架、空腹桁架、伸臂桁架等，或由几种形式结合，主要承受弯矩和剪力，巨型柱则主要承受倾覆力矩产生的轴力。脊骨结构应上下贯通，直通基础，是抗侧力的主要结构，大柱之间相距尽量远，以便抵抗较大的倾覆力矩和扭矩，应使楼板上的竖向荷载最大程度地传至巨柱上，以抵抗倾覆力矩产生的抗力。

2. 工程实例

脊骨结构作为一种新型的结构体系，其已在美国费城的 Three Logan Square（图 2-41）中得到应用。该建筑共 55 层，高 225 m，总建筑面积为 12 万 m²，是一座纯办公超高层建筑。

图 2-41 Three Logan Square

2.3.7.3 Michell 桁架结构

1. 受力特点

对于一个高层结构，为了求其最优的结构形式，可以将其简化成：求一平面内的悬臂连续构件在竖向力与水平力共同作用下满足一定约束条件的结构重量最小的问题。

传统的结构优化方法主要分两类：准则法、规划法。其中，准则法的主要内容之一就是 Michell 理论。Michell 在 1904 年用解析分析的方法研究了在荷载 F 作用下固定

于点 B 的悬臂结构，得到 AB 间最优结构所应满
足的条件：由起始于点 B，正交汇聚于点 A 的两条
对称螺旋线所组成，这一条件被称为 Michell 准则，
满足 Michell 准则的结构即 Michell 桁架结构（图
2-42），它的重量最小。

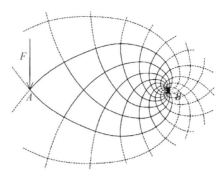

图 2-42 Michell 桁架示意图

2. 工程实例

由于 Michell 桁架结构是一种高效的抗侧力结构，
被尝试性地应用于超高层建筑中，如 Foster 的上海中
心大厦方案（图 2-43）、俄罗斯塔（图 2-44）[10]和深圳
中信金融中心（图 2-45）等。

超高层建筑结构设计与工程实践

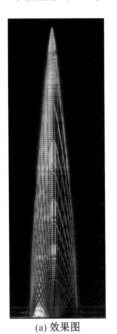

(a) 效果图

(b) 结构体系

图 2-43

(a) 效果图

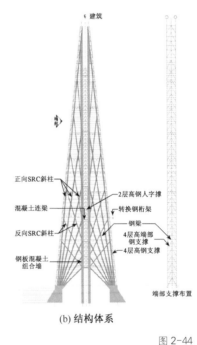

正向SRC斜柱
混凝土连梁
反向SRC斜柱
钢板混凝土
组合墙

建筑

2层高钢人字撑
转换钢桁架
钢梁
4层高端部
钢支撑
4层高钢支撑

端部支撑布置

(b) 结构体系

图 2-43 Foster
上 海 中 心 大 厦
方案
图 2-44 俄罗斯
塔

深圳中信金融中心位于深圳湾，项目包括两栋超
高层多功能塔楼，其中 T1 塔楼高 312 m（结构高度
299.8 m），地上 65 层，地下 4 层，典型层高为4.5 m，
地上建筑面积14.32 万 m^2；T2 塔楼建筑高 212 m（结
构高度 199.5 m），地上 44 层，地下 4 层，典型层高
为 4.2 m，地上建筑面积 7.59 万 m^2，4 层地下室延
伸至整个场地范围。[11]

两幢塔楼结构均采用 Michell 桁架和混凝土核心
筒结构。Michell 桁架主要用于承担水平荷载作用，
桁架截面采用矩形钢管混凝土构件，塔楼四角的两个
相邻柱之间采用延性钢框架梁连接，柱之间用一些像
蜘蛛网一样的交叉斜撑连接在一起，结构有着很好的

(a) T1与T2塔楼建筑效果图

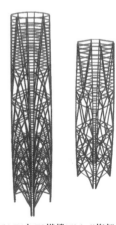

(b) T1与T2塔楼Michell桁架

图 2-45 深圳中信金融中心

鲁棒性。在结构底部，由于水平荷载较大，所以桁架斜撑密一些；相反在结构上部，由于水平荷载稍小，所以桁架斜撑就会布置得稀一些。

2.4　超高层建筑结构体系与经济性

安全、适用、经济是结构设计的三要素。三个要素之间既有层次关系，又相互平衡和制约。在满足前两个要素的前提下，结构造价可以用直接经济指标或间接经济指标来衡量。

直接经济指标一般采用结构造价百分比、单位面积结构综合造价或单位面积材料用量（如钢材、钢筋和混凝土），对任何类型的结构都是适用的。但超高层建筑具有施工周期长、投资回收慢、竖向构件面积大等特点，因此也可用间接经济指标（如竖向构件占楼层面积比、施工可建性、社会效应、楼层净高）来补充衡量。本书主要以直接经济指标来判断结构设计是否经济合理。

建筑结构设计应根据使用过程中在结构上可能同时出现的荷载，按承载能力极限状态（$\gamma_0 S \leqslant R$）与正常使用极限状态（$S \leqslant C$）分别进行设计，其中 S 为荷载效应组合，R 与 C 分别为结构构件的抗力值及结构或构件达到正常使用要求的设计指标，如变形、裂缝和加速度等限值。[12]

因此，要提高超高层结构设计的经济性，可以从荷载效应、结构构件抗力和规定限值三方面入手。首先，在超高层建筑中，水平荷载是设计的控制荷载，减小结构所受的水平荷载是提高经济性最有效的措施之一。其次，提高结构体系的效率，充分发挥不同结构材料各自的优势，也是提高超高层结构设计经济性的不二法门。最后，选择合理、合适的规定限值也是影响结构设计经济性的一项重要性因素。[17]

2.4.1　减小结构所受的水平荷载

从受力的角度来说，超高层结构类似于细长的悬臂构件，在其他条件相同的情况下，假定水平荷载沿倒三角分布，结构底部的倾覆力矩与建筑高度的三次方成正比，结构顶部的水平位移则与建筑高度的四次方成正比。因此，对超高层结构而言，水平荷载作用下结构的抗弯设计往往起控制作用。结构所受的水平荷载主要分为风荷载和地震作用两类。

2.4.1.1　减小结构所受的风荷载

对于以风荷载为设计控制荷载的超高层建筑，为了减小风荷载的作用可以采取以下一些措施：

（1）采用合理的建筑体型来减小结构所受的风荷载。图 2-46 给出相同建筑高度下，不同建筑体型所引起的风荷载大小，可以看到：三角锥所受的风荷载最小，圆柱体所受风荷载为三角锥的 1.3 倍，而棱柱体受风荷载最大，可达三角锥的 2.5 倍。

（2）采用建筑平面角部切角或柔化，建筑平面沿高度退台、锥形化、改变形状和旋转来减小结构所受的横风向风荷载的作用；建筑立面上设置扰流部件和开洞来减小结构所受的横风向风荷载。

（3）采用减振技术来减小超高层建筑顶部的加速度响应，提高建筑物的舒适度。图2-47为上海中心大厦建筑顶部设置的TMD，位于125层，质量块约1 200 t重，广义质量比约0.96%，吊索长度20.6 m，频率比约99.6%。根据分析，安装此阻尼器系统将一年重现期的风致加速度峰值减少近42%，即从0.042 m/s² 减少至0.023 m/s²。同样地，顶部10年的峰值加速度从0.08 m/s² 减少到0.043 m/s²，大大提高了建筑物的舒适度品质。[13]

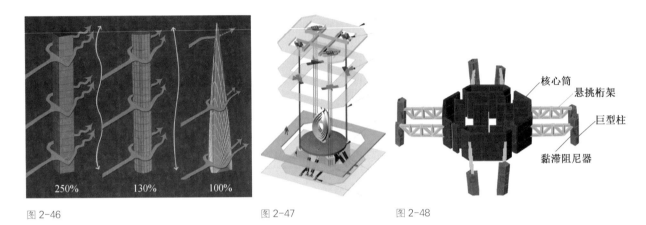

图 2-46　　　　　　　　　　　图 2-47　　　　　　　图 2-48

图2-46　不同建筑体型对结构所受风荷载的影响
图2-47　TMD
图2-48　阻尼器设置示意图

2.4.1.2　减小结构所受的地震作用

对于以地震作用为设计控制荷载的超高层建筑，为了减小地震作用可以采取以下一些措施：

（1）采用高比强度、高比刚度的材料来减小结构自重，从而减小结构所受的地震作用。超高层建筑混凝土核心筒由于受轴压比限值的要求，其厚度一般较大，重量一般可超过结构自重的40%。如果采用高强混凝土（如C60以上）或加钢板形成组合墙，则可以大大减小墙厚和结构所受的地震作用。

（2）优先采用消能、减震的技术来减小结构输入的地震作用。图2-48为8度区的一座高340 m的超高层建筑，采用巨型框架-混凝土核心筒结构体系，在设备层悬挑桁架端部设置黏滞阻尼器与巨型柱相连。分析表明不同时程波下的地震基底剪力减小16%～28%，顶点位移减小30%～38%，最大层间位移角减小约30%。由于悬挑桁架对核心筒转角进行放大，位于悬挑桁架端部的黏滞阻尼器效率最大，减震效果非常明显。[14]

2.4.2　提高结构的抗侧效率

水平荷载作用下超高层建筑基底的倾覆力矩和结构顶部的位移随结构高度呈非线性增长，用于结构抗侧的材料用量也随着建筑高度的增加而呈非线性增加，所以选择合理的抗侧力结构体系也是提高结构经济性的重要途径之一。

2.4.2.1　结构的抗侧效率

在水平荷载作用下，结构产生的水平位移主要由两部分组成：结构整体弯曲变形，构件局部弯曲和剪切变形（图2-49）。Fazlur Khan认为，高效的抗侧力结构体系的侧向

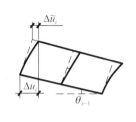

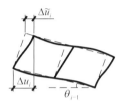

(a) 总水平位移　　(b) 结构整体弯曲产生的水平位移

(c) 构件弯曲和剪切产生的水平位移

图 2-49　结构水平位移组成

变形应该仅由柱子的轴向缩短和拉伸（结构整体弯曲变形）引起，而抗弯框架中构件的弯曲变形和剪切变形只会降低结构的效率，增加额外的结构材料和造价。因此，可以将超高层结构的抗侧效率定义为柱子由于缩短和拉伸引起的侧向变形占结构总侧向变形的比例。[15]

对于超高层结构，影响结构抗侧效率的因素主要有结构的平面形状和布置、结构的立面形状以及伸臂桁架的布置等。

2.4.2.2　结构平面抗侧效率

1. 平面形状

图 2-50 给出了常用的 5 种正多边形楼层平面，柱子被均匀布置在各个平面的顶点。当平面面积和柱子面积之和一定时，各个平面的抗剪刚度相同，不同的是平面抗弯刚度。假定正方形平面的抗弯刚度为 EI，则不同平面形状的相对抗弯刚度如表 2-3 所示。可以看到随着多边形边数的增加，平面的抗弯刚度不断变小，即正三角形平面抗弯刚度最大，圆形平面抗弯刚度最小。

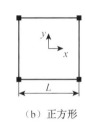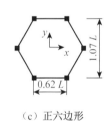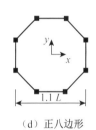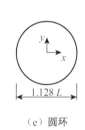

（a）正三角形　　（b）正方形　　（c）正六边形　　（d）正八边形　　（e）圆环

图 2-50　不同形状的楼层平面

表 2-3　不同形状的平面抗弯刚度

平面形状	等边三角形	正方形	正六边形	正八边形	圆环
截面抗弯刚度	$1.54EI$	EI	$0.75EI$	$0.71EI$	$0.63EI$
α_S	1.54	1	0.75	0.71	0.63

为此，定义平面抗弯刚度的形状影响系数 α_S 为：不同形状的平面抗弯刚度 I 与相同平面面积的正方形平面的抗弯刚度 I_{sq} 的比值，可以用式（2-1）来表示：

$$\alpha_S = \frac{I}{I_{sq}} \tag{2-1}$$

2. 平面布置

除了平面形状的影响，柱子平面布置的不同也会对平面的抗弯刚度产生影响。图 2-51给出了相同方形楼层平面，当各平面的柱子总面积相同时柱子的不同布置。

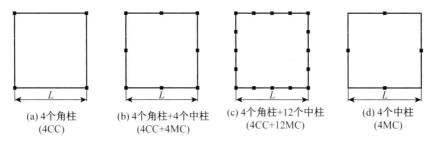

(a) 4个角柱 (4CC)	(b) 4个角柱+4个中柱 (4CC+4MC)	(c) 4个角柱+12个中柱 (4CC+12MC)	(d) 4个中柱 (4MC)

图 2-51　不同柱子布置的平面

由于各个平面的抗剪刚度相同，不同的是平面抗弯刚度。假定平面布置为 4 个角柱的平面抗弯刚度为 EI，则其他布置的相对抗弯刚度如表 2-4 所示。

表 2-4　不同布置的平面抗弯刚度

立柱布置	4CC	4CC + 4MC	4CC + 12MC	4MC
平面抗弯刚度	EI	$0.74EI$	$0.69EI$	$0.5EI$
α_L	1.00	0.74	0.69	0.5

当柱子集中布置在平面的 4 个角点时，平面抗弯刚度达到最大值；而集中布置在平面各边的中点，平面抗弯刚度达到最小值 $0.5EI$，只有前者的 50%。同样，可以定义柱子的平面布置系数 α_L 为：不同柱子布置的平面惯性矩 I 与将柱子集中布置在角点的平面惯性矩 I_{cor} 之比值，可以用式（2-2）来表示：

$$\alpha_L = \frac{I}{I_{cor}} \tag{2-2}$$

2.4.2.3　结构立面抗侧效率

1. 立面形状

当结构的高度和立面面积不变时，不同的立面形状对结构的抗侧刚度会产生较大的影响。图 2-52 以 400 m 高的 4 种不同形状的实体墙模型为例进行说明。

假定各个模型所受的水平荷载的大小与分布均相同，可以得到三角形的顶点位移最小，倒梯形立面的顶点位移最大。为此，可以定义立面抗侧刚度的形状影响系数 β_S 为：不同立面形状的抗侧刚度 D 与矩形立面的抗侧刚度 D_{rec} 之间的比值，可用式（2-3）来表示：

$$\beta_S = \frac{D}{D_{rec}} \tag{2-3}$$

表 2-5 给出了不同形状的立面影响系数，可以看到随着梯形上下底之比从 0 增加到 2，β_S 从 1.66 减小到 0.48。

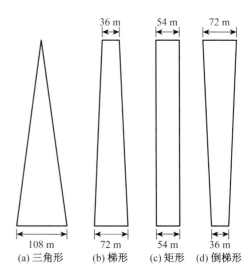

图 2-52　不同立面形状的分析模型

表2-5 不同形状的立面影响系数

立面形状	三角形	梯形	矩形	倒梯形
β_{s}	1.66	1.57	1.00	0.48

2. 立面布置

当立面保持形状不变，采用不同抗侧力体系也会对结构的抗侧效率产生影响。图2-53以一座90层高，高宽比为7.5的超高层建筑为例，采用6种常见的不同立面布置（抗侧力体系），结构平面与核心筒平面均采用正方形。

这6种外围抗侧力体系分别为稀柱框架、巨型框架、支撑桁架筒、框筒、斜交网格和实体筒。作比较时，这6种体系的竖向构件及支撑在水平面内的投影面积之和均相同。此外，前3种结构体系每隔15层设置一层环形桁架。不同体系的平立面布置如图2-53所示。

对于每种抗侧力体系，分别计算该结构的抗侧效率（结构整体的弯曲产生的水平位移与顶点总水平位移的比值），计算结果如表2-6所示。

可以看到，实体筒的抗侧效率最高，斜交网格次之，稀柱框架最小。可以定义不同结构体系整体弯曲产生的顶点水平位移占比 R 与实体筒体系整体弯曲产生的顶点水平位移占比 R_{wall} 的比值 β_{L} 来评价立面布置对抗侧效率的影响，可用公式（2-4）表示：

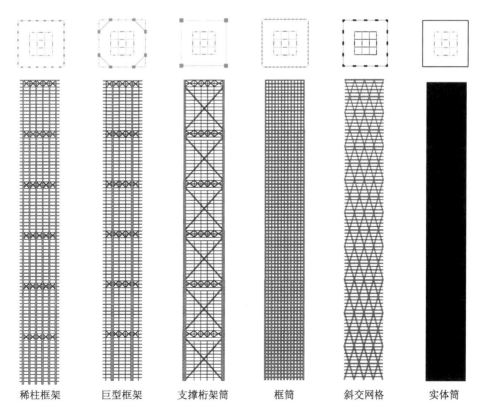

稀柱框架　　巨型框架　　支撑桁架筒　　框筒　　斜交网格　　实体筒

图2-53 不同结构体系的平、立面

表2-6 不同布置的立面影响系数

立面布置	稀柱框架	巨型框架	支撑桁架筒	框筒	斜交网格	实体筒
水平位移占比	43.1%	53.6%	60.4%	72.0%	94.5%	97.9%
β_{L}	0.44	0.55	0.62	0.74	0.97	1.00

$$\beta_{\mathrm{L}} = \frac{R}{R_{\mathrm{wall}}} \qquad (2\text{-}4)$$

β_{L} 可以综合结构楼层平面变形时与"平截面假定"的契合程度,从而反映出结构材料在抗侧过程中效率发挥的高低,表2-6的数据说明斜交网格结构是结构整体性最好的一种体系。

2.4.2.4 伸臂对结构抗侧效率的影响

对于上节中的前两种结构体系,在实际受力过程中翼缘框架由于剪力滞后效应,中间的柱子往往不能充分参与结构的整体抗弯,效率较低。因此,一般会在设备层设置一定数量的伸臂,一般设置3道左右的伸臂桁架是比较经济的。为此在稀柱框架与巨型框架的基础上每隔30层设置一道伸臂,共设置3道。

在核心筒与翼缘框架之间设置伸臂后,稀柱框架和巨型框架的立面抗侧效率系数分别从0.39和0.44提高到0.55和0.62,提高了约1.4倍。因此,可以定义伸臂影响系数 γ_{O} 为:带伸臂的结构抗侧效率系数 $\beta_{\mathrm{L,O}}$ 与无伸臂的结构抗侧效率系数 β_{L} 之间的比值。

$$\gamma_{\mathrm{O}} = \frac{\beta_{\mathrm{L,O}}}{\beta_{\mathrm{L}}} \qquad (2\text{-}5)$$

γ_{O} 通常值均大于1,其大小与外筒的弯曲刚度、伸臂桁架的抗侧刚度和柱子的轴向刚度之间的相对关系、伸臂的道数及布置位置等都有关系。

2.4.2.5 结构体系的抗侧效率系数

结合平面、立面和伸臂因素的影响,结构体系的抗侧效率系数 E 为:

$$E = \gamma_{\mathrm{O}} \cdot \alpha_{\mathrm{S}} \cdot \alpha_{\mathrm{L}} \cdot \beta_{\mathrm{S}} \cdot \beta_{\mathrm{L}} \qquad (2\text{-}6)$$

按照式(2-6)可以计算2.4.2.3节与2.4.2.4节中考虑了伸臂桁架的8种结构体系的抗侧效率,计算结果如表2-7所示。

表2-7 不同结构体系的抗侧效率系数

结构体系	稀柱框架	稀柱框架带伸臂	巨型框架	巨型框架带伸臂	支撑桁架筒	框筒	斜交网格	实体筒
α_{S}	1.00	1.00	1.00	1.00	1.00	1.00	1.00	1.00
α_{L}	0.73	0.73	0.69	0.69	1.00	0.76	0.76	0.74
β_{S}	1.00	1.00	1.00	1.00	1.00	1.00	1.00	1.00
β_{L}	0.39	0.39	0.44	0.44	0.62	0.58	0.87	1.00
γ_{O}	1.00	1.42	1.00	1.40	1.00	1.00	1.00	1.00
E	0.28	0.40	0.30	0.43	0.62	0.44	0.66	0.74

从表 2-7 的数据分析来看，实体筒结构作为一种理想的结构体系，它的抗侧效率是最高的。其次是斜交网格结构和支撑桁架筒结构，这主要是支撑的作用减小了筒体结构立面竖向剪力传递的剪力滞后效应，使筒体的空间受力作用得到了充分发挥，从而增加了结构的抗侧效率。再次是框筒结构和带伸臂的框架结构，密柱深梁和伸臂虽然也减小了筒体结构的剪力滞后效应，但还是不如支撑桁架高效。效率最低的结构体系是框架结构，由于剪力滞后效应明显，筒体的空间作用几乎可以不考虑，只能依靠框架的平面作用来抗侧。[16]

2.4.3　结构体系布置原则

从提高结构的角度来看，结构体系的布置原则如下：

（1）根据对平面形状与平面布置的研究，为了使楼层平面获得最大的抗侧效率，用于抵抗由侧向力引起的倾覆的竖向构件的距离应尽可能加大，用于抗倾覆的竖向构件应尽量布置在结构平面的外侧；将竖向荷载尽可能多地传递至这些抵抗倾覆力矩的竖向构件，以抵抗由于倾覆力矩在这些构件中产生的拉力；即结构竖向构件平面布置周边化与巨型化（图 2-54）。

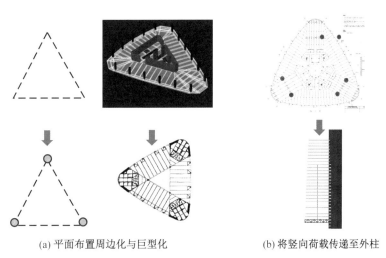

(a) 平面布置周边化与巨型化　　(b) 将竖向荷载传递至外柱

图 2-54　结构平面布置原则

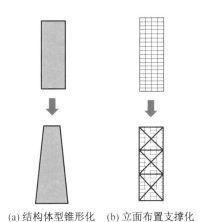

(a) 结构体型锥形化　(b) 立面布置支撑化

图 2-55　结构立面布置原则

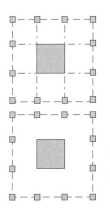

图 2-56　外框与内筒之间设置伸臂

（2）根据对立面形状与立面布置的研究，为了使结构立面获得最大的抗侧效率，应尽可能使结构体型锥形化，立面布置支撑化（桁架化），将更多的竖向构件连系在一起形成刚性平面来抵抗水平荷载产生的倾覆力矩（图 2-55）。

（3）当翼缘框架柱剪力滞后效应严重时，为了提高结构体系的抗侧效率，可以在翼缘框架与核心筒之间设置伸臂

（图 2-56）。

（4）提高结构抗侧效率的实质是使结构楼层平面抗弯刚度最大化，变形接近平截面假定，抗侧力构件尽可能以轴向受力的方式抵抗倾覆力矩。

2.4.4 影响结构经济性的其他因素

2.4.4.1 国内外超高层结构用钢量及基本周期对比

图 2-57 给出目前国内部分超高层建筑单位面积用钢量指标（不包括钢筋），这些建筑大多分布于上海和北京等大中城市，主要功能为办公、酒店或公寓等。由于国内 90% 以上超高层建筑采用混合结构体系，图 2-57 中选取的工程也均为钢-混凝土混合结构。为了对比，图中同时也给出了相似高度的北美纯钢结构用钢量指标。由图 2-57 可知，我国混合结构的型钢用钢量已达到或高于北美纯钢结构的用钢量[17]。

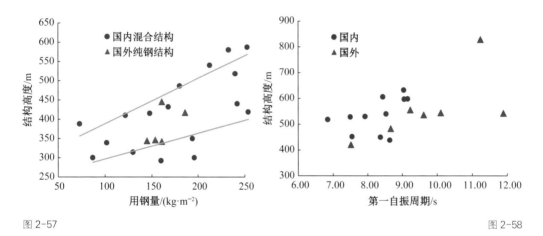

图 2-57

图 2-57 国内外超高层结构单位面积用钢量比较
图 2-58 国内外超高层结构第一自振周期比较

图 2-58

图 2-58 给出了国内外一些已经建成的超高层建筑的第一自振周期，其结构形式主要为混合结构体系。可以看到，相同高度的国内建筑的自振周期普遍要比国外小 1～2 s，也就是说国内超高层建筑的刚度普遍较国外要大。

通过上面的比较说明我国的超高层建筑的经济性较国外差，究其原因是我国结构规范中对诸如结构层间位移角、基底剪重比以及外框承担地震水平力比例等设计指标要求过于严格或不合理。此外，结构抗震超限审查和设计时追求过高的抗震性能目标也是降低结构经济性的重要因素。[18]

2.4.4.2 层间位移角

在正常使用条件下，规范通过限定高层建筑的层间位移角来保证结构基本处于弹性受力状态，对钢筋混凝土结构要避免柱与墙出现裂缝，同时保证填充墙、隔墙与幕墙等非结构构件不出现破坏。而现行规范中对层间位移角的定义为上、下两层水平侧移差（层间位移）与楼层层高的比值。而层间位移主要可以分成两部分：一部分是由本层构件自身变形引起的，会在构件内产生内力并引起破坏，称为有害位移；另一部分是由下部楼层刚体转动而引起的，称为无害位移，即不会在构件内产生内力而引起结构破坏。

对于超高层建筑而言，其变形形式主要是弯剪型和弯曲型，最大层间位移角一般均出现在建筑物的中、上部。而这些楼层的层间位移中大部分是无害位移，并且随着高度的增加快速增加。此时，如果再用层间位移角来衡量结构是否处于弹性状态显然是不合理的，如果再采用过于严格的层间位移指标那就更不恰当了。这样的直接结果是会增大超高层结构的抗侧力构件的截面面积与用量，除了造成投资的浪费，还会增大结构所受的地震力，对结构的抗震不利。[19]

相比较而言，国外在限制层间位移角时往往仅考虑有害位移的影响，而且数值也比较宽松，这是值得我们借鉴的。

2.4.4.3　剪重比

由于地震影响系数在长周期段下降较快，对于基本周期大于 3.5 s 的结构，由此计算所得的水平地震作用下的结构效应可能偏小。而对于长周期结构，地震动态作用中的地面运动速度和位移可能对结构的破坏具有更大的影响，但是规范所采用的振型分解反应谱法无法对此做出估计。因此，出于结构安全的考虑，提出了最小剪重比的要求。而对于结构基本周期大于 5.0 s 的超高层结构，可在规范要求的最小剪重比的要求上再乘以一个 0.85 折减系数，但不宜小于 1%。

当计算的楼层剪重比不满足规范要求时，规范及超限抗震审查不仅要求对楼层剪力乘以一个放大系数来提高构件的承载力，而且应通过调整结构布置和减轻结构质量来提高结构的抗侧刚度。[20]

但对于超高层结构来说，振型质量参与系数，尤其是第一阶振型质量参与系数对计算剪重比的影响，是有可能大于刚度和质量对计算剪重比影响的。结构计算剪重比偏小，并不简单意味着结构刚度偏小或质量偏大；而且长周期超高层建筑的第一阶振型参与质量系数通常都较小，因而其计算剪重比也偏小，此时通过增大刚度或减小质量来加大计算剪重比是非常低效的，还可能造成较大的浪费和一些不合理的现象，甚至出现 500 多 m 的超高层建筑的基本周期需要达到 4 s 才能满足剪重比要求的不合理现象。[21]

另外，根据对目前国内一些超过 500 m 的超高层建筑的统计，由于第一自振周期都比较长，楼层的最小剪重比一般都较难满足规范要求，尤其是在场地土质较好的情况下。[22]

因此，建议增加对超高层结构的最小剪重比限值的研究，并考虑场地土和结构高度等因素的影响。

2.4.4.4　外框剪力比

现行规范从多道防线的概念设计要求出发，将核心筒或剪力墙作为第一道防线，在设防与罕遇地震下先于外框破坏；但由于塑性内力重分布，外框部分按抗侧刚度分配的剪力会比多遇地震的加大，为保证作为第二道防线的外框具有一定的抗侧能力，所以楼层框架承担的基底剪力比不宜小于 10%。

但对于超高层结构而言，相关振动台试验及弹塑性分析均表明，结构的破坏主要是由于倾覆力矩引起结构底部外框架柱和核心筒的角部拉压破坏以及结构顶部核心筒的受拉破坏，而不是剪力墙底部的剪切破坏。

图 2-59 给出了近期国内在建和已建的一些超高层结构基底外框承担的剪力比和倾覆

力矩比，可以看到除了采用斜柱和斜撑结构的项目，大部分项目的外框基底承担的倾覆力矩比均在50%以上，而承担的剪力比大部分都在5%左右。这说明外框的作用主要是抵抗倾覆力矩，核心筒用来抗剪力，两者各有分工，侧重不同。

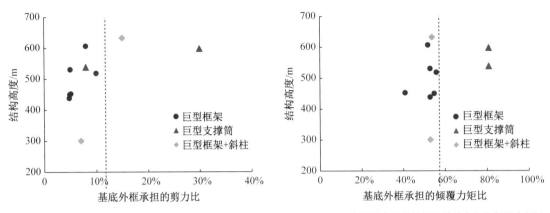

图 2-59　典型超高层外框承担的剪力比和倾覆力矩比

以目前应用较多的巨型框架-核心筒-伸臂桁架体系为例，要求巨型框架承担10%的地震基底剪力显然是不合理的。即使外框承担的剪力比由5%提高到10%，也不一定能起到二道防线的作用，因为结构二道防线的考虑本质上是承载力问题而非刚度要求。显而易见，巨型框架与伸臂桁架结合，抵抗倾覆力矩效率很高，但由于巨柱层间高度较大，其抗剪刚度比常规框架还差。为了达到外框承担10%地震基底剪力的要求，巨柱以及环带桁架的用钢量需要成倍增加。[23]

因此用外框承担的剪力比这一指标来评价外框的强弱仍值得进一步探讨和进行相关的研究。

2.4.5　超高层结构计算分析

2.4.5.1　软件选取

超高层结构分析软件的选取需根据分析类型、结构特点、软件功能、前处理和后处理的便利性综合确定。

超高层结构分析根据分析对象的不同，可以分为整体结构分析和局部节点分析。按分析目的的不同，可以分为弹性分析（如静力分析、反应谱分析、弹性时程分析、温度分析等）、弹塑性分析（如PUSHOVER分析和弹塑性时程分析）和特殊专项分析（如屈曲分析、施工顺序加载分析、非荷载效应分析和楼面舒适度分析等）。

超高层结构常用的整体结构弹性分析和PUSHOVER分析的软件有PKPM系列、ETABS、MIDAS、SAP 2000和盈建科等，常用的弹塑性时程分析软件可以采用ANSYS、ABAQUS、LS-DYNA和PERFORM 3D等软件，进行节点有限元分析可采用ANSYS和ABAQUS等软件。对特殊专项分析，往往采用SAP 2000、MIDAS和ANSYS等有限元软件（表2-8）。

表 2-8　通用有限元软件选择

分析类型	软　件
弹性分析	PKPM 系列、ETABS、SAP 2000、MIDAS、盈建科等
弹塑性时程分析	ABAQUS、LS-DYNA、PERFORM-3D、ANSYS 等
节点有限元分析	ABAQUS、ANSYS 等
特殊专项分析（楼面振动、收缩徐变、温度应力、耗能减震）	SAP 2000、MIDAS 和 ANSYS 等

软件的前处理能力会影响模拟准确性和建模方便性。前处理包括界面、层编辑、单元类型、材料类型、荷载类型、约束类型和特殊属性修改等。

软件的后处理包括可提取的分析结果是否齐全以及分析结果输出方式是否多样简便。设计人员关注的结果，包括整体结构指标、构件内力和合力、节点和构件变形以及校核结果和过程等应该可以从软件中获得，分析结果可以以多种形式输出，如图形显示、文字输出、表格输出和特殊结果输出等。

此外，随着结构复杂程度不断增加，结构分析要求也越来越高，软件的兼容性，如与 CAD、Revit 和其他分析软件之间数据的导入与导出是否方便，也成为选择分析软件的重要依据之一。

超高层结构分析需采用两种不同软件完成，并相互校核。

2.4.5.2　构件模拟与假定

超高层结构构件的截面尺寸较大，截面形状复杂，且往往采用组合截面，结构分析模型中，对构件的模拟需依据假定合理和计算方便的原则。

巨型柱具有截面尺寸大（天津高银金融 117 大厦：45 m^2；上海中心大厦：19.7 m^2；大连绿地中心：19 m^2）、钢筋混凝土组合构件不对称、截面单边收进、多构件相连（伸臂、环形桁架、支撑、楼面梁）且相连构件不一定通过构件形心等特点。对巨型柱模拟可采用杆单元、壳单元或实体单元，不同单元模拟的优缺点比较如表 2-9 所示，为减小计算量和简化后处理，应首选经合理简化后的杆单元。

表 2-9　巨型柱模拟单元比较

模拟单元	杆	壳	实　体
特点	简单，复合截面 SD，简化（形心、材料需简化）	混凝土墙，钢骨用钢，形心，截面特性准确	混凝土、钢均以同一实体单元模拟
准确性	经合理简化后较准确	较准确	准确
适用性	整体模型，易用于设计	整体模型，后处理复杂	局部有限元，不适用整体模型

巨柱截面尺寸较大，应坚持形心定位原则，确保结构抗侧刚度与实际布置相符。组合构件截面需考虑型钢对构件重量和刚度的贡献。此外，可采用刚臂来合理考虑巨柱与水平构件重叠对刚度的影响以及不同构件连接点不同引起的偏心弯矩。

核心筒墙肢需根据壳单元尺寸大小进行适当的剖分。连梁可采用梁单元和壳单元模拟，当连梁高度较高，采用梁单元无法反映连梁对墙肢的弯曲约束时，应采用壳单元模拟。采用壳单元模拟连梁，应对壳单元沿连梁长度和高度分别剖分。进行地震作用分析时，应对连梁刚度进行折减，小震下，连梁折减系数不小于 0.50。

框架梁应考虑梁上楼板对刚度的贡献，应对抗弯刚度进行放大，放大系数取 1.3～2.0。

楼板可采用膜单元、壳单元和刚性隔板模拟，应结合分析目的采用适合的模拟单元，如表 2-10 所示。对楼板缺失较多的楼层和加强层，应采用弹性板以考虑楼板平面内的变形；对与桁架弦杆相连的楼板，承载力校核时应对楼板平面内刚度进行折减，以便能得到弦杆杆件的轴力。

表 2-10　不同板单元的特点和适用性

板单元	单元特点	适用性
膜单元	考虑平面内刚度	竖向导荷，温度分析，地震力分析
壳单元	考虑平面内、外刚度	竖向振动，组合梁计算
刚性隔板	平面内无限刚	扭转位移比计算

2.4.5.3　计算参数选取

超高层结构分析中需确定计算参数，包括阻尼比取值、地震作用参数、风荷载参数和分析方法等。

超高层结构阻尼比取值根据结构类型、荷载类型和不同分析工况来确定（表 2-11）。

表 2-11　超高层结构分析中阻尼比取值

结构类型	地震作用	风荷载（变形和承载力）	风荷载（舒适度）
钢筋混凝土结构	0.05	0.05	0.02
钢-混凝土混合结构	0.03～0.04	0.02～0.04	0.01～0.015
钢结构	0.02	0.02	0.01

地震作用参数包括加速度峰值 a_{max}、水平地震影响系数最大值 α_{max}、特征周期 T_g 和周期折减系数。地震作用参数需结合规范和安评取值综合确定。一般情况，小震的地震作用参数应该取规范反应谱和安评反应谱分析结果的包络值，中震和大震可以采用规范的地震作用参数。目前，各个地方甚至同一地方不同项目做出的安评报告都存在一定的差异，因此安评报告中地震作用参数的选用原则也不相同，大致有 3 种情况：

(1) 完全采用安评报告的地震参数；

(2) 仅采用安评报告的小震加速度峰值，其余小震参数、中震和大震的所有参数均采用规范参数；

(3) 3 个水准的加速度峰值均取规范加速度峰值乘以小震下安评与规范加速度峰值的比值，其余参数均采用规范参数。

安评报告的地震作用参数选用一般需在抗震超限审查会上提请专家确认。

时程分析所需的地震波不少于 2 组天然波和 1 组人工波。时程波持续时间一般不小于结构基本周期的 5 倍（即结构屋面对应于基本周期的位移反应不少于 5 次往复）。时程波分析得到的结构底部剪力的最小值和平均值必须满足规范要求。

对超过 6 s 的反应谱曲线，除了专门研究之外，通常有两种取法：①6 s 后反应谱曲线拉平；②6 s 后反应谱曲线采用第二下降段的斜率延伸。

风荷载参数主要为基本风压、地面粗糙度、体型系数（规范算法）和风洞试验风荷载。计算结构变形采用 50 年一遇的风荷载，验算结构构件承载力采用 50 年一遇风荷载的 1.1 倍，验算结构顶部舒适度采用 10 年一遇的风荷载。结构分析的风荷载应综合比较规范风荷载和风洞试验风荷载之后再选用。

结构分析相关参数包括动力分析方法、$P\text{-}\Delta$ 效应计算方法和地震作用分析等。动力分析法如特征向量法和里兹向量法，振型数量。$P\text{-}\Delta$ 效应计算方法包括无迭代和基于荷载迭代两种，其中，无迭代算法的计算结果通常有较大误差，会存在反力不平衡现象，如有条件，最好采用基于荷载迭代算法。质量和刚度分布明显不对称的结构，应计入双向水平地震作用下的扭转影响；平面不规则及存在明显斜交抗侧力的结构，当相交角度大于 15° 时，应分别计算各抗侧力构件方向的水平地震作用，并应增加最不利方向地震作用下的结构验算。

2.4.5.4 控制指标及分析结果判断

超高层结构分析结果的主要控制指标包括周期与振型、扭转周期比、扭转位移比、刚度比、剪重比、刚重比、层间位移角、外框承担地震剪力比例、顶部舒适度、嵌固层判断和弹性时程分析。

1. 周期与振型

超高层结构两个主方向的基本周期应接近，当结构高度 $H \geqslant 200\ \mathrm{m}$ 时，基本周期 T_1 在 $0.3\sqrt[4]{H} \sim 0.4\sqrt[4]{H}$ 之间。基本周期太长，结构偏柔，不利于变形控制和剪重比控制，稳定性难以满足要求。

2. 扭转周期比

超高层结构扭转周期比应控制在 0.85 以下，确保结构有足够的抗扭刚度，不至于引起过大的扭转效应。

3. 扭转位移比

考虑偶然偏心，楼层的扭转位移比宜控制在 1.2 以下，不应超过 1.4，避免出现过大的扭转变形。

4. 刚度比

刚度比指标主要用于控制结构刚度沿竖向分布的均匀性，避免出现软弱层。对于框架-核心筒结构软弱层指当本楼层刚度小于上一楼层刚度的 90%，楼层层高大于相邻上部楼层层高 1.5 倍时，该楼层侧向刚度小于相邻上部楼层侧向刚度的 1.1 倍，底层侧向刚度小于相邻上部楼层侧向刚度的 1.5 倍。出现软弱层，结构地震作用应放大 1.25 倍。

5. 剪重比

楼层剪重比为各层的地震剪力与其以上各层总重力荷载代表值的比值，应满足规范最小地震剪力系数的要求。当结构底部计算的总地震剪力偏小需调整时，其以上各层的剪力、位移也均应适当调整。超高层结构基本周期较长，剪重比往往不容易满足要求，对基本周期大于 6 s 的结构，剪重比可比规定值低 20% 以内，对基本周期 3.5～5 s 的结构，剪重比可比规定值低 15% 以内。

6. 刚重比

高层建筑结构的稳定设计主要是控制在风荷载或水平荷载作用下，重力荷载产生的二阶效应（重力 P-Δ 效应）不致过大，以免引起结构的失稳倒塌。刚重比为结构的刚度和重力荷载之比，是控制结构稳定和影响重力 P-Δ 效应的主要参数。

剪力墙结构、框架-剪力墙结构、筒体结构的刚重比应符合式（2-7）的要求。当 $1.4 < K_\mathrm{D} < 2.7$ 时，需考虑 P-Δ 效应。

$$K_\mathrm{D} = \frac{EI}{H^2 \sum\limits_{i=1}^{n}} \geqslant 1.4 \tag{2-7}$$

7. 层间位移角

对钢筋混凝土结构和混合结构，小震或 50 年一遇风荷载标准值作用下最大层间位移角限值为：1/500（$H > 250$ m）和 1/800（$H < 150$ m）。钢结构小震作用下最大层间位移角限值为 1/250，风荷载作用下最大层间位移角为 1/400。

8. 外框承担地震剪力比例

外框承担地震剪力比例主要是确保多道防线的要求。超高层框架-核心筒结构，其混凝土内筒和外框之间的刚度宜有一个适当的比例，框架部分计算分配的楼层地震剪力，除底部个别楼层、加强层及其相邻上下层外，多数不低于基底剪力的 8%（最大宜达到 10%），最小不低于 5%。对框架承担地震剪力小于基底剪力 20% 的楼层应调整地震剪力，将框架部分承担的地震剪力调整至区段底部总地震剪力的 20% 和框架部分楼层地震剪力标准值中最大值的 1.5 倍这二者之中的较小值。

9. 顶部舒适度

为确保使用者在高层建筑内的舒适度要求，需限制风振作用下的建筑物顶部加速度大小。10 年一遇风荷载作用下办公楼（包括酒店）顶部的加速度限值为 0.25 m/s^2，住宅、公寓的加速度限值为 0.15 m/s^2。

10. 嵌固层判断

地下室顶板作为上部结构嵌固时，地下一层结构楼层侧向刚度不应小于地上一层楼层侧向刚度的 2 倍，楼层侧向刚度比采用等效剪切刚度比。

11. 弹性时程分析结果

弹性时程分析采用 3 组时程波时，时程波分析结果取包络值，当采用 7 组时程波时，时程波分析结果可取平均值。超高层结构中，时程分析得到的高区剪力往往大于反应谱分析结果，应根据弹性时程分析结果对振型分解反应谱法的计算结果进行调整，并用于设计。

2.5 参考文献

［1］中华人民共和国住房和城乡建设部. 高层建筑混凝土结构技术规程：JGJ 3—2010［S］. 北京：中国建筑工业出版社，2010.

［2］奥雅纳工程顾问. 重庆来福士广场项目结构超限抗震审查报告［R］. 2014.

［3］VIISE John, ZHAO Yantong, et al. Development of innovatives structures for su-
　　pertall unique towers ［C］//CTBUH 9th World Congress Shanghai 2013 Proceed-
　　ings, Shanghai：2013.

［4］MARK Sarkisian. Design Tall Buildings Structure as Architecture ［M］. New
　　York：Routledge, 2011.

［5］刘开国. 变截面高层框筒结构的剪力滞后系数［J］.建筑结构, 2003, 33（5）：42.

［6］张浩. 斜交网格筒标准单元子结构抗震性能研究［D］.哈尔滨：哈尔滨工业大
　　学, 2011.

［7］郭家耀, 郭伟邦, 徐卫国, 等. 中国国际贸易中心三期主塔楼结构设计［J］.建筑钢
　　结构进展, 2007, 9（5）：1-6.

［8］奥雅纳工程顾问. 天津市高新区软件和服务外包基地综合配套区中央商务区一期项
　　目——高银117大厦项目结构超限抗震审查报告［R］.2010.

［9］廖云龙. 浅谈广州西塔工程结构技术体系特点［J］.广东土木与建筑, 2008（8）：
　　7-8.

［10］HALVORSON Rober. Structural design innovation：Russia Tower ［J］.CTBUH/
　　Wiley Tall Journal, 2007.

［11］BIN Pan 等. 中信金融中心超限高层建筑抗震设计可行性论证报告［R］.深圳：华阳
　　国际工程设计有限公司, 2015.

［12］中华人民共和国住房和城乡建设部. 建筑结构荷载规范：GB 5009—2012［S］.北京：
　　中国建筑工业出版社, 2012.

［13］宋伟宁, 徐斌. 上海中心大厦新型阻尼器效能与安全研究［J］.建筑结构, 2016, 46
　　（1）：1-8.

［14］包联进. 南亚之门塔楼结构初步设计［J］.建筑结构, 2012, 42（5）：38-43.

［15］NEVILLE Mathias, ERIC Long, et al. Jin Mao tower's influence on China's new
　　innovative tall buildings ［C］//Shanghai International Seminar of Design and Con-
　　struction Technologies of Super High-rise Buildings, Shanghai：2006.

［16］ZHOU Jianlong, BAO Lianjin, QIAN Peng. Study on structural efficiency of super-
　　tall building ［J］. International Journal of High-Rise Buildings, 2014, 3（2）：
　　185-190.

［17］汪大绥, 周建龙, 包联进. 超高层建筑结构经济性探讨［J］.建筑结构, 2012, 42
　　（5）：1-7.

［18］方小丹, 魏琏. 关于建筑结构抗震设计若干问题的讨论［J］.建筑结构学报, 2011,
　　32（12）：46-51.

［19］张晖, 杨联萍, 周文星. 钢筋混凝土超高层建筑间位移限值的探讨［J］.建筑结构学
　　报, 1999, 20（3）：8-13.

［20］王亚勇. 关于建筑抗震设计最小地震剪力系数的讨论［J］.建筑结构学报, 2013, 4
　　（2）：37-44.

［21］廖耘, 容柏生, 李盛勇. 剪重比的本质关系推导及其对长周期超高层建筑的影响
　　［J］.建筑结构, 2013, 43（5）：1-4.

[22] 汪大绥，周建龙，姜文伟，等．超高层结构地震剪力系数限值研究 [J].建筑结构，2012，42（2）：24-27.

[23] 周建龙，包联进，钱鹏．超高层结构设计的经济性及相关问题的研究 [J].工程力学，2015，32（9）：9-15.

超高层建筑结构设计与工程实践

第 3 章 | 超高层建筑结构抗风设计

3.1 风荷载特点

建筑物上的风荷载可以分为两类，顺风向荷载和横风向荷载。顺风向荷载与风来流方向平行，主要是由建筑物迎风面的正风压和背风面的负风压组成的风阻力。横风向荷载与风来流方向垂直，是由侧风面上的漩涡脱落引起的，对称的建筑物，横风向平均风荷载几乎为零，但由于侧风面两侧的漩涡是交替脱落，因此在同一时间，建筑上侧风向的荷载不平衡，形成了横风向的动荷载。

风荷载与建筑体型和结构动力特性相关，超高层建筑的风荷载有其自身的特点。

1. 风荷载为结构控制水平荷载

风荷载沿建筑高度分布具有上大下小的特点，随着建筑高度增加，风荷载引起的底部倾覆力矩会急剧增大，与结构高度的 3 次方成正比。而对应的地震作用引起的底板倾覆力矩是按结构高度的 1.25 次方增加。因此，对普通高层建筑，水平荷载一般是地震作用起控制作用，而对超高层建筑，尤其是 300 m 以上的超高层建筑，水平荷载由风荷载效应控制。

2. 横风向荷载不容忽视

风荷载顺风向响应与风速的平方即风压成正比，而风荷载横风向响应随着风速呈非线性增加，最高可以在接近临界风速时达到 4 次方。当建筑高宽比大于 6 之后，横风向效应比较明显。

传统的低层建筑物较为刚性，自振频率较高，造成约化频率（nD/U）较大，从而与横风向共振响应，相应的风谱远离峰值区域，加之横风向的平均荷载很小，使得顺风向荷载相对较大。而对于超高层建筑，较低的自振频率与建筑物上部较高的风速使得约化频率有可能接近横风向风谱的峰值区域，从而出现横风向响应控制设计的情况。

3. 顶部舒适度不易满足

超高层建筑顶部加速度会急剧增加，导致顶部舒适度容易不满足要求。改善建筑物顶部舒适度，除了增大结构抗侧力刚度，另一有效途径是进行空气动力学优化和附加减振阻尼系统。

4. 风荷载动力响应优化

超高层建筑风荷载效应较大，抗风设计中减小风荷载比增大结构刚度和强度更加有效。因此抗风设计首先考虑减小风荷载，在建筑方案前期就参与配合，优化建筑形体和结构动力特性，对提高超高层建筑的结构安全、经济性以及大楼使用品质将大有益处。

3.2 风荷载动力响应优化

3.2.1 建筑体型优化

超高层建筑抗风体型优化的方法主要可归纳为四类[1]。

1. 建筑物平面外形的优化

台北 101 大厦的平面外形优化可作为建筑物平面外形优化方法的经典实例。

由于台北地区受强台风影响频繁，加之抗震原因等使得所设计的建筑体系较轻，最初设计的建筑外形在设计风速下出现剧烈的横风向涡激振动，造成基底局部受拉。在不改变整体建筑形态的前提下，风工程顾问通过风洞试验尝试了不同的大楼角部处理，以找出降低横风向涡激幅度的方案。图3-1所列的角部处理被证明都是有效的，前提是角部处理的宽度应当达到截面宽度的10%～15%。最后采用的方案考虑了建筑美观上的要求。与原设计相比，通过角部处理，设计风荷载可降低25%左右。

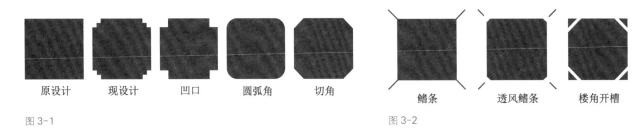

原设计　现设计　凹口　圆弧角　切角　　　鳍条　透风鳍条　楼角开槽

图3-1　　　　　　　　　　　　　　　　　图3-2

除此以外，图3-2所列的几种角部处理方法也对降低横风向涡激振动有利，可以在外形优化中作为被考虑方案。

图3-1　建筑物抗风优化的楼角处理
图3-2　建筑物抗风优化的其他楼角处理方法

2. 建筑物立面外形的优化

建筑物立面外形优化方法的基本概念是通过沿大楼高度改变大楼宽度与形状等，造成漩涡脱落特性随高度变化，从而降低横风向涡激的相关性，破坏其共振条件。常用的方法有以下几类：

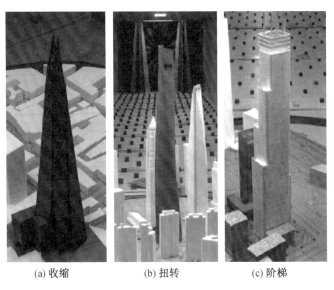

(a) 收缩　　　(b) 扭转　　　(c) 阶梯

图3-3　立面外形优化的典型类型

(1) 建筑宽度沿高度收缩或放大［图3-3 (a)］；

(2) 建筑立面扭转［图3-3 (b)］；

(3) 建筑外形呈阶梯状［图3-3 (c)］；

(4) 大体量的建筑物楼冠开洞。

以截面外形不变但宽度沿高度收缩的建筑为例，在同一风速下宽度窄的部分其涡脱频率较大，而宽度大的部分其涡脱频率较小，从而沿大楼高度的横风向涡激就难以达到同步，大大减小共振的可能性。类似地，当建筑立面随高度扭转时，对来流风而言，物体的形状是变化的，从而涡漩脱落的特性也不尽相同，于是横风向涡激共振就难以形成。

3. 顶部开洞

超高层建筑顶部的风荷载会引起较大的倾覆力矩，对于顶部带有较高塔冠的建筑，顶部立面的开洞和开孔会显著减小顶部风荷载，大大减小基底倾覆力矩。

例如，大连钻石塔高 518 m，顶部塔冠约 80 m，其在顶部塔冠开洞以减小风荷载。开洞后，顶部塔冠风荷载约折减 30%，结构层间位移角及倾覆力矩均有明显的降低（图 3-4），楼层层间位移角最大折减 16%，基底倾覆力矩减小约 9%。

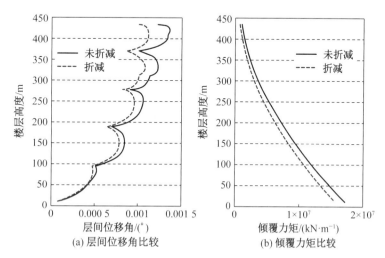

图 3-4　塔冠风荷载折减后结构效应对比

4. 建筑朝向优化

在不同风向角下建筑物对风的敏感度是不同的。对典型的矩形平面建筑物两个主轴方向的风荷载（设为 X 方向风荷载与 Y 方向风荷载）而言，分别存在 4 个最敏感的风向角，其中 2 个对应于顺风向，2 个对应于横风向。当横风向响应起控制作用时，最敏感的风向角降为 2 个。与顺风向响应不同，横风向响应对风向角更为敏感，稍微偏离最不利风向角，即能使风荷载大大降低，如图 3-5 所示。

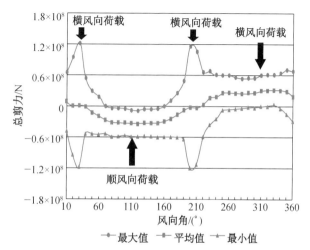

图 3-5　结构总风荷载随风向角变化示例

对建筑物敏感的风向角，只要相对较低的风速就能产生较高的荷载效应。如果敏感风向角与主导风向一致，则相当于两个较大概率的事件相乘，造成某一指定荷载效应的出现概率较大。反之，设法使敏感风向角与主导风向不一致，则出现某一指定荷载效应的概率会降低，有利于结构设计。这就是建筑物朝向优化的基本理论。

由于横风向响应比顺风向响应对风向角更为敏感，超高层建筑的朝向优化因此往往更有实际效益。许多实际工程实例表明，超高层建筑的风向角折减效应能达到15%～25%。

3.2.2　结构动力特性优化

当风吹过建筑物时出现绕流，从而在建筑物表面产生风压，其中的平均风压之和组成了结构风荷载中的静力部分，而脉动部分不但形成结构风荷载中的动态背景部分，而且会激发结构振动，从而产生结构风荷载中的共振部分，即振动惯性力。对于超高层建筑，风致结构振动惯性力是非常重要的部分。横风向荷载控制设计的情况往往就是横风向涡激振动引起的结构惯性力控制设计的情况。由结构动力学基本原理可知，惯性力的大小取决于结构动力特性与非定常风谱的交互关系，而结构动力特性主要由结构质量 m、结构刚度 K 和结构阻尼 ζ 这三部分组成。

图 3-6 代表了风致结构振动幅度随风速变化的典型曲线。对于有较大涡激振动的情况，在涡激临界风速附近会出现较大的响应，如图 3-6 中横风向的曲线所示。用 μ 表示结构振幅与风速关系的指数，对于大部分建筑物，μ 指数的量值通常在 2.5～3.5 之间。然而，如出现类似图 3-6 中所示的横风向振动，在达到涡激临界风速前的 μ 指数可达 4.0 以上。

根据大量超高层建筑的风洞实验结果，发现结构振动加速度 a 与无量纲风速 U 之间存在以下关系：

$$a_j \propto \frac{U^\mu}{K_j^{\frac{\mu}{2}-1} m_j^{2-\frac{\mu}{2}} \zeta_s^\nu} \qquad (3\text{-}1)$$

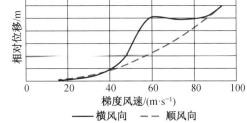

式中　μ——结构振幅与风速关系的指数；

　　　　ν——结构振幅与结构阻尼比关系的指数；

　　　　K_j——结构刚度；

　　　　m_j——结构广义质量；

　　　　ζ_s——结构阻尼。

图 3-6　典型的结构位移随风速变化曲线

式（3-1）表明结构刚度与结构质量变化对振动加速度与惯性力的作用取决于表征结构振幅与风速关系的 μ 指数。

增加结构阻尼总能导致振动加速度与惯性力的降低。

当 $\mu = 3.0$ 时：

$$a_j \propto \frac{U^\mu}{\sqrt{K_j m_j}\, \zeta_s^\nu} \qquad (3\text{-}2)$$

在这种情况下，提高结构刚度与增加结构质量对降低振动加速度同样有效。结构抗风设计优化时可以考虑其中之一或考虑二者。大部分横向风振情况下 $\mu \approx 3.5$，则

$$a_j \propto \frac{U^\mu}{K_j^{0.75} m_j^{0.25} \zeta_s^\nu} \qquad (3\text{-}3)$$

因而在大部分情况下，提高结构刚度比增加结构质量对降低横风向振动加速度的效果更

为显著。

当 $\mu > 3.0$ 时，提高结构刚度比增加结构质量对降低振动加速度更为有效；当 $\mu < 3.0$ 时，则增加结构质量比提高结构刚度对降低振动加速度更为有效。一般来说增加结构质量（主要是通过增加建筑物上部的局部质量来提高广义质量）比较容易实现，而且成本相对较低，但这需要与抗震要求综合考虑。

3.2.3　风荷载动力响应优化实例

1. 上海中心大厦（旋转体型）

在上海中心大厦的建筑初步设计中，将建筑物的立面扭转与上部开孔作为优化指标，考察对风效应的影响[2]（图3-7）。这种在超高层建筑初步设计中，即明确具体的抗风优化参数，并进行有的放矢的相关试验研究以达到优化目标的策略是特别值得推荐的。图3-8（a）表示随着建筑与结构的设计优化，包括对体型、扭转以及结构频率优化后，风荷载逐步减低的趋向，具体试验工况说明详见图3-8（b）。

(a) 截面收缩的方形大楼　　(b) 100°扭转　　(c)110°扭转

(d) 120°扭转　　(e) 180°扭转　　(f) 120°扭转顶部开洞

图3-7　上海中心大厦旋转体型研究

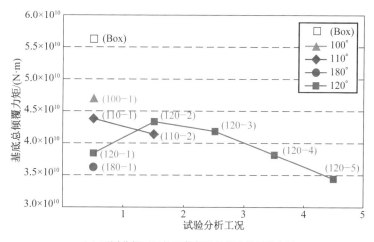

（a）不同分析工况的风荷载引起的底部倾覆力矩

类别	外形	朝向	大楼结构频率/Hz		阻尼比	备注
			X 方向	Y 方向		
Box	传统的方箱外形大楼	最初设计	0.114	0.122	2.00%	仅供比较参考
100-1	100°扭转	最初设计	0.114	0.122	2.00%	
110-1	110°扭转	最初设计	0.115	0.117	2.00%	
110-2	110°扭转	优化后朝向	0.115	0.117	2.00%	
180-1	180°扭转	最初设计	0.114	0.122	2.00%	
120-1	120°扭转	优化后朝向	0.115	0.117	2.00%	
120-2	最终外形	最初设计	0.100	0.102	2.00%	考虑较低的结构频率与高阶模态影响
120-3	最终外形	最初设计	0.100	0.102	2.00%	考虑雷诺数影响
120-4	最终外形	最初设计	0.115	0.117	2.00%	结构频率提高至与最初设计接近
120-5	最终外形	最初设计	0.115	0.117	2.00%	考虑空气弹性力学效应

（b）不同分析工况含义

图 3-8　上海中心大厦的空气动力学优化试验研究

超高层建筑结构设计与工程实践

2. 大连绿地中心

与上海中心大厦项目类似，大连绿地中心项目从初步方案开始，即关注建筑物的空气动力学优化，并将主要优化参数锁定在楼冠的开洞方案与角部处理，如图3-9所示。图3-10为风洞试验模型照片[3]。

除了这些优化参数外，原设计中的立面变化对减小风效应也起到了显著的作用。图3-11所示为大楼在设计风速出现在各风向角时的顺风向与横风向荷载。可以看出虽然横风向荷载值略高于顺风向荷载值，但没有出现过度的涡激振动现象。对进一步增加楼冠开洞的效果进行了理论分析，作为建筑设计深化中考虑的因素。此外进行了结构动力特性改变对风荷载与风振加速度的敏感度研究，作为结构抗风优化设计的依据。

图 3-9　大连绿地中心　　　　图 3-10　风洞试验模型

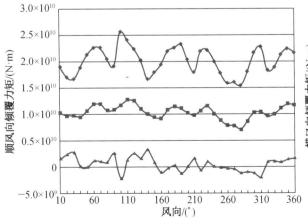

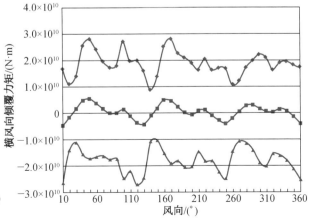

图 3-11　100 年重现期风速下大连绿地中心的倾覆力矩

3. 日立电梯试验塔

日立电梯试验塔位于上海西部市郊青浦工业园区内，该建筑主要供高速电梯试验使用，主体结构高度约为 167 m，平面呈正方形，结构的高宽比约为 9∶1，外形尺寸为 18 m×18 m，在 135 m 高处四周挑出，形成观光层（图 3-12），结构体系为钢筋混凝土剪力墙结构，结构自振频率约为 $f_1 = 0.3$ Hz。强风作用容易引起结构横风向的共振效应。

其原建筑方案外形尺寸为 16.8 m×16.8 m，结构的高宽比接近 10∶1，结构自振频率约为 $f_1 = 0.33$ Hz。经风洞试验分析，原方案在强风作用下引起结构横风向的共振效应明显，结构横风向下基底剪力为顺风向下的 2～2.5 倍（图 3-13）。

图 3-12　日立电梯试验塔

考虑到原设计方案的横风向共振效应对结构设计造成较大的影响，超过了结构的承载能力，需对原设计方案进行调整。

根据横风向共振产生的原理，拟定了两个结构风荷载优化方案。

（1）在平面的四个角部设置削角。

在原方案的基础上在平面的四个角部设置长度为 1.2 m 的削角，经分析表明虽然角部设置削角对结构的横风向漩涡脱落效应有一定的改善，但角部削角对结构整体抗侧刚度略有削弱，导致结构横风向一阶振动频率的降低，使其更加接近横风向共振区，综合以上两个因素，采用在平面角部设置削角的方案对结构横风向共振效应的改善效果不明显。

（2）增大结构平面尺寸。

将建筑平面调整为 18.0 m×18.0 m 的正方形，此种方法可对结构频率折算值 n_1（$f_1 \times B/U_H$）的两个参数进行调整，结构横风向第一自振频率上升为 $f_1 = 0.3$ Hz，迎风面的宽度也相应加大为 18.0 m，导致结构频率折算值 n_1 比原方案增大了 20%。此调整方案明显减小了强风下结构横风向共振效应，调整后结构横风向下基底剪力响应值与顺风向基本相当（图 3-14）。

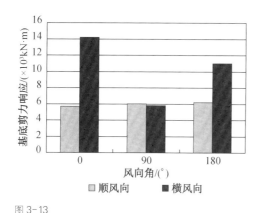

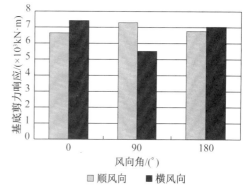

图 3-13　原方案基底剪力响应值

图 3-14　调整方案基底剪力响应值

图 3-13

图 3-14

3.3　风荷载确定

对超高层建筑，在结构设计初期，抗风设计的风荷载可用规范方法估算。但规范方法适用于建筑体型规则且横风向效应不明显的建筑，因此超高层建筑需要通过风洞试验或数值风洞模拟确定风荷载。

3.3.1　阻尼比

根据大量超高层建筑在风荷载作用下结构阻尼比实测值统计结果（图 2-2），高度大于 250 m 的建筑结构阻尼比在 0.5%～1% 之间，且有随着结构高度增加阻尼比逐步下降的趋势。上海金茂大厦和环球金融中心的实测阻尼值也验证了上述观点。

规范建议的混凝土结构阻尼比 5%、钢结构阻尼比 2% 仅适用于地震作用，应用在风荷载设计中是不合适的，主要因为在地震作用下结构允许局部破坏吸收能量来获得阻尼，而风荷载相对持续时间较长，且不允许结构进入塑性变形。

北美地区结构设计风荷载一般采用 1.0%～2.5% 的结构阻尼比，其中低值用于短回归期及钢结构，而高值用于长回归期或钢筋混凝土结构。

舒适度验算时，对应风压为 10 年一遇，风荷载较小，结构及附属构件均处在弹性状态，固有阻尼较小，超高层建筑一般取 0.01。变形和承载力验算，风荷载较大，固有阻尼可适当增加，对型钢混凝土结构可结合高度，阻尼比取值为 0.02～0.04，高度越高，阻尼比越小，对钢结构，阻尼比取 0.02。

3.3.2　风洞试验

超高层建筑由于高度较高，形状特殊，高宽比往往较大，横风向效应明显，需通过风洞试验确定风荷载。

常用的风洞试验有测压模型试验、测力天平试验、气弹模型试验和高雷诺数试验等。

3.3.2.1　风洞试验技术

1. 测压模型试验

测压模型试验通过测压计测得作用于模型上的风压力，一般用于确定主体结构上的风荷载和围护结构上的风荷载。

2. 测力天平试验

测力天平试验通过测力仪测得作用于模型底部的整体弯矩，进而估算建筑物的风荷载和响应。为获得更理想的气动荷载的频率带宽，必须使模型频率足够高，因此要提高试验模型的刚度，减小重量。测力天平试验通过基底弯矩估算各楼层的风荷载，得到的风荷载只能供整体结构分析使用，不能用于局部结构和围护结构设计。此外，测力天平试验估算各楼层风荷载是假定结构的基本振型沿高度线性分布，因此结构基本振型与直线状态差异较大或高阶振型不可忽略时，不宜采用测力天平试验确定风荷载。

3. 气弹模型试验

气弹模型试验采用弹性模型，模拟建筑动力特性，可以测得由于模型振动而产生的附加气动力与外部气流共同作用下的响应。

测压模型试验和测力天平试验均属于刚性模型试验,即不考虑风和结构振动耦合作用对结构响应的影响。对刚度和阻尼较小的结构,当风致振动振幅较大时,风和结构振动耦合作用不可忽略。如高度超过 500 m 的超高层建筑或长细比大于 10 的重要结构,忽略耦合效应对结构响应估算会产生较大影响,宜通过气弹模型试验评估风致动力响应和风荷载。

气弹模型试验通常只观测结构上少数部位前几阶模态的风致响应,其产生的信息量不足以全面评估主体结构和围护结构的风荷载,因此通常需要与刚性模型结合使用。

4. 高雷诺数试验

由于风洞试验时采用的是缩尺模型,而自然风与风洞来流的动黏性系数基本相等,因此风洞试验中的雷诺数比实际雷诺数低 2～3 个数量级。要获得与实际建筑一致的雷诺数几乎不可能。对长方形建筑物,其绕流特性在很广的雷诺数范围内都不会有大的变化,因此对于这类截面的建筑物,风洞试验得到的结果是基本可信的。但对于表面为连续曲面不带尖角的建筑,如上海中心大厦、哈利法塔等,其绕流状态随雷诺数有较大的变化,需通过高雷诺数试验,验证由小比例边界层风洞模型试验的结果是否可以用于实际结构的设计。图 3-15 为上海中心大厦的高雷诺数实验。

图 3-15　上海中心大厦的高雷诺数实验

3.3.2.2　风场模拟

自然风的风速随着离地高度的增加而增大,而且风速并不均匀,时快时慢,在时间和空间上均具有随机脉动的特征[5]。目前,风洞试验都是在模拟大气边界层的风洞中进行的。大气边界层的风场主要通过 3 个参数来模拟自然风的特点,分别为平均风速、粗糙度和湍流特性。平均风速和粗糙度决定的平均风剖面可以模拟平均风速随高度的变化。风速资料湍流特性可以模拟风速的脉动特性,风洞试验中通过在风口设置挡板、尖劈和漩涡发生装置等将风洞来流从层流转变成合适的湍流。

在靠近地表的某一高度范围内,由于地表摩阻力的影响,风速的平均值将随高度的降低而减小。至地表附近某高度风速为零,高度达到 300～600 m 时,摩阻力的影响将消失,风速趋于常数,这一高度称为梯度风高度,该高度以下即为大气边界层。值得注意的是,关于梯度风高度,我国荷载规范为 300～450 m,随着城市高度的不断增加及最新研究成果,梯度风高度最大可达 600 m 以上。

风洞试验的风速资料应结合所在地气象资料进行调整,尤其是台风气候下的风剖面与常态气候下的风剖面形状是有差异的。台风天气系统本身的强烈涡旋运动和垂直方向的强力混合运动的作用已远超过地面粗糙状况的影响,使之不再遵循良态气候下主要由地面粗糙状况决定的风速铅直分布的指数规律关系,可见,对于台风强烈影响区域的超高层建筑抗风荷载设计，根据常态气候下的风剖面形状外推台风气候下的风荷载将得到非常保守的结果。

风洞试验中的地面粗糙度应结合实际周边地形和建筑物分布来设置，即不单单按规范的 A，B，C 和 D 类，还需根据实际情况调整风洞试验中的粗糙度。此外，对不同风向角，也需结合实际周边情况，根据来流方向的地貌模拟不同的地面粗糙度。

风洞试验除了模拟大气边界层风场外，同时要考虑建筑物周边半径 500～1 000 m 的地貌和建筑物。其中，建筑物包括已有建筑物和未来可能存在的建筑物，距离较近的建筑物还需考虑可能存在的相互干扰对风荷载响应的影响。

3.3.2.3 风向角折减

由于风荷载的季节特征明显，不同季节，主要风向和风速差异很大。合理的做法是对风洞试验结果，结合风玫瑰和风速差异，对不同风向的风荷载进行折减，以得到更为合理的风荷载。试验结果考虑风向折减时，应同时提供未考虑风向折减和考虑风向折减情况下风荷载值的不同计算结果，风速的风向折减系数不应小于 0.85[6]。

3.3.2.4 风洞试验对比和验证

风洞试验是通过模拟理想化的大气边界层来研究风对结构的作用，不同风洞实验室的测试设备、模拟相似度有所差别，风洞试验结果存在各种不确定性。对于超高层建筑，尤其是高度超过 400 m 的超高层或高度超过 200 m 的连体超高层建筑，风荷载可能起控制作用的情况，宜在不同实验室进行独立对比试验[6]。

超高层建筑的风洞试验结果宜与规范计算结果进行对比。当无独立的对比试验结果时，由风洞试验确定风荷载得出的主轴方向基底弯矩不应低于现行国家标准《建筑结构荷载规范》（GB 50009—2012）计算值的 80%；有独立的对比试验结果时，应按两次中较高值取用，但风洞试验风荷载得到的主轴方向基底弯矩不应低于现行国家标准《建筑结构荷载规范》计算值的 70%。

3.3.2.5 进行风洞试验需提供的资料

超高层建筑进行风洞试验所需的资料包括建筑所在地的气象资料、建筑周边地貌和建筑物、建筑体型以及建筑结构动力特性等。其中，气象资料一般由风洞试验单位自行搜集，建筑周边地貌和建筑物可从地块周边规划资料中获取。

建筑本身的资料包括总平面图、各层平面布置图、立面图以及幕墙资料等，这些资料用以保证风洞试验的建筑物模型尽可能与实际建筑物一致。

建筑结构动力特性资料包括质量、刚度和阻尼在平面和高度的分布，这些资料可以从结构计算模型中获得，包括以下数据：

(1) 结构周期和振型，每个振型信息需包含各楼层两个主方向的平移和扭转共 3 个数据，以确定振型形状；

(2) 建筑结构总质量以及质量沿各楼层的分布；

(3) 结构的质心和刚心沿楼层的分布；

(4) 建筑结构的阻尼比。

3.3.2.6 风洞试验应提供的结果

超高层建筑结构设计时，风洞试验需要提供的数据包括风荷载和顶部舒适度。风荷载包括用于计算塔楼变形的风荷载和用于计算承载力的风荷载。具体的风荷载数据应包括以下内容：

(1) 风洞试验技术和试验参数，所采用风洞试验技术、风洞试验模型比例、基本风压和风速、地貌类型、风向角与建筑坐标的关系；

(2) 不同风向角，塔楼底部风荷载，包括两个方向基底剪力、倾覆力矩和扭矩；

(3) 不同风向角，各楼层的风荷载，包括两个方向剪力和扭矩；

(4) 用于结构设计的各楼层等效静力风荷载和考虑不同风向后的组合系数；

(5) 塔楼顶部风振加速度。

3.3.3 数值风洞模拟

数值风洞模拟是根据流体动力学原理，采用计算机数值模拟研究气流对建筑物的作用。它可模拟真实风环境，不受计算模型缩尺的限制，具有周期短、费用低的特点。但由于建筑物多呈钝体形状，其绕流伴随着分离、再附、漩涡脱落等复杂的流动现象，数值风洞模拟技术还不完善，分析结果受到数值模型本身和数值迭代算法等诸多因素影响，分析结果离散性较大。鉴于数值风洞模拟的特点，数值风洞一般用于建筑方案设计和优化阶段，通过变化几何模型和物理参数，探讨建筑体型变化对结构抗风性能的影响，优化建筑体型，而待建筑方案成熟确定之后，还需通过物理风洞试验确定超高层建筑的风致响应和荷载。

3.4 舒适度控制

在结构设计中，由于结构固有阻尼比较难以精确估计，因此一般采用较低阻尼比来保守地计算分析结构风荷载以及舒适度，并通过加大结构刚度来满足动力响应。另一途径就是设置减振装置，如调谐质量阻尼器（TMD）、调谐液体阻尼器（TLD）和黏滞阻尼器等，以减小风致结构响应。其中，TMD 和 TLD 是通过谐振消耗主体结构的振动能量，黏滞阻尼器是为结构增加阻尼，通过阻尼耗散能量。

图 3-16　台北 101 大厦 TMD

3.4.1 调谐质量阻尼器

调谐质量阻尼器（TMD）是由弹簧或吊索、质量块、阻尼器等组成的减振系统，用来调整系统的固有频率，使之与主体结构的控制振型形成共振，系统产生惯性力，抑制主体结构振动。由于 TMD 对减小塔楼顶部风致振动有显著效果，目前已广泛应用于超高层建筑中，如台北 101 大厦（图 3-16）、上海环球金融中心、上海中心、波士顿约翰汉考克大厦和纽约花旗中心等。

3.4.1.1 TMD 主要控制参数

TMD 与建筑主体结构的参数比值对 TMD 的减振效果有很大影响，为获得良好的减振效果，需控制 TMD 与建筑主体结构的质量比、频率比和阻尼比等参数[7]。

1. 质量比

TMD 与建筑主体结构质量比越大，耗能效果越好，但耗能效果的提升并不随质量的增加而线性增大，而是随着质量比的增加，耗能效果提高速度逐渐减缓。TMD 最佳质量比为 0.5%～2.0%，由于超高层建筑结构质量通常可达几十万吨，因而 TMD 质量通常可达千吨级。

2. 最优频率比

当 TMD 与建筑主体结构形成谐振时，减振效果最佳。TMD 的最佳频率比为 1.0，由于建筑主体结构本身具有固有阻尼，频率比并非为 1.0，而是接近 1.0。

3. 最优阻尼比

TMD 产生共振时，质量块的位移非常大，可达到建筑结构位移的 5～10 倍，通过设置阻尼器，可减小质量块位移。TMD 的阻尼使恢复力不能完全抵消激振力的作用，即不能完全消振，从而导致结构会有残存的振动响应，但阻尼的存在显著加宽了 TMD 的减振频率宽度。图 3-17 表示不同 TMD 系统阻尼比的结构响应变

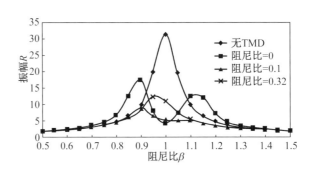

图 3-17　不同 TMD 系统阻尼比的动力放大系数

化规律。TMD 系统阻尼比 β 很小时，当主结构受外激励触发共振时，振幅 R 很小，即减振效果很好，但在共振点附近有两个峰值，说明 TMD 系统控制外激励频带较窄。随着 TMD 系统阻尼比的增大，两侧峰值逐渐消失，但共振点处幅值逐渐增大，即阻尼比存在最优值。

4. 减震可行性

超高层建筑中 TMD 仅用于减小风振加速度，提高风荷载下建筑物的舒适度。在安全性设计方面，仅将减振阻尼器作为可能增加的安全储备，而不作为减小结构设计荷载的依据。这主要基于以下方面的考虑：①减振阻尼器作为机械装置，难以保证其运营可靠度达到与结构安全性可靠度相同的量级；②减地震波的高频部分会激发结构的高阶振型，地震响应不是由单一振型控制，而 TMD 的振型敏感性使其在地震下的减震效果难以预料；③地震荷载到达峰值时间短，TMD 尚未共振，不能保证在最需要的时候发挥作用。

5. 质量影响

TMD 质量较大，且位于结构的顶部，结构设计中应充分考虑该附加质量的影响。TMD 质量块运动中，质量块的位置是变化的，相应质心的位置与 TMD 静止状态是不同的，相应的偏心引起的附加弯矩和扭转也需考虑。

6. 负作用

TMD 系统阻尼的存在，将导致在激励频域内 TMD 可能产生负作用，在超高层结构设计中应加以分析，通过调整 TMD 的参数，避免 TMD 引起负作用。

3.4.1.2 上海环球金融中心阻尼器

上海环球金融中心地上 101 层，高 492 m，主体结构为型钢混凝土结构。建筑物顶部最大风速为 26.3 m/s。为了减小强风荷载作用时建筑物的晃动幅度，改善风荷载下的舒适度以及地震对建筑物的不利影响，在建筑标高为 394 m 的位置处布置了两台阻尼器，如图 3-18 和图 3-19 所示。

图 3-18

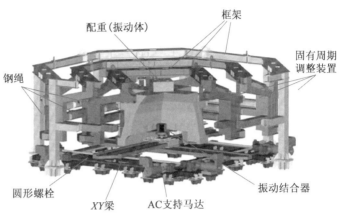

配重（振动体）　框架　固有周期调整装置　钢绳　圆形螺栓　XY梁　AC支持马达　振动结合器

图 3-19

图 3-18　上海环球金融中心重150 t 的 TMD
图 3-19　上海环球金融中心风阻尼器图解

上海环球金融中心采用的是半主动的质量阻尼器（Active Mass Damper，AMD），它具有较小的附加质量，并能在较小的风速下发挥减振作用，而这恰恰是大楼使用者更为看重的。AMD 的使用可大大提高大楼日常的使用品质，但由于 AMD 需要额外的电源，在极端风荷载下，额外电源的可靠性问题就必须更为重视。

阻尼器布置在建筑标高 394 m 的 90 层伸臂桁架区域，振动体重 150 t/台，总重约 269.4 t/台，尺寸为 910 cm（长）×910 cm（宽）×414 cm（高），振动体减振振幅达 ±1.1 m，阻尼器的基本自振周期为：X 方向 6.10 s，Y 方向 6.13 s，扭转 2.12 s，而风的阻尼比为 1%，地震阻尼比为 4%。

2008 年 5 月 12 日 14 时，四川汶川发生 8 级地震，上海有震感。当时环球金融中心大楼 78 层以上施工作业人员达到 2 600 多人，大型塔吊也在进行吊装作业，但由于阻尼器接收到大楼的振动信息后立即启动从而减弱了大楼的振动，在大楼上施工的人员均未感到异常。

2008 年 7 月 28 日—31 日，在上海环球金融中心 96 层测量风力，最大达到 11 级，但是由于阻尼器的作用，在 90 层以上的楼层维修人员和观光人员根本没有感觉到大楼有晃动和不舒适的感觉。

3.4.1.3 台北 101 大厦阻尼器

台北 101 大厦地上 101 层，高 501 m。由 RWDI 完成的试验与分析结果显示，在不考虑台风的效应下，大楼顶部办公楼层 89 楼处，半年回归期风力作用下的加速度反应已达到 6.2 cm/s²，如统计时包含台风的影响，则加速度反应提高至 7.4 cm/s²，均已超出台湾相关法规所建议的 5 cm/s²。因此基于舒适度的需求，该大楼必须有额外的阻尼系统或消能装置以降低塔楼受风时的摇晃程度，如图 3-20 所示。

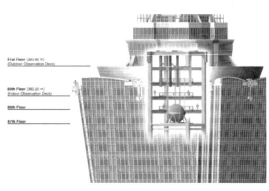

图 3-20　台北 101 大厦重 660 t 的 TMD

经过多种减振装置的评估后，选择调质阻尼器（TMD）解决风致舒适度的问题。配合建筑空间，TMD 设置在 87～92 层，造型为球形质量块，类似单摆的被动式调质阻尼系统。TMD 由 8 组直径 90 mm 的高强度钢索通过支架托住球体质量块的下半部，将 660 t 的质量块悬吊支承在 92 层的结构上，支架周围设置 8 组油压阻尼器以达到消能减振的目的。直径约为 5.5 m 的球体质量块由 41 层厚度 125 mm 的圆形钢板分片吊装至 87 层后电焊组合而成，为配合球体的形状，各层钢板的直径在 2.1～5.5 m 之间变化。

此外为避免大风及大震作用时质量块摆幅过大，87 层夹层楼板上方另外使用缓冲钢环及 8 组防撞油压式阻尼器，一旦质量块振幅超过 1.0 m 时，质量块支架下方的筒状钢棒则会撞击缓冲钢环以减缓质量块的运动。

3.4.1.4　上海中心大厦阻尼器

上海中心大厦地上 124 层，高 632 m。风洞实验表明塔楼顶部的舒适度可以通过增加额外的阻尼系统来加以改善。上海材料研究所和加拿大 RWDI 风工程公司合作，将电涡流阻尼技术引入到传统的摆式 TMD 中，设计了一个电涡流阻尼器（EC-TMD）以减少上部楼层的风振加速度[8]，如图 3-21 所示。

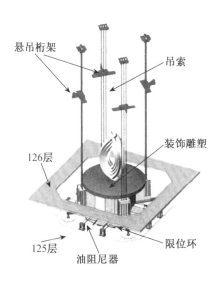

图 3-21　上海中心大厦顶部的 EC-TMD

电涡流阻尼器有以下特点：

(1) 电涡流阻尼系统中永磁铁和导体间无接触，不存在摩擦阻尼，实现了阻尼系统的零摩擦阻尼；

(2) 电涡流阻尼系统的组成为金属，其性能取决于永磁铁的稳定性，整套系统的 400 万次疲劳寿命验证了阻尼的稳定性和耐久性；

(3) 电涡流系统表面直接与空气接触，面积大、散热快，具有持续耗能的能力。

EC-TMD 位于 125 层，质量块重 1 000 t，广义质量比约 0.96%，吊索长度为 20.6 m，频率比约 99.3%。

为控制 EC-TMD 在极端风情况下或地震情况下的较大振幅，设计者设计了一个限位系统。该限位系统使用 8 个振动吸收器用于阻止剧烈的 TMD 振动，在大于 500 年回归期的风荷载下限位系统发挥作用，如图 3-22 所示。

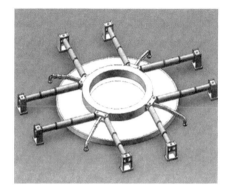

图 3-22　EC-TMD 限位装置

风洞试验结果表明，安装此电涡流阻尼器系统将一年重现期的风致加速度峰值减少近 42%，即从 0.042 m/s² 减少至 0.023 m/s²。同样地，顶部 10 年的峰值加速度从 0.08 m/s² 减少到 0.043 m/s²。

3.4.2　调谐液体阻尼器

3.4.2.1　TLD 主要控制参数

调谐液体阻尼器（TLD）是利用晃动的液体吸收并耗散结构振动能量的附加阻尼系统。TLD 实质上是箱体，部分以液体（一般为水）填充并置于结构顶部。通过选择合适的 TLD 箱体尺寸和液体深度，可以将晃动的频率"调谐"至结构的自振频率。建筑物振动时，由于结构的共振响应，TLD 箱体内的液体将开始晃动，从而振动能量通过结构传递给 TLD，该能量进而由箱体的阻尼装置耗散。

由于超高层建筑消防要求，都需要在屋顶设置大型消防水箱。利用消防水箱作为 TLD 箱体不会给结构带来附加质量，同时可节省造价，在超高层建筑中有一定的优势。我国的大连国贸中心和苏州国际金融中心都在塔楼顶部设置了 TLD，起到减小风致振动加速度、提高风荷载下建筑物舒适度的作用。

TLD 的水箱根据静水深度和水箱振动方向长度的比值可分为浅水水箱和深水水箱。水箱深度和长度的比值小于 1/8 为浅水水箱，反之为深水水箱。深水水箱晃动较小，产生的动水压力也较小，减振效果较差，一般 TLD 都采用浅水水箱。

TLD 的减振效果同样与质量比、频率比和阻尼比有关。TLD 的水箱质量一般为主体结构的 0.5%～3.0%。为增加 TLD 的阻尼，可通过在 TLD 水箱内增加隔板、隔网或在容器壁开槽等方法来实现。

3.4.2.2　苏州国际金融中心 TLD

苏州国际金融中心地上 93 层，高 450 m。为减小塔楼顶部风振加速度，利用消防水箱设置一个有效质量约590 t的调谐液体阻尼器[9]，以降低上部楼层的风致加速度，提高其顶部舒适度，如图3-23所示。

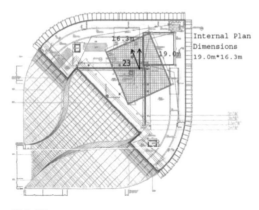

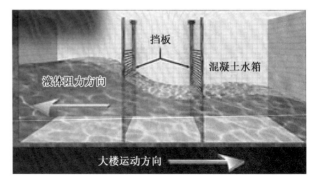

图 3-23

图 3-24

图 3-23　消防水箱兼作 TLD

图 3-24　TLD 工作原理

通过选择合适的 TLD 箱体尺寸和液体深度，可以将晃动的频率"调谐"至结构的自振频率。在 TLD 箱体中有桨柱与箱顶连接，由于液体在箱体中晃动，桨柱产生液体阻力并消耗晃动能量。TLD 水箱位于 93 层约 420 m 处，内部尺寸为 19 m（长）×16.3 m（宽）×4.2 m（高），静水深约为 1.92 m，可以提供约 593 t 的水。其工作原理如图 3-24 所示。

风洞试验结果表明（图 3-25），安装此阻尼器系统将一年重现期的风致加速度峰值减少近 30%，即从 0.07 m/s² 减少至 0.05 m/s²。同样地，顶部 10 年的峰值加速度从 0.17 m/s² 减少到 0.12 m/s²。

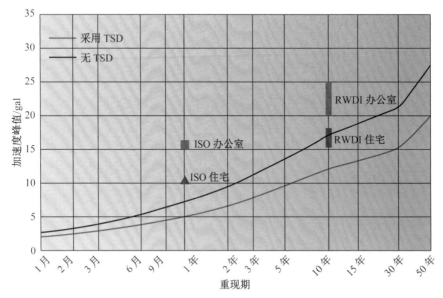

图 3-25　苏州国际金融中心塔楼顶部舒适度

3.4.2.3　大连国贸中心 TLD

大连国贸中心地上 80 层，建筑物总高度 339 m。大连地区由于临海，风力较大，基本风压为 0.75 kN /m²，且该楼主楼高宽比为 6.7，横向较柔，风振影响大，为减小横向振幅和最大加速度，提高结构整体的安全度和顶层风振的舒适度，将结构中的配置水箱设计成控制减振装置 TLD，减振率可达 19%，可有效改善建筑顶部的舒适度[10]。

3.5　参考文献

［1］周建龙，包联进等 . 超高层建筑体型与风荷载动力响应优化与研究［R］.华东建筑设计研究院有限公司，2013.

［2］RWDI. 上海中心风洞实验报告［R］.2009.

［3］RWDI. 大连绿地中心风洞实验报告［R］.2013.

［4］同济大学风洞实验室 . 日立电梯试验塔风洞实验报告［R］.2007.

［5］日本风洞实验指南研究委员会 . 建筑风洞实验指南［M］.孙瑛，武岳，曹正罡，译 . 北京：中国建筑工业出版社，2011.

［6］中华人民共和国住房和城乡建设部 . 建筑工程风洞试验方法标准：JGJ/T 338—2014［S］.北京：中国建筑工业出版社，2014.

［7］陈永祁，彭程，马良喆 . 调谐质量阻尼器（TMD）在高层结构上应用的总结与研究［J］.建筑结构，2013，43（S2）：269-275.

［8］张琪 . 使用新型电涡流阻尼 TMD 对高层建筑进行振动控制的研究［D］.上海：同济大学，2017.

［9］章勇 . 苏州工业园区 271 地块超高层项目调谐液体阻尼器详细性能分析［R］. RWDI，2009.

［10］李宏男，井秦阳，王立长，等 . 利用浅水水箱作为阻尼器的大连国贸大厦减振控制研究［J］.计算力学学报，2007，24（6）：733-740.

第 4 章 │ 超高层建筑结构抗震设计

4.1 超高层建筑结构抗震设计基本原则

我国地震活动频繁度高、强度大、震源浅、分布广，属于遭受地震灾害比较严重的国家[1]。建筑工程应按相应规范进行抗震设计，以提高工程结构抵御地震作用并减小人员伤亡和经济损伤的能力。

我国现行《建筑抗震设计规范》(GB 50011—2010) 以"三水准、两阶段"作为建筑结构的基本抗震设计原则，即要求满足"小震不坏、中震可修、大震不倒"的基本性能要求，同时重点校核小震和大震阶段的承载力和变形要求。其中，小震、中震和大震的50 年超越概率分别为 63%、10% 和 2%～3%，对应的重现期分别为 50 年、475 年和1 600～2 475 年。对于不同使用功能和灾害后果的建筑，我国按照《建筑工程抗震设防分类标准》(GB 50223—2008) 将建筑工程划分为特殊设防、重点设防、标准设防和适度设防共四大类别，对不同类别采取不同的抗震措施，以体现其重要性差异和预期的可靠度标准。

由于地震作用的复杂性和不确定性，抗震设计非常强调概念设计的重要性。抗震概念设计的一项基本思想，就是强调建筑形体与结构布置的简单、对称和规则性；对于具有不规则特征的建筑结构，针对其不规则的具体情况明确提出不同的抗震要求或措施；同时强调应避免采用严重不规则的设计方案。对于超高层建筑工程，有关超限判定除结构体系适用高度和结构高宽比限值外，重点考察的也是结构平面不规则和竖向不规则等主要抗震指标。

此外，超高层建筑也往往因为建筑功能设计的特殊需求而形成某些类型的复杂结构或薄弱部位，比如结构体系的转换、错层、连体、大悬挑、倾斜以及旋转等。超高层结构抗震设计应明确可靠的抗震传力路径，并针对其复杂特点进行有针对性的计算分析，针对薄弱部位采取有效的加强措施。

超高层结构的抗震设计，还非常重视结构的延性设计和多道防线设计。结构与构件的延性能力有助于显著提高结构抗变形和抗倒塌能力，同时有助于地震能量的耗散。多道防线和多重抗侧力体系设计，有助于从结构层次改善结构的地震力分配，提高结构的整体延性能力和能量耗散能力。

像我国这样幅员辽阔、地震频繁且地震灾害较严重的国家，抗震设计是高层和超高层建筑工程的一项关键设计内容。为建立严格的抗震审查制度，全国及各地区都成立了超限高层建筑工程抗震设防审查专家委员会，针对符合超限要求的高层和超高层建筑进行严格的抗震专项审查。

4.2 超高层建筑抗震设计策略

超高层建筑具有高度高、高宽比大、侧向刚度相对小的特点，其侧向力和倾覆力矩会对结构设计产生重要影响。地震作用是超高层建筑的主要侧向力之一，需要针对地震作用的特点进行有效的抗震设计。

4.2.1　结构体系选型

　　超高层建筑的抗震设计，应结合建筑设计方案的特点，选用合理的结构体系，并通过优化调整结构布置或改善抗侧力构件受力性能与构造措施，创新性地提高结构方案的效率和经济性。结构体系的合理性与优化，可反映在层间位移角、刚度分布等抗震设计主要整体控制指标上。

　　各类典型结构体系具有独特的抗侧与抗震性能，在结构高度和高宽比方面也存在不同的适用性，应满足高层建筑结构设计相关规程中关于适用高度和高宽比的要求。在结构优化布置方面，可采取主要抗侧构件周边化、空间化等技术方案，提高体系的抗侧刚度和使用效率。抗侧力构件可选用具有合理含钢率的组合构件，并且采取巨型化（甚至筒体化）的技术方案。另外，进行合理的节点设计并采取必要的构造措施，也将极大地提高结构体系的抗侧效率。

　　由于风荷载也是超高层建筑结构设计的主要荷载，而抗风设计的需求与抗震设计并不完全一致，因此，抗震设计的一些措施也应尽可能与抗风设计的需求相一致。

4.2.2　抗侧力构件的能力设计思想

　　框架结构抗震设计中，"强柱弱梁、强节点弱构件、强剪弱弯"是一条基本的抗震设计思想，其中"强柱弱梁"和"强节点弱构件"可视为结构层次，"强剪弱弯"可视为构件层次。这种抗震设计的延性思路是能力设计方法的一种集中体现。

　　在抗震设计过程中，能力设计方法是要求对结构可能出现塑性或破坏的部位做出预期，同时要求采取措施避免出现不理想的塑性或破坏模式，而对延性良好的塑性或破坏模式则采取相关控制措施，以确保塑性模式更可靠，或获得更好的延性能力。比如，框架柱在重力荷载下承受较大的轴力和轴压比，其抗侧力下的延性变形能力和耗能能力相比纯弯状态降低较多；而且一定数量的框架柱屈服容易形成单个楼层的层屈服机制，进而导致整体结构在某一楼层上出现不稳定甚至倒塌；框架梁不承受轴力，通过控制纵筋配筋率、提高配箍率和保证纵筋锚固长度等构造措施，可获得较好的延性变形能力，整体结构范围的大量框架梁屈服可获得最大限度的耗能能力而不丧失整体稳定性。因此，"强柱弱梁"是发挥框架结构极限承载能力和变形能力的理想方案，这也充分体现了能力设计思想的核心和精髓。可以这么认为，能力设计思想的视角着重于结构在强震作用下的塑性与延性问题。尽管我国抗震设计规范中未明确采用"能力设计"的表述，但相关条文都充分体现了这一点。

　　事实上，能力设计思想的精髓可进一步拓宽：结构抗侧力体系常分解为竖向抗侧力构件和水平抗侧力构件，其中竖向抗侧力构件即框架柱和抗震墙等，水平抗侧力构件即框架梁、连梁以及斜撑等。由于竖向承重体系较水平抗侧体系更为重要，因此竖向抗侧力构件均兼作承重构件，除底层柱底或墙底允许出现塑性（但不允许过量破坏）外，一般要求全楼高度范围不出现塑性或仅出现轻微塑性；水平抗侧力构件（除转换构件等外）一般仅承受本层相邻楼板范围的楼面荷载，极限承载力下可允许出现一定程度的塑性变形，连梁等构件承担的楼面荷载较小，可允许出现一定程度的破坏。

　　设计人员有时易误解认为抗震规范不允许框架柱柱底或剪力墙底部加强区出现塑性，

其判断源于抗震规范要求底层框架柱内力放大以及剪力墙底部加强区提高边缘构件配筋率等相关规定。事实上，抗震规范希望一定程度上推迟框架柱柱底或剪力墙底部加强区过早出现塑性，但更重要的是提高底层框架柱和剪力墙底部加强区的延性构造，包括提高底部加强区边缘构件的纵筋配筋率和体积配箍率等措施。

以图4-1所示的单肢剪力墙为例，根据能力设计思想：除底部范围的墙肢配筋率宜按承载力略高于底部倾覆力矩设计值外，上部楼层范围的配筋

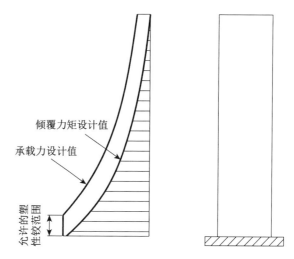

图 4-1　剪力墙结构的合理出铰范围[2]

应满足承载力明显高于其倾覆力矩的要求，以此保证水平地震下墙底首先进入塑性；另外，通过设置边缘构件、控制边缘构件的纵筋配筋率、提高边缘构件体积配箍率等综合措施，保证墙底的延性变形能力。连肢剪力墙的情况类似。

4.2.3　结构延性和多道防线对结构抗震设计的影响

按现行抗震设计规范，一般工程应满足"大震不倒"的设计要求。但在"三水准、两阶段"实践操作中，设计重点还是在第一阶段的小震弹性设计，大震弹塑性设计因实现手段的困难并不普及（只在近年来抗震性能化设计推动下开始应用在工程设计的初步设计中，且技术上仍不够成熟）。或者说，在强调延性设计并将延性作为一项抗震设计要求的同时，并没有将延性作为结构的基本属性进而体现出结构延性设计的抗震优越性。本质上讲，多道防线设计（有关多道防线的讨论详见本书第4.3.3节"框架剪力分担比"）的出发点也在于提高结构的整体延性能力，因此是类似的。

目前，欧美抗震规范多以中震水准作为抗震设计的可靠度原则（类似于"中震不倒"的性能水准，但仍保留一定的抗倒塌安全裕量，美国规范安全裕量为1.5倍），通过中震弹性反应谱除以参数"响应修正系数 R"（美国规范）或"性能系数 q"（欧洲规范）以获得弹塑性反应谱，并作为结构承载力设计的依据。"响应修正系数 R"或"性能系数 q"取决于结构的延性能力（确定延性能力后，要求结构设计满足相应的构造要求或抗震措施），不同延性能力时的 R 或 q 相差若干倍。换言之，欧美抗震规范允许通过采取良好的延性能力，以换取更低的地震力，从而便于设计人员或业主在采取延性措施而付出代价的同时，能够获得相应降低地震力的益处，进而在延性与地震力折减的取舍中获得更好的经济性，而其工程设计的可靠度标准是一致的。有关延性和承载力的关系，可参见图4-2所示[3,4]。

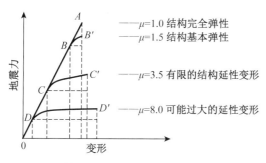

图 4-2　延性与承载力的关系

上述的设计思路是值得借鉴的。我们需

要强调结构延性和多道防线的作用，也有必要对某些薄弱部位进行加强以避免出现非预期的不良破坏模式，但过于强调对结构或构件的内力放大特别是整体结构内力的放大（如"中震不屈服"或"中震弹性"等），仅以承载力的角度进行抗震设计，将造成不必要的浪费。

4.2.4 减震技术的合理应用

超高层建筑的减震技术应用已日趋广泛和成熟，合理高效地应用减震技术对提高超高层建筑的抗震性能或减小地震响应是有利的。然而，超高层建筑的体量巨大，只有配置适当数量的减震器才能体现其减震效果，有关先进技术、合理布置及优化设计是超高层建筑减震设计的关键技术内容。

关于超高层建筑的减震技术，详见本书第4.6节"超高层建筑结构减震技术"。

4.3 超高层建筑结构抗震设计的整体控制指标

在传统抗震设计方法与抗震概念设计思想中，结构控制性指标是结构抗震设计的关键问题，并往往制定为设计规范与技术规程的强制性条文予以执行。这些结构控制性指标包括剪重比、层间位移角、框架剪力分担比等，而这些指标对结构的安全性和经济性又有着非常重要的影响。

随着试验和科研工作的进一步开展，以及试验数据的大量积累和机理性认识的逐步提高，抗震性能化设计已将设计控制指标的着眼点从整体结构转变到构件弹塑性变形上，即从结构层次转变到构件层次。这种转变有助于新体系和新技术的开发和应用，只要在设计方法上满足性能化设计要求，就能证明新体系和新技术是确实可行的。当然，受限于技术水平和计算分析仍不够成熟的现状，结构控制性指标仍然具有重大的指导意义。

4.3.1 剪重比

超高层结构的基本周期较长，当场地特征周期 T_g 较小时，剪重比（即抗震规范"地震剪力系数"）往往难以满足抗震规范相关要求。表 4-1 列出了我国部分 500 m 以上超高层结构的剪重比情况，可以看到剪重比通常明显低于规范限值要求，通过调整结构布置或加大构件截面也往往收效甚微或经济性代价过大。因此，剪重比控制是超高层结构设计的一个焦点与难点问题。

表 4-1 我国部分 500 m 以上超高层结构的剪重比

工程案例	结构高度 /m	抗震设防烈度	场地类别	特征周期 /s	基本周期 /s	剪重比		
						限值	计算	计算/限值
上海中心大厦	575	7	上海IV	0.9	9.20	1.20%	1.29%	107%
武汉绿地中心	540	6	II～III	0.4	8.72	0.60%	0.51%	85%
天津高银金融117大厦	596	7.5	III	0.55	8.96	1.80%	1.48%	82%
深圳平安金融大厦	540	7	III	0.45	8.53	1.20%	1.03%	85%
北京某超高层建筑	528	8	III	0.45	8.20	2.40%	1.72%	72%

我国现行抗震规范将剪重比控制作为一项基本抗震要求提出，并按强制性条文执行。具体条文如下：抗震验算时，结构任一楼层的水平地震剪力应符合下述要求：

$$V_{EKi} > \lambda \sum_{j=i}^{n} G_j \qquad (4\text{-}1)$$

式中　V_{EKi} —— 第 i 层对应于水平地震作用标准值的楼层剪力；

　　　G_j —— 第 j 层的重力荷载代表值。

最小剪重比 λ 应满足表 4-2 要求：

表 4-2　抗震规范关于最小剪重比的规定

结构类型	最小剪重比 λ				
	统一要求	各地震烈度下的具体规定			
		6 度	7 度	8 度	9 度
扭转效应明显或基本周期小于 3.5 s 的结构	$0.20\alpha_{max}$	0.008	0.016 (0.024)	0.032 (0.048)	0.064
基本周期大于 5.0 s 的结构	$0.15\alpha_{max}$	0.006	0.012 (0.018)	0.024 (0.036)	0.048

注：1. 基本周期介于 3.5 s 和 5.0 s 之间的结构，按插入法取值。
　　2. 括号内数值分别用于设计基本地震加速度为 0.15g 和 0.30g 的地区。

现行抗震规范和本章文献 [5] 认为：剪重比控制的出发点，在于振型分解反应谱法基于加速度反应谱计算时存在某些局限性，包括现有强震加速度记录过滤了长周期分量导致长周期分量缺失，以及长周期结构对短脉冲型地面加速度存在响应滞后的情况。鉴于加速度反应谱的局限性和问题，特对超高层等长周期结构设定一个安全底线。文献 [5] 同时列出了主要国家抗震规范对最小剪重比或最小基底剪力的规定，但各国的相关规定差异很大。比如美国荷载规范[3]仅对等效侧向力法（类似于我国底部剪力法，适用于高度较小的结构）规定了最小基底剪力，但对采用加速度反应谱法的地震计算未明确规定最小基底剪力；欧洲抗震规范[4]规定加速度反应谱的长周期段不能小于 $0.2a_{g}$ （a_{g} 为地面峰值加速度，相当于我国抗震规范的 $0.45a_{max}g$），即最小基底剪力系数仅为我国抗震规范的 0.45 倍（基本周期小于 3.5 s 时）或 0.6 倍（基本周期大于 5 s 时，$0.45 \times 0.2 \div 0.15 = 0.6$ 倍）。

出于对超高层等长周期结构的安全考虑，我国抗震规范提出最小基底剪力的规定是合理的，但规范中尚未说明剪重比控制的有关依据或研究成果。目前，规范规定的最小剪重比是根据结构周期情况和地震烈度分类规定的，但计算剪重比不仅对结构基本周期敏感，也对周期折减系数、场地特征周期、阻尼比等参数取值非常敏感，特别是在设计条件和参数一致的情况下，可能出现地质条件差的工程能满足剪重比规定而地质条件良好时反而不满足的不合理情况。以北京某 528 m 的超高层项目为例，在设计条件确定的情况下，为满足抗震审查专家组意见将最小剪重比控制到 0.85 λ_{min}，需将结构基本周期通过全楼高度范围增设斜撑等方案将基本周期从 9.2 s 减小到 7.0 s 左右，其代价不言而喻。相关讨论也可参见文献 [6]。因此，剪重比的合理取值将成为影响超高层结构设计的一项关键性指标。

黄吉锋等[7]根据弯曲型、剪切型等理论模型，重点研究了不同结构周期（未考虑周期折减系数）在不同场地特征周期下的剪重比规律（与地震影响系数 a_{max} 无关，但加速度反应谱在 6 s 后拉平），得到以下主要结论：①弯曲型结构在基本周期超过 2 s 但特征周期 $T_g \leqslant$ 0.3 s 时，剪重比几乎总是不能满足；②剪切型结构在基本周期超过 1 s 但特征周期 $T_g \leqslant$ 0.45 s 时，剪重比几乎总是不能满足；③规范规定的最小剪重比一方面起到弥补长周期分量缺失的作用，但某些情况下也出现超过理论上限等过于严格情况。该文献同时提出了与抗震设防烈度、结构基本周期、场地特征周期、阻尼比等相关的合理剪重比取值建议。

除从设计内力的角度需满足最小剪重比外，我国抗震规范还将计算剪重比作为超高层结构体系刚度是否充分或合理的一项评判标准。抗震规范条文说明作了如下说明："出于结构安全的考虑，提出了对结构总水平地震剪力及各楼层水平地震剪力最小值的要求……当不满足时，需改变结构布置或调整结构总剪力和各楼层的水平地震剪力使之满足……当底部总剪力相差较多时，结构的选型和总体布置需重新调整，不能仅采用乘以增大系数方法处理。"抗震规范统一培训教材[8]中进一步明确："如果较多楼层的剪力系数不满足最小剪力系数要求（例如 15% 以上的楼层），或底部楼层剪力系数小于最小剪力系数要求太多（例如小于 85%），说明结构刚度偏弱（或结构太重），应调整结构体系，增强结构刚度（或减小结构重量），而不能简单采用放大楼层剪力系数的方法。"

当前，工程设计领域针对剪重比限值问题也进行了深入讨论，普遍认为[7, 9]：结构刚度是否充分合理，宜从层间位移角等变形指标予以控制；剪重比限值控制，宜回归到最小设计内力的调整角度。廖耘等[9]认为，计算剪重比受各阶特别是第一阶振型的质量参与系数影响，大质量集中分布于振型位移较大处可获得更大的剪重比，但振型位移较大处通常为结构薄弱位置，调整结构布置不仅受到建筑设计的约束，而且效果不明显甚至造成对抗震不利。

作者认为，有关剪重比的限值问题尚在进一步讨论和研究过程中，当前超高层建筑的抗震设计可从以下几方面重点考虑或采取相关措施：

（1）当不满足剪重比限值的楼层不多或底层剪重比相比限值相差不多时，允许不作结构方案调整，但应按抗震规范要求进行内力调整。

按当前超高层结构的设计实践，当不满足剪重比限值的楼层不超过 15% 总楼层数，或底层剪重比不低于规范限值 $0.15a_{max}$ 的 85%（个别工程或允许更低）时，允许不作结构调整。内力调整时，应按规范条文说明要求结合结构基本周期是否位于加速度控制段执行不同的调整方法，并且要求全楼层调整而非局部楼层调整。

（2）当要求进行结构调整设计时，应充分发挥结构布置效率。

尽管超高层结构布置各异，但第一平动振型的振型形态和质量参与系数总体上是接近的，因此第一平动周期是计算剪重比结果的关键因素。从提高计算剪重比角度看，需要提高或优化结构刚度、减小或改善质量分布（控制主体结构容重、减轻附加重量），以减小结构自振周期。宜充分优化结构布置，增大构件截面时宜挖掘梁柱墙的不同效率，以及采用钢材等轻质高强材料可获得更好效果。

（3）合理的计算参数取值。

合理的计算参数取值是准确计算剪重比的基本条件。计算剪重比时，应采用足够的振型数，各平动方向的总有效质量参与系数不低于 95%；应避免采用 Ritz 法，在振型数不足时出现前若干阶振型有效质量参与系数偏高并导致计算剪重比偏高的假象。计算参数中，应合理确定场地特征周期、周期折减系数、结构阻尼比等参数，这些参数对剪重比计算都有明显的影响。图 4-3 以北京某超高层工程为例，说明了第一周期和场地特征周期对底层剪重比的影响[6]。

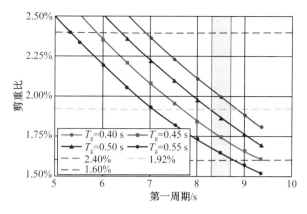

图 4-3　第一周期和场地特征周期对底层剪重比的影响

总体来说，剪重比是一个比较宏观的整体结构控制指标，不宜为了满足剪重比的要求而采取违反抗震设计一般原则的一些措施，如增大结构上部的重量等。如剪重比不满足要求，大多数情况下应采取增大楼层设计剪力的方式予以解决（按照增大后的楼层剪力设计时，其楼层的层间位移也应满足规范要求）。

4.3.2　层间位移角

层间位移角限值是控制超高层建筑结构设计的一项关键性指标。尽管该指标是从变形角度评价的，但也是一项反映结构刚度和稳定性的综合性指标。根据资料[10]显示，层间位移角控制主要出于以下意图：①限制或控制结构构件的开裂或变形；②保护幕墙、隔墙及装修等非结构构件出现过大的破坏；③保证整体结构的稳定性，避免出现过大的重力二阶效应。

我国抗震规范条文说明中明确规定："不同结构类型给出弹性层间位移角限值范围，主要依据国内外大量的试验研究和有限元分析的结果，以钢筋混凝土构件（框架柱、抗震墙等）开裂时的层间位移角作为多遇地震下结构弹性层间位移角限值。"比如框架结构的试验开裂位移角为 1/2 500～1/926，规范限值取为 1/550；框架-抗震墙结构的试验开裂位移角为 1/3 300～1/1 100，规范限值取为 1/800。由此可以看出，规范层间位移限值的取值是参考了构件的开裂位移角，但又不完全是开裂位移角，它是开裂位移角的 2.0（抗震墙）～2.5（框架柱）倍。对于纯受弯构件，钢筋屈服时的抗弯承载力与受拉侧混凝土开裂时的开裂弯矩往往相差一个数量级左右（受配筋率影响较大）；而对于承受一定轴压比的框架柱或抗震墙等竖向构件，这一差异也是若干倍。显然，进一步研究不同轴压比下的屈服弯矩与开裂弯矩之比，对确定合理的层间位移角是有益的；否则，过高的层间位移角限值将导致柱或墙截面过大而配筋设计往往不起控制作用。

然而，确定合理的层间位移角限值确实是困难的。我国在经历二十多年的超高层建筑发展后，早期《钢筋混凝土高层建筑结构设计与施工规程》（JGJ 3—91）[12]和后续《高层建筑混凝土结构设计规程》（JGJ 3—2001，JGJ 3—2010）[13, 14]针对层间位移角限值问题前后已做了较大的调整，并且是逐步放开。学者们在比较我国和其他国家关于层间位移角限值时，也经常忽略了我国小震弹性变形验算或其他国家中震变形验算的不同水准差异。另外，其他国家抗震规范规定，计算地震力和结构变形时构件刚度均应考虑混凝土开裂引起的刚度折减影响，如框架梁等受弯构件折减系数约 0.4，框架柱等竖向构件因轴压比不同，一般折减系数为 0.5～0.8；而我国抗震规范明确规定，构件采用弹性刚度，即不考虑混凝土开裂折减的毛截面刚度，这也导致结构计算刚度偏大而变形略偏小。但确定无疑的是，层间位移角的合理限值必然是与计算的地震水平、刚度算法等相关规定相配套的。

层间位移角的算法一直存在争议，而不同的算法将导致其结果也有很大的差异。层间位移角主要有表 4-3 所列的几种算法，其中最大的争议在于是否应采用有害（或受力）层间位移角，即是否应扣除结构整体转动等刚体变形。根据相关文献[10, 11]，高层和超高层建筑上部楼层的有害层间位移角占总层间位移角的比例通常比较低，故部分学者建议采用有害层间位移角以对照规范限值。但我国和其他国家抗震规范一般都以总层间位移角算法作为规范限值的配套算法（我国部分地方规程允许采用有害层间位移角以适当放松变形控制要求），显然简单地采用有害位移角算法而不相应调整层间位移角限值的做法并不合理。

表 4-3　层间位移角算法和适用性

层间位移角算法		适用性说明	图示
总层间位移角	$\theta_i = \dfrac{\Delta_i - \Delta_{i-1}}{h_i}$	① 当结构以层剪切为主要变形特征时，可偏大地估计竖向构件的变形量（未扣除框架梁变形）； ② 可宏观反映整体重力二阶效应影响	
有害（或受力）层间位移角[19]	$\theta_{ni} = \theta_i - \theta_{i-1}$	当结构以整体弯曲为主要变形特征时，容易偏小估计竖向构件的变形量（事实上，该算法总是过高估计楼层转角，从而偏小估计层间剪切变形）	
基于区格的广义剪切变形[19]	$\gamma_{i,j} = \theta_{i,j} - \alpha_{i,j}$	① 对于估计单片剪力墙墙肢的剪切变形是有效的，但对框架或连梁区格都不反映结构的实际变形特征； ② 能够较合理地估计幕墙或隔墙等非结构构件的变形量，但同一楼层的不同构件往往不同； ③ 算法上过于复杂，有特殊要求时可以采用	

采用有害位移角算法的意图是可以理解的，即认为层间位移角限值控制应与结构构件变形建立关系，比如文献［15］、文献［16］的相关研究成果即体现了这一意图。而随着现代计算机技术的发展，在对层间位移角进行整体控制外，对单根构件的变形控制已经变得非常简便，即使对梁柱构件在计算弹塑性变形后进行延性变形评价也变得相对简单。更何况，同一结构同一楼层的不同构件也往往因跨度、刚度等方面不同而存在明显的变形差异。因此，过于强调构件变形与层间位移角的关系也存在不合理的因素；层间位移角作为一个总体性的控制指标，需要适当的笼统性和综合性因素，不建议作为结构构件的实际变形评价指标。

另外，作者也认为：基于区格的广义剪切变形算法可用于评估幕墙或隔墙的变形量，但计算复杂，当有特殊幕墙设计要求时可予以采用；总层间位移角可宏观地反映结构的整体二阶效应影响，并在估算二阶效应方面具有较好的控制性。有关问题可待进一步讨论和深入研究。

超高层建筑结构设计与工程实践

4.3.3 框架剪力分担比

两道防线或多道防线设计，都是提高整体结构冗余度（赘余度）和延性能力的抗震设计理念和措施。针对框架-剪力墙、框架-核心筒以及框架-支撑体系，常将剪力墙、核心筒或支撑部分设定为第一道防线，框架部分设定为第二道防线。部分学者为强调两道防线概念，也有分别将剪力墙和框架结构的连梁和框架梁当作第一道防线，墙肢和框架柱当作第二道防线。可见，多道防线的概念本身还是笼统的。

超高层结构采用框架-剪力墙、框架-核心筒以及框架-支撑等结构形式是普遍的，还经常采用巨型框架柱、巨型斜撑、加强层等措施。在对上述结构进行两道防线抗震设计时，一个关键性的设计指标就是框架部分的剪力分担比（率）。我国《高层建筑混凝土结构技术规程》（JGJ 3—2002，JGJ 3—2010）规定：框架-剪力墙结构按多道防线设计，并要求各层框架总剪力不小于基底剪力的20%；不满足的楼层，框架总剪力应按0.2倍基底剪力和1.5倍各层框架总剪力最大值的二者之较小值调整。《高层建筑混凝土结构技术规程》（JGJ 3—2010）进一步规定：框架-核心筒结构的框架部分按侧向刚度分配的楼层地震剪力标准值之最大值（不含加强层及其上、下层，下同）不宜小于基底剪力的10%；当不满足时，各楼层框架剪力调整至基底剪力的15%，且核心筒地震剪力宜乘以1.1的增大系数，但允许调整后不超过基底总剪力，核心筒抗震构造措施应按抗震等级提高一级后采用，已为特一级的可不再提高；当各楼层地震剪力标准值之最大值不小于基底剪力的10%但部分楼层剪力小于基底剪力的20%时，不满足的楼层再按0.2倍基底剪力和1.5倍各层框架总剪力最大值二者之较小值调整。可见，框筒或筒中筒结构的框架剪力分担比要求更高、更明确。

但超高层建筑的设计实践表明，要满足上述按刚度分配的框架剪力分担比是非常困难的，这不仅仅是结构体系布置的合理或优化设计问题，而是超高层建筑在500 m或一定高度后的必然问题。下述因素会对框架剪力分担比产生一定影响：

（1）全楼高或下部部分楼层的钢斜撑或巨型斜撑布置。这是将斜撑与外框组成的竖向桁架体系而非单纯的外框架作为第二道防线。斜撑布置一般能较明显地改善剪力分担比，具体影响视斜撑数量、构件截面、倾斜角度等因素确定，但也会显著影响建筑外立面、功能布置和经济性。斜撑布置属于重大的设计修改。

（2）采用向内倾斜的斜柱布置。外框柱向内倾斜后，框架柱的轴力可部分分解为水平分量，往往从计算上会显著提高框架剪力，但向外倾斜将降低框架剪力。尽管部分工程中忽略了斜柱的轴力水平分量，但从抵抗水平地震力的二道防线作用来看，斜柱抵抗地震力的刚度提高作用是实际存在的。此外，斜柱在水平地震下出现柱顶竖向位移，会加大框架梁的转角变形，也可进一步提高外框的抗侧刚度。

（3）加强外框架构件，包括框架柱、框架梁、增设环带桁架等。在外框柱平面布置无明显调整的情况下，仅通过放大或优化构件截面一般都无法明显地提高外框刚度，即使采用巨型框架也往往收效甚微。

（4）采用加强伸臂桁架。伸臂桁架可协调核心筒的整体弯曲变形和外框柱的轴向变形，显著提高结构的整体刚度，但主要表现为对核心筒整体弯曲变形的约束作用和刚度提高影响，对外框柱的抗侧刚度并无影响，因此反而会降低外框剪力分担比。

（5）优化核心筒墙肢或门洞布置，减小墙肢或连梁截面，降低核心筒混凝土强度等级等。一般核心筒布置都已适当优化，层间位移角已紧扣规范限值，已无减小核心筒刚度的余地。

超高层结构的设计实践表明，高度 300 m 以上的超高层框架剪力分担比往往在 10% 以内。扶长生等[17]基于理论公式的案例研究表明，超高层结构底部楼层的框架剪力分担比在理论上是很低的，无法满足 10% 的规范要求。因此，工程界对框架剪力分担比普遍存在争议，包括以下方面：

(1) 蔡益燕等[18]在梳理和比较国内外规范关于框架剪力分担比条文时，认为我国引入双重抗侧力体系时，并没有吃透国外规范的真实含义，即国外规范规定双重抗侧力体系要求框架剪力满足 25% 基底剪力时，并不要求按刚度分配满足，而是通过削弱核心筒刚度，将 25% 的地震剪力施加于框架部分并进行验算，以满足框架"独立承担"的设计意图。

(2) 本书作者认为，由框架和核心筒组成的结构，并非必然为按双重抗侧力体系设计的框架-核心筒体系。当框架不满足相关要求时，可以认为核心筒是唯一承担地震力的抗侧力体系，框架仅是承担竖向荷载的非抗侧力部分，美国荷载规范 ASCE7 常称之为"重力框架"。如本书第 4.2.3 节所述：双重抗侧力体系提高了结构的延性和抗震能力，优良的抗震体系在同一可靠度水平下也应允许采用相对降低的地震力进行抗震设计；而非多道抗侧力结构，因延性能力相对较低而应采用相对高的地震力进行抗震设计。事实上，《高层建筑混凝土结构技术规程》(JGJ 3—2010) 在各层框架剪力最大值小于 10% 基底剪力时，除要求框架按 15% 基底剪力进行调整设计外，要求核心筒按 1.1 的增大系数且允许不超过基底剪力，也反映了这一思路。在此概念基础上，将无明确控制框架剪力分担比的必要性。

(3) 有学者认为，已有的多个超高层建筑振动台试验结果表明，结构发生较大或严重破坏的部位往往是核心筒的上部墙体，这些部位一般平面尺寸变小变薄，而地震力又较大，在其轴压比相对较小的情况下引起抗弯或抗剪破坏；因此，核心筒上部墙体破坏是根本问题，加强上部结构才是设计的重点，通过控制框架分担比而加强外框反而是舍近求远。然而，大震设计的目标要求是"大震不倒"，而不是"大震不坏"，对核心筒采取过多加强措施时会造成较差的经济性，而让外框适当分担核心筒地震力的思路是符合延性设计和经济性控制的意图的。

(4) 还有学者认为，采用框架剪力分担比作为双重抗侧力体系的评价指标不合理，外框-核心筒-伸臂桁架体系的外框柱承担了约 50% 的基底倾覆力矩，宜采用框架倾覆力矩分担比作为双重抗侧力体系的指标。然而，如果认为双重抗侧力体系是指核心筒和外框独立承担地震力的能力，那么增设伸臂桁架后外框柱的抗倾覆能力在核心筒抗侧刚度退化后也将降低，即二者是串联而非并联系统。因此，采用外框倾覆力矩分担比作为评价指标时，确实失去了双重抗侧力体系要求各体系部分"独立承担"的本意。

综上所述，多道防线及框架剪力分担比问题在具体工程的抗震设计应用中还存在一些问题，抗震规范的相关条文需要进一步梳理，以便更合理地贯彻多道防线的抗震设计理念。

4.4　超高层建筑的抗震性能化设计

4.4.1　抗震设计的性能目标

抗震性能化设计是当今国内外抗震设计的流行思维，在引入国内多年后，其理论研究和工程设计应用都取得了较大的进展。超高层建筑设计因其独特的行业地位，是抗震性能化设计思想和设计应用的最初落脚点，并在抗震性能化设计的具体应用上起到引领性作用。我国现行《高层建筑混凝土结构技术规程》（JGJ 3—2010）已将抗震性能化设计作为一项重要内容作了相关规定。

"小震不坏、中震可修、大震不倒"等多水准抗震设计思想虽已提出数十年，但限于试验研究以及计算分析手段的局限性，建筑结构的抗震设计工作长期以来多围绕"小震弹性分析"展开，并以构件承载力设计与结构弹性变形控制作为基本的设计准则。与此不同的是，抗震性能化设计不再只是关注小震水准的设计要求，同时也对其他不同重现期地震作用下的结构行为与性能要求给予足够的重视，特别是更明确地强调建筑结构在大震作用下的结构弹塑性变形发展、预期结构性能与倒塌防止控制等方面，同时提出了基于静力或动力的弹塑性分析与设计方法。可以这么认为，"大震"水准是抗震性能化设计将"小震"水准向前推进的一个新阶段，而"弹塑性分析"是抗震性能化设计实现"大震"水准设计目标的根本手段；"大震"与"弹塑性分析"相结合，构成了抗震性能化设计的两大主题。

从另一个维度看，抗震性能化设计也不再仅仅强调"小震"设计时对结构整体变形和层间变形的笼统控制，而是进一步地将控制点设定在结构体系的各组成构件上：对于中、小震设计，一般控制构件的承载力满足设计条件；对于中大震设计，一般控制构件的塑性变形和延性性能满足变形设计要求。这种控制目标的细化，实质是由工程设计人员预期或要求结构体系各组成构件在抵御地震作用及产生变形时发挥不同的作用，从而实现部分构件允许开展塑性并耗能，而部分构件在强震后仍可支承主体结构不致倒塌的设计意图。当结构体系不同时，各组成构件的行为特点也将存在显著差异，性能要求也就需要做出相应调整。结构设计人员应对采用的结构体系及各组成构件的受力特点作充分的了解。

当从上述的抗震设防水准、构件预期性能等两个维度出发，对单项工程的各类构件在小震、中震、大震等不同抗震设防水准下提出具体的承载力或变形要求时，即构成了该工程的预期"性能目标"，如表4-4所示。

对于超高层建筑，"外框架-核心筒""外框架-核心筒-伸臂桁架""巨型支撑外框架-核心筒"等都是常用的结构体系，针对其核心筒底部加强区墙肢、核心筒非加强区墙肢、核心筒连梁、外框柱、外框梁、伸臂桁架、环带桁架、巨型支撑、屋顶塔冠钢结构等构件，应分别制订明确的性能目标。有关超高层建筑的性能目标确定，可参见本书第4.4.2节的相关说明，或参考第4.2.2节抗侧力构件能力设计的抗震思想。在抗震性能目标确定后，后续的有关抗震设计工作都将围绕该性能目标进行有针对性的计算分析与设计控制。

除上述内容外，抗震性能化设计思想也提供了更广泛的指导意义，有关内容可参见相关资料。涉及有关构件弹塑性变形评价的内容，将在本书第4.5节中作进一步说明。

基于性能的抗震设计是建筑结构抗震设计一个新的重要发展，它的特点是：使抗震设计从宏观定性的目标向具体量化的多重目标转变，业主或设计人员可选择所需的性能目标进行抗震设计；抗震设计中更强调实施性能目标的深入分析和论证，有利于建筑结构的技术创新，经过论证或试验允许甚至鼓励采用现行标准规范中还未规定的新结构体系、新技术、新材料；有利于针对不同设防烈度、场地条件及建筑的重要性采用不同的性能目标和抗震措施。

表4-4 超高层建筑结构抗震性能目标典型案例

地震烈度			多遇地震 （小震）	设防烈度地震 （中震）	罕遇地震 （大震）
性能水平定性描述			不损坏	轻度损坏	中度损坏
层间位移角限值			$h/500$ $h/2\,000$（底部）	—	$h/100$
构件性能	核心筒墙肢（底部加强区、连接体楼层与加强层及其上下各一层主要墙肢）	正截面	按规范要求设计，弹性	按中震不屈服验算	允许进入塑性，控制混凝土压应变和钢筋拉应变在极限应变内
		抗剪	按规范要求设计，弹性	按中震弹性验算	抗剪截面不屈服
	核心筒墙肢（除上述以外的一般部位）	正截面	按规范要求设计，弹性	按中震不屈服验算	允许进入塑性，控制混凝土压应变和钢筋拉应变在极限应变内
		抗剪	按规范要求设计，弹性	按中震不屈服验算	抗剪截面不屈服，允许少量进入塑性
构件预期性能	连梁		按规范要求设计，弹性	允许进入塑性	最早进入塑性，$\theta \leqslant CP$
	连接体楼层框架柱		按规范要求设计，弹性	按中震弹性验算	允许进入塑性，钢筋应力可超过屈服强度，但不能超过极限强度，$\theta \leqslant LS$
	伸臂桁架		按规范要求设计，弹性	按中震不屈服验算	允许进入塑性，钢材应力可超过屈服强度，但不能超过极限强度，$\varepsilon \leqslant LS$
	环形桁架		按规范要求设计，弹性	按中震弹性验算	允许进入塑性，钢材应力可超过屈服强度，但不能超过极限强度，$\varepsilon \leqslant LS$
	连接体主桁架		按规范要求设计，弹性	按中震弹性验算	允许进入塑性，钢材应力可超过屈服强度，但不能超过极限强度，$\varepsilon \leqslant LS$
	连接体转换桁架		按规范要求设计，弹性	按中震弹性验算	按大震不屈服验算
	其他抗侧力构件		按规范要求设计，弹性	按中震不屈服验算	允许进入塑性，不倒塌，$\theta \leqslant CP$
节点			迟于构件破坏		

注：θ 指构件的弦线转角，ε 指构件的主要应变，LS 指生命安全（Life Safety）水平下的构件转角或应变，CP 指倒塌防止（Collapse Prevention）水平下的构件转角或应变。

4.4.2 超高层建筑的性能目标制定

我国现行《高层建筑混凝土结构技术规程》（JGJ 3—2010）规定：结构抗震性能目标分为 A，B，C，D 四个等级（依次从高到低），结构抗震性能分为 1（完好）、2（基本完好）、3（轻度损坏）、4（中度损坏）、5（比较严重损坏）五个水准，每个性能目标均与一组在指定地震地面运动下的结构抗震性能水准相对应。

如将现行高层建筑规范的抗震性能目标进行重新整理，可获得表4-5所示的结构抗震性能目标规定，且可仍表述为"抗震设防水准"和"构件预期性能"两个维度。根据该规定：在选定每项工程的预期结构总体性能目标（此处称为"性能类别"）后，结构总体以及各类抗侧力构件的抗震性能目标将是大体确定的，且应具有适当的匹配性。设计人员可参照表4-5制订相应工程的结构与构件抗震性能目标，也可根据结构特殊情况作适当的调整。

表4-5 现行高层建筑规范对超高层建筑抗震性能目标的有关规定

性能类别	结构/构件类型	抗震性能目标		
		小震	中震	大震
A	总体	(1) 完好	(1) 完好	(2) 基本完好
	关键竖向构件	无损坏	无损坏	无损坏
	普通竖向构件		无损坏	无损坏
	水平抗侧构件		无损坏	轻微损坏
	耗能构件			
B	总体	(1) 完好	(2) 基本完好	(3) 轻度损坏
	关键竖向构件	无损坏	无损坏	轻微损坏
	普通竖向构件		无损坏	轻微损坏
	水平抗侧构件		轻微损坏	轻度损坏、部分构件中度损坏
	耗能构件			
C	总体	(1) 完好	(3) 轻度损坏	(4) 中度损坏
	关键竖向构件	无损坏	轻微损坏	轻度损坏
	普通竖向构件		轻微损坏	部分构件中度损坏
	水平抗侧构件		轻度损坏、部分构件中度损坏	中度损坏、部分构件较严重损坏
	耗能构件			
D	总体	(1) 完好	(4) 中度损坏	(5) 比较严重损坏
	关键竖向构件	无损坏	轻度损坏	中度损坏
	普通竖向构件		部分构件中度损坏	部分构件较严重损坏
	水平抗侧构件		中度损坏、部分构件较严重损坏	较严重损坏
	耗能构件			

注："关键竖向构件"是指该构件的失效可能引起结构的连续破坏或危及生命安全的严重破坏。

因此，结构抗震性能目标的确定，其最终落脚点还是在于结构总体性能目标（或本书所称"性能类别"）的选取上，即如何合理选取总体性能目标A，B，C，D。我国现行《高层建筑混凝土结构技术规程》（JGJ 3—2010）规定：结构抗震性能目标应综合考虑抗震设防类别、设防烈度、场地条件、结构的特殊性、建造费用、震后损失和修复难易程度等各项因素选定。具体到各项工程的具体情况，其性能目标的选取可参考本章文献[19]。

(1) 性能目标A通常适用于以下情况：某些具有特殊重要性的建筑物，其结构具有足够的承载力以保证在中、大震下处于基本弹性状态；或某些重要性并不突出但设防烈度较低（如6度）的建筑物，其结构地震反应较小，在中、大震下也基本处于弹性范围；

或某些结构属于特别不规则，但业主为了实现建筑造型和满足特殊建筑功能的需要，愿意付出经济代价，使结构设计满足在大震下仍处于基本弹性状态。此时，房屋的高度和不规则性一般不需要专门限制，但不应采用严重不规则结构。

（2）性能目标 B 与性能目标 A 是比较接近的，不同之处在于性能目标 B 的结构，其非薄弱部位、非重要部位在大震下接近屈服，不再处于基本弹性状态。其房屋的高度和不规则性一般不需要专门限制，但不应采用严重不规则结构。上述选用性能目标 A 的结构，也可选用性能目标 B，虽然结构的抗震性能有些减弱，但可以比性能目标 A 降低结构造价。

（3）性能目标 C，D 都允许结构不同程度地进入非弹性状态。震害经验及试验和理论研究表明，在中震、大震下，使结构既具有合适的承载力又能发挥一定的延性性能是比较合理的。对复杂和超限高层建筑结构，一般情况下可选用性能目标 C，D。这两种目标的选用需要综合考虑设防烈度、结构不规则程度、房屋高度、结构发挥延性变形的能力、结构造价、震后的各种损伤及修复难度等因素。

总体来说，高层和超高层建筑的抗震性能目标应满足以下要求：

（1）对于复杂和超限高层建筑结构，鉴于目前非线性分析方法的计算模型及参数的选用尚存在不少经验因素，震害及试验验证还有所欠缺，对结构性能水准的判断难以十分准确，因此性能目标选取时宜偏于安全一些。

（2）特别不规则的高层建筑结构，其不规则的程度超过现行标准的限值较多，结构的延性变形能力较差，建议选用性能目标 C。

（3）房屋高度或个别不规则性超过现行标准的限值较多的结构，可选用性能目标 C 和 D。

（4）房屋高度和不规则性均超过现行标准的限值较小的结构，可选用性能目标 D。

（5）房屋高度不超过现行规程 B 级高度且不规则性满足限值的结构，可选用性能目标 D。

（6）高度超过现行规程 B 级高度的超高层建筑，性能目标不宜低于 C。

4.5 罕遇地震弹塑性分析

如前所述，"大震" 水准和 "弹塑性分析" 是抗震性能化设计的两大核心内容。美国抗震性能化设计的发展过程中，从 ATC-40、FEMA273 到 ASCE 41 等抗震设计指南或规范，都明确了可以采用静力弹塑性或动力弹塑性的分析方法，并给出了相关的分析与设计原则（动力弹塑性分析因技术复杂性及缺乏充分的验证手段，至今仍未要求在工程设计中应用）。因此，大震弹塑性分析成为抗震性能设计的关键性分析方法。

应强调的是，大震弹塑性分析作为抗震性能化设计的一项重要内容和手段，它不应当被看作是弹性设计的替补手段，而是与弹性设计并行的第二阶段设计手段；而且，大震弹塑性分析应不仅仅被视为分析手段，也是 "大震弹塑性设计" 手段（抗震性能化设计尚需进一步发展和完善）。

由于弹塑性分析无论在建模、分析和构件抗震性能评价等诸多方面都存在复杂性和难度，分析人员应本着严谨求实的态度，在弹塑性分析方法、软件应用和工程设计等方面都应具备扎实的功底，不断学习深入，并站在抗震性能化设计的立场上理解弹塑性分析对工程设计的意义，而不是简单地认为学个软件就可以。

4.5.1 弹塑性分析建模

如果说，弹性分析的建模要求是反映结构构件的刚度特性，并以此作为特定荷载模式下结构变形校核、构件内力计算的依据，那么弹塑性分析的建模要求，是充分反映结构构件的刚度、承载力、延性变形性能甚至包括滞回性能，它是结构设计信息和结构性能的完整体现。弹塑性分析已将构件承载力和延性能力作为一项基本属性，以揭示结构在强震下的实际动力行为和抗倒塌能力。

构件的刚度特性，一般指材性（弹性模量、泊松比）、截面类型、截面尺寸等方面，广义来讲还包括单元之间的连接关系模拟，比如刚接和铰接关系、膜单元和壳单元关系、连梁单元与剪力墙单元的连接等。

1. 结构刚度特性的模拟

结构刚度特性的准确模拟看似简单，但往往是建模时存在问题较多的地方。需注意以下问题：

(1) 单元之间的变形协调关系。比如：次梁搁置于主梁时，弹塑性软件无法自动划分主梁，就必须进行手动的单元划分；梁单元搁置于墙单元时，墙单元必须手动划分（某些弹性分析软件具备的自动线束缚功能虽可解决弹性计算的单元连接问题，但事实上往往会引起某些不易察觉的严重问题）；墙元或弹塑性楼板单元细分时，应注意节点间的变形协调，否则易出现集中的局部应力甚至局部塑性。

(2) 框架柱和墙单元在周边设楼板时，或框架梁下设人字撑时，应注意楼板或梁对竖向构件的拉结。为简化建模而省略次梁时，如弹性楼板单元尺寸过大，没有拉住边侧的框架柱或独立墙肢，有时会导致柱或墙在非线性下出现失稳破坏。

(3) 避免机构性的单元连接。楼板膜单元细分时未连接至主体结构构件、单元杆端铰接释放过多导致机构等单元连接问题，在弹性分析时因不校核收敛性，或直接跳过错误进行计算，但在弹塑性分析时都将导致计算不收敛或计算结果错误。

(4) 单元细分问题。弹性分析时，单元细分问题集中在板壳单元上，细分将对刚度产生影响；但弹塑性分析时，梁柱单元和板壳单元都必须具有适当的划分精度，单元划分不仅影响刚度，还将影响到构件的承载力。

(5) 弹塑性分析并不特指材料非线性，也通常考虑结构的几何非线性，因此非线性收敛性判断是静力计算和隐式动力计算的必须过程。分析人员经常遇到的计算收敛困难，往往不是材料非线性导致的，更多的是因计算模型未合理反映单元连接关系和结构刚度导致的弹性模型问题。

需特别指出的是，采用塑性铰单元的钢筋或型钢混凝土构件，应采用等效截面刚度。等效截面刚度反映了构件因混凝土开裂引起的截面刚度削弱，从"力-变形"曲线上可表示为零加载点（或存在其他方向的受力）至截面屈服或达到承载力的割线刚度。当采用毛截面刚度而忽略混凝土开裂影响时，容易导致结构能力曲线的总体刚度过高，造成容易取得性能点和变形偏小的假象。等效截面刚度应结合构件的受力特征进行取值，框架梁（或连梁）、框架柱和墙肢可按表 4-6 取值。

表 4-6 采用塑性铰模型时钢筋混凝土构件的刚度取值（静力或动力弹塑性分析）[20]

构件	抗弯刚度	剪切刚度	轴向刚度
框架梁（非预应力）	$0.5E_cI_g$	$0.4E_cA_w$	E_cA_g
框架梁（预应力）	E_cI_g	$0.4E_cA_w$	E_cA_g
框架柱（受压）	$0.7E_cI_g$	$0.4E_cA_w$	E_cA_g
框架柱（受拉）	$0.5E_cI_g$	$0.4E_cA_w$	E_sA_s
墙肢（开裂较少）	$0.8E_cI_g$	$0.4E_cA_w$	E_cA_g
墙肢（开裂较多）	$0.5E_cI_g$	$0.4E_cA_w$	E_cA_g

注：1. E_c 和 E_s 分别为混凝土和纵筋的弹性模量。
    2. I_g、A_g 和 A_w 分别为混凝土毛截面惯性矩、毛截面面积和腹板面积。
    3. A_s 为全截面纵筋面积。

2. 构件的承载力特性

构件的承载力特性是弹塑性分析建模的一项重点内容，也是弹塑性分析模型区别于弹性分析模型的一个显著特征。涉及构件承载力的设计信息，都应当在模型中予以合理的反映，包括以下内容：

（1）混凝土强度等级以及相应的抗压强度、抗拉强度；

（2）钢筋的强度等级以及相应的屈服强度、极限强度；

（3）钢材的牌号以及相应的屈服强度、极限强度；

（4）构件的截面形状、截面尺寸；

（5）梁柱的纵筋配筋率、箍筋配箍率（配箍率虽无法直接建入模型，但会影响到恢复力骨架曲线的确定或者构件抗震性能评估）；型钢混凝土或钢管混凝土构件，尚应明确型钢截面形状和截面尺寸；

（6）墙体的暗柱配筋率、配箍率，墙肢的竖向和水平配筋率；墙内设型钢暗柱或钢板墙时，尚应明确型钢或钢板的截面尺寸；

（7）防屈曲支撑的屈服承载力和极限承载力、黏滞阻尼器的阻尼特性参数、隔震支座的特性参数等。

对于钢结构构件，有两个需要特殊注意的问题：一是当构件截面宽厚比较小时，构件容易因板件局部失稳而导致延性变形能力变差，但弹塑性分析时因构件平截面假定而无法反映真实情况，建模时应采用低延性的恢复力模型，或采用相应的局部失稳控制措施；二是钢结构构件对初始偏心及残余应力存在较大的敏感性，特别是当构件正则化长细比接近于 1.0 时非常敏感，需要考虑钢结构的初始缺陷影响，建议采用欧洲钢结构规范有关构件等效初始缺陷的做法进行反映。

3. 构件的延性变形性能和滞回性能

构件的延性变形性能，是指构件经历屈服变形直至极限变形的变形性能（即极限变形与屈服变形的比值），通常也理解为构件的恢复力骨架曲线，它是构件弹塑性变形性能的重要依据。假如分析时采用纤维单元，那么构件的刚度、承载力和延性能力甚至包括滞回性能都涵括在材料的非线性本构模型内，分析人员已无法干预，但应注意纤维单元通常无法准确反映构件在各种受力模式下的非线性变形性能，而且往往容易高估构件的实际延性性能。如果采用塑性铰模型，建议参照 FEMA 或 ASCE 41-06 等抗震设计指南或规范的参数确定构件的实际变形能力，切忌所有构件的延性能力都统一按纯受弯构件取值而忽略轴压比和剪压比等影响。可以说，分析人员对弹塑性分析的功底重点反映在对构件延性变形能力和滞回性能的掌握程度上。

构件的滞回性能，是指构件在往复荷载下的耗能能力和变形特征。静力弹塑性分析不需输入构件滞回性能，但动力弹塑性分析必须包含相关内容。由于构件延性变形能力和滞回性能相关内容的广泛性和复杂性，本书对此不作详细说明，建议读者参阅相关资料。

4. 其他注意事项

（1）分析人员应意识到因弹塑性模型失真而导致获得抗震性能偏于良好的假象。比如，框架梁跨中配筋过少而未设塑性铰，无法考虑或未考虑连梁的剪切破坏，轴向力较大时仍未考虑"轴力-弯矩"相关性，钢构件大宽厚比腹板或翼缘局部失稳导致明显的延性退化，大长细比钢构件跨中失稳而未设铰以及其他设铰不充分的情况，都将导致失真的弹塑性分析结果。结构分析人员应根据预期的结构塑性行为有针对性地设铰或全面设铰，避免盲目或无目的地设铰。

（2）塑性铰应根据构件或节点的预期受力特征，准确设置符合相应抗震性能的铰属性参数。铰属性通常涉及"承载力相关曲面""力-变形"或"弯矩-转角""变形接受准则"等大量曲线和参数，应针对梁、柱、普通支撑、防屈曲支撑等采用相应的性能参数；当设定用户自定义的相关参数时，可查阅 ATC-40，FEMA 273，ASCE41 等文献资料。当框架梁存在较大轴力时，应采用框架柱的相关性能参数。

（3）采用纤维积分元的弹塑性单元，应输入合理材料本构关系，全截面应具有较精细的纤维束划分，能准确地反映"轴力-弯矩"的承载力相关性和不同轴力水平下的"弯矩-转角"变形能力。采用素混凝土的本构关系过于保守，可考虑适当配箍条件下混凝土延性提高的影响。应注意纤维积分元仅适用于"轴力-弯矩"铰，其剪切性能仅按弹性处理。

（4）一个不易被设计人员察觉的问题是：剪力墙和连梁的单元连接问题。剪力墙单元通常采用每节点六自由度的积分壳单元，但与连梁强轴抗弯对应的壳单元自由度，因难以建立合理的形函数而往往存在较大的失真，而且其刚度往往是偏小的；绝大多数通用有限元软件都存在这一问题，而有些软件在将平面应力膜单元（每节点两自由度）和平面外板单元（每节点三自由度）结合时，仅仅为了避免出现自由度机构而虚拟一个膜单元的抗弯刚度。因此，在采用梁单元模拟连梁时应特别注意这一问题。采用壳单元模拟连梁时，尽管避免了梁和墙连接时的自由度失真问题，但往往需要较多的沿连梁长度方向和截面高度方向的单元划分，否则易导致过大的连梁弹性刚度，而在弹塑性下也因忽略箍筋的抗剪作用而过低估计连梁抗剪承载力，在连梁采用全截面纵筋均布的情况下，还导致抗弯承载力不足的问题。总体来说，在模拟连梁时应采用适当的单元形式，并采取相应的弥补措施。

4.5.2 静力弹塑性分析

静力弹塑性分析（或称 PUSHOVER 推覆分析），是结构抗震性能评估的一种重要方法。它假定水平地震力沿结构高度呈某种特定的分布形式，并逐级施加于分析模型，引起结构侧向变形逐步增长并产生可能的构件塑性变形，直至结构达到目标位移或整体倾覆。获得的"基底剪力-顶点位移"曲线作为其能力曲线，经能力谱法（ATC-40）、位移系数法（FEMA 273）或其他评估方法估计结构变形后，校核结构在大震作用下的层间位移角、构件塑性铰分布和塑性程度是否满足规范规定或预期性能目标。

1. **静力弹塑性分析的适用条件**

（1）结构应以第一阶平动振型为主，建议 X 向和 Y 向的第一阶平动振型质量参与系数达到80%或以上。高阶的平动振型因无法在推覆侧向力中反映或进行组合，其准确性较差。从某种角度看，尽管质量参与系数与质量分布等诸多因素有关，但总体上也与结构层高或结构第一平动周期呈现较明显的正相关性。

（2）以扭转为第一振型或主要振型的结构，因推覆侧向力未充分考虑对结构的扭转作用而导致静力弹塑性分析失效。

（3）复杂结构存在较多的不规则性，其振型形式复杂，也无法采用以第一阶振型为主导的推覆侧向力进行地震作用估计。

2. **静力弹塑性分析的步骤和要求**

（1）根据结构体系特点或预定的结构塑性与破坏机制，对结构构件和节点按承重要求、抗侧性能要求及重要性进行分类，并设定相应的抗震性能目标。

（2）建立合理、适用的弹塑性分析模型。分析模型不仅应满足静力弹性分析的要求，同时应较准确地反映结构构件和主要受力节点的刚度、承载力和变形能力。应设定塑性铰属性参数或定义其他弹塑性单元，并控制不收敛情况。

（3）定义静力弹塑性分析工况、重力荷载工况、设定地震水平和侧向力分布形式、设置必要的分析参数，并计算运行。

（4）获得 Pushover 曲线，通过能力曲线与需求曲线的分析，获得结构性能点。

（5）校核结构在性能点状态下的变形是否满足规范规定，构件塑性铰分布和塑性程度是否满足预期性能目标，判断塑性铰开展过程是否符合预期结构行为。

（6）反馈分析与评估结果，必要时提出设计修改意见。

4.5.3 动力弹塑性分析

动力弹塑性分析（或称弹塑性时程分析），一般特指模拟建筑结构在大震作用下经历动力响应和塑性变形，并校核结构变形和评估构件抗震性能的结构设计方法，是结构抗震性能化设计的重要方法和手段。

1. **动力弹塑性分析步骤**

（1）根据结构体系特点或预定的结构塑性与破坏机制，对结构构件和节点按承重要求、抗侧性能要求及重要性进行分类，并设定相应的抗震性能目标。

（2）建立合理、适用的弹塑性分析模型。动力弹塑性分析模型，不仅应满足静力弹性分析模型的刚度、承载力和变形性能因素，还应合理地反映构件或节点在反复荷载下的滞回性能和能量耗散特性。

（3）选取符合工程场地特征的地震波。地震波的选取宜考虑场地土条件、震源机制、震源距离及衰减特性等综合因素，其频谱特性应与规范设计反应谱相符或相近，并满足抗震规范关于加速度峰值调幅、最小有效持时、基底剪力校核的要求。地震波的数量，一般为 2 组天然波＋1 组人工波，或 5 组天然波＋2 组人工波。

（4）定义动力弹塑性分析工况和设置相关参数设置。应设定每组地震波各分量的输入方向和比例、阻尼比参数、动力积分算法和参数、非线性算法及收敛控制参数、结果输出项目等，并应考虑重力二阶效应。必要时考虑施工模拟。

（5）基于重力场荷载的分析结果，进行动力弹塑性分析。

（6）提取动力分析结果，评估结构与构件抗震性能是否达到预期目标。可提取的结果包括基底剪力、楼层剪力分布、楼层位移分布、层间位移角分布、关键构件的内力、构件塑性变形或破坏情况，并应满足预期的抗震性能目标。

（7）反馈分析与评估结果，必要时提出设计修改意见。

2. 动力弹塑性分析注意事项

（1）建模注意事项，同静力弹塑性分析。

（2）地震波的合理选取至关重要。地震波的频谱特性显著影响结构的动力响应和弹塑性变形。即使基底剪力校核与规范设计反应谱结果相近，也应剔除频谱特性上与规范反应谱在主要周期区域上存在重大差异的地震波。

（3）阻尼比对结构动力响应具有重要影响。弹塑性模型因不再采用各振型的固定阻尼比，一般采用瑞利阻尼假定近似计算结构阻尼矩阵，不合理的周期点选择可能导致其他周期范围出现过大的阻尼比。

（4）因地震波的差异，结构变形与构件塑性情况往往存在很大差异，应详细评估各组地震波下的结构破坏情况和薄弱环节，并以最不利或较不利地震波作为构件破坏的评估依据。结构的整体响应结果可取 3 组包络或 7 组平均。

4.5.4 弹塑性分析结果的结构整体评价

弹塑性分析结果中，既可以获得结构层次的整体信息和分析结果，也可以获得构件层次的内力和变形结果，其中，前者在某些方面具有某些特殊的意义。

1. 结构层次的整体分析结果

（1）基底剪力和基底倾覆力矩；

（2）楼层剪力和楼层倾覆力矩；

（3）外框和核心筒等各部分承担的层间剪力和倾覆力矩；

（4）顶点位移和楼层位移；

（5）层间位移角。

以上信息总体上反映了力和变形两个方面，且都是容易获得的数据。其中，有关层间位移角的数据是按规范要求进行弹塑性变形校核的依据，也被认为是最重要的数据结果。

2. 数据结果的分类

从数据用途的角度出发，我们可以将数据结果分为以下几类：

1）用于结构震后适用性评估的数据结果

结构在发生地震后是否仍适合使用，或对结构参数有多大的破坏，往往采用层间位移角进行评估。有关层间位移角作为结构抗震设计指标的讨论，已经在本书第 4.3.2 节展开，这里不再赘述。

2）用于结构震后损伤程度评估的数据结果

对于结构在震后的整体损伤程度评估，目前尚没有一个很明确的指标可用，但刚度退化一般可理解为结构损伤的一个主要方面，因此采用刚度退化评估结构损伤是合理的。

当采用静力弹塑性分析时，目标位移或性能点处的割线刚度与初始刚度（屈服前的综合刚度，允许混凝土开裂并引起的刚度退化）之比，即可获得刚度退化的评估结果。但当采用动力弹塑性分析时，刚度退化的评估要复杂得多，并不易获得。对于地震模拟振动台试验，可在结构经历若干震后采用白噪声扫描获得前若干阶结构周期，并与初始周期比较获得刚度退化评价，但在动力弹塑性分析后引入这样的评价方式在操作上是非常困难的。

两种可以考虑的评估方式是：

（1）将动力弹塑性分析的基底剪力与弹性结果比较，并作为刚度退化和结构损伤的评估依据。这一评估方法不适用于结构周期未显著大于场地特征周期的情况，而且基底剪力相比弹性结果的降低程度，无法与刚度退化建立直接的对应关系。

（2）根据弹塑性分析结果，评估主要抗侧力构件的刚度损伤和折减系数，并试算部分构件折减后的弹性模型基底剪力降低情况是否与动力弹塑性分析结果相近，确认后以折减的弹性模型计算结构周期和等效刚度，进而评估刚度退化程度。这一评估方法也不适用于结构周期未显著大于场地特征周期的情况，但其物理意义明确。

3）用于结构震后富余承载力评估的数据结果

结构在震后是否适于继续承受与设计水准对应的地震力或者更高水准的地震力，往往不是目前弹塑性分析和抗震设计的重点考虑内容。从某种角度看，结构抗震设计的目标也只是要求结构经历一次设计水准的地震力，而未要求结构能够再次经历一个相近水准或更高水准的地震力，这显然是超标设计了，因此不完全符合抗震设计标准的相关要求。但我们并不能完全否认这一思路的合理性。事实上，某些重大工程为确保结构抗震设计的安全性，便要求提高抗震设防水准进行抗震设计，或者在按规范要求进行大震水准的振动台试验后，又进行了更高水准的振动台试验。目前的一些课题研究也针对结构震后的富余承载力进行了相关的研究。

4）基于能量分析评估的数据结果

基于动力弹塑性分析的能量数据，具有显著的宏观性和抽象特征，如何以能量结果进行结构震后性能的评估还没有相关研究成果。一种可行的思路是：将结构耗能与结构阻尼相比，取得近似的结构附加阻尼比，并以此评估刚度退化和整体弹塑性变形情况。此外，将结构动能作为结构变形评估的依据也是可能的。

4.5.5 弹塑性分析结果的构件性能评价

从抗震性能化设计的角度看，构件的弹塑性变形与性能评价是一项核心任务。从目前工程应用的评价角度看，评价方法主要有以下四类。

1. 基于材料应变的评价方法

基于材料应变的弹塑性评价，是国内弹塑性分析构件评价的常见方法。基于应变评价时，钢材和钢筋多采用塑性应变进行评价。塑性应变是指材料进入弹塑性后的总应变减去屈服应变的应变差值，当材料处于弹性时塑性应变为零。钢材或钢筋屈服应力为

250～400 MPa,屈服应变为 1 200～2 000 $\mu\varepsilon$，钢材进入弹塑性后可能处于平台段甚至强化段，平台段内的塑性应变一般在屈服应变的 10 倍以内，强化段内的塑性应变一般为屈服应变的 50～80 倍。

混凝土多采用等效的单轴压应变、等效的单轴拉应变或开裂应变等指标对其进行评价。如表 4-7 所示，不同强度等级的混凝土，峰值压应力处的应变约为 2 000 $\mu\varepsilon$，混凝土剥落时的极限压应变或压溃应变为 3 500～5 000 $\mu\varepsilon$（与箍筋等约束程度有关），初始开裂时的拉应变为 70～100 $\mu\varepsilon$。混凝土开裂应变是指开裂后总拉应变减去初始开裂拉应变的应变差值，一般在 1 000 $\mu\varepsilon$ 以内。如 FEMA 307 指出，开裂与裂缝宽度并不完全揭示混凝土破坏的真实程度，受弯构件受拉侧的裂缝宽度即使很大往往也不影响构件的继续承载能力，而受剪破坏下的斜裂缝宽度即使很小也可能已经达到承载力极限并呈现脆性破坏，因此不能简单以裂缝宽度作为混凝土破坏的依据，应摒弃以往单从裂缝宽度的表象评判破坏的实质。然而，裂缝宽度对评估震后修复具有一定的意义，故可适当作为检视的一项辅助指标。

事实上，基于材料应变的评价方法，是针对构件局部位置的某一截面纤维点的一种微观性评价。由于根据局部纤维点或最大应变评价的局限性，同时将混凝土和钢筋两种材料进行分开评价，也就无法充分反映构件的整体受力和变形特点，因此其评价结果往往不尽恰当，而且结果表达上也不易被工程师接受。

表 4-7　基于应变的评价参数与典型参数值

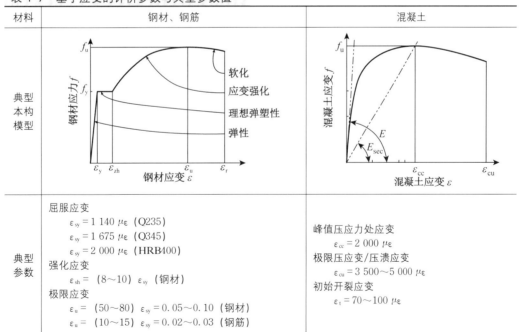

材料	钢材、钢筋	混凝土
典型本构模型		
典型参数	屈服应变 $\varepsilon_{sy} = 1\ 140\ \mu\varepsilon$（Q235） $\varepsilon_{sy} = 1\ 675\ \mu\varepsilon$（Q345） $\varepsilon_{sy} = 2\ 000\ \mu\varepsilon$（HRB400） 强化应变 $\varepsilon_{sh} = (8\sim10)\ \varepsilon_{sy}$（钢材） 极限应变 $\varepsilon_u = (50\sim80)\ \varepsilon_{sy} = 0.05\sim0.10$（钢材） $\varepsilon_u = (10\sim15)\ \varepsilon_{sy} = 0.02\sim0.03$（钢筋）	峰值压应力处应变 $\varepsilon_{cc} = 2\ 000\ \mu\varepsilon$ 极限压应变/压溃应变 $\varepsilon_{cu} = 3\ 500\sim5\ 000\ \mu\varepsilon$ 初始开裂应变 $\varepsilon_t = 70\sim100\ \mu\varepsilon$

2. 基于材料损伤的评价方法

基于材料损伤的评价方法，一般仅指混凝土材料。目前研究的混凝土损伤理论或模型有多种形式，其评价角度和参数也不尽相同。表 4-8 列出了按我国现行《混凝土结构设计规范》（GB 50010—2010）和常用 Najar 能量损伤理论的比较，其损伤因子的物理意义分别为割线模量和卸载（重加载）刚度的两种不同刚度退化模型。但无论何种损伤理论，损伤因子都与应变具有完全的一一对应关系，即两者可相互转换，或者说基于损伤的评价实质是基于材料应变评价的另一种表达方法。

表4-8 基于损伤因子的混凝土材料评价方法

名称	《混凝土结构设计规范》	Najar 能量损伤理论
损伤因子物理意义	割线模量理论 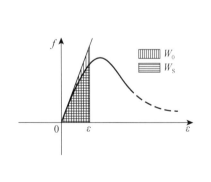	卸载刚度退化理论
应力-应变曲线	$f_c = (1-d_c)E_c\varepsilon$ $f_t = (1-d_t)E_t\varepsilon$ 注：d_c，d_t 均由参数拟合获得	允许用户自定义
卸载模量	根据参数 E_r 另确定	$d_c = \dfrac{W_0 - W_\varepsilon}{W_0}$ ［参数见图 4-4 (a)］
对应关系	损伤因子与应变：完全的一一对应关系	损伤因子与应变：完全的一一对应关系

以 Najar 能量损伤理论为例，可窥见混凝土应力-应变按《混凝土结构设计规范》（GB 50010—2010）采用时损伤因子评价的特点：

(1) 损伤因子与应变的对应关系，在混凝土强度等级不同时差异非常大；强度等级越低，受压损伤越严重。因此，损伤因子对应的实际损伤程度，应结合混凝土强度等级综合判断，不能一概而论。

(2) 混凝土一受压或受拉，即出现一定程度的损伤；当认为混凝土压应变在 $1\,000\ \mu\varepsilon$ 以内即处于较低的受压水平时，受压损伤因子已达到 $0.1 \sim 0.4$；混凝土接近峰值应力即压应变达到 $2\,000\ \mu\varepsilon$ 时，受压损伤因子已达到 $0.3 \sim 0.6$。

(3) 混凝土压应变超过 $5\,000\ \mu\varepsilon$ 后一般即压溃，已无明显的物理意义，但此时的损伤因子仅达 $0.80 \sim 0.85$；即使压应变达到一个非常高的程度，损伤因子仍在 $0.9 \sim 0.95$，远未接近于 1.0。

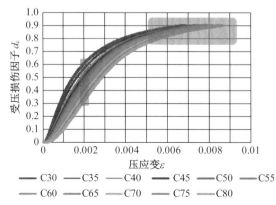

（a）损伤因子的能量解析　　　　（b）混凝土受压损伤因子与压应变关系

图 4-4 Najar 能量损伤理论

从上述情况看，损伤因子可反映出混凝土卸载或重加载时的切线刚度退化程度，但与通常理解的混凝土受压破坏程度并不直接相符。

3. 基于曲率、转角和变形的延性评价方法

基于材料应变或损伤的评价仅是针对构件某一截面的某一纤维点做出的，显然基于截面或构件的延性评价方法更为合理。延性评价可分为以下类型：

(1) 基于截面的曲率评价；

(2) 基于塑性铰或塑性区的转角评价；

(3) 基于构件的弹塑性变形或挠度评价。

其中，类型 (1) 和类型 (2) 适用于受弯构件和以受弯为主的压弯构件，类型 (3) 则同时适用于轴向受力构件等各类受力形式。事实上，评价指标从材料应变或损伤，到截面曲率，再到塑性铰或塑性区转角，直至构件层次的弹塑性变形延性评价，四者之间是可以建立直接联系的。表 4-9 即以平面受弯构件为例，给出了四类评价方法之间的公式及相关关系。

需要指出的是，基于构件的弹塑性变形或挠度评价包含了构件的弹性变形，而弹性变形与构件长度相关，一定程度上掩盖了塑性铰或塑性区弹塑性变形的主要特征，因此并不是一种直接的评价方法。但试验数据难以直接获得截面曲率或塑性铰转角等变形参数，一般都以构件的弹塑性变形作为延性评价手段。FEMA 273 或 ASCE 41 采用的弦线转角法 (Chord Rotation Method) 即为此类延性评价指标。

表 4-9 延性评价方法[21]

评价方法	图例	公式
截面曲率延性评价		曲率延性：$\mu = \dfrac{\varphi_p}{\varphi_y}$ $\varphi_p = \dfrac{\varepsilon_c + \varepsilon_s}{h_0}$，$\varphi_y = \dfrac{\varepsilon_{cy} + \varepsilon_{sy}}{h_0}$
塑性铰或塑性区转角延性评价		转角延性：$\mu = \dfrac{\theta_p}{\theta_y}$ $\theta_p = \varphi_p l_p$，$\theta_y = \varphi_y l_p$ 注：l_p 为塑性铰长度，取值可参考文献 [4]
构件弹塑性变形延性评价		变形延性：$\mu = \dfrac{\Delta_p}{\Delta_y}$ $\Delta_p = \dfrac{\varphi_y l^2}{3} + (\varphi_p - \varphi_y) l_p \left(l - \dfrac{l_p}{2}\right)$ $\Delta_y = \dfrac{\varphi_y l^2}{3}$ 注：l 为构件最大受弯点至反弯点的长度

4. 基于相对指标的延性评价方法

上述基于曲率、转角或变形的延性指标，是绝对延性的评价，即延性指标只反映了延性需求，未考虑与延性能力的关系。以框架梁和框架柱为例，框架柱的延性能力显著低于框架梁，故即使延性需求相同，框架柱的实际破坏程度也显著高于框架梁，其破坏的可接受程度显著低于框架梁。因此，仅仅基于延性需求的绝对延性评价仍然是片面的，需要采用延性需求与延性能力相结合的相对评价或者综合评价才是合理的。

美国 FEMA 系列和 ASCE 41 即提供了这样的一种评价方法。以压弯构件为例，在确定的轴压比下可获得一条基于简化恢复力模型的"广义力-变形或延性"能力曲线，并寻找当前变形或延性需求在能力曲线上的位置；根据变形或延性需求与其能力的关系，判定构件是处于"IO 立即入住""LS 生命安全"或"CP 倒塌防止"的塑性变形状态，如图 4-5 所示。

鉴于 IO，LS，CP 等性能状态的阶段性和符号化特征，华东建筑设计研究总院（EC-ADI）在 FEMA 构件性能评价基础上，将性能化参数指标（亦称为 FEMA 性能指标）做了以下完善（如图 4-6 所示）：

(1) 将弹性和 IO 立即入住两个状态合并。

(2) 将符号化的性能阶段状态进行数字化，即 IO = 1，LS = 2，CP = 3；并对阶段内的塑性变形或延性作相应的数字化表达。

(3) 当构件处于弹性范围时，对构件进行承载力评价，其结果类似于钢结构构件的应力比结果，并将该承载力评价结果作为 FEMA 性能指标值，此时的 FEMA 性能指标值小于 1。

(4) 当构件出现弹塑性变形时，对构件进行延性变形评价；首先根据受力特征，将受轴向力为主的构件采用轴向变形进行延性评价，将受弯为主的压弯、拉弯构件采用 FEMA 弦线转角法进行延性评价，在当前时刻的轴力水平下首先计算延性能力曲线（延性能力曲线除受轴压比等影响外，参考 FEMA 指南综合考虑剪压比等影响），然后计算延性需求并获得综合的 FEMA 性能指标，此时的 FEMA 性能指标值大于等于 1。

(5) 除 FEMA 性能指标这一综合延性指标外，华东建筑设计研究总院同时提取瞬时最大轴压比 NCR、瞬时最大轴拉比 NTR、剪压比 VR 等单项指标进行辅助评价。

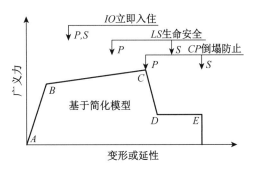

图 4-5

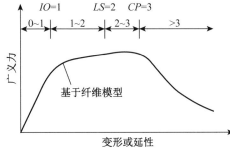

图 4-6

图 4-5 FEMA 构件性能评价[22]
图 4-6 华东建筑设计研究总院构件性能评价

4.6 超高层建筑结构减震技术

对超高层建筑，传统设计方法通过提高结构刚度、强度和延性来提高结构抗震性能，由此设计的结构刚度较大，承担较大的地震作用，同时在地震下通过结构构件的损伤来耗散能量。近年来，随着减震技术的发展和应用，在超高层结构设计中采用耗能减震技术成为一种新的抗震设计思路。地震作用下，可通过在结构中设置减震装置（阻尼器）来消耗能量，减少主体结构承担的地震作用，有效地保护结构地震作用下的安全。

根据减震控制是否需要外部能量输入，减震控制可以分为主动控制系统、被动控制系统和混合控制系统。超高层建筑中，若采用主动控制系统则会要求巨大的输入能量，目前技术相对不成熟，常用的是被动控制系统和混合控制系统。

根据耗能原理可以将阻尼器分为位移型阻尼器、速度型阻尼器和混合型阻尼器。超高层建筑中，常用的位移型阻尼器有屈曲约束支撑、软钢阻尼器和可更换连梁等金属阻尼器，速度型阻尼器有黏滞阻尼器和黏弹性阻尼器；混合型阻尼器有黏滞复合阻尼器等[23]。

与地震作用属于偶然荷载不同，风荷载为活荷载，且持续时间比较长。与普通高层建筑相比，超高层建筑的风荷载效应特别显著，选择减震技术时要特别关注风荷载下的阻尼器性能。

金属阻尼器具有材料性能稳定的特点，其屈服耗能后，滞回曲线非常饱满，耗能能力很强。但金属屈服之后，在往复荷载作用下容易出现疲劳问题。风荷载下阻尼器芯材若已屈服，金属低周疲劳问题可能无法满足要求。因此，金属阻尼器适用于高烈度区地震起控制作用的超高层建筑，而对于风荷载起控制的超高层建筑，若风荷载下金属阻尼器已经屈服，应关注阻尼器的疲劳问题，若风荷载下阻尼器尚未屈服耗能，则阻尼器可能在中震水平下仍未屈服耗能，减震效果欠佳。

黏滞阻尼器在小变形下即可出力，开始耗能，而且不存在低周疲劳问题，因此除了在中、大震等大变形下超高层建筑的耗能外，黏滞阻尼器还可用于风荷载和小震下的耗能。但风荷载持续时间长，黏滞阻尼器内的黏滞材料会明显升温，阻尼器的散热和升温后的阻尼器性能需特别关注。

相对而言，黏滞阻尼器在大变形下的耗能效果比小变形状态下差，而金属阻尼器在大变形下耗能效果较好。因此，超高层建筑可以采用混合型的阻尼器或者是兼用金属阻尼器和黏滞阻尼器，小变形下为黏滞阻尼耗能，大变形下主要为金属屈服耗能，从而保证不同地震水准下，阻尼器具有相当的耗能效果。

4.6.1 黏滞阻尼器

4.6.1.1 黏滞阻尼原理

黏滞阻尼器的组成包括缸筒、活塞、阻尼通道、阻尼介质（黏滞流体）和导杆等部分(图 4-7、图 4-8)。在外界激励下，活塞杆在缸体内移动，迫使受压流体通过孔隙或缝隙，进而产生阻尼力，耗散外界输入的振动能量，减轻结构振动响应。

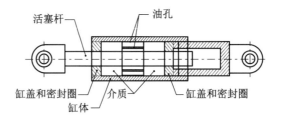

活塞杆　　　　油孔

缸盖和密封圈　　介质　　缸盖和密封圈
缸体

图 4-7　　　　　　　　　　　　　　　　　　　　　　　　　　　　图 4-8

黏滞阻尼器阻尼力 F 与活塞运动速度 v 的关系为 $F = Cv^{\alpha}$，C 为阻尼系数，α 为速度指数，C，α 与阻尼器内部的构造有关，不同的产品取值不同。根据速度指数的不同，可以将阻尼器分为：线性阻尼器（$\alpha = 1$）；非线性阻尼器（$0 < \alpha < 1$）；超线性黏滞阻尼器（$\alpha > 1$）。超线性黏滞阻尼器在实际工程中应用很少。α 值不同时的阻尼力和速度曲线如图 4-9 所示。

由于黏滞阻尼器不提供附加刚度，因而，不会因安装阻尼器而改变结构的自振特性。

黏滞阻尼器的滞回曲线非常饱满，具有非常优越的耗能能力，α 较小滞回曲线包含面积越大，耗能效果越好，如图 4-10 所示。

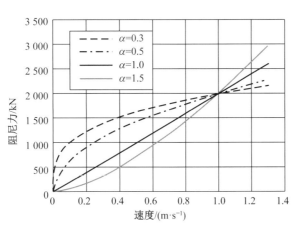

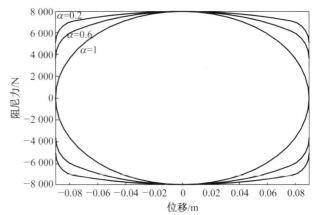

图 4-9

图 4-10

图 4-7　黏滞阻尼器

图 4-8　黏滞阻尼器构成图[23]

图 4-9　α 值不同时的阻尼力和速度曲线

图 4-10　α 值不同时的滞回曲线

4.6.1.2　黏滞阻尼器的布置方式

通过阻尼器附属构件，将层间位移转化成阻尼器两端的变形。阻尼器布置方式包括水平式、斜杆式、悬挑式和套索式等[24, 25]，如图 4-11 所示。通常用变形放大系数 $f = \Delta d / u$ 来衡量不同布置方式的效率，其中 Δd 为阻尼器两端的变形，u 为层间位移。

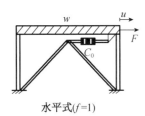

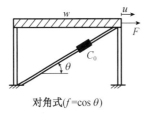

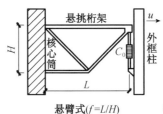

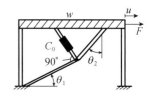

水平式（$f = 1$）　　　对角式（$f = \cos\theta$）　　　悬臂式（$f = L/H$）　　　套索式 [$f = \sin\theta_2 / \cos(\theta_1 + \theta_2) + \sin\theta_1$]

图 4-11　阻尼器的布置方式

4.6.1.3 黏滞阻尼器布置位置

阻尼器布置可以有均匀布置和集中布置,布置位置结合建筑功能要求和结构响应需要综合确定。布置方案示意图如图4-12所示。

4.6.1.4 黏滞阻尼器参数选择

黏滞阻尼器参数主要有阻尼系数 C 和速度指数 α。

结构响应随阻尼系数 C 呈线性变化(图4-13),阻尼系数越大,基底剪力、顶点位移和顶部加速度就会线性减小,阻尼力则线性增大,阻尼器耗能增加。阻尼系数的选择要结合实际耗能要求同时考虑经济性,超高层建筑结构对耗散能量要求更高,一般需选择较大阻尼系数 C。

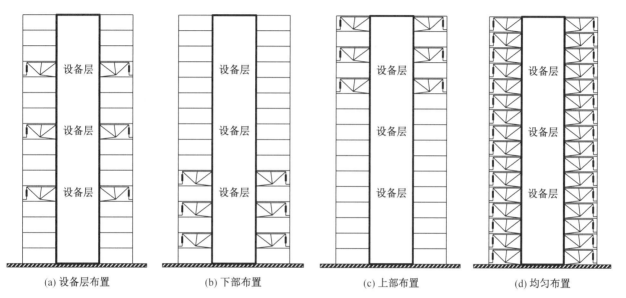

(a) 设备层布置　　　(b) 下部布置　　　(c) 上部布置　　　(d) 均匀布置

图 4-12　布置方案示意图

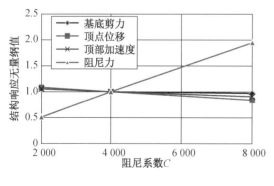

图 4-13

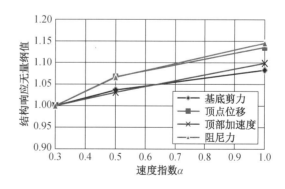

图 4-14

图 4-13　结构响应和阻尼系数的关系

图 4-14　结构响应和速度指数的关系

速度指数 α 越小,地震响应减小越多,耗能越显著(图4-14)。对非线性阻尼器,罕遇地震和多遇地震下,速度指数对结构地震响应的影响不同;多遇地震下结构响应对速度指数的变化更为敏感。速度指数越小,对产品技术要求会越高,应结合耗能要求和阻尼器产品性能确定合理的速度指数。

4.6.1.5 工程案例

1. 墨西哥 Torre Mayor 大厦[26]

墨西哥 Torre Mayor 大厦为 57 层高 225 m 的高层办公大楼,采用筒中筒结构,外筒由外框柱和巨型跨层支撑组成的框架支撑筒,内筒为钢框架结构组成,30 层和 35 层以下外柱和内柱分别为钢柱外包钢筋混凝土,是世界上首批使用阻尼器减震的高层结构,如图 4-15 所示。设计使用了 96 个大型阻尼器,结构临界阻尼比分别达到 12%(东西向)和 8.5%(南北向),减震效果良好。2003 年 Torre Mayor 大厦经历了墨西哥 7.6 级地震,阻尼器成功地保护了主体结构,使其保持在弹性范围内。

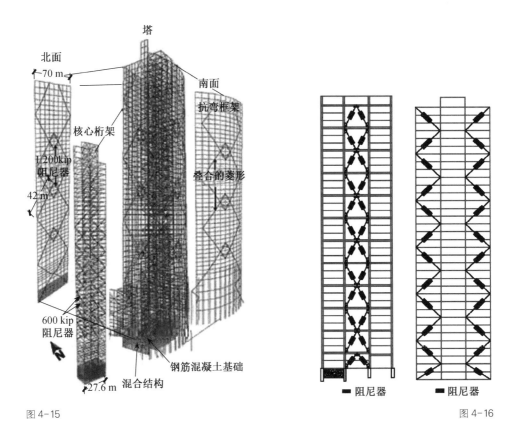

图 4-15

图 4-16

墨西哥 Torre Mayor 大厦采用了跨层支撑阻尼器布置方案,东西方向布置 24 个超大阻尼器与外墙巨型支撑相连;南北向阻尼器共 72 个,设置在结构内部,为跨多层布置,这种布置形式不但使阻尼器在整个楼均匀布置,而且可以放大阻尼器两端相对位移(图 4-16)。阻尼器为非线性阻尼器,速度指数为 0.7,其中超大阻尼器的阻尼系数 C 为 34 024 kN·(m/s)$^{-0.7}$,其他阻尼器的阻尼系数 C 为 22 312 kN·(m/s)$^{-0.7}$。在使用了阻尼器后,该结构与最初的常规设计相比,所使用的结构钢材从 23 000 t 减少到 18 000 t。

图 4-15 墨西哥 Torre Mayor 大厦(1 kip≈4.448 kN)
图 4-16 墨西哥 Torre Mayor 大厦跨层阻尼支撑

2. 乌鲁木齐绿地中心

乌鲁木齐绿地中心项目位于乌鲁木齐市,包括 2 座超高层双子塔,主要功能为办公。塔楼结构高度为 245 m,高宽比为 5.8[27]。结构采用钢筋混凝土核心筒-型钢混凝土框架双重抗侧体系,在其中 3 个避难层设置黏滞阻尼器,通过阻尼器耗能来减小主体结构承担的地震作用,保证主体结构的抗震性能。其效果图和典型平面布置图分别如图 4-17 和图 4-18 所示。

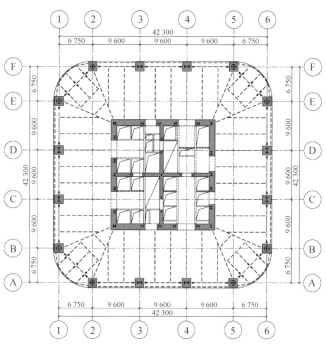

图4-17

图4-17 乌鲁木齐绿地中心效果图

图4-18 乌鲁木齐绿地中心典型平面布置图（单位：mm）

图4-18

黏滞阻尼器采用悬臂式布置（图4-19），一端与核心筒悬挑桁架端部相连，另一端与框架柱牛腿相连，变形放大系数约为2.3。为减少对建筑使用功能的影响，在3个避难层即28层、37层和48层布置阻尼器，每层布置8个悬挑桁架，每个悬挑桁架端部布置2个阻尼器，全楼共布置48个阻尼器。阻尼器速度指数 α 取0.3，阻尼系数 C 为 2 000 kN·$(m/s)^{-0.3}$，最大阻尼力2 000 kN，设计位移250 mm。

在细部构造上，悬挑桁架与楼板设缝脱开，确保悬挑桁架自由变形，防止悬挑桁架处的楼板因局部变形过大而开裂或破坏。悬挑桁架端部设限位装置保证其整体稳定性。

与未设置阻尼器的结构相比，设置阻尼器后，小、中和大震平均基底剪力分别减小21%，15%和9%，基底倾覆力矩分别减小20%，12%和7%，层间位移角分别减小25%，16%和10%。小震、中震和大震下阻尼器为结构提供的附加阻尼比分别为4.5%，2.8%和1.9%，阻尼器减震效果明显。

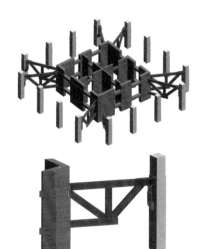

图4-19 黏滞阻尼器布置图

乌鲁木齐绿地中心采用黏滞阻尼器后，主体结构承担的地震力明显减少，即对主体结构刚度、承载力的要求降低，减轻中、大震下主体结构的损坏程度，因而结构具有更好的抗震性能。同时材料用量也大大降低，取消伸臂桁架，缩短施工周期，单个塔楼结构造价节省约1 000多万元。

4.6.2 位移型阻尼器

位移型阻尼器包括屈曲约束支撑、软钢阻尼器和可更换连梁等（图4-20），其基本原理是阻尼器在小变形下为结构提供刚度，大变形下如罕遇地震作用下，阻尼器核心材料屈服耗能，为结构提供附加阻尼。

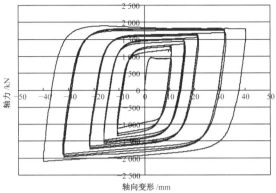

（a）防屈曲支撑

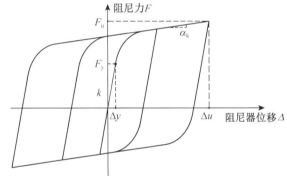

（b）软钢阻尼器开孔式加劲阻尼器（HADAS）

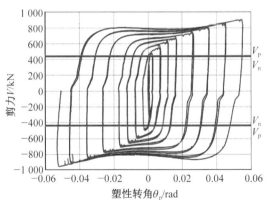

（c）可更换连梁

图 4-20　几种典型位移阻尼器

4.6.2.1　阻尼器布置

位移型阻尼器在金属屈服之前可为结构提供刚度，是结构抗侧构件之一。因此，在平面布置上，阻尼器需沿结构两个主轴方向分别布置，应使两个主轴方向的动力特性相近，结构的质量中心尽量与刚度中心重合；在立面布置上，阻尼器宜自下而上连续布置，应使结构刚度沿竖向均匀分布，避免形成薄弱部位。

位移型阻尼器在大震下作为结构的"保险丝"首先进入屈服耗能，因此位移型阻尼器适合承担水平荷载，不适合承担竖向荷载。阻尼器一般都是后装，应避开竖向传力的主要路径，不应布置在柱、墙和转换桁架上，而应该布置在竖向荷载下受力较小的构件处，如支撑、连梁上。

从耗能效果上看，阻尼器应布置在地震作用下内力较大、相对变形较大的位置，可以为结构耗散更多能量。

阻尼器设置应该不影响建筑功能使用，应结合建筑功能布置并选择合理的形式，如单斜杆布置、人字撑（或 V 形撑）或水平杆式，尽量避开建筑门洞。

4.6.2.2　阻尼器的截面和承载力

位移型阻尼器在小变形下为结构提供抗侧刚度，按我国规范要求，小震和风荷载作用下不允许位移型阻尼器进入屈服，从而保证结构具有一定刚度，也避免金属阻尼器出现疲劳破坏。因此，阻尼器的芯材截面必须足够大，为结构提供足够刚度，保证结构整体抗侧刚度能满足规范要求。但阻尼器的刚度也不能太大，应控制结构抗侧刚度在合理范围内，尽量减小地震力，保证结构的经济性。同时阻尼器屈服承载力也必须足够大，确保在小震和风荷载作用下保持弹性。

阻尼器的芯材截面尺寸和承载力可以通过弹性分析初步确定，并通过弹塑性分析对其耗能效果和结构抗震性能目标加以验证，如果不满足要求，可以对阻尼器芯材截面和承载力进行调整，使结构具备预定的抗震性能目标。

4.6.2.3　阻尼器变形要求

位移型阻尼器的变形要求可分为单方向位移下的变形能力和循环位移下的变形能力。单方向的变形能力主要控制阻尼器在侧向力作用下的最大变形。阻尼器的变形和大震下结构层间位移角密切相关，超高层建筑中，大震下的层间位移角较大，对阻尼器变形要求较高。

对地震作用这样进入塑性后循环次数较少的振动，循环位移下的变形要求一般采用累计塑性变形值（倍率）进行评估。参照美国钢结构抗震设计规范 ANSI/AISC 341—05[28]的要求和我国消能减震技术规程[29]，对位移型阻尼器，其累计塑性变形值（倍率）应大于 200。

确定防屈曲耗能支撑的刚度、承载力和延性性能要求后，可以根据这些基本参数制订防屈曲耗能支撑的要求，供业主确定防屈曲耗能的产品。

4.6.2.4　工程案例[30]

人民日报社报刊综合楼位于北京东三环，处在北京市 CBD 东扩的核心位置，由国际会议中心、图书馆、报业大厦等一系列建筑所组成（图 4-21）。工程整个项目包括主楼和附楼各一幢，主楼地上 32 层，主屋面高度为 148.8 m，结构最大高度 180 m。建筑各层平面均在变化，下部楼层是逐渐外伸由小变大，在 15 层达最大平面尺寸，上部楼层是逐渐由大变小，至 180 m 高度汇交于一点。主体结构采用钢框架核心筒结构，核心筒区为钢框架支撑组成的筒体，外框为钢管混凝土框架。其典型平面布置图如图 4-22 所示。

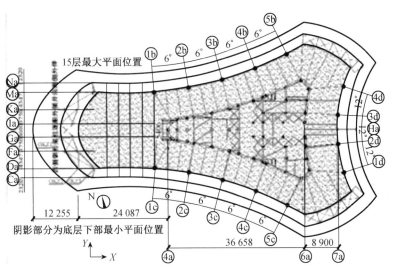

超高层建筑结构设计与工程实践

图 4-21

图 4-22

图 4-21　人民日报社报刊综合楼
图 4-22　典型平面布置图（单位：mm）

核心筒部分支撑全部采用屈曲约束支撑，通过屈曲约束支撑良好的耗能能力，有效地提高结构的抗震能力；同时支撑体系易于进行结构刚度的调整，从而减小刚度中心和质量中心的偏心。支撑布置应均匀且相对集中，均匀是为使每榀支撑分担恰当的水平荷载，相对集中是为提高支撑桁架的有效高度，提高材料的使用效率。同时支撑布置必须满足门洞布置等建筑功能的需求，其布置图如图 4-23 所示。

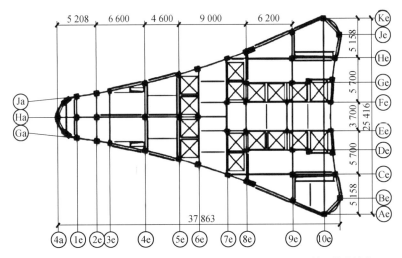

图 4-23　核心筒支撑布置图（单位：mm）

本项目共采用了屈曲约束支撑 890 根，最大屈服承载力为 6 650 kN，芯板采用屈服强度为 225 MPa 的低屈服点钢材。

大震作用下，由于屈曲约束支撑屈服耗能，结构承担地震力明显减小，结构的基底剪力约为小震的 3.5 倍，结构具有显著的延性变形能力。大震下主体结构仅为中等破坏，且主要集中在屈曲约束支撑和框架梁上，达到预设的性能化目标要求。

4.6.3　混合型阻尼器

混合型阻尼器兼有位移型阻尼器和速度型阻尼的特点，如黏滞复合阻尼器（Viscous

Compound Damper，VCD），由屈服耗能段、弹性段和黏弹性段组成可耗能的连梁（图4-24）。连梁中间段为黏弹性材料夹层，连梁端部弯矩最大，为屈服耗能段。小变形下，通过黏弹性材料耗能，大变形下通过端部屈服耗能。混合型阻尼器如图4-25所示，其典型滞回曲线如图4-26所示。

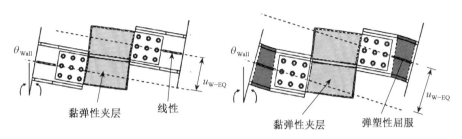

图 4-24 耗能连梁 VCD 组成

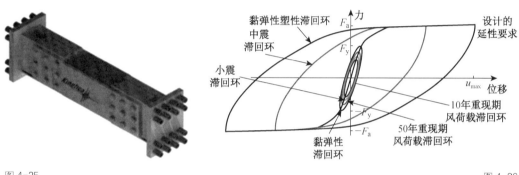

图 4-25

图 4-26

图 4-25　混合型阻尼器产品
图 4-26　混合型阻尼器的典型滞回曲线

　　某电梯塔高度约 262 m，平面呈十字形，结构抗侧刚度和抗扭刚度较弱。为减小风荷载和地震作用下的结构变形，方案设计中采用耗能连梁，即黏滞复合阻尼器进行耗能。复合阻尼器代替核心筒连梁（如图 4-27 中虚线圆圈），不占用建筑使用空间，而且不同地震水平下的耗能效果都能得到保证。

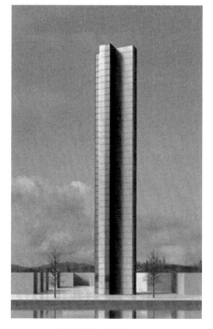

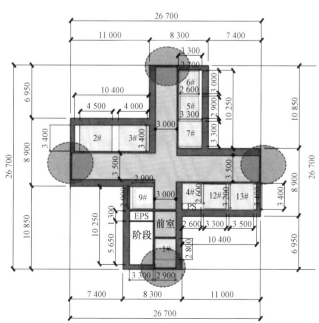

图 4-27　某电梯塔（单位：mm）

4.6.4 减震结构分析

因含有阻尼器，减震结构分析与普通结构相比有所不同，主要包括阻尼器模拟和减震结构分析方法。

4.6.4.1 阻尼器模拟

位移型阻尼器典型力-位移曲线如图4-28所示，在芯材屈服之前为线弹性，屈服之后表现为非线性，多次循环后，材料还会强化，可用多折线模型模拟[31]。黏滞阻尼器与速度相关，可用 Maxwell 模型模拟[23]，Maxwell 模型由代表阻尼器的阻尼单元和代表内部刚度的弹簧单元串联而成，如图4-29所示。

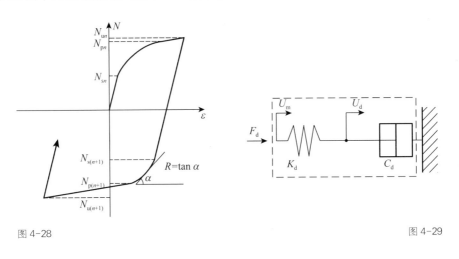

图4-28

图4-29

图 4-28 位移型阻尼器恢复力模型
图 4-29 Maxwell 模型

4.6.4.2 减震结构分析方法

结构分析一般分为两部分：一是主体结构处在弹性状态时，采用弹性分析，如弹性反应谱分析或弹性时程分析；二是主体结构进入弹塑性状态或位移型阻尼器进入屈服耗能状态，采用弹塑性分析，如静力弹塑性分析（PUSHOVER 分析）或动力弹塑性分析（弹塑性时程分析）。

弹性分析相对比较简单，计算量少，速度快，因此减震结构设计初期，可用弹性分析估算阻尼器用量、规格以及主体结构的大致性能。当主体结构和阻尼器的布置和参数基本确定后，需采用弹塑性分析，验证结构在不同地震水平下的抗震性能，同时根据罕遇地震下阻尼器的出力、变形、累计变形等指标，最终确定阻尼器的规格。

多遇地震下金属阻尼器尚未屈服时，可采用弹性分析确定金属阻尼器的芯材截面和承载力，判断主体结构多遇地震下的性能指标是否符合要求。设防烈度地震和罕遇地震下，阻尼器可能屈服耗能，主体结构部分构件也会局部屈服，结构抗震性能需采用静力弹塑性分析或动力弹塑性分析来验证。

对黏滞阻尼器，由于阻尼力与阻尼器两端的速度有关，静力分析如反应谱分析和PUSHOVER 分析无法考虑黏滞阻尼器的作用，需采用动力分析即时程分析。但动力分析数据量大而且计算时间长，在设计初期，仍可采用等效线性分析方法确定主体结构的整体指标。等效线性分析方法中，通过等效阻尼比考虑黏滞阻尼器对结构附加的阻尼作用，可以大致估算结构的整体性能指标。

超高层建筑自振周期较长，考虑实际采集数据欠缺以及长周期地震反应研究不足，规范反应谱在长周期段的模拟做了较大调整，该范围的反应谱数据中不能有效反映阻尼比的影响。因此，对带黏滞阻尼器的超高层建筑，等效线性分析方法确定的结构整体指标有一定的误差。而且，等效阻尼比反映是阻尼器对整体结构耗能的贡献，基于等效阻尼比的线性分析方法不能体现阻尼器所在的局部结构的受力性能，其分析结果用于局部构件设计时也会带来较大的误差。

4.7　参考文献

［1］谢礼立，曹飒，张景发，等．颤抖的地球：图说地震［M］.北京：地震出版社，2008.

［2］PAULAY T, PRIESTLEY M J N. Seismic Design of Reinforced Concrete and Masonry Buildings［M］. New York: John Wiley & Sons, Inc., 1992.

［3］Minimum Design Loads for Buildings and Other Structures: ASCE 7-10［S］. Reston: American Society of Civil Engineers, 2010.

［4］Design of Structures for Earthquake Resistance-General Rules, Seismic Actions and Rules for Buildings: EN1998-1［S］. London: British Standards Institute, 2004.

［5］王亚勇．关于建筑抗震设计最小地震剪力系数的讨论［J］.建筑结构学报，2013，34（2）：37-44.

［6］汪大绥，周建龙，姜文伟，等．超高层结构地震剪力系数限制研究［J］.建筑结构，2012，42（5）：24-27.

［7］黄吉锋，李党，肖丽．建筑结构剪重比规律及控制方法研究［J］.建筑结构，2014，44（3）：7-12.

［8］国家标准建筑抗震设计规范管理组．建筑抗震设计规范（GB 50011—2010）统一培训教材［M］.北京：建筑工业出版社，2010.

［9］廖耘，容柏生，李盛勇．剪重比的本质关系推导及其对长周期超高层建筑的影响［J］.建筑结构，2013，43（5）：1-4.

［10］魏琏．高层建筑结构位移控制研讨［J］.建筑结构，2000，30（6）：27-40.

［11］李坤，史庆轩，郭智峰，等．钢筋混凝土剪力墙结构受力层间位移计算及探讨［J］.土木工程学报，2013，46（增刊）：86-92.

［12］中华人民共和国建设部．钢筋混凝土高层建筑结构设计与施工规程：JGJ 3—91［S］.北京：中国建筑工业出版社，1991.

［13］中华人民共和国建设部．高层建筑混凝土结构技术规程：JGJ 3—2002［S］.北京：中国建筑工业出版社，2001.

［14］中华人民共和国住房和城乡建设部．高层建筑混凝土结构技术规程：JGJ 3—2010［S］.北京：中国建筑工业出版社，2011.

［15］蒋欢军，吕西林．钢筋混凝土框架结构层间位移角与构件变形关系研究［J］.地震工

程与工程振动，2009，29（2）：66-72.

[16] 蒋欢军，胡玲玲，应勇. 钢筋混凝土剪力墙结构层间位移角与构件变形关系研究[J].结构工程师，2011，27（6）：26-33.

[17] 扶长生，张小勇，周立浪. 框架-核心筒结构体系及其地震剪力分担比 [J].建筑结构，2015，45（4）：1-8.

[18] 蔡益燕. 双重体系中框架的剪力分担率 [J].建筑钢结构进展，2004，6（2）：60-61.

[19] 徐培福，傅学怡，王翠坤，等. 复杂高层建筑结构设计 [M].北京：中国建筑工业出版社，2005.

[20] FEMA 273 NEHRP Guidelines for the Seismic Rehabilitation of Buildings [R].Washington：FEMA，1977.

[21] PARK R，PAULAY T. Reinforced Concrete Structures [M]. New York：Wiley Interscience Publication，1975.

[22] Seismic Rehabilitation of Existing Building：ASCE 41-06 [S]. Reston：American Society of Civil Engineers，2007.

[23] 周云. 金属耗能减震结构设计 [M].武汉：武汉理工大学出版社，2006.

[24] SMITH R J，WILLFORD M R. The Damped Outrigger Concept for tall buildings [J]. The Structural Design of Tall and Special Buildings，2007，16（4）：501-517.

[25] 陈建兴. 超高层建筑耗能减震技术研究与应用 [R].华东建筑设计研究院有限公司，2014.

[26] 陈永祁，曹铁柱，马良喆. 液体粘滞阻尼器在超高层结构上抗震抗风效果和经济分析 [J].土木工程学报，2012，42（3）：58-66.

[27] 华东建筑设计研究总院. 乌鲁木齐绿地中心三期项目抗震超限设计专家审查报告 [R].2014.

[28] Seismic Provisons for Structural Steel Buildings：ANSI/AISC 341-05 [S]. American Institute of Steel Construction，Inc. ，2002.

[29] 中华人民共和国住房和城乡建设部. 建筑消能减震技术规程：JGJ 297—2013 [S].北京：中国建筑工业出版社，2013.

[30] 孙逊，崔永平，黄明，等. 人民日报社报刊综合业务楼结构设计 [J].建筑结构，2012，42（9）：52-55.

[31] 华东建筑设计研究院有限公司. 防屈曲耗能支撑结构设计方法研究 [R].2011.

超高层建筑结构设计与工程实践

第 5 章 | 考虑非荷载效应的施工过程模拟分析

5.1 施工模拟分析的必要性

超高层结构设计过程中需要考虑施工过程及施工方案的影响。一般多层结构中，恒载引起的结构内力等响应多为一次性加载条件下的线弹性分析结果，分析结果具有较好的精度，能够较准确地模拟结构实际情况。但在超高层结构分析过程中，如果仍然采用这种传统方法，可能会引起较大的分析误差，误差产生的原因主要有以下几点：

1. 分析模型差异产生的影响

一次性加载条件下所有的荷载在一次成形的结构上发生作用，在结构上部和顶部由于内外筒竖向构件的竖向变形差异有可能较大，连接竖向构件的刚接水平构件（例如刚接梁、伸臂桁架刚接弦杆、腹杆等）会产生较大的附加内力，一次性加载条件会放大上述内力，导致结果失真。在实际施工过程中，由于顶部构件安装时结构变形已经得到部分完成，先期完成的变形对后面安装的构件不产生内力，一次性加载无法反映上述问题，采用刚度逐步成形的施工模拟分析方法可以解决上述问题。尤其对于刚性连体结构、大跨转换结构、悬挂结构等利用空间形成刚度的结构、部位及相邻区域需要特别考虑施工顺序对刚度形成造成的影响。

2. 后浇带、后装构件等延迟构件的影响

超高层塔楼与周边层数相对不多的裙楼之间一般在施工过程中需要设置沉降后浇带，通过变刚度的施工模拟方法可以考虑后浇带封闭前的实际情况，一次性加载条件下会在后浇带构件中产生实际不存在的附加内力。同样，超高层结构中的伸臂桁架斜杆一般后装。在某些特殊情况下还有些类似的后装构件，同样存在上述问题。后浇带和伸臂桁架斜杆在超高层结构中应用较多，其他较为特殊的工程有：

(1) 中央电视台 CCTV 新台址主楼，为钢支撑框筒结构，结构中有 10 多根关键构件（包括柱和支撑）在施工过程中后续安装，且安装工期需要事先确定；

(2) 天津津塔，330 m 超高层，钢板剪力墙结构，其伸臂桁架斜杆、钢板剪力墙的安装均滞后主体结构 15 层（一个伸臂段），可以有效释放上述构件的恒载作用下内力；

(3) 天津高银金融 117 大厦，建筑高度597 m，采用巨型支撑筒＋混凝土核心筒结构，外框支撑筒斜撑延迟连接用于减小轴向变形差影响（图 5-1）。

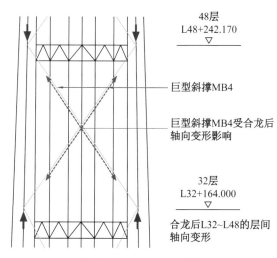

图 5-1 巨型斜撑合龙工况影响示意图[1]

3. 混凝土收缩徐变的影响

竖向钢筋混凝土构件的变形包括瞬时弹性变形和由徐变、收缩和阶段施工引起的与时间相关的长期非弹性变形。影响轴向非弹性变形的因素有很多，例如相对湿度、混凝土配合比特性、混凝土构件尺寸、配筋量和配筋形式、荷载的历史等。

超高层结构中不同构件由于材料、尺寸、龄期、含钢率和应力水平等多种因素不尽相同，因此在相邻柱（或墙）之间以及内筒与外框之间可能出现徐变收缩引起的竖向变形差异，并将直接导致其间相连的水平构件（梁、板、伸臂桁架等）中出现附加弯矩，引起内力向变形较小的一方转移（图5-2）。当建筑楼层越高时，所累积的差异变形也越大，相应的不利影响效应也就更加明显，例如导致水平构件产生倾斜、墙体开裂、幕墙与管道损坏、电梯受损等，并可能造成重大的安全问题和经济损失。

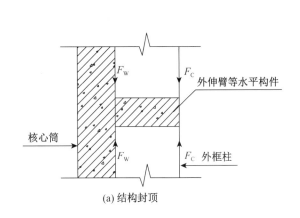 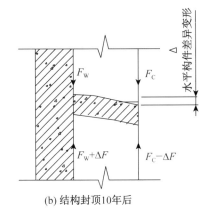

图 5-2　考虑徐变收缩效应对水平构件的影响

超高层结构中的墙、柱等竖向构件通常采用钢-混凝土组合构件，例如钢骨混凝土柱、钢管混凝土柱、内埋钢板剪力墙等，混凝土的收缩、徐变将会引起构件内力在钢、混凝土两种材料之间重新分配，相应的结构构件刚度也在发生变化。上述非荷载作用可以通过考虑混凝土龄期本构的施工模拟分析方法分析。

4. 基础不均匀沉降的影响

基础不均匀沉降对结构的影响相当于部分结构构件发生支座变形，由于基础不均匀沉降一般跟结构施工过程和加载历程有关，一般应考虑施工过程的影响。

5. 温度变化的影响

在某些条件下，施工过程中温度变化与结构构件的温度应力密切相关，特别是合龙的结构，其主要温度应力应以合龙时的温度作为基准温度计算结构温度应力。对于一些钢结构外露且环境温差较大的条件，同一结构不同区域温度场对构件内力影响也不容忽略，例如采用外框支撑筒结构以及钢管混凝土结构的超高层项目，由于项目施工时间长且主体结构在施工过程长时间暴露在室外，外界气温的变化对钢构件内力的影响需要专门考虑。

5.2　施工模拟与非荷载作用分析的适用范围

对超高层结构来说，当结构体系具有如下特点时，应考虑施工过程对结构受力的影响，在分析中采用施工模拟方法：

（1）从一般情况来说，当经历实际施工过程的结构体系与一次性加载分析所得的结构体系具有不可忽略的差异时；

（2）当超高层结构高度较大、混凝土收缩徐变不能忽略、内筒外框竖向变形差异较大时；

（3）当超高层存在后装构件，导致一次性加载分析内力存在较大误差时；

（4）当施工过程中出现结构设计中需要考虑的控制状态时，例如对施工过程中的超高层结构，可能存在伸臂桁架弦杆后连接，或后浇带未封闭，底部约束条件弱于正常使用条件，结构刚度、稳定性需要考虑结构施工过程中的不利状态、进行专门验算；

（5）施工过程中存在控制工况的某些特殊结构类型时，如大悬挑、倾斜、转换、连体、悬挂结构等。

连体结构（图5-3）：塔楼的连接部分采用不同的施工方案（整体提升、悬臂合龙等）对结构连接区域的变形及内力有较大影响，需将施工模拟工况作为组合进行包络设计。

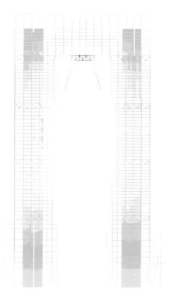

(a) 苏州东方之门　　　　　　　　(b) 南京金鹰天地广场

图5-3　连体结构

大悬挑、转换结构（图5-4）：悬挑、转换区域刚度形成的阶段对关键构件及相邻区域构件内力有较大影响，同时也可利用施工方案改善受力过于集中的构件的受力。

外框巨型斜撑结构（图5-5）：对于外框设置矩形斜撑的结构，为了减小斜撑合龙后由于连接柱轴向位移差引起不必要的变形作用力，一般采取施工后期大量轴向变形产生后连接的方案，因此，需要验算顺序施工时巨型斜撑重力荷载作用下的承载力；以及当巨型支撑合龙时，次框架由转换桁架承担，需复核转换桁架。

倾斜结构（图5-6）：对于主要竖向构件倾斜的结构，需考虑整体刚度未形成阶段的主要构件的不利边界状态以及施工阶段侧向力作用工况复核。

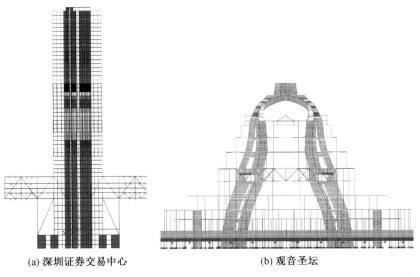

(a) 深圳证券交易中心   (b) 观音圣坛

图 5-4　大悬挑、转换结构

超高层建筑结构设计与工程实践

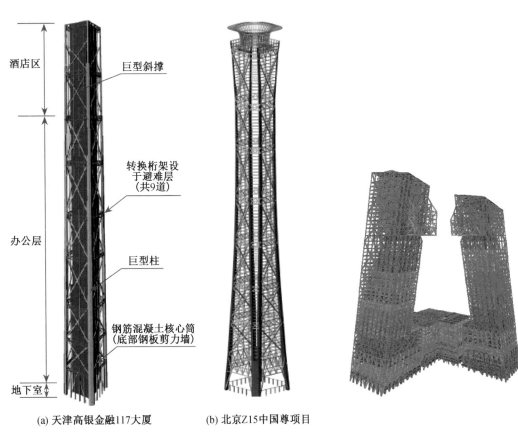

巨型斜撑

转换桁架设
于避难层
(共9道)

巨型柱

钢筋混凝土核心筒
(底部钢板剪力墙)

酒店区

办公层

地下室

(a) 天津高银金融117大厦   (b) 北京Z15中国尊项目

图 5-5　外框巨型斜撑结构[1]

图 5-6　倾斜结构（CCTV 合龙前工况）

5.3　非荷载作用

非荷载作用主要表现在变形和变形协调产生的内力，在高层建筑中非结构荷载作用
主要有竖向温差效应、水平温差效应、差异沉降效应、混凝土弹性模量变化、收缩、徐
变影响等。

5.3.1 温度作用

温度变化与徐变和收缩引起的非弹性变形不同，它引起的主要是弹性变形，随着季节和昼夜变化而不断变化，对所有构件，除了使其缩短外，还可以使其伸长。在高层建筑中使用局部或整体暴露的外柱，加上内部空调造成的恒温，由于竖向的相对延伸和外部的收缩将进一步产生工程上的问题。建筑物表面直接受太阳照射的构件，温度都高于背阳面的构件，因此建筑物将产生背离阳光的弯曲。根据部分超高层工程的理论计算分析，由于日照温差造成的建筑层间位移角影响最大可达到约 1/1 000。

5.3.1.1 竖向温差效应

(1) 对高度较大（超过 100 m）钢-混凝土混合结构影响较大，尤其是外表构件中面和室内构件中面的整体温差。

(2) 可采用含温度应力计算功能的有限元程序（ETABS，SAP 2000，MIDAS，ANSYS 等）计算分析竖向温度效应。

(3) 对混凝土结构将弹性计算的温差内力乘以徐变应力松弛系数 0.3，对钢结构温差应力不折减，混凝土梁柱构件截面弹性刚度乘以 0.85 予以折减。

(4) 温差效应作用分项系数可取 1.2，与重力荷载组合时效应组合系数可取 0.8。

(5) 竖向温差效应主要集中在顶部若干层的与内外相连的框架梁（主要是剪力和弯矩）以及底部若干层的内外竖向构件（轴向力）。

5.3.1.2 水平温度作用

(1) 高层建筑中抗侧刚度较大的构件对混凝土楼盖沿水平方向有较大的约束，从而在楼盖中产生水平温差或收缩应力。抗侧力刚度较大的筒体（剪力墙）位于建筑物的两端时，水平温差（负温差）收缩应力比较突出。温差和建筑物长度是引起水平温差效应最主要的控制因素。

(2) 计算楼屋盖总温差收缩影响应为温差与混凝土收缩当量温差之和。楼屋盖负温差为各地区季节平均温度与混凝土终凝温度的差值，混凝土收缩当量温差与混凝土龄期有关。

(3) 楼盖与屋盖温差应分别计算，考虑室内是否有空调以及屋面有架空隔热层等条件。

(4) 对混凝土结构将弹性计算的温差内力乘以徐变应力松弛系数 0.3，对钢结构温差应力不折减，混凝土梁柱构件截面弹性刚度乘以 0.85 予以折减。

(5) 温差效应作用分项系数可取 1.2，与重力荷载组合时效应组合系数可取 0.8。

(6) 高层建筑温差收缩主要集中在筒体剪力墙底部，将受到较大弯矩和剪力，下部楼层梁板将受到较大的轴向拉力，且注意梁腹板纵筋的加强设置。

5.3.2 差异沉降效应

(1) 根据已有沉降观测资料或计算修正后沉降数据在有限元程序中施加结构支座沉

降，计算整个高层结构所有构件弹性差异沉降内力。

（2）计算差异沉降效应时，对混凝土结构将弹性计算的沉降内力乘以徐变应力松弛系数 0.3，对钢结构沉降内力不折减，混凝土梁柱构件截面弹性刚度乘以 0.85 予以折减。

（3）差异沉降效应作用分项系数可取 1.2，与重力荷载组合时效应组合系数可取 0.8。

（4）差异沉降主要集中在结构下部，下部竖向构件附加较大轴力，边柱受拉，内筒（柱）受压，下部楼层尤其二层横梁附加较大弯矩、剪力。

（5）控制建筑物绝对沉降是减小差异沉降效应最有效的措施。当竖向构件差异沉降大于 10 mm 时，需计及其效应。

5.3.3 混凝土收缩和徐变

混凝土的收缩和徐变是超高层结构设计中需要特别考虑的非荷载作用之一，随着建筑物高度的增加，由于累计变形，柱子和剪力墙的长度减小问题变得非常重要。根据加荷时混凝土的性质，最终徐变变形可以达到弹性变形的 1～6 倍，一般情况下，徐变变形是弹性变形的 2～3 倍。

超高层建筑中，相邻的竖向构件由于其截面不同或水平力引起的应力不同，重力荷载不同，配筋率也不同，因此相邻柱子之间的不同收缩徐变变形会引起与之相连的梁或板的剪力和弯矩，这是由于梁板的竖向支撑之间相对竖向变形引起的。此时会引起荷载重分布，荷载将部分转移至变形较小的柱子上。同样，剪力墙和柱子之间也会产生同样的问题。由于剪力墙体积面积比和配筋较低，会产生较大的徐变和收缩变形，柱子将吸收部分剪力墙的荷载。这些变形差值沿高度是累加的，在基地处为零，在屋顶处达到最大值。因此，随着结构高度的增加，其影响变得越来越明显，这些积累变形同时还会引起非结构构件的破坏和高处楼板内的应力增加。

5.3.3.1 基本理论

典型的混凝土徐变曲线图 5-7 所示。$\varepsilon_e(t_0)$ 是加载时刻 t_0 时的瞬时弹性应变，$\varepsilon_c(t, t_0)$ 是 t_0 时刻加载 t 时刻的徐变应变。

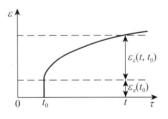

图 5-7 混凝土的徐变

徐变与瞬时弹性应变的比值称为徐变系数：

$$\varphi(t, t_0) = \frac{\varepsilon_c(t, t_0)}{\varepsilon_e(t_0)} \qquad (5\text{-}1)$$

单位应力（MPa^{-1}）作用下的徐变应变称为徐变度 $C(t, t_0)$，有

$$C(t, t_0) = \frac{\varepsilon_c(t, t_0)}{\sigma_0} \qquad (5\text{-}2)$$

根据定义，徐变系数与徐变度的关系为

$$\varphi(t, t_0) = E(t_0) C(t, t_0) \qquad (5\text{-}3)$$

混凝土的收缩应变一般由下式表述：

$$\varepsilon_{sh}(t) = \beta_{sh}(t) \cdot \varepsilon_{sh}(\infty) \qquad (5\text{-}4)$$

上式中，$\varepsilon_{sh}(t)$ 为混凝土龄期为 t 的收缩应变；$\varepsilon_{sh}(\infty)$ 为混凝土收缩应变终值；$\beta_{sh}(t)$ 为收缩随时间变化的函数。

混凝土徐变变形的发展速率通常在结构加载初期的 2～3 年内较快，其后逐渐变慢，直至 10～20 年后结构变形仍不断发展，但此时变形增量已相对较小，徐变变形基本达到稳定。普遍来说，混凝土徐变的影响因素可以分为内部因素和外部因素两方面。

影响混凝土徐变的内部因素主要有混凝土所用的水泥、骨料、水灰比、灰浆率、外加剂和其他掺料等。

影响混凝土徐变的外部因素主要有加荷应力、加荷龄期、持荷时间、环境湿度、环境温度和构件尺寸等因素。

目前，对于徐变特性的预测模型通常采用关于时间（加载时间、持续时间）的徐变系数（混凝土的徐变应变与瞬时弹性应变之比）或徐变度（单位应力作用下混凝土的徐变应变）函数进行描述，所采用的表达式基本为经验公式或半经验公式，模型中各参数是通过对大量不同强度混凝土的收缩徐变试验结果进行拟合得到的，其中关于混凝土收缩徐变特性的最常用模型主要为 ACI209，CEB-FIP，B3 以及 GL2000 等模型。

ACI209 模型计算表达式较简单，应用方便，但其只为（t，t_0）的函数，与加载龄期 t_0 无直接相关，计算结果可能低估了早期加载混凝土徐变变形，而较符合中晚期加载的结果。

CEB-FIP 模型长期以来应用较为广泛，获得较多认同，且在 MIDAS，SAP 等工程应用软件中得以采用，78 模型在国内外应用较广，我国规范《公路钢筋混凝土及预应力混凝土桥涵设计规范》（JTJ 023—85）关于混凝土收缩徐变的计算就是采用了该模型方法。CEB—FIP（1978）模型考虑的因素侧重于强度和温度，在早龄期加载时计算结果对加载龄期不敏感。而 90 模型与 ACI209 模型相似，其根本上改变了 78 模型的表达形式和描述角度，对徐变特性进行了整体的描述，并综合考虑尺寸效应与环境湿度的影响，相对提高了计算精度，逐渐取代 78 模型。

B3 模型由 Bazant 等人集 10 多年的研究而得出，是目前最复杂、最理论化、考虑因素最多的表达式，而 GL2000 模型则相对要简单一些。B3 模型是唯一考虑了构件形状以及混凝土含水率、水泥含量和骨料含量的模型，其他模型则都以混凝土抗压强度间接地考虑含水率、水泥含量和骨料含量的影响；只有 ACI209R 模型和 B3 模型考虑了养护条件的影响；另外，只有 B3 模型和 GL2000 模型对干缩徐变进行了区分。

钢筋的影响：基于钢筋混凝土竖向构件中钢筋与混凝土的应变变形协调的基本假定，当混凝土部分由于徐变收缩效应缩短时，钢筋部分必须承担额外的压应变才能保持与混凝土部分相同的应变水平；但是构件分担的内力水平是总体不变的，随着荷载长期效应发展，钢筋混凝土构件中混凝土部分的内力就逐渐向钢筋部分转移。图 5-8 即为在某超高层项目中随着混凝土收缩徐变的不断发展，钢筋混凝土构件内力不断转移的过程。对于内含钢骨的组合构件，此效应更加明显，是进行组合构件超高层徐变收缩分析中需要考虑的重要因素。同时，基于变形协调假定可以推导考虑钢材影响的收缩徐变修正系数：

$$R = 1/[1 + \rho n/(1 - \rho)] \tag{5-5}$$

式中 ρ——配筋率；

n——钢筋与混凝土的弹性模量比。

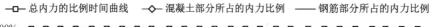

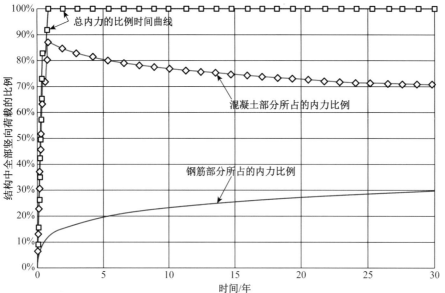

图 5-8　钢筋与混凝土内力受徐变影响内力重分布曲线[2]

5.3.3.2　常用计算模型

1. 美国规范 ACI209

ACI209（92）模型是美国混凝土协会推荐使用的混凝土变形计算模型。该模型首先根据环境条件确定混凝土的极限徐变系数，徐变系数计算仍然采用徐变系数与时间函数乘积的形式[3]。该模型可以预测非标准条件下混凝土的徐变：不同混凝土组成、环境相对湿度、尺寸因子以及环境温度。根据 ACI209 关于混凝土徐变的公式：

$$\phi = \frac{(t - t_0)^\Psi}{[d + (t - t_0)^\Psi]} \cdot \phi_u \tag{5-6}$$

$$\phi_u = 2.35 \cdot \gamma_{la} \cdot \gamma_\lambda \cdot \gamma_{vs} \cdot \gamma_s \cdot \gamma_\Psi \cdot \gamma_\alpha \tag{5-7}$$

式中 t，t_0——混凝土的龄期和加载龄期，d；

d，Ψ——与构件形状和构件尺寸有关的常量；

γ_{la}——加载龄期的影响系数；

γ_λ——周围相对湿度的影响系数；

γ_{vs}——构件的体积和表面积之比的影响系数；

γ_s——混凝土坍落度的影响系数；

γ_Ψ——细骨料占总骨料含量的影响系数；

γ_α——混凝土含气量的影响系数。

2. CEB-FIP 90 模型

欧洲混凝土委员会和国际预应力混凝土协会（CEB-FIP）分别在 1970 年、1978 年和

1990 年提出了收缩徐变预测的三个模型：CEB-FIP（1970）模型、CEB-FIP（1975）模型和 CEB-FIP（1990）模型，影响较大的是后两个模型。CEB-FIP MC90 是由欧洲混凝土委员会和预应力委员会推荐使用的欧洲混凝土设计规范[4]。它是一个用于预测的模型，仅考虑那些在设计阶段可以获得的参数，包括混凝土的抗压强度、构件尺寸、周围环境的平均相对湿度和加载龄期等。

$$\phi = \beta(f_c)\beta(t_0)\phi_{RH}\beta_c(t - t_0) \tag{5-8}$$

式中　t，t_0——混凝土的龄期和加载龄期，d；

　　　$\beta(f_c)$——混凝土抗压强度的影响系数；

　　　$\beta(t_0)$——加载龄期的影响系数；

　　　ϕ_{RH}——相对湿度和构件形状和尺寸的影响系数；

　　　$\beta_c(t - t_0)$——持续时间的影响系数。

考虑因素：加载龄期、计算龄期、环境的相对湿度、抗压强度的影响系数、构件的形状和尺寸。

适用范围：加载龄期承受压应力小于 $0.4f_{ck}$，混凝土 28 d 平均抗压强度 20～90 MPa，相对湿度 40%～100%。

3. B3 模型

作为国际材料与结构研究试验室联合会（RILEM）的建议方法，RILEMB3（1995）模型详细考虑了混凝土水泥含量、水灰比、骨料/水泥质量比等混凝土配比情况，对收缩徐变预测均较合理。

B3 模型由 Z. P. Bazant 和 S. Baweja 建立，该模型建立在固化理论基础上，具有很好的理论基础[5]，其将徐变分成两部分：基本徐变和干燥徐变。徐变直接从混凝土材料的组成及其特性得出。对 RILEM 徐变数据库的偏差分析表明 B3 模型比 ACI209（92）及 CEB-FIP MC90 模型具有更高的精度。B3 模型具有较广泛的适用范围，如果有条件进行短期混凝土徐变试验，该模型可以通过短期试验数据修正有关系数，以获得更精确的徐变预测模型，特别是可以为超出适用范围的混凝土预测徐变。

$$\phi(t - t_0) = E(t_0)[q_1 + C_0(t, \tau) + C_d(t, \tau, \tau_{sh})] - 1 \tag{5-9}$$

$$C_0(t, t_0) = q_2 Q(t, t_0) + q_3 \ln[1 + (t - t_0)^{0.1}] + q_4 \ln\left(\frac{t}{t_0}\right) \tag{5-10}$$

$$C_d(t, \tau, \tau_{sh}) = q_5[e^{-8H(t)} - e^{-8H(t_0)}] \tag{5-11}$$

式中　t，t_0——混凝土的龄期和加载龄期，d；

　　　$E(t_0)$——加载时的弹性模量；

　　　q_1——单位应力产生的瞬时变形；

　　　q_2——混凝土 28 d 抗压强度的影响系数；

　　　q_3——水灰比的影响系数；

　　　q_4——骨料与水泥比重的影响系数；

　　　q_5——混凝土的收缩和 28 d 抗压强度的影响系数；

　　　$Q(t, t_0)$——与加载龄期有关的函数；

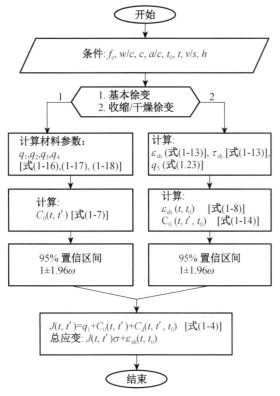

条件：$f_c, w/c, c, a/c, t_0, t, v/s, h$

开始

1. 基本徐变
2. 收缩/干燥徐变

计算材料参数：
q_1, q_2, q_3, q_4
[式(1-16),(1-17), (1-18)]

计算：
ε_{sh} [式(1-13)], τ_{sh} [式(1-13)],
q_5 (式(1.23))

计算：
$C_0(t, t')$ [式(1-7)]

计算：
$\varepsilon_{sh}(t, t_0)$ [式(1-8)]
$C_0(t, t', t_0)$ [式(1-14)]

95% 置信区间
$1\pm1.96\omega$

95% 置信区间
$1\pm1.96\omega$

$J(t, t')=q_1+C_0(t, t')+C_d(t, t', t_0)$ [式(1-4)]
总应变：$J(t, t')\sigma+\varepsilon_{sh}(t, t_0)$

结束

图 5-9　B3 模型应用的流程示意图[5]

$H(t)$——与湿度和截面形状有关的数。

B3 模型的计算流程图给出了该模型应用的具体方法，如图 5-9 所示。

4. GL2000 模型

GL2000 模型是美国混凝土学会（ACI）的 Gardner 和 Lockman 对 G-Z 模型加以改进而形成的[6]。该模型在收缩计算中采用混凝土 28 d 平均强度，并对混凝土 28 d 平均强度的计算方法进行了简化；在徐变系数计算中，只包括计算龄期、加载龄期、干燥开始时龄期、相对湿度、构件体表比等 5 个参数，并单独采用一项修正徐变系数，以考虑构件在加载前就干燥的情况。整个模型考虑参数较为合理，计算公式简洁，便于应用，在与试验数据的符合性方面，比 ACI209（1982）及 CEB-FIP（1990）表现均要好，对收缩的计算比 RILEMB3

（1995）好，对徐变的计算与 RILEMB3（1995）相当，整体表现好。

不过 GL2000 模型徐变度双曲幂函数形式的数学表达式不便于计算机进行有限元分析，在大型工程徐变效应分析时采用这种数学表达式通常要记录应力历史，实用上不太方便。

$$\phi = \left\{ 1 + \left[\frac{t_0 - t_c}{t_0 - t_e + 0.15(V/S)^2} \right]^{0.5} \right\}^{0.5} \left\{ 2 \left[\frac{(t - t_0)^{0.3}}{(t - t_0)^{0.3} + 14} \right] + \left(\frac{7}{t_0} \right)^{0.5} \left(\frac{t - t_0}{t - t_0 + 7} \right)^{0.5} + 2.5(1 + 1.086h^2) \left[\frac{t - t_0}{t - t_0 + 0.5(V/S)^2} \right] \right\}^{0.5}$$

(5-12)

式中　t, t_0——混凝土的龄期和加载龄期，d；

V——构件的体积，m^3；

S——构件的表面积，m^2；

h——环境的相对湿度。

5.3.3.3　常用模型比较

上述国内外常用模型计算公式基本上都是建立在试验数据基础上的经验公式，由于试验条件的局限或研究者侧重点的不同，不同的研究者提出的模型所考虑的影响因素也不尽相同，各模型公式对混凝土收缩徐变考虑的影响因素见表 5-1。

超高层建筑结构设计与工程实践

表 5-1　常见收缩徐变预测模型考虑因素一览表

因素		预测模型					
		ACI209 (1982)	ACI209R (1992)	CEB-FIP (1978)	CEB-FIP (1990)	B3 (1995)	GL2000 (2000)
内部因素	骨料/水泥重量比					√	
	空气含量	√	√				
	水泥含量					√	
	水泥类型			√	√	√	√
	混凝土集度		√				
	细骨料占骨料比重	√	√				
	坍落度	√	√				
	水灰比					√	
	含水率					√	
外部因素	加载龄期	√	√	√	√	√	
	计算龄期	√	√	√	√	√	√
	施加的应力	√	√	√	√	√	√
	加载时混凝土特征强度						
	横截面形状					√	
	养护方法	√				√	
	混凝土 28 d 抗压强度		√	√	√	√	√
	荷载持续时间		√	√	√	√	√
	构件截面尺寸	√	√	√	√	√	
	加载时混凝土弹性模量					√	
	混凝土 28 d 弹性模量		√	√	√	√	
	环境相对湿度	√	√	√	√	√	√
	环境温度			√	√	√	
	构件干燥龄期					√	√

在前述国外常用的混凝土收缩徐变预测模型中，影响较大的是 CEB-FIP 系列模型、ACI209 系列模型及近些年提出的 RILEMB3（1995）模型、GL2000 模型。对 CEB-FIP 系列模型，在 CEB-FIP 模式规范中，CEB-FIP（1978）模型已经被 CEB-FIP（1990）模型取代；对 ACI209 系列模型，ACI209（1982）模型也已经被新修订的 ACI209R（1992）模型取代。

文献［7］对 ACI209R（1992）模型、CEB-FIP（1990）模型、RILEMB3（1995）模型和 GL2000 模型等 4 个最新的收缩徐变预测模型进行了更为详细的评估和检验。比较时，对收缩计算的是收缩应变，对徐变计算的是徐变函数（或称徐变柔量）。该文献检验的数据来源于国际材料与结构研究试验室联合会推荐的数据库（RILEM Data Bank），并经过严格筛选。

从表 5-2 可以看出，在 ACI209R（1992）模型、CEB-FIP（1990）模型、RILEMB3（1995）模型和 GL2000 模型这 4 种国外较新的预测模型中，整体上表现最好的是 GL2000 模型，其次是 RILEMB3（1995）模型和 CEB-FIP（1990）模型，ACI209R（1992）模型

表现最差。因此，在对混凝土结构和预应力混凝土结构进行收缩徐变的计算，缺乏试验资料，需要直接引用国外模型时，推荐采用 GL2000 模型和 RILEMB3（1995）模型。

表 5-2　不同预测模型徐变函数计算值与试验数据对比情况

检验方法	预测模型			
	ACI209R（1992）	CEB-FIP（1990）	RILEM B3（1995）	GL2000
B3 变异系数法	87% （4）	75% （3）	61% （2）	47% （1）
CEB 变异系数法	48% （4）	37% （3）	36% （2）	35% （1）
CEB 平均平方差法	32% （2）	31% （1）	35% （4）	34% （3）
CEB 平均方差法	0.86 （3）	0.92 （2）	0.93 （1）	0.92 （2）
计算精度排名之和	13	9	9	7

注：括号内数字为该模型用该种检验方法得出的计算精度在 4 种模型中的排名。

5.4　施工模拟分析原理及应用

5.4.1　施工模拟分析原理

施工模拟分析本质上是一种分阶段变刚度分析方法。对应于施工状态的每一个实际阶段，分别对阶段结构状态（一般与最终状态不同）施加阶段荷载（一般为对应于该阶段的大部分结构自重、部分附加恒载、少量施工活荷载）或移去荷载（例如结构完工阶段移去施工活荷载）；不同施工阶段之间状态叠加，即后一阶段的起始状态是前一阶段结束状态，结构变形、内力分别在各阶段中锁定叠加，从而实现实际结构施工过程的模拟[8]。

从有限元角度看，施工模拟分析本质上是一种非线性分析方法，其非线性主要在于结构刚度矩阵在过程中发生变化，而不同于一般的几何非线性、材料非线性、边界非线性。当然，根据各结构特点在分析时可以考虑一定的几何非线性甚至其他非线性：对于多数实际结构，在刚度较好的情况下，不考虑包括 $P-\Delta$ 效应在内的几何非线性对分析结果影响不大；对刚度较小的结构，可考虑 $P-\Delta$ 效应、大位移等几何非线性因素；对索、膜、张拉体系等柔性结构，一般应考虑各种几何非线性效应。

5.4.2　常用分析软件

5.4.2.1　通用有限元软件

目前，世界上最常用的通用有限元软件包括 ANSYS，ABAQUS，NASTRAN 和 ADI-NA 等，在有限元分析方面应用广泛，精确度较高。其中，ANSYS，ABAQUS 通过设置生死单元实现施工模拟方法，理论上可以准确模拟实际施工过程，对不同阶段主要通过开关生死单元（Birth and Death Element）实现结构和荷载增减。作为更为一般性的大型通用有限元软件，二者均可以考虑较为完整的非线性效应，相对来说，操作较 SAP，

ETABS，MIDAS 复杂。

这些软件通用分析模块中，基本都有分析徐变效应的本构模型，但却并非针对混凝土材料的徐变，而通常是适用于金属材料、岩土等的蠕变，也多缺少直接计算混凝土收缩的计算模型。此类通用有限元分析软件在混凝土徐变效应分析上有较大局限性，特别是可选的徐变模式较为单一，也不够准确，需要通过二次开发引入更符合混凝土特性及更合理的计算模式；此外，通用有限元软件分析构件对小型结构的有限元具有较高精度，但是对于实际高层超高层复杂结构的整体分析，同时要考虑施工全过程，其建模、计算的效率和精度都受到较大限制，不便于工程应用，同时也较难模拟考虑钢筋对徐变的影响效应。

选取通用有限元软件进行施工模拟分析时，根据实际工期，将施工过程划分为若干施工阶段，每一阶段的计算都以上一阶段的平衡状态为计算初始状态，通过有限元软件的"单元生死"技术实现对各施工阶段的模拟，模拟步骤如下：

(1) 基于设计资料一次性建立整体结构有限元模型；

(2) 利用软件技术一次性"杀死"模型中所有单元，使结构处于施工前的初始"零"状态；

(3) 根据实际施工进度，依次激活相应阶段单元，定义相关材料参数、荷载及边界条件，从而得到阶段施工模型并进行求解，实现施工全过程跟踪模拟。

5.4.2.2 常用工程分析软件

当前国内外应用最广泛的高层建筑的工程分析软件包括 ETABS，SAP 2000，MIDAS 和 SATWE 等。其中，ETABS，SAP 2000 和 MIDAS 软件采用变刚度、状态叠加的一般性施工模拟方法，理论上可以准确模拟实际施工过程，对不同阶段主要通过分组实现确定。相对而言，ETABS 适于分析楼层较为规则的结构体系，SAP 2000 适用于一般结构，而 MIDAS 兼具两种软件的优点。

SATWE 提供了以下 3 种不同的施工模拟方法，施工模拟 1 和施工模拟 2 为近似方法，采用柱刚度放大或荷载分别施加的方法近似模拟，对一般高层结构可以避免一次加载内外筒变形差引起的计算误差，是一种较为近似的方法；施工模拟 3 为变刚度状态叠加、逐层加载的施工模拟方法，比施工模拟 1 和施工模拟 2 有更好的精度；但对非严格按楼层逐层叠加的结构以及其他较为复杂体系的施工过程（例如中央电视台 CCTV 新台址主楼，不只是楼层层面上的施工阶段变化，更涉及同一楼层或楼层之间的局部构件的状态变化），难以模拟实际情况。

SAP 2000 和 MIDAS 可以在计算中考虑混凝土徐变收缩效应。这些工程软件通常的计算方法是基于有限元方法和初应变法，结合施工模拟过程，在每一施工阶段中先进行一次弹性计算（采用 28 d 弹性模量及弹性刚度矩阵，荷载为外荷载），再进行一次徐变分析（采用按龄期调整的弹性模量及刚度矩阵，荷载为考虑应力历史作用产生的徐变次内力）。当前 SAP 2000 中的徐变收缩模式采用的是 CEB-FIP（MC90）计算模式，且未能考虑钢筋的效应；MIDAS 的徐变收缩模式则相对比较多样，包括了 CEB-FIP、ACI、日本、韩国等建议模式，特别是可以在 ACI 模式中结合 PCA（Portland 水泥协会）模式的建议来考虑混凝土柱含钢率的影响效应，虽然较为粗略，但比起素混凝土的分析结果更贴近实际。

工程软件可以较方便地分析高层建筑结构考虑施工全过程的徐变收缩效应，计算效率较高，利于工程设计，但仍有一些不足：计算模式尚不够丰富，特别是 BP，B3 等一些复杂的理论模型；对于钢筋效应的考虑不足或较粗略，影响最终分析结果的精度。MIDAS 可部分考虑柱含钢率的长期影响效应，但是对于板壳单元构件的徐变收缩效应仍考虑不足；而在 SAP 2000 计算中，混凝土长期效应的分析精度存在一定的计算误差，且各类软件对于水平构件和平面单元的徐变收缩效应的考虑及计算方法还有待进一步研究完善。

综合上述，现行通用有限元软件及工程应用软件中，对于钢筋混凝土的徐变收缩效应的计算分析方法仍存在较多不足，需在其理论及方法研究基础上进一步开发完善。

5.4.3 考虑徐变收缩效应的施工模拟分析目的

对于超高层结构，考虑徐变收缩效应进行施工模拟分析的目的是为了对主要竖向构件压缩变形量提供一个更准确的评估，同时考虑了外伸臂桁架、外框支撑等在竖向荷载传力方面的贡献。柱和核心筒之间差异压缩变形在外伸臂桁架等水平构件中会造成附加内力。在柱压缩变形研究的基础上，设计者应对外伸臂等水平连接构件设计进行复核验算。对于该专项分析一般重点考察如下几个方面结果对超高层设计的影响。

1. 混凝土柱和核心筒在长期竖向荷载效应下的徐变和收缩分析并估算压缩变形量

结构构件的总压缩变形中，弹性压缩变形占相当大的比例，然而绝大部分弹性压缩变形在施工期间已完成。由于外伸臂桁架在施工末期锁定，施工期间完成的弹性压缩不会在外伸臂桁架中造成内力，所以徐变和收缩变形对外伸臂桁架中由于差异变形造成的附加内力的影响可能更大，因此有必要将徐变和收缩变形与弹性压缩变形分离开来，以便评估徐变和压缩变形的相对关系。图 5-10 是迪拜塔项目施工完成后 30 年累积的竖向变形。

2. 长期柱压缩变形对外伸臂桁架的影响

对于超高层建筑，主要竖向承重构件（巨柱及核心筒）之间存在的差异压缩变形对于某

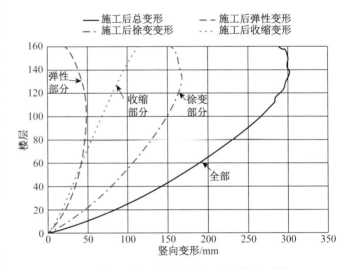

图 5-10 施工完成后 30 年累积竖向变形（迪拜塔项目）[2]

些结构构件，例如外伸臂桁架，可能造成相当大的附加内力。为了避免差异压缩变形在外伸臂桁架内产生过大的附加内力，通过施工顺序的调整可以有效地减小在施工期间由于柱/核心筒存在的弹性压缩变形差异在外伸臂桁架内造成的附加内力。设计通常要求在外伸臂桁架结构施工末期将外伸臂锁定的施工方案，并根据这一施工顺序对外伸臂桁架进行承载力验算。检查外伸臂桁架在差异压缩变形下引起的附加内力并复核外伸臂桁架设计。

图 5-11 为天津周大福金融中心项目的核心筒与外框柱在施工完成后徐变收缩的竖向压缩量沿楼层变化曲线，二者的压缩量差异会引起伸臂构件的附加内力；通常情况下核心筒的徐变竖向压缩缩短量会大于外框柱的压缩量，整体压缩变形成凹形分布，这种现

象也在国外一些高层项目的徐变监测数据中得到了验证。

其中，在考虑长期效应进行伸臂桁架等构件的承载力复核时，可根据建筑荷载规范选取准永久组合：$(D + D_{sc}) + 0.5L$，D 为恒荷载（不考虑施工模拟），D_{sc} 为长期荷载效应下徐变收缩变形，L 为活荷载（考虑施工模拟）。

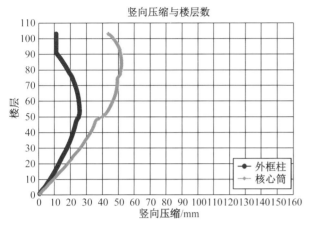

图 5-11

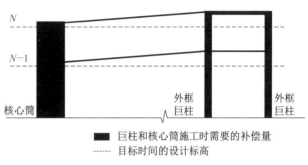

■ 巨柱和核心筒施工时需要的补偿量
------ 目标时间的设计标高

图 5-12

图 5-11 施工完成后外框柱与核心筒的竖向变形差异（天津周大福金融中心项目）[9]

图 5-12 巨柱的施工补偿和标高调整示意图

3. 考虑施工顺序的楼面标高补偿

对于超高层建筑，巨柱和核心筒在施工阶段必须进行标高补偿，以便在建筑物投入使用若干年后巨柱和核心筒达到楼面设计标高，从而避免由于核心筒和巨柱之间的差异压缩变形造成的问题，例如楼面倾斜、非结构构件开裂和外伸臂桁架中附加内力过大等问题。标高补偿示意图如图 5-12 所示。

在确定施工补偿量时，首先要选定一个目标时间，即建筑物完工后某一时间，巨柱和核心筒在完成各自的压缩变形后分别达到设计楼层标高。此外，该施工补偿对于预制的钢结构构件还会带来加工预调及安装预调的影响，需要在施工阶段考虑[10]。某超高层项目组合柱、核心筒墙体各楼层段下料长度的预调整量如图 5-13 所示。

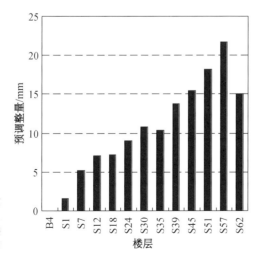
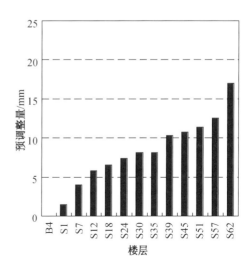

图 5-13 某超高层项目组合柱、核心筒墙体各楼层段下料长度的预调整量

5.4.4 超高层项目一般施工顺序

对于设计阶段一般可按如下施工阶段进行假定，并进行施工模拟分析：

(1) 荷载历史从 21 d 开始，施工速度为每 7 d 一层。

(2) 核心筒墙比楼板混凝土及外框钢管混凝土柱或劲性混凝土柱早 10 层。

(3) 柱与楼板的浇筑接近。

(4) 附加恒载和幕墙荷载比核心筒晚 50 层（比楼板晚 40 层）。

(5) 延迟安装构件在所有的恒载和 50% 的附加恒载及幕墙荷载后安装。

(6) 最终荷载为 100% 附加恒载、幕墙荷载和活荷载（考虑折减）。

(7) 活荷载假定为施工结束后 200 d。

图 5-14 为合肥某超高层项目预估的典型施工进度表。

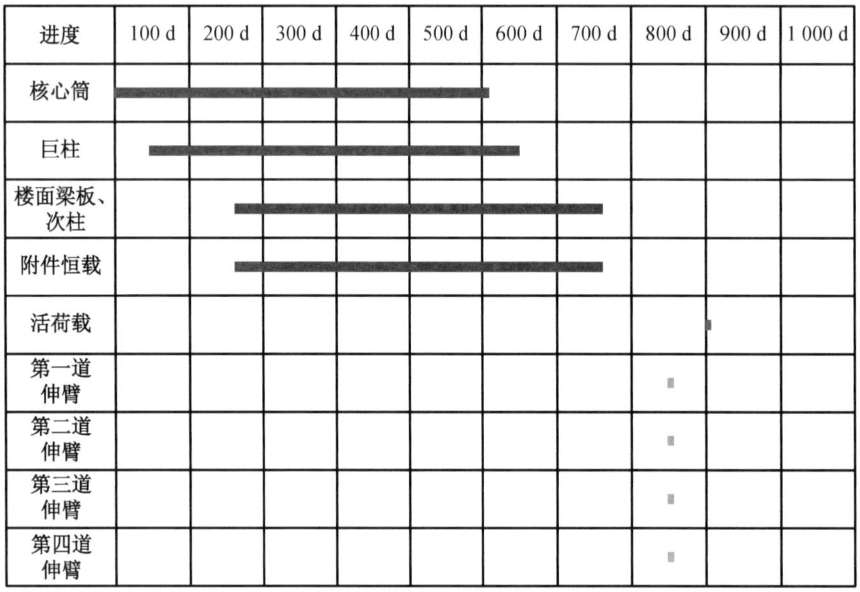

进度	100 d	200 d	300 d	400 d	500 d	600 d	700 d	800 d	900 d	1 000 d
核心筒	████	████	████	████	████					
巨柱	████	████	████	████	████	████				
楼面梁板、次柱		████	████	████	████	████	████			
附件恒载		████	████	████	████	████	████			
活荷载								▮		
第一道伸臂								▮		
第二道伸臂								▮		
第三道伸臂								▮		
第四道伸臂								▮		

图 5-14　预估的施工进度表（合肥某 500 m 超高层项目）

5.4.5 考虑徐变收缩效应的实用计算方法

首先，根据超高层项目的高度、主要竖向构件的形式以及分析目的的差异采用不同的徐变收缩计算模型，对于高度不是特别高、分析精度要求有限的结构可采用 ACI209 (92)、CEB-FIP (90) 以及类似的计算模型进行徐变收缩分析；对于比较重要且长期荷载效应影响比较大的结构建议采用 B3 或 GL2000 模型进行分析。

考虑徐变收缩效应的施工模拟分析根据分析结果精度要求的差异，实现路径方法主要分为直接分析方法和间接分析方法。

1. 直接分析方法

直接分析方法即选用软件本身包含的徐变收缩模型，结合施工模拟方法进行分析。采用该方法可选用 SAP 2000，ETABS 和 MIDAS，其中 MIDAS 软件自身的徐变收缩模式相对比较多样，包括了 CEB-FIP、ACI、日本、韩国等建议模式，特别是可以在 ACI 模式中结合 PCA 模式的建议来考虑混凝土柱含钢率的影响效应，虽然较为粗略，但比起素混凝土的计算模型更贴近实际。MIDAS 收缩徐变分析的步骤如下：

（1）定义时间依存材料即对应于各材料的收缩徐变模型，同时支持自定义的输入方式，可考虑各种 MIDAS 软件未整合进软件的其他预测模型函数。

（2）将已定义的时间依存材料与模型中弹性分析的材料相对应。

（3）施工模拟分析的相关步骤，与其他分析软件类似，同时在施工模拟分析参数中定义相关收缩徐变的参数。

（4）在后处理方面，MIDAS 有一些针对收缩徐变的结果输出功能是比较方便的。但对于考虑长期效应工况的构件内力输出较为不便。

ETABS，SAP 2000 中的非荷载效应分析，对弹性分析的定义的材料在高级属性中进行基于时间属性的设置，其中针对收缩徐变包含 CEB-FIP90 及 ACI209R 规范的预测模型，部分版本也支持自定义徐变系数输入；计算分析时，在进行施工模拟分析时需在非线性参数设置中将时间相关材料属性打开，进行相应的非线性施工模拟分析后的结果即是考虑非荷载效应的分析结果。

直接分析方法操作相对简单，直接利用现有软件功能，无须二次开发，适用于相对常规的超高层项目分析，但这类软件中的长期荷载作用参数均基于结构材料特性，无法针对不同的构件进行单独的指定，对于体量巨大且重要的巨柱组合构件、钢管混凝土构件、组合墙体等采取常规的混凝凝土梁柱徐变计算方法就不太适用，分析结果差异较大。

同时，对于利用工程软件自身徐变模型进行分析时，应注意将梁柱与板、墙区别对待，选取不同的徐变参数模型进行计算。

2. 间接分析方法

间接分析方法即采用相对成熟的计算模型（B3，GL2000）计算徐变收缩结果，再以与工程软件分析相结合的方式进行分析（图 5-15 为计算表格示意图）。

图 5-15 B3，GL2000 徐变模型计算表格示意图

收缩徐变是随时间不断发展的，因此施加在核心筒混凝土上的温度也需要随着施工

步而不断地变化更新。尤其是徐变，不是一个预先确定的量值，而是与应力水平、弹性变形等因素有关，需要结构弹性计算完毕后才能确定。也就是说某一荷载步徐变量需要等这一荷载步的静力计算完成后才能够确定并且施加。

收缩应变值可通过公式直接计算得到；徐变应变的量值无法直接计算得到，只能得到徐变系数，即徐变变形与对应的弹性变形的比值，徐变系数需要进一步处理才能用于计算分析。

其中，不同类型构件的收缩徐变模型在利用理论模型进行计算时，应根据不同的影响因素进行区分，例如钢管混凝土柱和劲性混凝土柱的徐变和收缩特性明显不同。由于钢管可以阻止水分从混凝土核心中流失，钢管混凝土柱的徐变和收缩明显比劲性混凝土柱或普通柱低。因此，可考虑人为提高钢管混凝土构件徐变模型的相对湿度参数，这样钢管混凝土的收缩、徐变效应更接近实际情况。

将通过混凝土 B3 模型得到的各构件竖向变形值施加到结构整体模型中，以分析水平构件的次内力。施加竖向变形的方式是基于计算得到的竖向变形，采取等效荷载的原则通过温度作用代换或材料弹性模型折减的方式进行间接施加。首先，基于 ETABS 等工程设计软件考虑施工过程，得到各个施工阶段构件内力的信息；其次，利用 B3 模型计算得到各构件的竖向变形，并把各构件的变形再施加到整体模型中；最后，考虑由于竖向构件之间的差异变形引起的水平构件次内力情况。

同样，可以在现有大型通用有限元软件的基础上，对其进行改进和二次开发，应用到空间徐变有限元的计算中去。在这些大型通用非线性有限元软件中，ANSYS 和 ABAQUS 就是不错的选择。用户可以在 usercreep. f 中写入自己的徐变计算子程序，通过编译将用户子程序与 ANSYS 连接，即可实现混凝土徐变的计算。

5.5 典型施工模拟分析实例

本节通过模拟超高层建筑的施工过程，考虑建筑基础沉降、钢及混凝土弹性压缩、混凝土徐变收缩、温度影响等，分析其对结构的影响并提出应对措施，从而有效控制超高层建筑各构件的竖向变形差异，对施工过程提供有效的参考并对后续可能对结构的影响作出评估。施工过程分析不仅需与施工组织方案相适应，而且应考虑施工过程中结构刚度变化、边界条件变化、混凝土弹性模量变化、结构施工荷载变化以及混凝土收缩徐变等因素，为典型的非线性分析，且计算工作量巨大，本章节拟以重庆朝天门超高层项目施工模拟分析报告[11]为例，计算分析与实例相结合，确定合理的计算参数及计算方式，为真实反映结构建造中的受力状态提供设计依据，为施工的顺利进行提供可靠的参考。

5.5.1 工程概述

塔楼结构高度 356 m，标准层低区为酒店，高区为办公楼。塔楼标准层共分为 5 个区域，每个区域之间有避难层。结构体系为巨型框架 + 伸臂桁架 + 钢筋混凝土核心筒，以抵抗风和地震产生的水平作用。结合建筑的设备层与避难层，设置伸臂桁架与环形桁架，详见图 5-16。

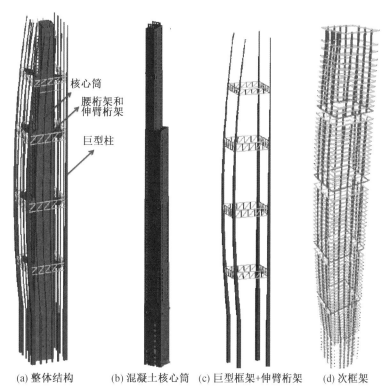

| (a) 整体结构 | (b) 混凝土核心筒 | (c) 巨型框架+伸臂桁架 | (d) 次框架 |

图 5-16　重庆朝天门超高层项目的结构体系[12]

5.5.2　施工模拟分析重点

（1）施工模拟结合各塔楼及观景连廊的实际施工进度和施工方案（如核心筒、外框柱、楼面梁板的先后顺序），考虑与施工方案相对应的结构刚度形成过程、加载顺序、环境条件、与时间相关的混凝土的时效特性（弹性变形、收缩、徐变）以及竖向构件内型钢的影响，模拟在施工过程中和竣工后若干年（1年、2年、5年、10年）塔楼的结构状态，并与一次性加载进行对比分析，为设计和施工提供参考依据。

（2）本项目结构复杂，需要较细的施工步，初步定为不超过5层，遇首层、加强层（伸臂层）、外立面曲线拐点、连体等楼层处加密施工步。

（3）重点分析塔楼结构的平面变形历程，为结构预调值提供依据。

（4）本项目空间连廊连接4幢超高层，且连廊有较大的悬挑，对空中连体的施工模拟开展专项研究。

（5）重点分析混凝土收缩徐变对结构变形及内力的影响。

（6）重点分析塔楼伸臂合龙时间，分析过程中的结构控制工况结构安全。

5.5.3　分析模型及参数

分析软件采用 ETABS 2015 和 SAP 2000，其中 ETABS 2015 用于建模、整体信息对比及全过程模拟计算。SAP 2000 为辅助计算软件。后处理采用自编 VBA 二次开发工具结合专业计算软件。

施工模拟分析结合软件自定义功能采用 B3 模型计算的徐变系数曲线（图 5-17），并根据巨柱、核心筒的不同截面分类赋予考虑徐变收缩的材料特性。分析模型如图 5-18 所示。

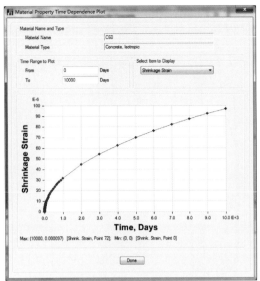

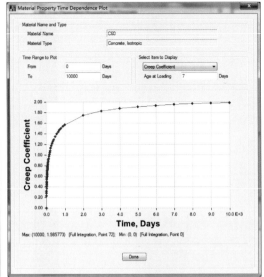

图 5-17　C60 混凝土收缩、徐变参数

超高层建筑结构设计与工程实践

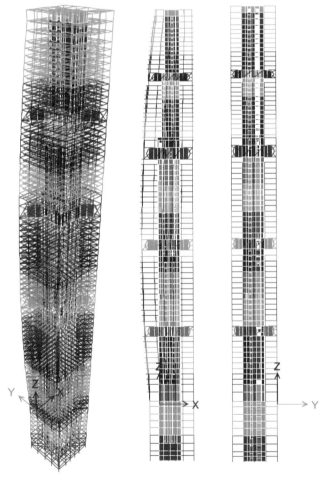

图 5-18　施工模拟分析模型（按施工分组显示）

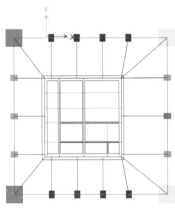

5.5.4　施工方案及进度

　　对基础底板以上结构的施工全过程模拟是施工模拟的重要环节，它可以从无到有地预演整个施工过程，分析结构及施工措施的力学特征变化规律，既是设计过程中结构构件实际内力的重要模拟手段，也是部分施工措施设计的前提条件。根据本工程的结构特点并结合施工方的施工方案[13]，全过程模拟的施工步如图 5-19 所示。

施工步说明

施工步	主体结构安装过程	工况名 SC	CS3	SC5	伸臂安装过程	计划完工日期	持续时间/d 本阶段	累计	结构自重	附加恒载	活载	收缩徐变
1	内筒施工至 S5 层					2016/2/15	60	60	新增部分 100%	新增部分 20%	0.5 kN/m² 施工活荷载	考虑
2	内筒施工至裙房屋面层					2016/5/15	90	150	新增部分 100%	新增部分 20%	0.5 kN/m² 施工活荷载	考虑
3	核心筒施工至 3 层，核心筒爬模模体系安装完成					2016/5/25	10	160	新增部分 100%	新增部分 20%	0.5 kN/m² 施工活荷载	考虑
4	核心筒施工至 8 层，外框钢结构施工至 2 层					2016/6/9	15	175	新增部分 100%	新增部分 20%	0.5 kN/m² 施工活荷载	考虑
5	核心筒施工至 12 层，外框施工至 3 层					2016/7/4	25	200	新增部分 100%	新增部分 20%	0.5 kN/m² 施工活荷载	考虑
6	核心筒施工至 13 层，外框钢结构施工至 5 层					2016/7/24	20	220	新增部分 100%	新增部分 20%	0.5 kN/m² 施工活荷载	考虑
7	核心筒施工至 18 层，外框钢结构施工至 12M 层，外框混凝土施工至 10 层				第 1 道伸臂安装	2016/7/29	5	225	新增部分 100%	新增部分 20%	0.5 kN/m² 施工活荷载	考虑
8	核心筒施工至 23 层，外框钢结构施工至 17 层，外框混凝土施工至 14 层					2016/8/23	25	250	新增部分 100%	新增部分 20%	0.5 kN/m² 施工活荷载	考虑
9	核心筒施工至 27 层，外框钢结构施工至 21 层，外框混凝土施工至 18 层					2016/9/17	25	275	新增部分 100%	新增部分 20%	0.5 kN/m² 施工活荷载	考虑
10	核心筒施工至 28 层，外框钢结构施工至 23 层，外框混凝土施工至 20 层					2016/10/7	20	295	新增部分 100%	新增部分 20%	0.5 kN/m² 施工活荷载	考虑
11	核心筒施工至 33 层，外框钢结构施工至 27M 层，外框混凝土施工至 25 层					2016/10/12	5	300	新增部分 100%	新增部分 20%	0.5 kN/m² 施工活荷载	考虑
12	核心筒施工至 38 层，外框钢结构施工至 32 层，外框混凝土施工至 29 层				第 2 道伸臂安装	2016/11/6	25	325	新增部分 100%	新增部分 20%	0.5 kN/m² 施工活荷载	考虑
13	核心筒施工至 43 层，外框钢结构施工至 37 层，外框混凝土施工至 34 层					2016/12/1	25	350	新增部分 100%	新增部分 20%	0.5 kN/m² 施工活荷载	考虑
14	核心筒施工至 44 层，外框钢结构施工至 39 层，外框混凝土施工至 36 层					2016/12/26	25	375	新增部分 100%	新增部分 20%	0.5 kN/m² 施工活荷载	考虑

施工步	主体结构安装过程	SC	CS3	SC5	伸臂安装过程计划完工日期	持续时间/d 本阶段	累计	结构自重	附加恒载	活载	收缩徐变
15	核心筒施工至49层,外框钢结构施工至43M层,外框混凝土施工至41层	第3道伸臂安装			2016/12/30	4	379	新增部分100%	新增部分20%	0.5 kN/m² 施工活荷载	考虑
16	核心筒施工至54层,外框钢结构施工至45层,外框混凝土施工至43M层		第1道伸臂安装		2017/2/3	35	414	新增部分100%	新增部分20%	0.5 kN/m² 施工活荷载	考虑
17	核心筒施工至58层,外框钢结构施工至52层,外框混凝土施工至49层				2017/2/23	20	434	新增部分100%	新增部分20%	0.5 kN/m² 施工活荷载	考虑
18	核心筒施工至59层,外框钢结构施工至54层,外框混凝土施工至51层				2017/3/11	16	450	新增部分100%	新增部分20%	0.5 kN/m² 施工活荷载	考虑
19	核心筒施工至64层,外框钢结构施工至56层,外框混凝土施工至58M层		第2道伸臂安装		2017/3/15	4	454	新增部分100%	新增部分20%	0.5 kN/m² 施工活荷载	考虑
20	核心筒施工至69层,外框钢结构施工至60层,外框混凝土施工至58M层	第4道伸臂安装			2017/4/4	20	474	新增部分100%	新增部分20%	0.5 kN/m² 施工活荷载	考虑
21	核心筒施工至屋顶层,外框钢结构施工至63层,外框混凝土施工至66层				2017/4/16	12	486	新增部分100%	新增部分20%	0.5 kN/m² 施工活荷载	考虑
22	核心筒模架拆除,外框结构封顶,主体结构封顶	第3、4道伸臂安装		第1、2、3、4道伸臂安装	2017/5/16	30	516	新增部分100%	新增部分20%	0.5 kN/m² 施工活荷载	考虑
23	竣工(精装修及幕墙安装完毕)				2018/6/16	396	912		所有剩余80%	50%	考虑
24	人员入驻,开始使用				2018/9/16	92	1 004			50%	考虑
25	竣工后1年				2019/9/16	365	1 369			50%	考虑
26	竣工后2年				2020/9/16	366	1 735			50%	考虑
27	竣工后5年				2023/9/16	1 095	2 830			50%	考虑
27	竣工后10年				2028/9/16	1 827	4 657			50%	考虑

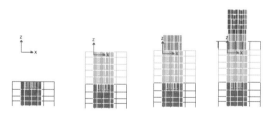

（a）施工步 1～4：内筒、外框施工至 S5 层、裙房屋面层，核心筒施工至 3 层，核心筒爬模体系安装完成

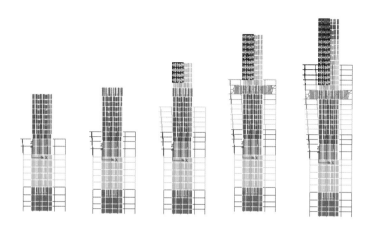

（b）施工步 5～9：核心筒施工至 12 层/13 层/18 层/23 层/27 层，外框钢结构施工至 6 层/8 层/12 层/17 层/21 层

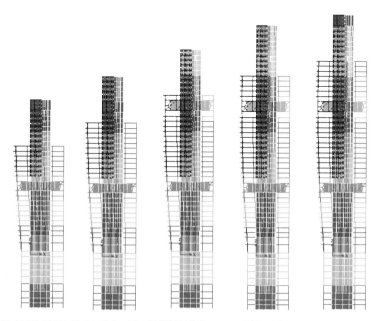

（c）施工步 10～14：核心筒施工至 28 层/33 层/38 层/43 层/44 层，外框钢结构施工至 23 层/27 层/32 层/37 层/39 层

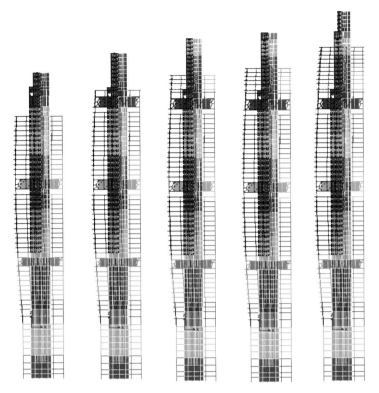

超高层建筑结构设计与工程实践

（d）施工步 15～19：核心筒施工至 49 层/54 层/58 层/59 层/64 层，外框钢结构施工至 43 层/48 层/52 层/54 层/58 层

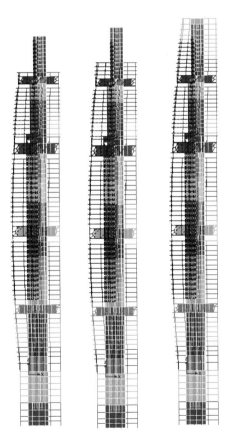

（e）施工步 20～23：核心筒施工至 67 层/屋顶，外框钢结构施工至 63 层/66 层/封顶

图 5-19　施工模拟分析步骤示意图

5.5.5　塔楼控制点变形历程图

选取塔楼典型高度外柱东北角点处的变形数据，分析结构在不同施工顺序情况下施工各阶段的变形历程，仅以第一加强层为例（图 5-20）。

收缩徐变的影响在结构施工分析中不可忽略。在考虑收缩徐变情况下，分别对 3 种伸臂连接方案进行对比。不同伸臂安装顺序对 X 水平向（倾斜向）有较大影响，对竖向的刚度（位移）影响较小。结构中部的水平向位移，受 3 种伸臂连接方案影响较大。伸臂滞后连接，对结构抗侧力刚度较有伸臂时明显减小。

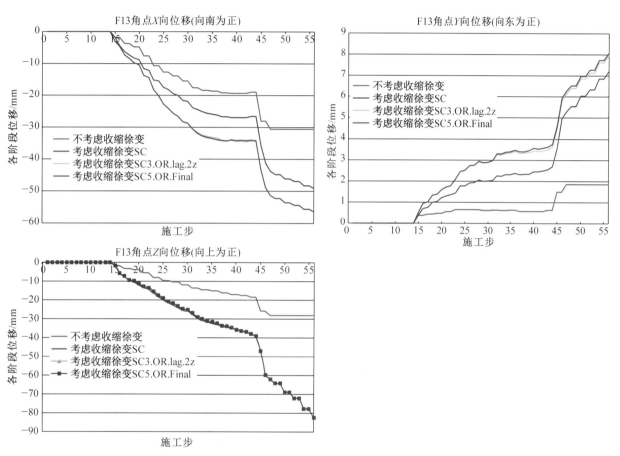

图 5-20　第一加强层巨柱施工模拟各方向的变形曲线

5.5.6　长期荷载下墙柱的压缩变形与变形预调值分析

分别提取考虑长期荷载的主塔封顶时刻和建筑使用 1 年、5 年、10 年后 4 个不同时刻，核心筒及巨柱各个高度上的总压缩变形如图 5-21 所示，核心筒与巨柱由于配筋率及体积表面积比等参数的差别，长期荷载作用下变形的时间历程结果是不同的，会进一步影响水平连接构件变形差。

长期柱压缩变形由三部分组成：考虑施工模拟的弹性压缩变形、收缩变形和徐变。收缩徐变变形所在总变形的比例与弹性压缩变形总体相当，对于长期荷载下构件内力及施工期间的预调值均有不可忽略的影响。图 5-22、图 5-23 表示了 10 年后巨柱与核心筒墙体的压缩变形各部分比例。

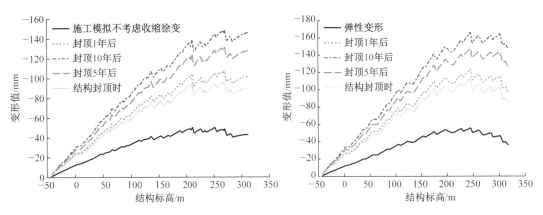

图 5-21 巨柱 SZ 及核心筒 10 年期间总压缩变形

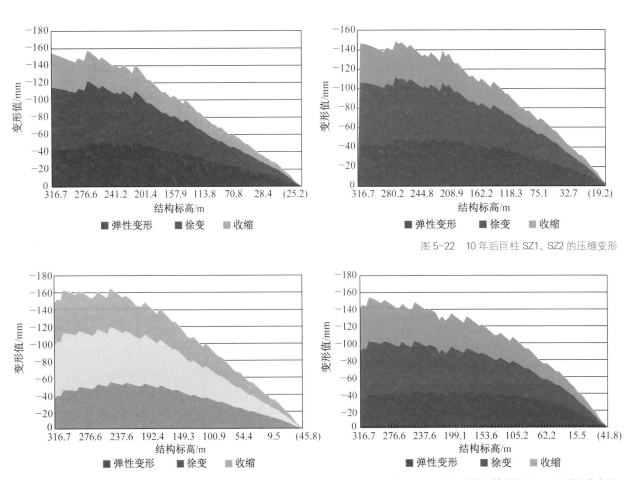

图 5-22 10 年后巨柱 SZ1、SZ2 的压缩变形

图 5-23 10 年后核心筒墙体 W1、W2 的压缩变形

巨柱与核心筒之间存在的差异压缩会造成伸臂桁架中的附加内力,差异压缩量的大小间接反映了外伸臂的附加内力大小,图 5-24 表示了核心筒与巨柱差异变形受长期荷载作用影响的情况。

一般情况下钢结构的设计位形不作为确定构件加工和安装位形的直接依据。为保证施工的顺利进行以及竣工时结构的位形满足设计要求,施工过程中需对结构设置变形预调值。本工程需进行变形预调值分析的部位主要包括①SRC 巨柱钢骨预调值分析;②环带桁架预调值分析；③伸臂桁架预调值分析。

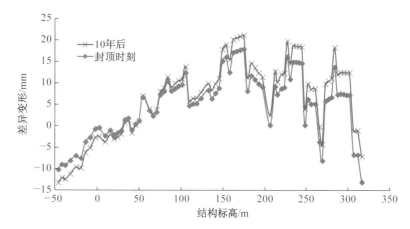

图 5-24　核心筒与巨柱之间的差异压缩变形

　　分析其在施工全过程下的结构封顶下的位移情况，以自重作用下的一次性加载为参照，统计了参照前一个施工步完成下的各层相对位移值，以及以地面零点为参照，在经过数据处理后得到绝对位移值。

5.5.7　伸臂桁架工况分析

　　伸臂桁架合龙考虑如下 4 种施工工况：

　　工况 1：工况名 SC _ no. creep，伸臂顺序安装，不考虑收缩徐变。

　　工况 2：工况名 SC，伸臂顺序安装。

　　工况 3：工况名 SC3，伸臂滞后 1 个区安装。

　　工况 4：工况名 SC5，伸臂到结构施工至顶后安装。

　　分别对比分析在只考虑弹性压缩及考虑收缩徐变情况下，伸臂顺序安装（工况 SC _ no. creep 和工况 SC）时各加强层典型构件的受力特征。

　　对应不同施工工况模拟下，选取主要伸臂层的构件，对比其在不同合龙工况下的内力变化曲线如图 5-25 所示。

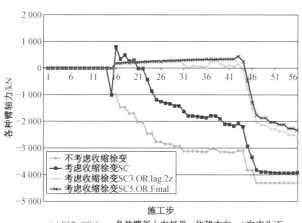

(a) F12-OR.1.up-各伸臂斜上向杆件-(位移方向：X向南为正，Y向东为正，Z向上为正)

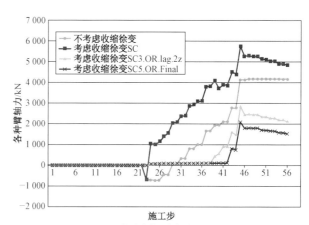

(b) F27-OR.1.up-各伸臂斜上向杆件-(位移方向：X向南为正，Y向东为正，Z向上为正)

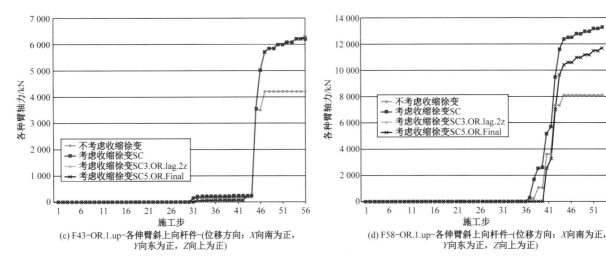

(c) F43-OR.1.up-各伸臂斜上向杆件-(位移方向：*X*向南为正，*Y*向东为正，*Z*向上为正)

(d) F58-OR.1.up-各伸臂斜上向杆件-(位移方向：*X*向南为正，*Y*向东为正，*Z*向上为正)

图 5-25 不同安装工况下伸臂斜杆内力时间曲线

5.5.8 结论

(1) 结合总包方提供的施工方案，将整个施工过程及竣工后的 10 年范围内划分为 28 个分析阶段，对结构进行全过程施工模拟及后期变形分析，给出了各阶段的结构变形及内力变化趋势。

(2) 塔楼变形趋势：

① 由于塔楼整体向北侧倾斜，结构在重力作用下有整体向北侧倾斜位移的趋势；

② 收缩徐变变形对塔楼位移有一定影响，施工过程中宜采取有效措施，减少收缩徐变效应的影响；

③ 塔楼在东西方向的位移很小。

(3) 塔楼内力变化趋势：

① 由于塔楼向北倾斜，同样条件下北侧柱的压力大于南侧柱；

② 北侧（倾斜侧）受力较大的柱在考虑收缩徐变的施工模拟、不考虑收缩徐变的施工模拟、一次性加载条件下的内力接近；

③ 南侧（倾斜反侧）柱内力在考虑收缩徐变的施工模拟、不考虑收缩徐变的施工模拟、一次性加载条件下的内力有一定差别，内力受收缩徐变影响显著；

④ 伸臂桁架内力受施工过程影响略有变化，下部伸臂桁架内力所受影响较大，上部伸臂桁架内力所受影响较小。

(4) 给出了主要构件（柱、环带桁架、伸臂桁架）的预调值。

5.6 参考文献

[1] ARUP. 天津高银金融 117 大厦超限报告 [R]. 2010. 北京 Z15 中国尊项目超限报告 [R]. 2013.

[2] BARKER W F, KORISTA D S, NOVAK L C. Engineering the world's tallest-Burj

Dubai [C]. CTBUH 8th World Congress, 2008.

[3] ACI Committee 209. Prediction of creep, shrinkage and temperature effect in concrete structure [J]. American Concrete Institute, 1992: 15-21.

[4] Comite' E' uro-International du Beton -Fe' de' ration International de la Pre' contrainte (CEB-FIP). Model code for concrete structure [J]. Thomas Telford-Services Ltd., 1990: 51-58.

[5] BAZANT Z P, PAULAR L. Practical prediction of time-dependent deformation of concrete [J]. Materials and Structures, Research and Tesing, 1978, 65 (11): 1114-1126.

[6] Gardner N J, Lockman M J. Design provisions for drying shrinkage and creep of normal-strength concrete [J]. ACI Materials Journal, 2001, 98 (2): 159-167.

[7] LAM Jian-Ping. Evaluation of concrete shrinkage and creep prediction models [D]. University of Calgary Alberta, 2002.

[8] 汪大绥, 姜文伟, 包联进, 等 . CCTV 新台址主楼施工模拟分析及应用研究 [J]. 建筑结构学报, 2008, 29 (3): 104-110.

[9] SOM. 天津周大福滨海中心发展项目超限报告 [R].2012.

[10] 周建龙, 闫峰 . 超高层结构竖向变形及差异问题分析与处理 [J].建筑结构, 2007, 37 (5): 100-103.

[11] 王建, 周建龙, 等 . T4N 施工模拟分析报告 v1.2 [R].2016-07-05.

[12] ARUP. 重庆来福士广场项目超限审查报告 [R].2014.

[13] 中建三局集团有限公司 . 重庆来福士广场项目施工方案 [R].2015.

第 6 章 │ 超高层建筑结构构件与节点设计

6.1 楼盖

楼盖是建筑结构中的主要组成部分之一，是承受竖向荷载和作为横隔板保证抗侧力构件变形协调、分配与平衡水平力（作用），并作为竖向构件和支撑的弹性约束的主要横向构件。因此，在超高层建筑中必须保证楼盖具备足够的刚度和整体性。此外，楼盖也具备防火、防水、隔声、隔热、兼作建筑天花等作用，是实现建筑、机电功能不可或缺的一部分。

目前，超高层建筑楼盖的形式主要有混凝土楼盖和钢-混凝土组合楼盖两大类。混凝土楼盖又可细分为现浇梁板式（单向、双向板肋梁）、井字梁、密肋三大类；钢-混凝土组合楼盖体系主要由两部分组成，混凝土与压型钢板或钢筋桁架板的组合，称为组合楼板；常用压型钢板（开口、闭口、缩口）组合楼板、钢筋桁架组合楼板两大类。混凝土板或组合楼板与下部钢梁的组合，称为钢-混凝土组合梁。这些楼盖形式各有其优缺点及适用范围，应根据工程实际需要合理选用。

6.1.1 混凝土楼盖

1. 现浇梁板式单向、双向板肋梁楼盖

现浇梁板式楼盖是最常用的楼盖形式，它有较好的技术经济指标，优点是适用于各种形式的结构布置，根据结构形式的不同分为单向板肋梁楼盖、双向板肋梁楼盖（图 6-1）。

(a) 单向   (b) 双向

图 6-1 单向及双向板肋梁楼盖示意图

2. 井字梁楼盖

钢筋混凝土井字楼盖是肋形楼盖的一种，由双向板和交叉梁系组成，优点是造型优美，受力合理，梁高较一般肋梁楼盖小，因而可以得到较大的室内净空。

3. 密肋楼盖

密肋楼盖由薄板和间距较小的肋梁组成，密肋可以是单向的，也可以是双向的。这种楼盖的优点是重量较轻，肋间板便于开孔洞，适用范围为规则的跨间和外形及跨度大而梁高受到限制的情况。在使用荷载较大的情况下，采用密肋楼盖可以取得较好的经济指标。

4. 无梁楼盖

此处无梁楼盖指超高层框架-筒体结构中，外圈框架梁保留，外圈框架和核心筒之间采用无梁平板的楼盖形式。无梁平板模板工作量较小、施工速度比肋梁楼盖快，楼盖自重偏大的问题可通过在无梁平板中加入轻质填充体形成空心楼盖来解决，也有一定数量的工程应用。

在超高层建筑结构设计中应用较多的是现浇梁板式混凝土楼盖。

6.1.2 组合楼盖

6.1.2.1 组合楼板的类型

组合楼板中楼承板的种类主要有以下四类。

(1) 开口型压型钢板：竖向肋（腹）板沿板件横向张开的压型钢板。

(2) 缩口型压型钢板：竖向肋（腹）板沿板件横向缩紧，缩紧处开口不大于 20 mm 的压型钢板。

(3) 闭口型压型钢板：竖向肋（腹）板与横向板件垂直，相邻两竖向肋板被机械咬合在一起的压型钢板。

(4) 钢筋桁架板：由钢筋桁架与底模（压型钢板）通过电阻焊接组成的楼承板。

上述楼承板也可仅作为施工阶段的模板使用。图 6-2 为楼承板截面示意图。

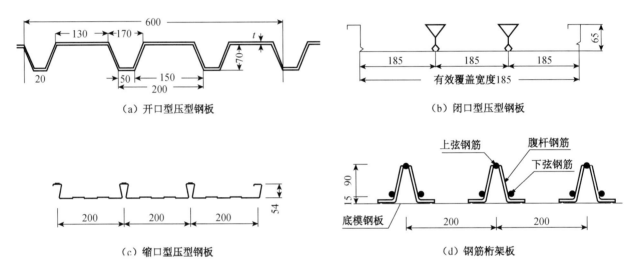

图 6-2　楼承板截面示意图（单位：mm）

6.1.2.2 组合楼板的配筋要求

在组合楼板的结构平面布置图中，次梁的布置应使压型钢板沿肋方向形成简支板或单向连续板。无论是简支组合板，还是单向连续组合板，均应按单向板进行设计。

仅以压型钢板或钢筋桁架板作底模的非组合板设计，可按常规的钢筋混凝土楼板设计方法进行，此时不计压型钢板或钢筋桁架板的组合作用。对组合板，应考虑压型钢板和混凝土共同作用，应验算使用阶段正截面抗弯承载力、斜截面抗剪承载力以及在集中荷载下抗冲剪能力。

压型钢板及钢筋桁架除满足使用阶段设计要求外，还应对施工阶段的强度和变形进行验算（即施工阶段无支撑跨距验算），当实际板跨超过最大无支撑跨距，需要设置临时支撑时，验算时应计入临时支撑的影响。工程实践中，建议尽量控制板跨（即次梁间距）勿超过无支撑跨距。

组合楼板除应进行正截面抗弯承载力、斜截面抗剪承载力的强度计算外，还应复核板的挠度以及负弯矩区的最大裂缝宽度。

组合楼板正弯矩区的压型钢板满足受弯承载力要求时，正弯矩区可不配置钢筋，可仅在负弯矩区配置受力钢筋及在楼板顶面配置温度抗裂钢筋。

组合楼板正弯矩区的压型钢板不能满足受弯承载力要求或耐火极限计算要求时，可在正弯矩区配置受力钢筋或耐火钢筋。

当组合楼板平面内承受较大拉应力时，可在压型钢板肋顶部布置双向钢筋。

6.1.2.3 压型钢板组合楼盖构造要求

组合楼板用压型钢板基板的净厚度不应小于 0.75 mm；作为永久模板使用的压型钢板基板的净厚度不宜小于 0.5 mm。

压型钢板浇筑混凝土面，开口压型钢板凹槽重心轴处宽度、缩口型压型钢板和闭口型压型钢板槽口最小浇筑宽度不应小于 50 mm。当槽内放置栓钉时，压型钢板总高（包括压痕）不宜大于 80 mm。

组合楼板总厚度不应小于 90 mm，压型钢板肋顶部以上混凝土厚度不应小于 50 mm。

组合楼板在钢梁上的支撑长度不应小于 75 mm，在混凝土梁或砌体墙上的支撑长度不应小于 100 mm。

组合楼板与钢梁之间应设有抗剪连接件，一般可采用栓钉连接。

组合楼板支承于混凝土梁或墙上时，可在混凝土梁或墙上设置预埋件。组合楼板支撑于剪力墙侧面上，宜在剪力墙预留钢筋，并与组合楼板连接。

6.1.2.4 钢筋桁架组合楼盖构造要求

钢筋桁架板底模，施工完成后需永久保留的，底模钢板厚度不应小于 0.5 mm。

钢筋桁架杆件钢筋直径应按计算确定，但弦杆直径不应小于 6 mm，腹杆直径不应小于 4 mm。

支座水平钢筋和竖向钢筋直径，当钢筋桁架高度不大于 100 mm 时，直径不应小于 10 mm 和 12 mm；当钢筋桁架高度大于 100 mm 时，直径不应小于 12 mm 和 14 mm。当考虑竖向支座钢筋承受施工阶段的支座反力时，应按计算确定其直径。

两个钢筋桁架相邻下弦杆间距及一榀桁架的两个下弦杆之间的间距均不应大于 200 mm。

两块钢筋桁架板纵向连接处，上、下弦部位应布置连接钢筋，连接钢筋应跨过支撑梁并向板内两端延伸[1]，如图 6-3 所示，图中 l 表示连接钢筋由钢筋桁架板端部向板内延伸的长度。

（1）当组合楼板在该支座处设计成连续板时，支座负弯矩钢筋应按计算确定，向跨内的延伸长度应覆盖负弯矩图并满足钢筋锚固的要求。

（2）组合楼板在支座处设计成简支板时，钢筋桁架上弦部位应配置构造连接

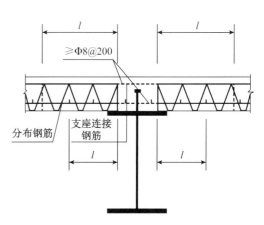

图 6-3 钢筋桁架板连接钢筋布置示意图

钢筋。

(3) 钢筋桁架下弦部位应按构造配置不小于 Φ8@200 的连接钢筋。

6.1.2.5　组合楼板耐火设计

新版《建筑设计防火规范》（GB 50016—2014）要求超高层建筑标准层楼盖的耐火时限不低于 2 h。

压型钢板作为永久模板的非组合楼板，其耐火设计同普通钢筋混凝土楼板。

无防火保护的压型钢板组合楼板，应满足耐火隔热性最小楼板厚度的要求。

压型钢板组合楼板正弯矩受拉区钢筋、钢筋桁架组合楼板下弦杆起耐火作用时，其钢筋保护层厚度（不含压型钢板厚度）应根据该构件满足相应耐火极限的要求而确定。

无防火保护的压型钢板组合楼板的耐火极限可根据耐火试验及计算确定。

尽管压型钢板通过涂装防火涂料防护也可达到耐火时限要求，但由于涂装防火涂料增加施工工期及造价，工程实践中应用较少。

6.1.3　楼盖体系选型

楼盖体系选型需要考虑的因素包括楼盖结构直接造价、使用净高、楼面有效使用面积（竖向构件面积）、基础造价（软土地基、桩基础）、施工周期、抗侧力结构（地震作用）、可回收残值（钢结构）以及耐火性能等几方面。

6.1.3.1　现浇梁板式混凝土楼盖的特点

混凝土楼盖中，用于超高层建筑的多为现浇梁板式混凝土楼盖，井字楼盖和密肋楼盖应用较少。而梁板式混凝土楼盖中又以单向板肋梁楼盖应用较多，双向板肋梁楼盖应用较少。

现浇梁板式混凝土楼盖（单向板肋梁楼盖）主要具有以下优点：

(1) 布置灵活。能够适用于各种类型如矩形、梯形、三角形、弧形的建筑平面；超高层常用的结构体系为框架-核心筒、框架-剪力墙及各类筒体结构，通过合理布置单向肋梁，能够比较直接地将竖向荷载传递给中部核心筒（剪力墙）与周边框架柱。

(2) 混凝土用量最少。相比双向板肋梁楼盖，单向板肋梁楼盖板厚较小，材料用量经济合理。楼盖混凝土用量的减少对控制结构自重及基础设计也是有利的。

(3) 楼板开洞方便。由于单向板肋梁楼盖已通过均匀设置次梁获得较小板跨，较大楼板开洞边增设的洞边加强小梁一般不会改变原有竖向荷载传递路线，且洞边小梁跨度较小。

(4) 楼盖刚度好。能满足嵌固层和加强层对楼盖整体性与平面内刚度的要求，在水平力（风、地震）作用下能够可靠地起到横隔板作用。

(5) 耐火性能好。新版《建筑设计防火规范》（GB 50016—2014）要求超高层建筑标准层楼盖的耐火时限不低于 2 h，常用板厚 120 mm 左右的混凝土楼盖能够满足上述要求。

(6) 在国内应用成熟广泛，经济性较好。

现浇梁板式混凝土楼盖（单向板肋梁楼盖）的主要缺点是：模板工作量大、施工周期长、改造困难。基于同样的更为突出的缺点，双向板肋梁楼盖在超高层建筑中应用较少。

6.1.3.2 钢-混凝土组合楼盖的特点

（1）与钢筋混凝土楼盖结构相比，钢-混凝土组合楼盖具有以下优点：施工预制装配化、无模板、流水作业、施工周期短、结构自重较轻、为机电管道穿越提供更大的灵活性、结构高度相对较小、在梁底净高相同的条件下可减少层高等。在地震区，水平地震作用往往是高层建筑抗侧力构件设计的主要控制荷载，组合楼盖结构的诸如降低结构自重、减少楼层高度等优点对高层建筑结构抗震十分有利。因此，在超高层建筑设计中，当抗侧力结构体系采用钢结构或混合结构时，组合楼盖体系是结构工程师的首选方案。图6-4、图6-5为钢-混凝土组合楼盖剖面示意图。

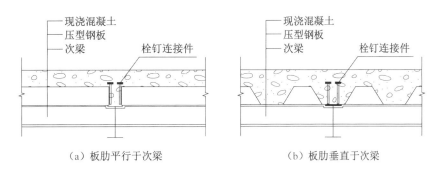

（a）板肋平行于次梁　　　　　　　　（b）板肋垂直于次梁

图 6-4　压型钢板组合楼盖剖面

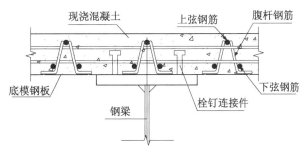

图 6-5　钢筋桁架组合楼盖剖面

（2）楼承板采用压型钢板的钢-混凝土组合楼盖的主要缺点是：需要防腐和防火措施、楼盖面内刚度削弱、竖向刚度不足，楼盖跨度大时竖向振动问题突出、有效厚度较小、质量不够可能无法隔绝楼层之间的噪声等。

（3）在不配置板底防火钢筋时，目前大多数楼承板采用压型钢板的组合楼板只能满足1.5 h的耐火时限，不能满足前述超高层建筑标准层楼盖的耐火时限不低于2 h的要求。而采用钢筋桁架板的钢-混凝土组合楼盖因能够避免上述防火、楼盖面内刚度削弱等缺点，兼具前述钢-混凝土组合楼盖的优点，因此在超高层建筑中得到越来越广泛的应用。

（4）当楼板平面内承受较大拉压应力或剪应力，如伸臂桁架加强层以及抗侧力转换层所在的楼板，如果采用压型钢板组合楼板，由于组合楼板垂直板肋方向的有效板厚较小，其抗剪或抗拉（压）承载力较差，也宜采用钢筋桁架组合板或现浇钢筋混凝土楼板。

（5）钢-混凝土组合楼盖中的钢梁在工厂焊接制作或采用轧制型钢需要有相对的模数化、标准化要求。工程实践中两端铰接的钢次梁建议尽量选用国标或冶标的热轧H型钢，或结构用高频焊接薄壁 H 型钢，并按照组合梁进行钢梁截面设计。

（6）由于组合楼板作为组合梁的上层及受压翼缘的一部分，主要承受压应力，钢梁主要承受拉应力；组合梁截面的中性轴将上移，使梁的下翼缘更有效地受拉，这比单纯采用钢梁可节约钢材 15%～20%。

（7）组合梁所采用的钢梁形式有工字形、蜂窝形钢梁等，组合梁的跨度通常在 6～12 m，采用上翼缘较窄、下翼缘较宽的工字形钢梁截面形式能够进一步节约钢材，但构件加工制作较为复杂。除了组合楼板-钢梁形成组合梁，组合桁架以及组合短枪大梁结构在跨度较大（12 m 以上）的楼盖体系中也在加以应用。

（8）组合楼盖结构因为每个部分的材料都被高效地利用，承受着高应力，因此组合楼盖具有较小的固有阻尼，楼盖结构的舒适度验算需加以重视，尤其在楼盖跨度较大的情况下。

（9）钢梁腹板开洞的构造要求。

为降低建筑层高，工程设计中常遇到设备管道穿越钢梁的情况，此时钢梁腹板一般均需设置矩形或圆形洞口，因设置矩形洞口对钢梁或组合梁的承载力削弱相比圆形洞口更大，故本节主要阐述腹板开矩形洞口时的构造要求[2]：①钢梁上设置的栓钉间距不宜超过 200 mm；②对于未加劲洞口，矩形洞口的尺寸限值为洞口高度 $d \leqslant 0.6h_b$（h_b 为钢梁高度），洞口宽度 $b \leqslant 2d$；③对于加劲洞口，矩形洞口的尺寸限值为洞口高度 $d \leqslant 0.7h_b$，洞口宽度 $b \leqslant 3d$；④洞口边缘距支座的最近距离应不小于 $2h_b$ 或 $0.1L$（L 为组合梁跨度），否则应按开洞钢梁进行承载力校核，相邻洞口的边距应不小于钢梁高度 h_b，洞口边距较大的集中荷载的应不小于钢梁 h_b，详见图 6-6；⑤洞边加劲肋可单面或双面设置；加劲肋伸出洞口边的长度应能保证加劲肋抗拉承载力的充分发挥，且不应小于 150 mm。

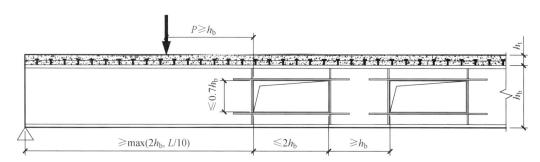

图 6-6 矩形洞口构造图

某些情况下，因机电专业的要需，钢梁腹板开洞的大小或位置无法满足前述构造要求。此时可通过理论计算分析及必要的试验研究，确定合理的开洞位置并采取适当的加强措施，以保证开洞后钢梁的承载力及刚度仍能满足要求。

（10）组合梁的设计要求。

组合梁的设计过程需要考虑施工（若施工时使用临时支撑则不需考虑此阶段）和使用两个阶段。在施工阶段，钢梁需独自承受包括湿混凝土重量、施工荷载在内的全部荷载，使用阶段则要考虑钢梁与混凝土翼板的协同作用，两个阶段均需满足承载力和变形（挠度）两方面的要求。

组合梁的抗弯和抗剪需按照承载能力极限状态设计。抗剪方面，除了钢梁自身的抗剪计算外，还包括钢梁和混凝土翼板之间的抗剪连接件设计。同时，还需要做以下正常使用极限状态的验算：组合梁在竖向荷载作用下的挠度验算以及楼盖的舒适度验算。

在强度和变形满足的条件下，当组合梁交界面上抗剪连接件的纵向水平抗剪能力不能保证最大正弯矩截面上抗弯承载力充分发挥时，可以按照部分抗剪连接进行设计。部分抗剪连接限用于跨度不超过 20 m 的等截面组合梁。部分抗剪连接组合梁的栓钉数目不得小于完全抗剪连接组合梁栓钉数目的 50%。较少栓钉的数量也会给施工带来便利。

当塑性中和轴位于混凝土翼缘内时，随着栓钉数量的减少，承载力降低幅度较大，采用部分抗剪连接组合梁的优势较小；而当塑性中和轴位于钢梁内时，随着栓钉数量的减少，承载力降低的幅度并不大，此时经济效益更明显。

在选择组合梁钢梁截面时，应尽量使塑性中和轴位于钢梁翼缘附近，此时最为经济，一般组合梁总的截面高度可取梁跨的 1/18～1/15。

组合梁在考虑预起拱时，可按照恒荷载产生的挠度来控制，起拱值也不宜过大，过大可能产生梁反拱的现象。

6.1.3.3　楼盖体系选型建议

楼盖结构被赋予多重功能，楼盖体系选型需综合考虑功能、平面、使用净高、造价、施工、气候地理等因素，合理的楼盖选型是建筑、结构、机电专业有机结合的结果。

(1) 框架梁的布置原则：

① 应能成为各抗侧力竖向构件的连接构件，这种连接应是刚性连接，应能充分发挥结构的整体空间作用。

② 将较大的楼盖自重直接传递至需要较大竖向荷载来满足抵抗倾覆力矩需要的抗侧力构件上，一般而言，是指传递到外围抗侧力构件上。

③ 混合结构中，外围框架平面内钢梁与柱应采用刚性连接；楼面钢梁与钢筋混凝土筒体及外围框架柱的连接可采用刚接或铰接。在保证结构在侧向荷载作用下整体位移等指标满足规范要求的前提下，核心筒与外框柱之间的连系钢梁端部设计为铰接，能够显著减小连系钢梁在侧向荷载作用下的内力，使得构件截面大幅度减小，既可以有效提高梁底净空高度，同时也可减小框架柱与筒体竖向变形差异所产生的附加内力，也能够降低钢结构安装的难度。

(2) 次梁的布置原则：

① 应尽可能满足向外围抗侧力构件传递竖向荷载的要求，钢次梁宜采用两端铰接。

② 布置间距尽量满足不同楼板类型的经济跨度要求。

③ 当以获得最大净高为目标时，次梁布置宜使得每根次梁的负荷面积接近，次梁高度尽量统一；对于常见的框架-核心筒结构平面，次梁宜垂直核心筒外边布置。

(3) 楼盖体系的选型宜与超高层主体结构体系相适应。如果主体结构为全混凝土结构，则宜选用梁板式混凝土楼盖；如果主体结构为混合结构或全钢结构，则宜选用钢-混凝土组合楼盖。

(4) 楼板类型的选择应尽可能减小楼盖自身的重量，减轻楼盖自重是结构设计的原则之一。超高层建筑标准层楼板的常用跨度详见表 6-1。

表 6-1　楼板的常用跨度

楼板类型	常用跨度/m
开口型压型钢板-混凝土组合板	2.5~3.5
缩口型及闭口型压型钢板-混凝土组合板	2.5~3.0
钢筋桁架板组合楼板	3.0~5.5
现浇混凝土楼板	3.0~5.0

（5）降低楼盖结构高度对主体结构往往"利大于弊"。在层高不变的情况下，降低楼盖结构高度将带来使用净高的增加。如果净高不变，则层高及建筑总高度可适当减小，有助于减小侧向荷载。

（6）由于模板工程在结构总造价中占有较高的比例，因此混凝土楼盖中模板工程应加以更多关注，在楼板厚度相同的情况下尽量选择模板工程量较小的梁板布置方案（图 6-7）。

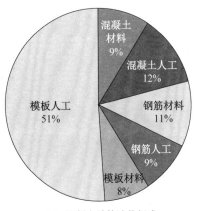
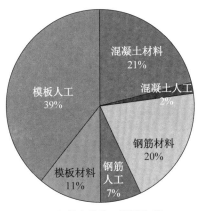

（a）混凝土结构造价组成　　　　　　（b）混凝土楼盖（梁板体系）

图 6-7　混凝土结构及楼盖的造价组成图

（7）由于楼盖作为横隔板在保证抗侧力构件变形协调、分配与平衡水平力（作用），并作为竖向构件和支撑的弹性约束的主要横向构件等方面所起的重要作用，楼盖的横隔作用构造应加强，应保证楼盖具备足够的刚度和整体性。

（8）预制装配式楼盖是符合未来绿色建筑与可持续发展战略方向的趋势之一，建议结构工程师给予更多关注。

6.1.4　楼盖设计注意事项

本节从板厚取值、拉通钢筋最小配筋率控制、与建筑及机电专业的协调（楼面大开洞控制）、楼板计算分析时的模拟等方面简述地下室顶板、连接体楼板、避难层与加强层楼板、筒体结构楼板、结构平面薄弱连接部位楼板、结构竖向体型转折或显著变化部位楼板设计注意事项。

1. 地下室顶板

当板面高差较大时需加腋处理（示意图见图 6-8）；覆土厚度超过 1.0 m 时板厚建议满足防水混凝土最小厚度要求，即板厚≥250 mm；控制顶板开洞以保证顶板嵌固作用；

必须开洞如下沉广场等，洞边楼板需加强板厚及配筋；注意顶板对外侧壁的支撑作用，顶板缺失处地下室外墙需按照实际边界条件（如悬臂板）进行验算。

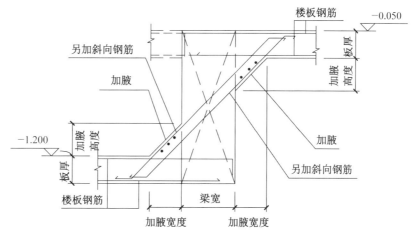

图 6-8　地下室顶板高差处加腋示意图

2. 连接体楼板

连接体结构中连接体楼板联系着核心筒和外框架柱，也联系着各栋单塔楼，是传递竖向荷载，同时在水平荷载作用下结构体系变形协调、发挥结构空间整体性能的重要构件[3]。结构整体计算分析时连接体楼层的楼板必须考虑面内变形，建议采用弹性膜模拟。对连接体楼板应力状态的分析是非常重要的，分析结果将为楼板的构造加强提供依据。除了连接体对应楼层外，连接体上、下相邻楼层也宜加强板厚及配筋。其应力分析结果示例见图 6-9。

图 6-9　连接体楼板应力分析结果示例

在水平荷载作用下，连接体范围内（包括塔楼）的楼板最大拉应力多发生在塔楼内的梁板和墙板相交部位，连接体部位（不包括塔楼）的楼板最大拉应力多发生在连接体和塔楼相交部位；当混凝土板无法满足承载力要求时，可根据应力分析结果在连接体楼板面内增设水平支撑或钢板以抵抗楼板拉应力。

对于连接体采用钢桁架强连接的结构，建议在设计连体部位钢桁架构件时，楼板作用不予考虑，以提高连体结构的安全度。

3. 避难层与加强层楼板

结构加强层通常结合建筑避难层（设备层）设置。建议加强环带桁架及伸臂桁架上下弦所在楼层以及相邻层的楼板厚度与配筋。即使建筑避难层（设备层）不作为结构加强层，避难层（设备层）楼板考虑隔声、隔振及承载要求，也需要适当加强，板厚不宜小于 150 mm。

与连体结构一样，结构整体计算分析时加强层上下以及相邻层的楼板需考虑面内变形，建议采用弹性膜模拟，在设计加强层桁架构件（环带及伸臂桁架）时建议不考虑加强层楼板的刚度贡献。

4. 筒体结构楼板

钢筋混凝土框架-核心筒和筒中筒结构楼板外角宜设置双层双向钢筋，单层单向配筋率不宜小于 0.3%，钢筋的直径不应小于 8 mm，间距不应大于 150 mm，配筋范围不宜小于外框架（或外筒）至内筒外墙中距的 1/3 和 3 m。

当框架-双筒结构的双筒间楼板开洞时，其有效楼板宽度不宜小于楼板典型宽度的50%，洞口附近楼板应加厚，并应采用双层双向配筋，每层单向配筋率不应小于 0.25%；双筒间楼板宜按弹性板进行应力分析。

5. 结构平面薄弱连接部位、平面不规则及楼板开大洞削弱部位楼板

结构平面中楼板的瓶颈部位宜适当增加板厚和配筋，沿板的洞边、凹角部位宜加配构造钢筋，并采取可靠锚固措施。

当楼板平面比较狭长、有较大的凹入或开洞而使楼板有较大削弱时，应在设计中考虑因楼板削弱产生的不利影响。楼面凹入或开洞尺寸不宜大于楼面宽度的一半；楼板开洞总面积不宜超过楼面面积的 30%；在扣除凹入或开洞后，楼板在任一方向的最小净宽度不宜小于 5 m，且开洞后每一边的楼板净宽度不应小于 2 m。楼板开大洞削弱后，宜采取以下构造措施予以加强：①加厚洞口附近楼板，提高楼板的配筋率，采用双层双向配筋，或加配斜向钢筋；②洞口边缘设置边梁、暗梁；③在楼板洞口角部集中配置斜向钢筋。

井形、井字形等外伸长度较大的建筑，当中央部分楼、电梯间使楼板有较大削弱时，应加强楼板以及连接部位墙体的构造措施，必要时还可在外伸段凹槽处设置拉梁或连接板。

6. 结构竖向体型转折或显著变化部位楼板

结构竖向体型转折或显著变化部位的楼板承担着较大的面内应力，为保证上部结构的地震作用可靠地传递到下部结构，以及平衡竖向荷载作用产生的水平向分力（例如斜柱等），体型突变部位的楼板应加厚并加强配筋，板面负弯矩配筋宜贯通。体型突变部位上、下层结构的楼板也应加强构造措施。

6.2 核心筒

由于建筑使用功能与采光等的要求，超高层建筑一般将公共建筑设施、服务用房及楼梯、电梯等集中布置在楼层平面的中央区域，形成了多个专业共用的核心筒。在核心筒的外围及中间隔墙位置布置剪力墙，同时在门洞口位置设置连梁，共同形成了具有筒

体受力特点的核心筒结构。

核心筒结构是超高层建筑结构的主要抗侧力结构，核心筒除承受很大的竖向荷载外，在抵抗风荷载和地震作用方面也发挥了至关重要的作用，承担了80%～95%的底部总剪力和40%～60%的底部总倾覆力矩，由此可见核心筒结构的合理设计至关重要。

6.2.1　核心筒的布置

6.2.1.1　核心筒平面布置形式

核心筒的平面布置形式与建筑功能、平面形状、建筑体型等密切相关，涉及结构、建筑、设备等多个专业。一般需要综合考虑以下因素：①核心筒内的建筑功能布局（楼梯、电梯、公共卫生间等）；②结构承载竖向和水平荷载能力的需要；③机电及辅助系统（机房、管井等）；④与伸臂桁架连接位置；⑤核心筒剪力墙竖向收进方式等。

典型的核心筒平面布置形式有：①"九宫格"布置形式，如图6-10（a）所示，如广州东塔[4]、上海中心大厦[5]等项目；②"Y形"布置形式，如图6-10（b）所示，如迪拜的哈利法塔[6]、武汉绿地中心[7]等项目；③"目字形"布置形式，如图6-10（c）所示，如深圳京基100大厦[8]、天津津塔[9]等项目；④"田字形"布置形式，如图6-10（d）所示，如乌鲁木齐绿地中心[10]等项目；⑤"六边形"布置形式，如图6-10（e）所示，如大连绿地中心[11]等项目。

6.2.1.2　核心筒剪力墙墙肢厚度

核心筒剪力墙厚度的确定主要考虑因素：①核心筒的抗侧刚度要求；②剪力墙墙肢的轴压比、剪压比、斜截面承载力、正截面承载力验算等；③与伸臂桁架连接时，考虑伸臂桁架传力及与伸臂桁架连接构造要求。

核心筒外墙（翼缘墙）受荷面积大，承受较大的竖向荷载，且同时承担较大的水平荷载作用，因此一般会加大核心筒外墙厚度。

核心筒内墙（腹板墙）分担竖向荷载相对小，且承担水平荷载作用较小，内墙厚度应尽可能减少，以减轻核心筒自重。此外，当伸臂桁架与腹板墙连接时，考虑伸臂桁架传力和构造要求，加强层位置腹板墙也采用局部楼层加厚的方式。

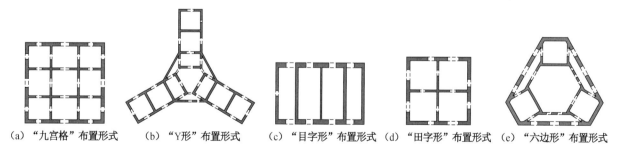

（a）"九宫格"布置形式　（b）"Y形"布置形式　（c）"目字形"布置形式　（d）"田字形"布置形式　（e）"六边形"布置形式

图6-10　核心筒平面布置形式

6.2.1.3　核心筒竖向布置及高宽比

核心筒宜贯通建筑物全高，其刚度沿竖向宜均匀变化，以免结构的侧向位移和内力发生急剧变化。

　　核心筒的宽度不宜小于筒体总高的1/12，当外框架的刚度较大时，内筒的宽度可为高度的1/15～1/12；如当外框架范围设置角筒、剪力墙或巨型支撑时，内筒平面尺寸可适当减小。

6.2.2　核心筒剪力墙的类型及高强混凝土的应用

6.2.2.1　核心筒剪力墙的类型

　　核心筒剪力墙按照材料可分为三类：①钢筋混凝土剪力墙；②钢-混凝土组合剪力墙；③钢板剪力墙。

　　1. 钢筋混凝土剪力墙

　　钢筋混凝土剪力墙结构自20世纪60年代开始得到应用。由于其抗侧移刚度大、抗震性能较好、防火性能好、造价较低，钢筋混凝土剪力墙至今仍为最常用的剪力墙形式。随着滑模、顶升模板、大模板等新施工工艺的采用而逐渐成为现代超高层建筑中广泛采用的一种结构形式。采用剪力墙结构的高层住宅占高层住宅总数的90%左右。目前世界上最高的建筑——位于迪拜828 m高的哈利法塔，在601 m标高以下主要采用了钢筋混凝土剪力墙结构。

　　2. 钢-混凝土组合剪力墙

　　钢-混凝土组合剪力墙通过充分发挥钢与混凝土两种材料的各自优势，可有效增加构件的强度与延性，减小构件截面尺寸，防火性能好，近年来在超高层建筑中得到越来越多的应用。如何保证型钢、钢板与混凝土共同工作，及如何避免结构构造与施工工艺过于复杂，是工程应用中需要妥善处理的问题。

　　常见的钢-混凝土组合剪力墙有：①型钢-混凝土组合剪力墙；②钢板-混凝土组合剪力墙；③内藏钢支撑-型钢混凝土组合剪力墙；④外包双钢板-混凝土组合剪力墙；⑤钢管-混凝土组合剪力墙。如图6-11所示。

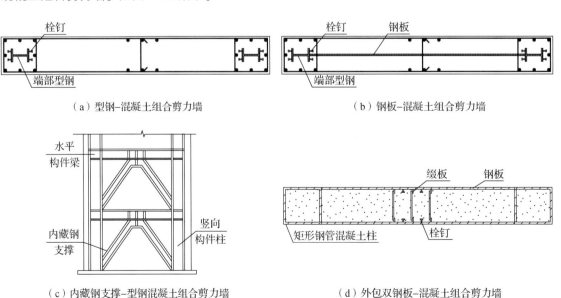

　　（a）型钢-混凝土组合剪力墙　　　　　　　（b）钢板-混凝土组合剪力墙

　　（c）内藏钢支撑-型钢混凝土组合剪力墙　　　　（d）外包双钢板-混凝土组合剪力墙

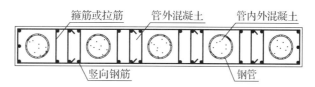

（e）钢管–混凝土组合剪力墙

图 6-11　钢-混凝土组合剪力墙

3. 钢板剪力墙

钢板剪力墙是 20 世纪 70 年代发展起来的一种新型抗侧力结构，由内嵌钢板和竖向边缘构件（柱或竖向加劲肋）、水平边缘构件（梁或水平加劲肋）构成。钢板剪力墙具有自重轻、安装方便等特点。钢板剪力墙可以充分发挥钢材延展性好、耗能能力强的特点，其结构侧向刚度大，构件延性性能好，具有出色的抗震性能，是一种具有广阔发展前景的超高层建筑抗侧力构件。

钢板剪力墙可以按照是否设置加劲肋分为加劲钢板墙和非加劲钢板墙，非加劲钢板墙还包括墙板两侧与柱脱开形式、带竖缝钢板墙、低屈服点钢板墙、开洞钢板墙等多种改进形式。近年来钢板墙在国内超高层建筑中也有实际工程应用，如天津津塔项目等，图 6-12 为天津津塔钢板墙立面图。

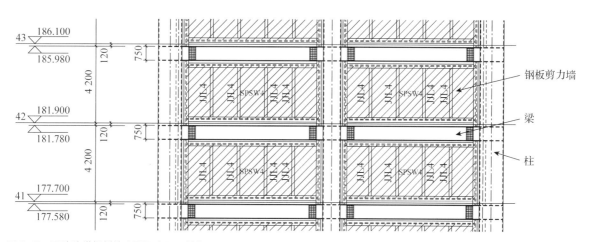

图 6-12　天津津塔钢板墙立面示意图（单位：mm）

6.2.2.2　高强混凝土应用

1. 高强混凝土特点

超高层建筑的重力荷载代表值可达数十万吨以上，核心筒需要承担巨大的轴力，核心筒剪力墙厚度增大，材料用量增大的同时，也占用了宝贵的建筑使用空间。随着混凝土材料科学的发展，高强混凝土被应用到剪力墙中。高强混凝土应用于超高层核心筒剪力墙主要优点有：①耐久性好、强度高、抗侧刚度大；②可有效减小构件截面、增大建筑使用面积；③降低工程造价、缩短施工工期；④符合绿色建筑标准。

研究表明，随着混凝土强度等级的提高，剪力墙的开裂荷载和极限荷载都随之增大，极限荷载上升趋势比开裂荷载上升趋势更明显，但其延性呈下降趋势。高强高性能混凝土亟待改善的性能和应用中的技术问题包括[12]：①受压时呈高度脆性，延性变差，尽管达到抗压强度时的峰值应变值较大，但是峰值应变之后应力-应变曲线的下降段非常陡，极限应变小；②抗拉强度、抗剪强度、黏结强度虽然都随抗压强度的增加而增加，但提高幅度较小；③由于高强混凝土在高温条件下容易发生爆裂情况，其防火性能与普通混凝土相比较差。上述高强混凝土中存在的问题，使其在工程应用中遇到困难，尤其是高强混凝土的延性问题极大地限制了在地震区高层及超高层建筑中的应用。

2. 相关规范规定

现行国家标准《建筑抗震设计规范》（GB 50011—2010）[13]中规定，当有抗震设防要求时，剪力墙混凝土强度等级不宜超过C60。

广东省《高层建筑混凝土结构技术规程》（DBJ 15-92—2013）[14]取消了此规定，不限制剪力墙使用C60以上高强混凝土。其规定，抗震设计的竖向构件，当采用C70及以上的高强混凝土时，应有改善其延性的有效措施，包括剪力墙宜设端柱，提高端柱或边缘构件以及分布筋的配筋率、加强对竖向受力钢筋的约束，必要时可采用型钢、钢板或钢管-混凝土组合剪力墙等。

3. 改善高强混凝土延性的有效措施

针对高强混凝土脆性大、耐火性差等缺点，可采用以下措施来克服其不利因素：

（1）采用钢-混凝土组合剪力墙；

（2）提高重要部分的墙柱配箍率；

（3）设置端柱，提高端柱或边缘构件以及分布筋的配筋率，加强对竖向钢筋的约束；

（4）高强混凝土材料限于少部分墙、柱部分受压构件使用；

（5）控制核心筒剪力墙的轴压比、剪压比；

（6）通过先进技术手段掺入防火材料，在不影响其他性能的前提下，提高混凝土的抗火性能，降低混凝土的脆性。

6.2.3 核心筒抗震性能设计

结构抗震性能目标是针对某一级地震设防水准而期望建筑物能达到的性能水准或等级，即在预期水准（如中震、大震或某些重现期的地震）的地震作用下结构、部位或结构构件的承载力、变形、损坏程度及延性的要求。结构抗震性能设计应综合考虑抗震设防类别、设防烈度、场地条件、结构的特殊性、建造费用、震后损失和修复难易程度等各项因素选定。

对于250 m及以上的超高层建筑，核心筒剪力墙墙肢通常采用的抗震性能指标为：①在小震时保持弹性；②在中震时底部加强区、水平加强层及加强层上下各一层主要剪力墙墙肢承载力中震弹性，其他区域中震不屈服；③在大震时可以进入塑性，截面满足抗剪不屈服。表6-2为某工程核心筒构件抗震性能设防目标。表6-3为某工程不同水准地震作用下构件性能化设计目标的计算参数。

表6-2 核心筒构件抗震性能设防目标

抗震烈度 （参考级别）	1 = 频遇地震 （小震）	2 = 设防烈度地震 （中震）	3 = 罕遇地震 （大震）
性能水平定性描述	不损坏	可修复损坏	无倒塌
层间位移角限值	1/500	—	1/100

抗震烈度 （参考级别）			1＝频遇地震 （小震）	2＝设防烈度地震 （中震）	3＝罕遇地震 （大震）
构件 性能	核心筒 墙肢	压弯 拉弯	规范设计要求，弹性	弹性 底部加强区、水平加强层及加强层上下各一层	底部加强区、加强层形成塑性铰，轻微损坏，一般修理后可继续使用
				不屈服 其他楼层、次要墙体	其他层形成塑性铰，破坏程度可修复并保证生命安全
		抗剪	规范设计要求，弹性	弹性	抗剪截面不屈服
	核心筒连梁		规范设计要求，弹性	允许进入塑性	最早进入塑性

表 6-3　不同水准地震作用下构件性能化设计目标的计算参数

调整项		非地震组合	小震弹性	中震不屈服	中震弹性	大震不屈服
结构重要性系数 γ_0		★	—	—	—	—
P-Δ 效应放大系数		★	★	★	★	★
楼层活荷载折减		★	—	—	—	—
荷载分项系数		★	★	—	★	—
材料强度		设计值	设计值	标准值	设计值	标准值
承载力抗震调整系数		—	★	—	★	—
双向地震或偶然偏心		—	★	—	★	—
考虑风荷载组合		★	★	—	—	—
楼层 剪力 调整	重力二阶效应	★	★	★	★	★
	薄弱层调整	—	★	—	—	—
	剪重比调整	—	★	—	—	—
	弹性时程调整	—	★	—	—	—
	外框剪力调整	—	★	—	—	—
构件设计内力调整		—	★	—	—	—

6.2.4　钢板-混凝土组合剪力墙设计

钢板-混凝土组合剪力墙一般用于核心筒的底部楼层、加强层及上下层位置的剪力墙，该位置剪力墙墙体承受的弯矩、剪力和轴力较大，其他楼层可采用钢筋混凝土剪力墙或型钢混凝土剪力墙。

钢筋混凝土剪力墙及型钢混凝土剪力墙的设计方法已经成熟，在此不作介绍。重点介绍钢板-混凝土组合剪力墙设计方法。

6.2.4.1　钢板-混凝土组合剪力墙应用优势

钢板-混凝土组合剪力墙同时具有钢构件与混凝土构件的优点，可有效增加构件的强度与延性，减小构件截面尺寸，防火性能好，近年来在超高层建筑中得到越来越多的应用。

与钢筋混凝土剪力墙、钢板剪力墙相比，钢板-混凝土组合剪力墙主要有以下优点：

(1) 承载能力强，抗侧刚度大，可显著减小截面尺寸，增加使用空间，使得建筑设计更为灵活，建筑功能更为合理。

(2) 充分发挥钢和混凝土两种材料的优势，其承载力超过了两种材料承载力的简单叠加。

(3) 改善传统钢筋混凝土剪力墙延性和耗能能力较差的缺点，在钢板-混凝土混合结构中更显示其应用优势。

(4) 防火性能好。与纯钢板墙相比，型钢（钢板）混凝土组合剪力墙外侧包覆的混凝土墙板具有抗火、保温、隔音等作用；双钢板-混凝土组合墙由于内部混凝土的吸热作用，可以提高耐火极限。

(5) 双钢板-混凝土组合剪力墙，钢板为内侧混凝土提供约束，提高混凝土的抗压能力，内侧混凝土为钢板提供侧向支撑，避免局部失稳；施工过程中，外侧钢板兼作模板，施工速度显著加快，同时通过螺栓的拉结，可约束混凝土浇筑过程中的侧向变形，降低施工成本。

6.2.4.2　正截面承载力验算

关于钢板-混凝土组合剪力墙正截面承载力验算。实际工程应用中可采用以下两种方法：公式法和有限单元法。

1. 公式法

中国建筑科学研究院[15]通过对 9 片不同形式的高轴压比高强混凝土组合剪力墙试件进行低周往复拟静力试验，研究钢筋混凝土剪力墙、两端暗柱设置型钢剪力墙和中部内藏钢板剪力墙等形式试件在压弯状态下的破坏机理、滞回特性、承载力特性以及变形能力等。借鉴《型钢混凝土组合结构技术规程》（JGJ 138—2001）（以下简称《型钢规程》）中型钢混凝土柱和型钢混凝土剪力墙承载力计算公式，沿用平截面假定，提出中部内藏钢板的钢筋混凝土剪力墙压弯承载力计算公式。

该公式方法被引入《组合结构设计规范》（JGJ 138—2016）[16]中。

2. 有限单元法

计算原则参照《混凝土结构设计规范》（GB 50010—2010）[17]6.2 节及附录 F（任意截面构件正截面承载力计算）。

1）基本假定

钢板-混凝土组合剪力墙正截面承载力计算时的基本假定与钢筋混凝土剪力墙相同：①截面应变分布符合平截面假定；②不考虑混凝土的抗拉强度；③混凝土受压应力-应变关系按照《混凝土结构设计规范》（GB 50010—2010）第 6.2.1 条计算；④钢筋及钢骨极限拉应变取为 0.01，钢骨与钢筋采用理想弹塑性应力-应变关系，钢筋、钢骨不发生局部屈曲。

2）有限单元法计算

（1）单元的划分。

将截面划分为 i 个受压混凝土单元、m 个纵向钢筋单元和 n 个钢骨单元，并近似假定单元内的应变和应力为均匀分布，其应力合力点在单元重心处，如图 6-13 所示。

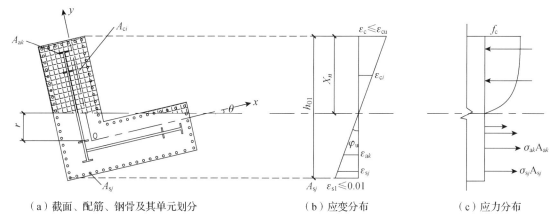

（a）截面、配筋、钢骨及其单元划分　　　　（b）应变分布　　（c）应力分布

图 6-13　任意截面钢板-混凝土组合剪力墙正截面承载力计算

（2）单元应变及应力。

假定 N 组截面应变分布，每一组截面应变同时满足两个条件：①每一组的单元应变符合平截面假定；②至少有一侧混凝土或钢筋达到极限应变。

根据假定的 N 组截面应变分布和应力-应变关系，可以得到每组应变对应的单元应力值。

（3）正截面承载力计算。

各单元的应力求得后，积分求出截面的轴力及弯矩承载力，构件正截面承载力可按下列公式计算：

$$N \leqslant \sum_{i=1}^{l} \sigma_{ci} A_{ci} - \sum_{j=1}^{m} \sigma_{sj} A_{sj} - \sum_{k=1}^{n} \sigma_{ak} A_{ak} \tag{6-1a}$$

$$M_x \leqslant \sum_{i=1}^{l} \sigma_{ci} A_{ci} x_{ci} - \sum_{j=1}^{m} \sigma_{sj} A_{sj} x_{sk} - \sum_{k=1}^{n} \sigma_{ak} A_{ak} x_{ak} \tag{6-1b}$$

$$M_y \leqslant \sum_{i=1}^{l} \sigma_{ci} A_{ci} y_{ci} - \sum_{j=1}^{m} \sigma_{sj} A_{sj} y_{sk} - \sum_{k=1}^{n} \sigma_{ak} A_{ak} y_{ak} \tag{6-1c}$$

式中　N——轴向力设计值，当为压力时取正值，当为拉力时取负值；

M_x，M_y——考虑结构侧移、构件挠曲和附加偏心距引起的附加弯矩后，在截面 x 轴、y 轴方向的弯矩设计值；

σ_{ci}——第 i 个混凝土单元的应力；

A_{ai}——第 i 个混凝土单元的单元面积；

x_{ci}，y_{ci}——第 i 个混凝土单元重心到 y 轴、x 轴的距离；

σ_{sj}——第 j 个钢筋单元的应力；

A_{sj}——第 j 个钢筋单元的单元面积；

x_{sj}，y_{sj}——第 j 个钢筋单元重心到 y 轴、x 轴的距离；

σ_{ak}——第 k 个钢骨单元的应力；

A_{ak}——第 k 个钢骨单元的单元面积；

x_{ak}，y_{ak}——第 k 个钢骨单元重心到 y 轴、x 轴的距离。

3）有限单元法优点

（1）可以避免用等效的矩形应力图代替曲线图形，即可避免公式 $x = \beta x_n$。

（2）可以避免钢筋和钢骨材料屈服点不同而引起的界限受压区高度不同。

（3）墙体按照单向压弯、拉弯进行承载力校核，也可按多肢组合墙进行双向压弯、拉弯承载力校核。

（4）可用于任意复杂截面钢-混凝土组合剪力墙正截面承载力计算。

4）有限单元法软件实现

上述方法必须借助于软件或编程以实现单元的划分及承载力的积分运算，可利用EXCEL（VBA）或 ANSYS 等软件实现，计算时需要解决以下问题：

（1）截面建模的简单、高效、准确。

（2）单元的划分。

（3）单元数据的提取（如面积、任意坐标系下的单元形心坐标等）。

（4）承载力的积分计算。

3. 工程应用案例

对于一些特殊截面形式的钢板-混凝土组合剪力墙墙肢，难以用公式法计算正截面承载力，可采用有限单元法。有限单元方法适用于任意截面钢-混凝土组合剪力墙形式。

1）计算步骤

（1）从有限元线弹性模型计算结果的截面应力分布出发，积分求解复杂墙肢截面的内力。超高层分析软件通常采用 ETABS，其具有较大的分析功能和方便的数据处理能力。如利用 ETABS 进行分析时，可利用截面切割功能，得到任一墙肢截面在不同工况组合下的内力（N，M_1，M_2）。

（2）依据上述有限单元法，求解出复杂截面钢-混凝土组合剪力墙承载力骨架曲面（P-M_x-M_y 曲面）。

2）工程实例

以大连绿地中心项目为例，利用 ANSYS 软件，采用有限单元法对核心筒剪力墙进行了承载力验算，如图 6-14 所示。从承载力验算结果可见，中震弹性下内力组合点均处于承载力骨架曲面中，该 U 形截面钢板-混凝土组合剪力墙正截面承载力验算满足要求。

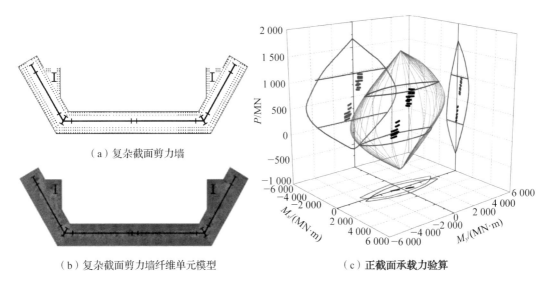

（a）复杂截面剪力墙

（b）复杂截面剪力墙纤维单元模型

（c）正截面承载力验算

图 6-14 复杂截面剪力墙正截面承载力验算

6.2.4.3 斜截面承载力验算

中国建筑科学研究院[18]通过11片高宽比为1.5、轴压比为0.5的钢板-混凝土组合剪力墙抗震性能试验研究，对比了不同连接形式钢板-混凝土组合剪力墙受剪破坏形态、极限承载力及延性性能。基于承载力叠加原理提出了钢板-混凝土组合剪力墙受剪承载力计算公式，并与试验结果吻合较好。同时还提出了钢板-混凝土组合剪力墙受剪截面控制条件的建议公式。钢板-混凝土组合剪力墙受剪承载力设计计算公式及钢板-混凝土组合剪力墙受剪截面控制条件被引入《高层建筑混凝土结构技术规程》（JGJ 3—2010）中。

钢板-混凝土组合剪力墙受剪承载力计算公式及受剪截面控制条件计算公式见《高层建筑混凝土结构技术规程》（JGJ 3—2010）第11章。

6.2.4.4 墙肢拉应力控制

中震时出现小偏心受拉的混凝土构件应采用《高层建筑混凝土结构技术规程》（JGJ 3—2010）中规定的特一级构造。中震时双向水平地震下墙肢全截面由轴向力产生的平均名义拉应力超过混凝土抗拉强度标准值时宜设置型钢承担拉力，且平均名义拉应力不宜超过两倍混凝土抗拉强度标准值（可按弹性模量换算考虑型钢和钢板的作用），全截面型钢和钢板的含钢率超过2.5%时可按比例适当放松[19]。大震作用下，为控制剪力墙的开裂程度，一般控制钢筋或型钢的拉应变不大于钢筋或型钢屈服应变的10倍。

6.2.4.5 钢板-混凝土组合剪力墙构造

1. 轴压比

型钢混凝土剪力墙、钢板-混凝土组合剪力墙底部加强部位，其重力荷载代表值作用下墙肢轴压比不宜大于表6-4的限值要求，计算时可以按照组合墙肢来控制轴压比。

表6-4 剪力墙墙肢轴压比限值

抗震等级	特一级、一级（9度）	特一级、一级（6，7，8度）	二、三级
轴压比	0.4	0.5	0.6

$$u_N = N/(f_c A_c + f_a A_a + f_{sp} A_{sp}) \tag{6-2}$$

式中　u_N——型钢混凝土剪力墙的轴压比；

　　　N——重力荷载代表值作用下墙肢的轴向压力设计值；

　　　f_c——混凝土轴心抗压强度设计值；

　　　A_c——剪力墙墙肢混凝土截面面积；

　　　f_a——剪力墙墙肢型钢的抗压强度设计值；

　　　A_a——剪力墙墙肢型钢的截面面积；

　　　f_{sp}——剪力墙墙肢钢板的抗压强度设计值；

　　　A_{sp}——剪力墙墙肢钢板的截面面积。

2. 墙身构造

(1) 钢板-混凝土组合剪力墙墙体中的钢板厚度不宜小于 10 mm，也不宜大于墙厚的 1/15。

(2) 组合剪力墙的墙身分布钢筋配筋不宜小于 0.4%，分布钢筋不宜大于 200 mm，且应与钢板可靠连接。

(3) 钢板与周围型钢构件宜采用焊接；试验表明，钢板与周围的构件的连接越强，则承载力越大，四周焊接的钢板混凝土组合墙可显著提高剪力墙的抗剪承载力，并具有与普通剪力墙基本相当或略高的延性系数。

(4) 钢板与混凝土墙体之间连接件的构造要求可按照现行国家标准《钢结构设计规范》（GB 50017—2003）中的关于组合梁抗剪连接件构造要求执行，间距不宜大于 300 mm。

(5) 在钢板墙角部 1/5 且不小于 1 000 mm 范围内，钢筋混凝土墙体分布筋，抗剪栓钉间距宜适当加密，详见图 6-15。

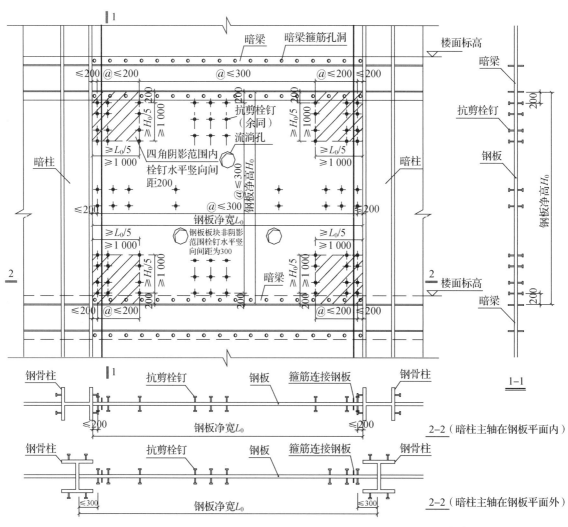

图 6-15 钢板墙栓钉构造（单位：mm）

(6) 钢板-混凝土组合剪力墙除需要满足《高层建筑混凝土结构技术规程》（JGJ 3—2010）对混凝土剪力墙的规定外，还应满足其关于核心筒剪力墙的要求：①抗震设计时，核心筒结构底部加强区部分约束边缘构件沿墙肢长度宜取墙肢截面高度的 1/4；②底部加强区部分以上墙体宜按照其第 7.2.15 条的规定设置约束边缘构件。

(7) 典型的钢板-混凝土组合剪力墙墙身构造如图 6-16 所示。为提高钢板分隔后的剪力墙整体性，剪力墙的拉筋通过焊在钢板上的接驳器连接，接驳器连接间距为@800×800（梅花形布置），其他拉筋与架立筋拉结。在约束边缘构件范围内，拉筋每隔@600×600（梅花形布置）间距，与钢板用钢筋接驳器梅花形连接，其他拉筋仍与架立筋拉结。

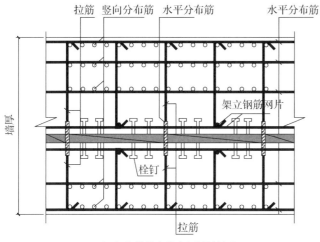

（a）多排墙身分布钢筋的情况

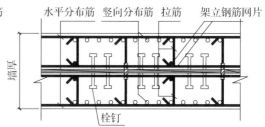

说明：

▨ 所示位置的拉筋应在钢板上预焊钢筋接驳器或穿孔，穿过钢板拉结；

⌐⌐ 所以位置的拉筋与钢板两侧架立钢筋网拉结，不穿过钢板。

以上两种拉筋方式应交替分布，隔一穿一，并优先采用梅花形布置。

（b）双排墙身分布钢筋的情况

图 6-16　钢板-混凝土组合剪力墙墙身构造

(8) 流淌孔设置，组合剪力墙钢板将混凝土墙分隔为两块，对混凝土的浇筑非常不利，一般可通过在钢板上布置一定数量的混凝土流淌孔，流淌孔的布置可结合施工单位工程经验，同时不得对钢板承载力有明显损失，如无特殊要求可参照图 6-17 进行布置。

(9) 钢板墙拼接一般可采用焊接连接或采用螺栓连接，典型的钢板墙横缝、竖缝拼接制作构造要求如图 6-18 所示。

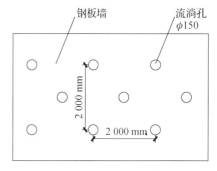

图 6-17　钢板墙流淌孔布置

3. 墙身水平筋在暗柱内的锚固构造

依据是否将水平筋计入暗柱体积配箍率，墙身水平筋在暗柱的锚固可分为两种做法：①墙身水平筋不计入暗柱体积配箍率的锚固构造；②墙身水平筋计入暗柱体积配箍率的锚固构造。

超高层建筑核心筒墙体一般较厚（多排钢筋），且墙肢较长。如不利用水平分布筋代替约束边缘构件部分箍筋，则在很长的约束边缘构件范围内，钢筋重叠、密集。为避免约束边缘构件范围内钢筋密集，同时可节省钢筋，一般建议利用水平分布筋代替约束边缘构件箍筋、拉筋。计入的水平分布钢筋的体积配箍率不应大于 0.3 倍总体积配箍率。

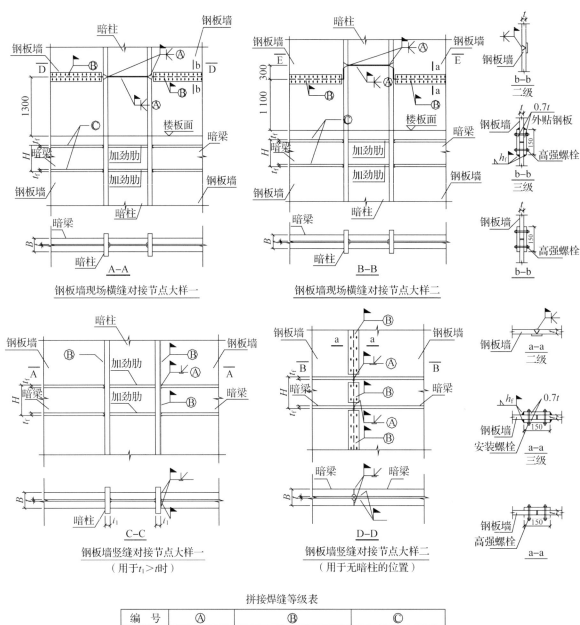

钢板墙现场横缝对接节点大样一

钢板墙现场横缝对接节点大样二

钢板墙竖缝对接节点大样一
（用于 $t_1 > t$ 时）

钢板墙竖缝对接节点大样二
（用于无暗柱的位置）

拼接焊缝等级表

编　号	Ⓐ	Ⓑ	Ⓒ
焊缝等级	（一级/二级）	（二级/三级，外观二级）	（三级，外观二级）

注：三级焊缝应与母材抗剪等强，外贴钢板的宽度可根据安装需要调整。

图 6-18　钢板墙拼接

（1）墙身水平筋不计入暗柱体积配箍率的锚固构造。

墙身外侧水平筋在暗柱锚固可按照平法图集 16G101-1 要求，墙身中间水平筋锚入暗柱内长度满足 L_{aE} 即可，如图 6-19 所示。

（2）墙身水平筋计入暗柱体积配箍率的锚固构造。

墙身水平筋计入暗柱体积配筋率的锚固构造如图 6-20 所示。

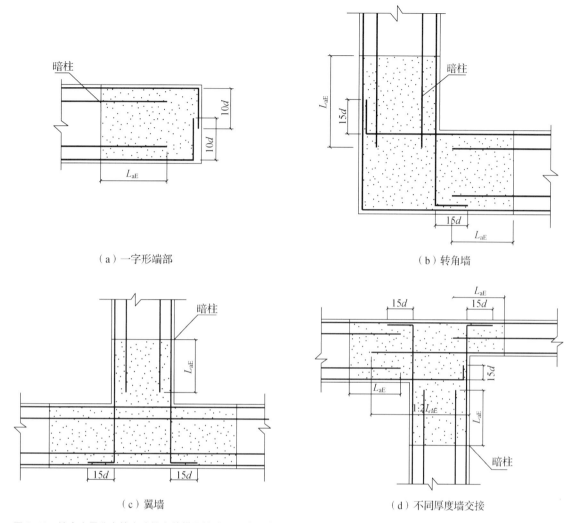

（a）一字形端部

（b）转角墙

（c）翼墙

（d）不同厚度墙交接

图 6-19　墙身水平分布筋在暗柱内的锚固构造（不计入体积配箍率）

4. 减少钢板-混凝土组合剪力墙裂缝措施

钢板-混凝土组合剪力墙结构体系常伴随高强、大体积混凝土同时使用，在混凝土硬化和自收缩的同时，由于剪力墙钢板与混凝土变形不一致，钢板-混凝土组合剪力墙中钢板及栓钉对混凝土产生明显约束，是导致钢板-混凝土组合剪力墙混凝土开裂的主要原因之一。

减少钢板-组合混凝土剪力墙裂缝有以下几种措施：

(1) 钢板适当分段，各段之间竖向缝采用长圆孔螺栓连接。

(2) 优化混凝土配合比，采用低收缩自密实混凝土。

(3) 优化配筋构造、加密墙身最外层配筋。

(4) 保温、加热、养护等施工措施技术。

(5) 降低水化热温升。

(6) 预热钢板，使剪力墙钢板达到设定温度并产生一定的预膨胀，然后再进行钢板-混凝土组合剪力墙中的混凝土浇筑施工。

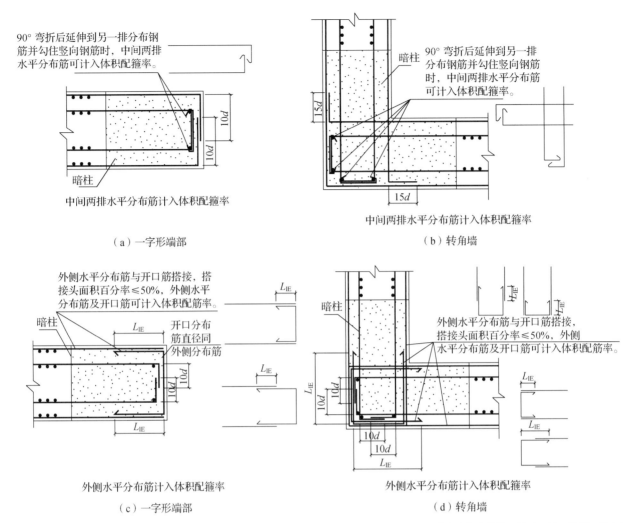

90° 弯折后延伸到另一排分布钢筋并勾住竖向钢筋时，中间两排水平分布筋可计入体积配箍率。

暗柱

中间两排水平分布筋计入体积配箍率

（a）一字形端部

暗柱

90° 弯折后延伸到另一排分布钢筋并勾住竖向钢筋时，中间两排水平分布筋可计入体积配箍率。

中间两排水平分布筋计入体积配箍率

（b）转角墙

外侧水平分布筋与开口筋搭接，搭接头面积百分率≤50%，外侧水平分布筋及开口筋可计入体积配筋率。

暗柱

开口分布筋直径同外侧分布筋

外侧水平分布筋计入体积配箍率

（c）一字形端部

暗柱

外侧水平分布筋与开口筋搭接，搭接头面积百分率≤50%，外侧水平分布筋及开口筋可计入体积配筋率。

外侧水平分布筋计入体积配箍率

（d）转角墙

图 6-20 墙身水平分布筋在暗柱内的锚固构造（计入体积配箍率）

6.2.5 核心筒连梁设计

6.2.5.1 连梁受力特点

连梁是超高层核心筒结构的重要组成部分之一，弹性阶段直接影响着核心筒的整体抗侧刚度，随着地震作用的增加，连梁为结构的第一道抗震防线，其塑性变形能力的充分发挥直接影响地震能量的耗散，降低结构地震力，减轻主体结构损伤的作用。

连梁因跨度小，承载的竖向荷载较小，其内力主要是由连梁两端剪力墙差异变形引起的，由于不考虑连梁的轴向变形，墙肢剪切变形并不引起切口处的竖向变形，因此切口处的竖向相对位移由墙肢的弯曲变形 δ_1、墙肢轴向变形 δ_2、连梁的弯曲以及剪切变形 δ_3 组成，如图 6-21 所示。

切口处连梁保持连续，切口两侧相对位移为零，则有：

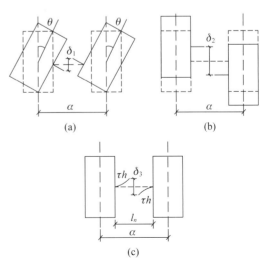

图 6-21 连梁跨中变形

$$\delta_1 + \delta_2 + \delta_3 = 0 \qquad (6\text{-}3)$$

对于超高层核心筒连梁而言，连梁起到协调左右墙肢变形的作用，其内力主要是由水平荷载（地震、风）作用下墙肢弯曲变形 δ_1 引起。从图 6-21 可以看出：①当连梁抗弯刚度大时，连梁内力（剪力、弯矩）增加；②在层间位移角较大的楼层位置，墙肢弯曲变形 δ_1 增大，连梁内力增大。

6.2.5.2 连梁满足受剪截面控制条件的主要措施

剪力墙连梁对剪切变形十分敏感，其名义剪应力限制比较严，在很多情况下设计计算会出现"超限"情况。在地震作用下，连梁可能因承载力超限而破坏。连梁破坏有两种情况：一种是脆性破坏，即剪切破坏；另一种是延性破坏，即弯曲破坏。连梁发生剪切破坏就丧失了承载力，如果沿墙高的全部连梁都发生了剪切破坏，各墙肢就变成了单片悬臂墙，此时墙肢的侧向刚度降低，变形加大，弯矩增加，最终可能导致结构的倒塌。

要使连梁能形成塑性铰而不发生脆性破坏，连梁首先应满足"强剪弱弯"的要求，避免连梁受剪截面超限，从抗力与效应两个方面考虑，主要方法有：

（1）减小连梁刚度，如增加洞口宽度、降低连梁高度等。

（2）对连梁刚度进行折减。可考虑在不影响承受竖向荷载能力的前提下，允许其适当开裂（降低刚度）而把内力转移到墙体上。通常，设防烈度低时少折减一些（6 度、7 度时可取 0.7），设防烈度高时可多折减一些（8 度、9 度时可取 0.5）。折减系数不宜小于 0.5，以保证连梁承受竖向荷载的能力。同时也宜确保风荷载作用下，连梁不开裂。

（3）抗震设计剪力墙连梁的弯矩可塑性调幅。内力计算时已经按照《高层建筑混凝土结构技术规程》（JGJ 3—2010）第 5.2.1 条的规定降低了刚度的连梁，其弯矩值不宜再调幅，或限制再调幅范围。此时，应取弯矩调幅后相应的剪力设计值校核其是否满足《高层建筑混凝土结构技术规程》（JGJ 3—2010）第 7.2.22 条的规定；剪力墙中其他连梁墙肢的弯矩设计值宜视调幅连梁数量的多少而相应适当增大。

（4）增加连梁宽度。增加宽度后，连梁刚度和内力也会增加，但连梁内力增加的比例小于连梁受剪承载力提高的比例，可使连梁的受剪截面满足规范要求。

（5）提高混凝土等级。因混凝土等级提高后，其弹性模量增加的比例远小于混凝土受剪承载力提高的比例，可使连梁的受剪截面满足规范要求。

（6）连梁中设置交叉暗撑或交叉钢筋。

（7）在钢筋混凝土连梁中设置钢板、窄翼缘钢骨梁，或者直接采用钢连梁。

（8）采用能够剪切耗能的黏弹性连梁 VCD。

（9）在跨高比较小的深连梁中间的位置设置水平缝，形成跨高比较大的双连梁。

6.2.5.3 钢骨混凝土连梁、暗梁设计

连梁内力主要是由水平荷载（地震、风）作用下墙肢弯曲变形引起的。随建筑高度的增加，地震、风荷载作用产生倾覆力矩非线性增加，超高层建筑核心筒连梁内力十分大。且超高层建筑多为风荷载作用为水平控制荷载，在风荷载作用效应计算时，不宜对连梁刚度进行折减。因此超高层建筑核心筒采用普通钢筋混凝土连梁时，抗剪、抗弯承

载力难以满足要求。在钢筋混凝土连梁中设置型钢、钢板成为解决超高层建筑核心筒连梁抗剪、抗弯承载力不足的有效方法之一。

为与型钢柱共同形成对钢板墙体及混凝土墙体的约束，在型钢混凝土剪力墙、钢板混凝土剪力墙或钢管混凝土剪力墙在楼层标高处宜设置暗梁。

钢骨混凝土连梁、暗梁在超高层建筑核心筒中有越来越为广泛的应用，如在天津高银金融117大厦、上海中心大厦、武汉中心、武汉绿地中心以及大连绿地中心等项目均有应用。

1. 钢骨混凝土连梁应用优点

(1) 规范对钢骨混凝土连梁受剪截面控制条件相对放松，可以有效解决连梁截面满足抗剪要求问题。

(2) 较大幅度地增加了连梁的抗剪承载力，使连梁受弯破坏前受剪破坏的可能性降低，使得连梁能实现强剪弱弯的要求。

(3) 提高了连梁的抗弯承载力和延性，增加了联肢剪力墙的变形能力和极限承载力。

2. 钢骨混凝土连梁承载力设计

连梁可用杆单元或壳单元模拟。当连梁的跨高比小于2时，宜用壳单元模拟。

抗震设计时，需要将连梁设计为弯曲破坏，避免出现剪切破坏。钢骨混凝土梁的剪切破坏，根据剪跨比的不同主要分为剪压破坏和斜压破坏两种形式。防止剪压破坏由受剪承载力计算来保证，防止斜压破坏由截面控制条件来保证。

钢骨混凝土连梁受剪承载力、受剪截面控制条件、正截面承载力计算公式见《组合结构设计规范》(JGJ 138—2016)。

3. 钢骨混凝土连梁、暗梁构造

(1) 钢骨混凝土连梁一般构造要求可见《高层建筑混凝土结构技术规程》(JGJ 3—2010) 及《组合结构设计规范》(JGJ 138—2016) 相关规定。

(2) 型钢混凝土剪力墙、钢板混凝土剪力墙或钢管混凝土剪力墙在楼层标高处宜设置暗梁，与型钢柱共同形成对钢板墙体及混凝土墙体的约束。

(3) 钢骨混凝土连梁、暗梁的钢骨宜采用窄翼缘钢梁或钢板，以避免暗柱竖向纵筋及墙内竖向分布钢筋碰钢骨翼缘带来的构造问题。

(4) 典型钢骨混凝土连梁及暗梁配筋构造如图6-22所示。

(5) 典型钢骨混凝土连梁与剪力墙暗柱的连接构造如图6-23所示。

6.2.5.4 双连梁设计

高连梁设置水平缝，使一根连梁成为大跨高比的两根或多跟连梁，其破坏形态从剪切破坏变为弯曲破坏。震害经验表明：跨高比较大的双连梁抗震性能明显优于跨高比较小的深连梁。

1. 双连梁优点

与普通连梁相比，双连梁优点主要表现在：

(1) 能很好地降低连梁的剪力和弯矩，有效解决连梁抗剪截面超限、连梁超筋等问题。

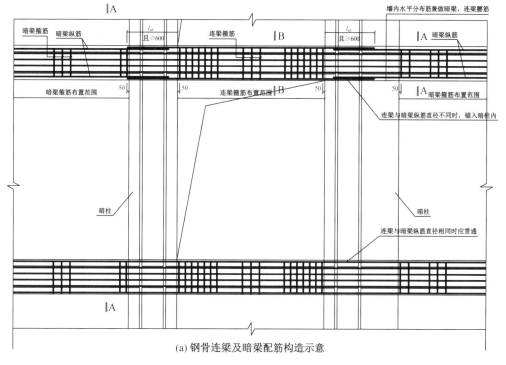

(a) 钢骨连梁及暗梁配筋构造示意

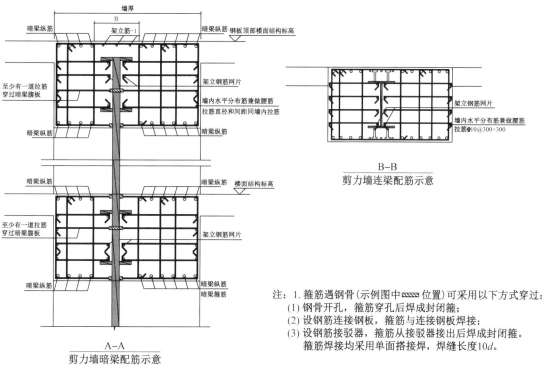

B-B
剪力墙连梁配筋示意

A-A
剪力墙暗梁配筋示意

(b) 钢骨暗梁配筋示意

注：1. 箍筋遇钢骨(示例图中 ▨▨▨ 位置)可采用以下方式穿过：
　　(1) 钢骨开孔，箍筋穿孔后焊成封闭箍；
　　(2) 设钢筋连接钢板，箍筋与连接钢板焊接；
　　(3) 设钢筋接驳器，箍筋从接驳器接出后焊成封闭箍。
　　　　箍筋焊接均采用单面搭接焊，焊缝长度10d。

(c) 钢骨连梁配筋示意

图 6-22　钢骨连梁及暗梁配筋构造示意

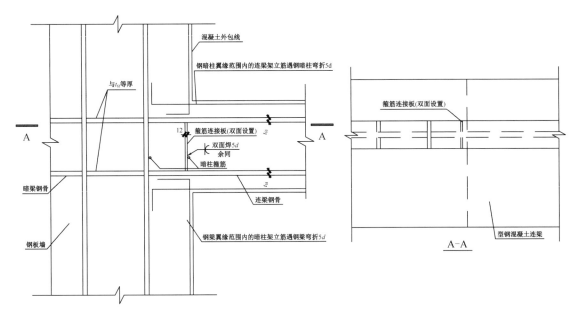

图 6-23　钢骨混凝土连梁与剪力墙暗柱连接构造

超高层建筑结构设计与工程实践

（2）双连梁延性优于单连梁，震害经验表明，跨高比较大的双连梁抗震性能明显优于跨高比较小的深连梁。

（3）双连梁便于建筑设备、管线的布置，提高建筑净高。

图 6-24　双连梁受力示意图

2. 双连梁受力特点

1）双连梁受力简图

双连梁受力不同于普通连梁，双连梁上、下设置的连梁承担着附加轴力，轴力形成的内力偶对外力起平衡作用，如图 6-24 所示。

2）双连梁与单连梁受力性能对比

由于双连梁不同于两根独立工作的连梁，而是共同工作的连梁，故双连梁的跨高比定义为跨度/上下梁总高度。即相同跨高比的双连梁与单连梁总截面面积相同。

（1）双连梁与相同跨高比的单连梁相比，相同条件下采用双连梁的结构抗侧刚度降低；双连梁承担的总剪力、总弯矩减小，随着跨高比增加，双连梁总剪力、总弯矩降低更为明显；双连梁的轴力较单连梁大，形成的力偶作用改变了轴力。

（2）当跨高比大于 2 和 2.5 时，双连梁的总剪力和总弯矩分别小于单连梁弯矩和剪力的 80% 和 64%，双连梁对于降低内力有明显的作用[20]。

3. 双连梁的计算分析方法

对于 ETABS，SAP2000 和 ABAQUS 等空间有限元程序而言，可以直接建立双连梁模型进行分析。可以采用杆单元或壳单元模拟连梁，当连梁高度较大时，建议采用壳单元，可以与相连接的墙体协调剖分单元，变形协调结果的精度优于杆单元。

常用结构设计软件，如 SATWE 和 YJK 等，不能直接按照分缝连梁计算，需要采用等效的处理方法计算模型。常用的等效方法有抗剪截面等效和抗弯刚度等效。由于抗剪刚度与抗弯刚度不是呈线性关系，因此两种等效方法不能同时满足。简单易行的双连梁等效方法与实际受力情况有一定差距，建议在经过进一步的分析后，方可在实际工程中应用。

4. 双连梁增加建筑净高的方法

为增加走道、办公（或其他使用功能）空间的净高，可采用双连梁方法。在满足竖向荷载作用下的承载力、挠度、裂缝等要求下，尽可能减小第一根连梁（板底位置）的高度，一般可取350～400 mm。在满足门洞口高度的条件下，可适当增加连梁的高度，以增加核心筒的整体刚度，减少核心筒的剪力滞后现象。双连梁与机电管线的关系图如图6-25所示。

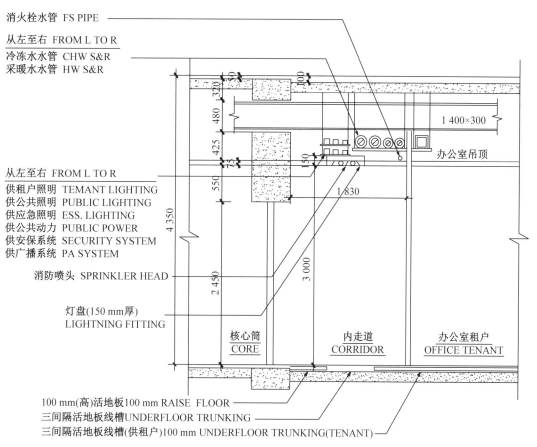

图6-25 双连梁与机电管线关系图（单位：mm）

6.2.5.5 可更换连梁设计

可更换连梁，一种在地震后易于修复或更换的连梁，连梁自身可以是钢筋混凝土连梁、钢连梁或组合连梁，其构造形式包括对连梁的部分截面进行削弱，或者在连梁上附加一个阻尼耗能部件（例如各种类型的阻尼器），或者连梁整体通过某种易于拆卸的方式与墙体相连接，地震作用后连梁可以方便地进行更换。

重要的高层建筑需具备震后功能可快速恢复的能力。连梁是高层剪力墙结构和框架-剪力墙（或框架-核心筒）结构中的主要耗能构件，但钢筋混凝土（RC）连梁往往跨高比小，易发生剪切破坏，变形能力和耗能能力差，地震后修复很困难。近年来，国内外学者提出了多种形式的可更换连梁，以提升高层建筑结构的震后可恢复能力。

本节介绍由跨中消能梁段和两端非消能梁段组成的可更换钢连梁（图6-26）及其设

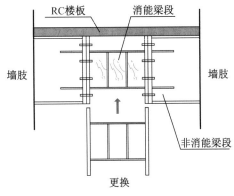

图 6-26　可更换钢连梁

计[21]。设计的基本思想是：通过合理控制消能梁段和非消能梁段的承载力之比，使大震下连梁的塑性变形和损伤集中于消能梁段；消能梁段剪切屈服后具有很大的塑性变形能力，可稳定地耗散地震能量；地震后仅需更换消能梁段，便可实现连梁的修复。

1. 消能梁段设计

1) 消能梁段长度

消能梁段是可更换钢连梁的耗能部件。大量试验研究表明，剪切屈服型梁段的滞回曲线饱满，变形能力和耗能能力大，优于弯曲屈服型梁段。可更换钢连梁的消能梁段应采用剪切屈服型，因此梁段的长度应满足式 (6-4)：

$$e < 1.6(M_{\mathrm{lp}}/V_{\mathrm{lp}}) \tag{6-4}$$

式中　e——消能梁段的长度；

M_{lp}——消能梁段的全截面屈服弯矩，$M_{\mathrm{lp}} = fW_{\mathrm{p}}$（$f$ 为消能梁段腹板钢材的抗压强度设计值，W_{p} 为梁段截面塑性模量）；

V_{lp}——消能梁段的屈服剪力，计算公式见式 (6-5)。

2) 消能梁段承载力设计

消能梁段的屈服剪力按式 (6-5) 计算：

$$V_{\mathrm{lp}} = 0.58 f_{\mathrm{y}} A_{\mathrm{w}} \tag{6-5}$$

式中　f_{y}——消能梁段腹板钢材的屈服强度；

A_{w}——消能梁段腹板截面面积。

消能梁段在往复塑性剪切变形时，腹板钢材的应力强化以及翼缘对抗剪的贡献，使得消能梁段极限受剪承载力远高于屈服剪力。消能梁段的极限受剪承载力和屈服剪力之比定义为超强系数 Ω。消能梁段试验数据的分析表明，超强系数与消能梁段长度比 $e/(M_{\mathrm{p}}/V_{\mathrm{p}})$ 有关。采用普通钢材或低屈服点钢材 LY225 时，若消能梁段的长度比大于 1.0 时，超强系数 Ω 取 1.5；若消能梁段长度比小于 1.0，Ω 取 1.9。采用低屈服点钢材 LY100 时，超强系数会更大。

消能梁段极限受剪承载力按式 (6-6) 计算：

$$V_{\mathrm{lu}} = \Omega V_{\mathrm{lp}} \tag{6-6}$$

3) 消能梁段构造措施

合理的构造措施是保证消能梁段塑性变形能力的关键。大量试验研究表明，若采用合理的构造措施，长度比为 1.0～1.6 的消能梁段，其塑性转角可达 0.08 rad。

可更换钢连梁中消能梁段的构造措施同偏心支撑钢框架中消能梁段的构造措施类似，应满足如下要求：

(1) 消能梁段为工字形截面，腹板钢材屈服强度不应大于 345 MPa，宜采用 LY225 低屈服钢或 Q235 钢。

(2) 消能梁段板件宽厚比应满足表 6-5 的要求。

表 6-5　消能梁端的板件宽厚比限值

板件名称		宽厚比限值
翼缘外伸部分		8
腹板	当 $N/（Af）\leqslant 0.14$ 时	$90\ [1-1.65\ N/（Af）]$
	当 $N/（Af）>0.14$ 时	$33\ [2.3-N/（Af）]$

注：表中的数值适用于 Q235 钢，采用其他牌号钢材时，应乘以 $\sqrt{235/f_{ay}}$，$N/（Af）$ 为消能梁段轴压比。

(3) 消能梁段应设置竖向加劲肋，加劲肋设置应满足如下要求：①加劲肋与腹板等高，一侧宽度不应小于 $（b_f/2-t_w）$，厚度不宜小于腹板厚度 t_w 或 10 mm；②加劲肋间距不大于 $（30t_w-h/5）$；③消能梁段截面高度不大于 640 mm 时，可配置单侧加劲肋，消能梁段截面高度大于 640 mm 时，应在两侧配置加劲肋。

(4) 消能梁段翼缘、腹板与端板之间应采用坡口全熔透对接焊缝连接。加劲肋与腹板、翼缘之间可采用角焊缝连接。

(5) 加劲肋与腹板和翼缘相交处应设切角，加劲肋与腹板的角焊缝端部到翼缘内表面的距离不应小于 5 倍腹板厚度 t_w，避免过早发生角焊缝端部断裂。

(6) 消能梁段的腹板不得贴焊加强板或开洞。

2. 非消能梁段设计

为保证地震作用下钢连梁的塑性变形集中于消能梁段，非消能梁段不屈服，非消能梁段的承载力需应满足式 (6-7) 及式 (6-8)：

$$V_{bp} \geqslant \Omega V_{lp} \tag{6-7}$$

$$M_{bp} \geqslant 0.5l（\Omega V_{lp}） \tag{6-8}$$

式中　V_{bp}——非消能梁段屈服剪力；

　　　M_{bp}——非消能梁段全截面屈服弯矩；

　　　l——钢连梁净跨；

　　　V_{lp}——消能梁段的屈服剪力；

　　　Ω——消能梁段的抗剪超强系数。

非消能梁段的板件宽厚比限值同消能梁段，其翼缘、腹板与端板之间应采用坡口全熔透对接焊缝连接。

3. 消能梁段与非消能梁段连接

1) 连接形式

消能梁段与非消能梁段之间的连接，既应满足有效传力，又可拆卸，方便震后更换消能梁段。试验研究表明，端板-抗剪键连接和拼接板-螺栓连接的受力性能好，且震后可更换，其构造如图 6-27 所示。

采用端板-抗剪键连接时，消能梁段和非消能梁段端部均设置端板，在消能梁段的端板上设置抗剪键，在非消能梁段的端板上设置键槽。施工时先将抗剪键与键槽楔合，再安装高强螺栓。地震作用下，连接处的剪力由抗剪键承担，弯矩由端板和高强螺栓承担，"弯剪分离设计"，传力明确，相对于全螺栓连接可大幅减少高强螺栓的用量。

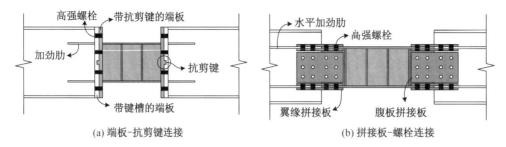

| (a) 端板-抗剪键连接 | (b) 拼接板-螺栓连接 |

图 6-27　消能梁段-非消能梁段的连接形式

采用拼接板-螺栓连接时，非消能梁段设置水平加劲肋，水平加劲肋的位置与消能梁段翼缘高度对应。通过拼接板和高强螺栓将消能梁段的腹板与非消能梁段的腹板连接，将消能梁段的翼缘与非消能梁段的水平加劲肋连接。翼缘拼接板和高强螺栓承受连接处弯矩导致的翼缘拉力和压力，腹板拼接板和高强螺栓承受连接处剪力。

2）连接承载力设计

连接的受剪承载力 V_c 和受弯承载力 M_c 应满足式（6-9）及式（6-10）：

$$V_c \geqslant \Omega V_{lp} \tag{6-9}$$

$$M_c \geqslant 0.5e'(\Omega V_{lp}) \tag{6-10}$$

式中　V_{lp}——消能梁段的屈服剪力；

　　　　e'——消能梁段两端连接的中心之间距离；

　　　　Ω——消能梁段的抗剪超强系数。

连接处的承载力计算简图如图 6-28 所示。端板-抗剪键连接中，抗剪键承担全部剪力，需进行抗剪键受剪和局部承压验算、键槽的抗冲切验算；端板和高强螺栓承担全部弯矩，需验算端板厚度和螺栓抗拉。拼接板-螺栓连接中，腹板拼接板和高强螺栓承担全部剪力，需进行腹板螺栓群偏心受剪验算；翼缘拼接板和高强螺栓承担全部弯矩，需验算拼接板抗拉和螺栓抗剪验算。

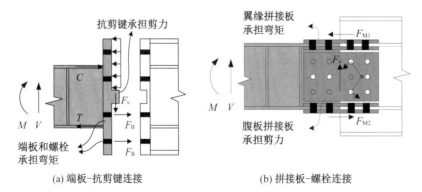

| (a) 端板-抗剪键连接 | (b) 拼接板-螺栓连接 |

图 6-28　连接受力简图

6.2.5.6　楼面次梁与连梁连接设计

楼面梁不宜支承在剪力墙或核心筒的连梁上。楼面梁支承在连梁上时，连梁产生扭转，一方面不能有效约束楼面梁，另一方面连梁受力十分不利，因此要尽量避免。当不能避免时，可采用以下方式处理：

1）楼面梁端部宜按铰接处理

可减少连梁承受的扭矩，并以简支梁验算连梁的承载力，且应加大连梁的截面承载力的安全度储备。

2）采用分段式钢筋混凝土连梁

分段式连梁由加强段和耗能段两部分组成[22]，如图6-29所示。加强段一般比耗能段高。其中加强段用于承担楼层梁荷载，在中震及大震作用下仍能够承担楼面梁传来的全部竖向荷载，耗能段允许在中、大震作用下进入屈服，甚至发生较严重破坏。分段式连梁设计时考虑以下因素：

（1）将连梁的耗能段和加强段分开建模。

（2）弹性分析时，对耗能段的刚度进行折减，对加强段的刚度可考虑翼缘的作用予以增大。

（3）加强段按悬臂构件验算，应可以完全承担楼面梁段荷载，按悬臂构件计算出的附加钢筋不进入耗能段，在加强段端部弯折。

（4）楼面梁与分段式连梁交接处按照悬臂梁构造设置单面吊筋。

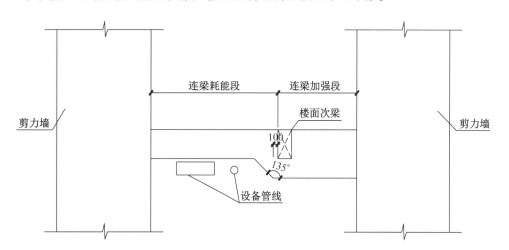

图6-29　分段式连梁示意图

6.3 巨柱

6.3.1 概述

随着高层建筑朝着超高、超复杂的方向发展，应用于高层建筑的钢管混凝土及型钢混凝土柱底部轴力巨大，且随着巨型框架结构的应用，柱向高性能混凝土及巨型截面方向发展；同时，由于建筑造型以及施工、构造等方面的要求，考虑混凝土收缩徐变的影响，柱截面形式越来越复杂。对于巨型组合柱，理论研究还不完善，设计方法也不够成熟，因此需要进行专门的研究工作，为设计提供依据。

钢-混凝土组合截面既具有钢结构的技术优势又具有混凝土造价相对低廉的特点，可以减小柱截面尺寸，增大建筑使用面积，增大结构强度和刚度以及改善延性。组合截面有两种常见做法：内置型钢混凝土柱（下文简称"SRC"）和内填混凝土的钢管混凝土柱。钢管混凝土柱又分为圆钢管混凝土柱（下文简称"CFT"）和矩形钢管混凝土柱（下文简称"CRFT")两种常见形式，如图6-30所示。

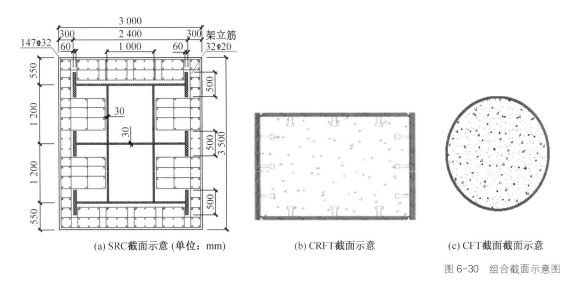

(a) SRC截面示意 (单位：mm)   (b) CRFT截面示意   (c) CFT截面截面示意

图 6-30　组合截面示意图

图 6-31 列出了部分超高层工程中出现的巨型组合截面。

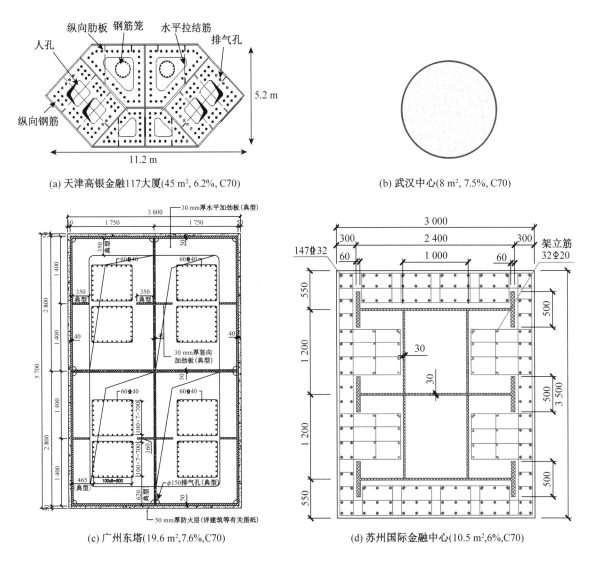

(a) 天津高银金融117大厦(45 m², 6.2%, C70)   (b) 武汉中心(8 m², 7.5%, C70)

(c) 广州东塔(19.6 m²,7.6%,C70)   (d) 苏州国际金融中心(10.5 m²,6%,C70)

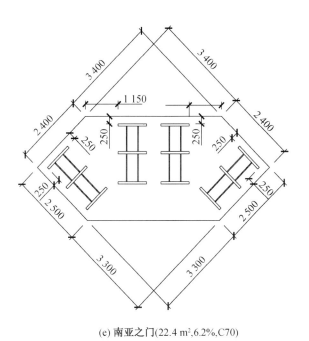

(e) 南亚之门(22.4 m²,6.2%,C70)

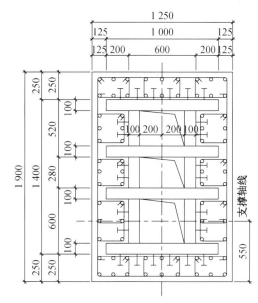

(f) 中央电视台CCTV新台址主楼(2 m²,30%,C60)

图 6-31 巨型组合截面（单位：mm）

中央电视台 CCTV 新台址主楼工程主楼结构外筒柱采用了 SRC 柱，部分 SRC 柱构件的有效截面含钢率达到 28.6%，远大于《组合结构设计规范》(JGJ 138—2016)[16] 中的相关规定。

6.3.2 巨柱截面选型

钢管混凝土柱和型钢混凝土柱各有优缺点，在建或已建的超高层工程中均有应用（表 6-6）。从表 6-6 中可看出，SRC 柱的应用范围更为广泛。

表 6-6 在建及已建超高层结构中巨柱截面应用汇总

项目	建筑高度/m	巨柱截面形式	项目	建筑高度/m	巨柱截面形式
北京国贸三期	330	SRC	深圳平安金融大厦	660	SRC
南京绿地紫峰大厦	450	SRC	广州西塔	432	CFT
苏州国际金融中心	450	SRC	武汉中心	438	CFT
长沙国际金融中心	452	SRC	深圳京基 100 大厦	439	CRFT
上海环球金融中心	492	SRC	台北 101 大厦	508	CRFT
合肥恒大中心	518	SRC	北京 Z15 中国尊	528	CRFT
大连绿地中心	518	SRC	广州东塔	530	CRFT
天津周大福金融中心	530	CFT + SRC	沈阳宝能环球金融中心	568	CRFT
武汉绿地中心	606	SRC	天津高银金融 117 大厦	597	CRFT
上海中心	632	SRC			

钢管混凝土柱和型钢混凝土柱的优缺点比较见表 6-7。

表 6-7　钢管混凝土柱与型钢混凝土柱的优缺点对比

比较项	钢管混凝土柱（CFT 或 CRFT）	型钢混凝土柱（SRC）
含钢率	为保证对混凝土的约束程度及套箍效应（CFT），含钢率不应太低	含钢率较低，一般构造最小含钢率可取 4%
支模	不需支模，但需喷涂防火涂料，防火涂料与钢管的黏结性能不易保证，需采取特殊措施处理	需支模
节点	截面尺寸较大时，一般设置内置加劲肋，施工困难，且增加混凝土浇灌的难度，混凝土密实度及施工质量不易保证	钢筋绑扎复杂，但可通过节点优化方便施工
现场焊接	钢管承受拉力时，需要采用全熔透焊接；大直径钢管的起吊重量大，拼缝多	钢板焊接质量容易得到保证
施工速度	快，但节点处困难	较慢
传力可靠性	由于混凝土的收缩徐变，大直径钢管与混凝土间的黏结性能难以保证	较可靠
质量控制	为保证浇灌质量一般均采用自密实混凝土质量控制严格，需大量检测，检测不方便，质量不易保证	检测方便，质量易保证
防火	需要，价格很高	不需要
防腐	需要，且后期需定期维护	不需要

结合我院的研究成果，对于巨柱选型有以下结论：

（1）由于钢筋价格远低于钢材价格，且 CRFT 与 CFT 相比起 SRC 需设置一定的构造加劲肋与构造纵筋，这些构造加劲肋与构造纵筋一般均不计入截面的承载力；故在轴压刚度和承载力基本一致的前提下，如钢骨与钢筋可合理搭配，SRC 柱的造价相对最低，经济性最好。

（2）SRC 柱可以通过节点构造处理降低钢筋施工的难度，并可保证节点传力的可靠性。

（3）CFT 柱中的混凝土密实度，梁柱节点处的构造、防腐防火的处理及后期维护需给予特别关注并需采取针对措施。

故对于巨型组合截面，建议优先采用 SRC 柱。

6.3.3　组合截面钢骨形式[23]

日本阪神地震中，空腹式的角钢格构的 SRC 柱破坏明显，而利用宽翼缘 H 型钢作为骨架所形成的钢骨钢筋混凝土结构，则具有很强的变形能力，在地震中未见有破坏的例子。

《型钢规程》4.1.2 条文说明指出，试验表明，配置实腹式型钢的型钢混凝土柱具有良好的变形和耗能能力，而配置空腹式型钢的型钢混凝土柱的变形性能与抗剪承载力相对差一些，必须配置一定数量的斜腹杆，其变形性能才可改善，故《型钢规程》第 4.1.2 条规定：型钢混凝土框架柱的型钢宜采用实腹式宽翼缘的 H 形轧制型钢和各种截面形式的焊接型钢；非地震区或设防烈度为 6 度地区的多高层建筑可采用带斜腹杆的格构式焊接型钢。

超高层结构中由于截面的巨型化，实腹式钢骨的截面尺寸与线重也相应巨大化，对钢骨的加工制作、运输及现场的吊装拼接都提出了很高的要求。

对于组合式巨型 SRC 柱钢骨，无论是制造还是安装，国内规模较大的承包商均具备很强的能力；但安装承包商需增加大量现场焊接作业，尽管不存在技术障碍，已有许多成功的经验。但是在制作与安装过程中仍然面临不小的难度。

制造的难点在于成品的运输。现阶段的常规运输手段均为采用高速公路运输；而根据《高速公路交通工程及沿线设施设计通用规范》(JTG D80—2006)，高速公路运输极限为：构件宽度不大于 5 m，高度不大于 3.6 m，构件长度一般不大于 12 m。

安装的难点在于分段重量。常规吊装手段——采用大型塔吊吊装；国内 300 m 以上超高层钢结构吊装标准塔吊有 FAVCO M900D 和 FAVCO M1280D，如使用 M900D 作为安装主机，则巨柱钢骨本体单位长度质量一般不大于 3.25 t/m；如使用 M1280D 作为安装主机，则巨柱钢骨本体单位长度质量一般不大于 7.35 t/m，否则考虑沿柱长方向设现场拼接节点；在考虑特定施工措施的情况下，标高 25.000 m 以下巨柱钢骨单位质量可以较大，相应的施工造价会提高。图 6-32 为环球金融中心现场施工照片。

表 6-8 列出了天津高银金融 117 大厦的巨柱截面尺寸和线重沿高度的分布。

图 6-32　上海环球金融中心现场施工照片（2 台 M900D＋1 台 M440D）

表 6-8　天津高银金融 117 大厦巨柱钢骨尺寸及线重分布表

截面	B_a/mm	H_a/mm	钢骨面积/mm²	含钢率	钢骨线重 γ_a/ (t·m⁻¹)
MC1	11 233	5 233	2 811 373	6.2%	22.07
MC2	11 233	5 233	1 812 109	4.0%	14.23
MC3	10 525	5 233	1 665 586	4.0%	13.07
MC4	9 535	5 233	1 541 830	4.3%	12.10
MC5	8 970	4 101	1 118 397	4.1%	8.78
MC6	7 272	3 253	763 948	4.2%	6.00
MC7	5 717	2 475	537 769	4.9%	4.22
MC8	5 717	2 475	537 769	4.9%	4.22
MC9	3 737	1 980	308 402	5.7%	2.42

从上表中可看出，超高层结构中巨型钢板很难通过单纯的增加施工措施来解决制作与安装过程中的困难，只能通过增加钢骨的现场拼接数目来解决，从而使得现场的焊接工作量大大增加。拼接焊缝的焊缝等级一般为坡口全熔透一级，对施工工人的焊接水平及焊接现场条件都提出了很高的要求，同时也面临焊接变形及焊接残余应力加大的风险。

《型钢规程》的规定及日本阪神地震的震害表现是否也适用于巨型截面是工程界中比较关心的问题。

文献 [27] 中对实腹式和分离式钢骨的巨型 SRC 柱截面进行了实验对比研究，试件缩尺比 1∶10。试件截面和试件骨架曲线分别如图 6-33 和图 6-34 所示。

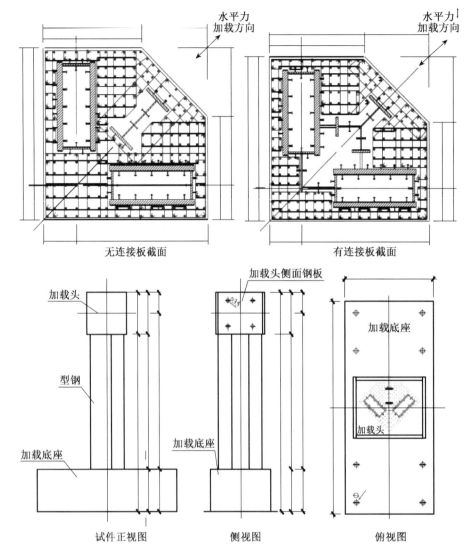

无连接板截面　　　　　有连接板截面

加载头

型钢

加载底座

加载头侧面钢板

加载底座

加载底座

试件正视图　　　　　侧视图

加载底座

加载头

俯视图

图 6-33　试件截面

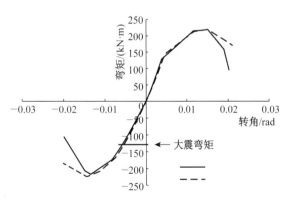

大震弯矩 →

图 6-34　试件骨架曲线

试验结果表明，大震组合工况轴力下，不加连接板试件（分离式钢骨）的峰值承载力为 220 kN·m，有连接板试件（实腹式钢骨）的峰值承载力为 224 kN·m，有、无连接板构件对 SRC 的受弯承载能力基本无影响。

从二者的骨架曲线对比来看，有连接板试件的延性比无连接板试件要好。延性性能用延性系数 μ 来表示，$\mu = \Delta u / \Delta e$，$\Delta u$ 为承载力为最大承载力的 85% 时试件顶点的侧向变形，Δe 为试件达到极限承载力时的顶点侧向变形。无连接板时，截面的延性系数为 3.0，有连接板时，截面的延性系数为 3.8，有连接构板构件的延性要好于无连接板结构。

但根据文献中的数据，分离式钢骨试件的试验轴压比为 4 920/6 300 = 0.78，如换算为设计轴压比会更高，故在高轴压比下分离式钢骨的延性系数为 3.0，是满足规范要求的。虽然采用实腹式钢骨可进一步改善其延性，但会给结构施工带来极大的困难。针对本问题的专项研究，也有科研机构正在进行试验分析研究。

6.3.4 节中巨柱抗剪承载力中的数据表明：在超高层结构中，一般楼层巨柱的剪力较小，其受力以轴压或压变为主。

故建议结合巨柱的性能设计要求和受力特点有选择地采用分离式钢骨形式，如在底部加强区所在楼层，及环带桁架、伸臂桁架所在楼层或其他关键部位处的 SRC 柱采用实腹式钢骨，受力较小的一般楼层采用分离式钢骨。

6.3.4 组合截面承载力计算方法[23]

1. 轴压比

《组合结构设计规范》（JGJ 138—2016）及《钢骨混凝土结构技术规程》（YB 9082—2006）[24]（以下简称《钢骨规程》）第 6.3.12 条明确了 SRC 柱轴压比的计算方法和限值，公式考虑了型钢的贡献。

$$n = \frac{N}{f_c A_c + f_a A_a} \tag{6-11}$$

式中　N——地震组合作用下框架柱承受的最大轴压力设计值；

　　　A_c——框架柱混凝土部分的截面面积；

　　　A_a——框架柱钢骨部分的截面面积。

2. 压弯承载力

1）型钢混凝土

SRC 柱的压弯承载力可采用以平截面假定为基础的方法，各规范中对型钢混凝土构件的压弯承载力的计算有所区别。

（1）《组合结构设计规范》（JGJ 138—2016）基于普通钢筋混凝土结构的设计理论，认为型钢和混凝土是完全协同工作，采用等效混凝土受压区高度和型钢腹板应力图的方法（图 6-35）。

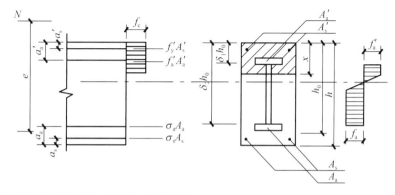

图 6-35　《组合结构设计规范》压弯承载力计算方法

（2）《钢骨规程》基于强度叠加理论，采用了一般叠加方法进行计算，忽略了混凝土和型钢之间的黏结作用。

$$\begin{cases} N \leqslant N_{cy}^{ss} + N_{cu}^{rc} \\ M \leqslant M_{cy}^{ss} + M_{cu}^{rc} \end{cases} \tag{6-12}$$

对于钢骨和钢筋混凝土各自承担的轴力和弯矩，规范利用假定钢骨 N-M 相关曲线形状的方法得到。

(3)《混凝土结构设计规范》(GB 50010—2010)[17] 中附录 E 给出了任意截面正截面承载力的计算方法。首先将截面划分成若干个单元，再根据指定的极限应变分布，积分求出截面的轴力及弯矩承载力，如图 6-36 所示。

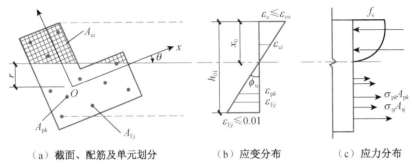

（a）截面、配筋及单元划分　　　（b）应变分布　　　（c）应力分布

图 6-36　任意截面构件正截面承载力计算

针对 SRC 柱的双向压弯承载力，现行规范中均基于 SRC 柱的单向压弯承载力进行双向扩展给出了简化的算法，一般较为保守。且规范算法只适用于双向对称截面，钢骨为 H 型钢或十字型钢。对于复杂截面，规范中的算法一般很难用手算实现，需要借助有限元方法编程或专用软件完成。

《钢骨规程》中第 6.3.6 条的规定，双向压弯下 SRC 柱的承载力采用公式 (6-13) 进行校核：

$$\frac{M_x}{M_{ux,\,N}} + \frac{M_y}{M_{uy,\,N}} \leqslant 1 \tag{6-13}$$

式中　　M_x，M_y——SRC 柱 x，y 单方向的弯矩设计值；

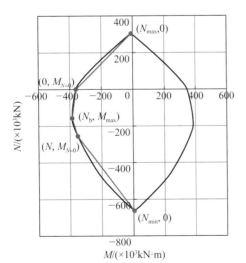

图 6-37　SRC 柱强轴 N-M 承载力简化曲线

$M_{ux,\,N}$，$M_{uy,\,N}$——设计轴力为 N 时，SRC 柱 x，y 单方向的受弯承载力。

基于平截面假定，利用《混凝土结构设计规范》(GB 50010—2010) 中附录 E 有限元原理，编程计算得出 SRC 柱的 N-M 承载力曲线。其中 5 个控制点分别取为 $(N_{max}, 0)$，$(N, M_{N=0})$，(N_b, M_{max})，$(0, M_{N=0})$，$(N_{min}, 0)$。点 (N_b, M_{max}) 为截面界限受压承载力点，如图 6-37 所示。

表 6-9 给出了如图 6-38 所示的 SRC 柱截面在给定轴力作用下强轴压弯承载力的控制点及各简化线段的斜率与截距。

简化承载力曲线由相邻两控制点所连直线得到，SRC 柱强轴及弱轴的受弯承载力的计算见公式（6-14），此处巨柱的轴向力定义以受压为正，受拉为负：

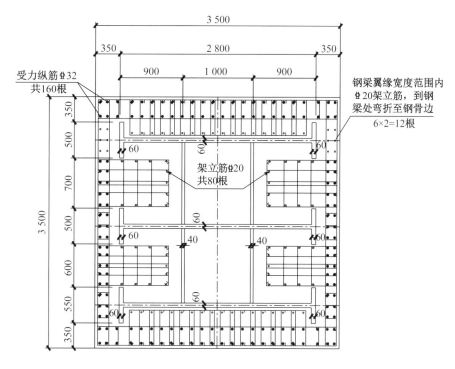

图 6-38　SRC 柱截面示意图（单位：mm）

表 6-9　强轴压弯承载力简化数据点

控制点	N/kN	$M/(\text{kN}\cdot\text{m})$	简化直线斜率 A/kN	简化直线截距 $B/(\text{kN}\cdot\text{m})$
最大受压点	－662 442	4 830	－0.87	－573 039
中间点	－255 186	－350 432	－0.36	－442 598
最大弯矩点	－157 155	－385 838	0.16	－360 895
轴力 0 点	0	－360 895	1.16	－360 895
最大受拉点	303 395			

$$M_{ux,\,N} = \begin{cases} -0.87 \times N + 573\ 039 & (255\ 186\ \text{kN} < N < 662\ 442\ \text{kN}) \\ -0.36 \times N + 442\ 598 & (157\ 155\ \text{kN} < N < 255\ 186\ \text{kN}) \\ 0.16 \times N + 360\ 895 & (0 < N < 157\ 155\ \text{kN}) \\ 1.16 \times N + 360\ 895 & (-303\ 395\ \text{kN} < N < 0\ \text{kN}) \end{cases} \tag{6-14}$$

式中　N——各荷载组合下框架柱的设计轴力，kN；

$M_{ux,\,N}$——设计轴力为 N 时，SRC 柱 x 方向的受弯承载力，kN·m。

同理可求得该截面弱轴受弯承载力的简化计算公式。

在得到各截面不同轴力 N 下所对应的 $M_{ux,\,N}$，$M_{uy,\,N}$ 后，可根据公式（6-13）进行双向压弯下 SRC 柱的承载力校核。

对于规则截面（接近双向对称），建议采用上述中规范的双向压弯算法，以得到较为直观的承载力比的数据。

但对于异形组合截面的承载力校核，建议结合 $N\text{-}M_x\text{-}M_y$ 三维空间曲面（图 6-39），根据

$N_c\text{-}M_{xc}$，$N_c\text{-}M_{yc}$，$(M_{xc}\text{-}M_{yc})_{N=N_{max}}$ 与 $(M_{xc}\text{-}M_{yc})_{N=N_{min}}$ 共 4 条承载力曲线判定截面的双向压弯承载力是否满足规范要求（图 6-40）。

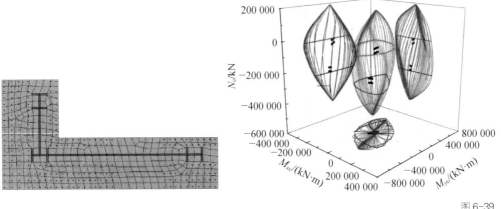

图 6-39 异性组合墙肢单元划分及 $N\text{-}M_x\text{-}M_y$ 三维空间承载力曲面

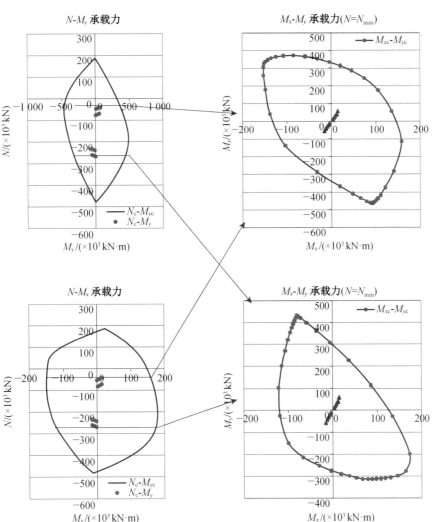

超高层建筑结构设计与工程实践

图 6-40 异形组合墙肢截面 $N_c\text{-}M_{xc}$，$N_c\text{-}M_{yc}$，$(M_{xc}\text{-}M_{yc})_{N=N_{max}}$ 与 $(M_{xc}\text{-}M_{yc})_{N=N_{min}}$ 曲线校核

2）钢管混凝土

矩形钢管压弯承载力主要可依据《矩形钢管混凝土结构技术规程》[26]（CECS 159—2004）进行计算校核，也可根据《混凝土结构设计规范》（GB 50010—2010）附录 E 编程计算。

圆钢管压弯承载力验算主要可依据《钢管混凝土结构技术规范》[37]（GB 50936—2014）进行计算校核。也可根据《混凝土结构设计规范》（GB 50010—2010）附录 E 编程计算，但混凝土应力-应变关系宜采用约束混凝土本构关系，以反映圆钢管对内部混凝土的套箍效应。

3）初始偏心距

巨柱承载校核时，根据规范[16]要求初始偏心距 e_a 取为 20 mm 与偏心方向截面尺寸 1/30 的较大值。校核结果显示，该初始偏心距对巨柱承载力影响较大。

图 6-41 给出了合肥宝能 T2 塔楼巨柱在中震组合下的压弯承载力比，校核公式详见式（6-13）。

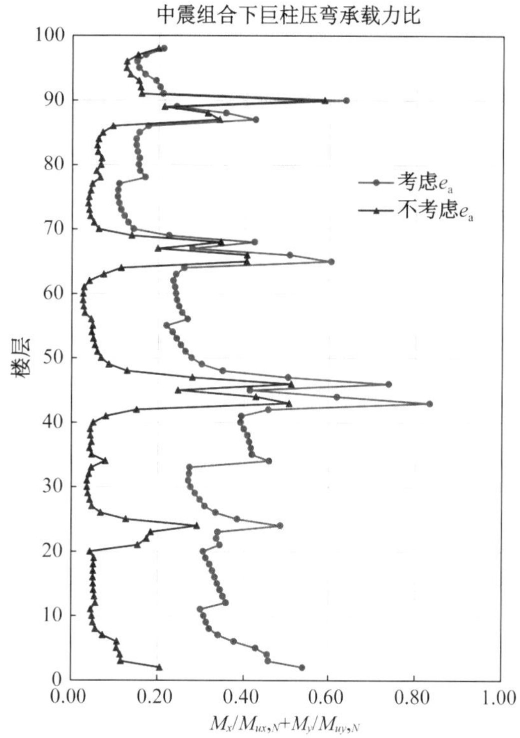

可以看出，对于一般非加强楼层，由于巨柱弯矩较小，其初始偏心距 e_0 也较小，附加偏心距 e_a/e_0 较大，使得考虑 e_a 后巨柱的承载力比有较大幅度的提高。但随着巨柱弯矩的增大，e_a 的影响有一定减小。

巨柱的设计中，轴压比较大时初始偏心距 e_a 是控制巨柱承载力校核的关键因素，现行规范中的规定是否适用于巨型截面值得进一步探讨。

图 6-41 合肥宝能 T2 塔楼巨柱压弯承载力对比

4）对压弯承载力校核方法的评价

对于组合截面巨柱的压弯承载力校核，应结合 $N\text{-}M_x\text{-}M_y$ 三维空间曲面。目前存在仅在 $N\text{-}M_x$ 和 $N\text{-}M_y$ 两个二维空间进行校核的方法，而此种方法可能存在截面的双向压弯承载力不满足规范要求的情况，以下对此种情况进行阐述。

对于如图 6-38 所示的 MC1 巨柱，$N\text{-}M_x$ 和 $N\text{-}M_y$ 承载力曲线分别如图 6-42（a）和 6-42（b）所示。对于一组内力组合 $N = -34\,740$ kN，$M_x = -277\,985$ kN，$M_y = 267\,300$ kN。在 $N\text{-}M_x$ 和 $N\text{-}M_y$ 承载力曲线中，此内力组合均满足承载力的需求，而在 $M_x\text{-}M_y$ 的承载力曲线 ［图 6-42（c）］中，此内力组合则不满足承载力的需求，即仅采用 $N\text{-}M_x$ 和 $N\text{-}M_y$ 两个二维空间进行校核的方法具有一定的局限性。将内力组合的数值带入到公式（6-13）中，可以计算得到承载力比为 1.5，超出了规范规定的数值。

本节通过公式（6-13）所进行的双向压弯下 SRC 柱的承载力校核方法，实质为在 $M_x\text{-}M_y$ 承载力曲线中取简化直线。通过此方法进行校核可保证满足承载力需求的内力组合均在 $M_x\text{-}M_y$ 承载力曲线内。

3. 抗剪承载力

1）型钢混凝土

《组合结构设计规范》（JGJ 138—2016）对型钢框架柱及组合剪力墙受剪截面计算有不同的规定。型钢混凝土框架柱的斜截面受剪承载力应按下列公式计算：

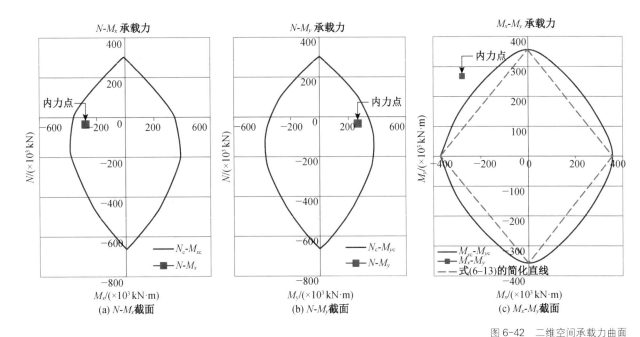

图 6-42 二维空间承载力曲面

非抗震设计:

$$V_c \leqslant \frac{1.75}{\lambda + 1} f_t b h_0 + f_{yv} \frac{A_{sv}}{s} h_0 + \frac{0.58}{\lambda} f_a t_w h_w + 0.07N \tag{6-15}$$

抗震设计:

$$V_c \leqslant \frac{1}{\gamma_{RE}} \left(\frac{1.05}{\lambda + 1.5} f_t b h_0 + f_{yv} \frac{A_{sv}}{s} h_0 + \frac{0.58}{\lambda} f_a t_w h_w + 0.056N \right) \tag{6-16}$$

式中 f_t，f_{yv}，f_a——混凝土的抗拉强度设计、箍筋的抗拉强度设计值和钢骨钢材的强度设计值;

     b，h，h_0——柱的截面宽度、高度和有效高度;

     A_{sv}——配置在同一截面内箍筋各肢的全部截面面积;

     s——沿构件长度方向上箍筋的间距;

     t_w，h_w——钢骨的腹板厚度与高度;

     γ_{RE}——承载力抗震调整系数;

     λ——框架柱的计算剪跨比,其值取上、下端较大弯矩设计值 M 与对应的剪力设计值 V 和柱截面有效高度 h_0 的比值,即 $M/(Vh_0)$;当框架结构中的框架柱的反弯点在柱高范围内时,柱剪跨比也可采用 1/2 柱净高和柱截面有效高度 h_0 的比值;当 λ 小于 1 时,取 1;当 λ 大于 3 时,取 3;

     N——考虑地震作用组合的框架柱的轴向压力设计值;当 $N > 0.3f_c A_c$ 时,取 $N = 0.3f_c A_c$。

以苏州国际金融中心的巨柱为例计算巨柱的抗剪承载力组成 (图 6-43)。计算时,剪跨比取 1.5,Y 向抗剪时,钢骨翼缘的抗剪面积取 50%。

从表 6-10、表 6-11 中可看出,钢骨的抗剪承载力占全截面抗剪承载力的 50% 以上,箍筋部分的抗剪承载力占全截面的 12%~25%。

图 6-44 给出了苏州国际金融中心的巨柱在风荷载下的剪力分布,最大剪力约为 1 600 kN,位于加强层处,巨柱的剪力是远小于其抗剪承载力的。巨柱的受力状态以压弯为主。

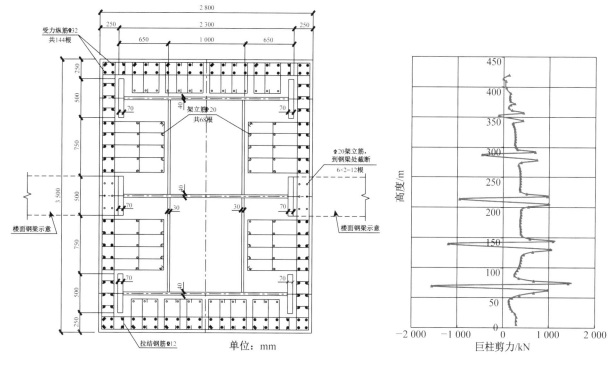

图 6-43

图 6-43 苏州国际金融中心巨柱详图
图 6-44 巨柱在风荷载下的剪力分布

图 6-44

表 6-10 巨柱 X 向抗剪承载力汇总

截面编号	钢骨抗剪 V_{xa}/kN	混凝土抗剪 V_{xc}/kN	箍筋抗剪 V_{xr}/kN	总抗剪承载力 V_{xt}/kN	箍筋所占比例 V_{xr}/V_{xt}
RMZ2	40 176	17 299	7 815	65 290	12%
RMZ3	36 828	16 064	7 236	60 128	12%
RMZ4	23 715	14 210	4 871	42 796	11%
RMZ5	18 414	10 151	5 210	33 775	15%
RMZ6	12 834	8 014	3 100	23 948	13%
RMZ7	5 952	6 411	2 435	14 799	16%
RMZ8	3 968	3 406	2 435	9 809	25%

表 6-11 巨柱 Y 向抗剪承载力汇总

截面编号	钢骨抗剪 V_{ya}/kN	混凝土抗剪 V_{yc}/kN	箍筋抗剪 V_{yr}/kN	总抗剪承载力 V_{yt}/kN	箍筋所占比例 V_{yr}/V_{yt}
RMZ2	39 525	17 172	9 841	66 538	15%
RMZ3	37 200	15 900	9 841	62 941	16%
RMZ4	27 125	13 992	7 528	48 645	15%
RMZ5	24 800	9 900	9 841	44 541	22%
RMZ6	17 050	7 700	7 528	32 278	23%
RMZ7	14 725	6 050	7 528	28 303	27%
RMZ8	8 525	3 267	4 760	16 552	29%

2) 钢管混凝土

钢管混凝土的受剪承载力验算主要可依据《矩形钢管混凝土结构技术规程》（CECS159—2004）以及《钢管混凝土结构技术规范》（GB 50936—2014）进行计算校核。

4. 计算长度

巨柱的计算长度需区分框架平面内（绕2—2轴）和框架平面外（绕3—3轴），框架平面内的柱屈曲仅受到框架梁和环带桁架抗弯刚度的约束，其约束作用较小，计算长度较大，但框架平面外（绕3—3轴）巨柱的屈曲却受到楼板和楼面梁轴向刚度的约束，约束刚度较大，故巨柱的计算长度一般均由框架平面内的计算长度控制（图6-45）。

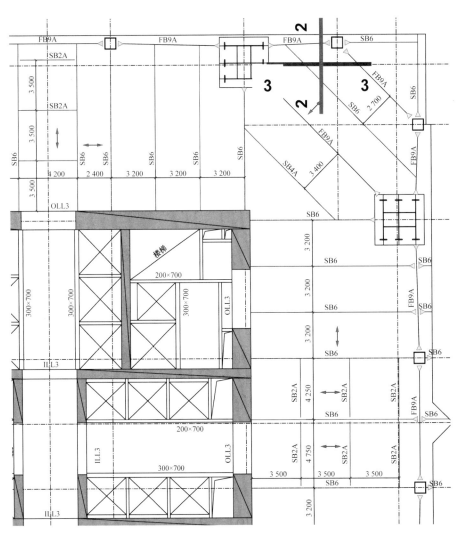

图6-45 巨柱计算长度示意（单位：mm）

《组合结构设计规范》（JGJ 138—2016）中第6.2.2条及《混凝土结构设计规范》（GB 50010—2010）中第6.2.3条指出，当柱的长细比 $l_0/i \leqslant 34 - 12(M_1/M_2)$ 时，偏心受压构件考虑挠曲影响的轴向力偏心距增大系数 η 可取1.0，即不考虑计算长度的影响。

1) 框架平面内的计算长度

由于巨柱尺寸远大于楼板与楼面梁，梁柱线刚度比差异较大，楼层对巨柱的侧向约束低于常规结构，所以无法按照常规要求计算巨柱的计算长度 l_0。

合肥宝能环球金融中心（GBC）B座塔楼超高层结构的设计中，根据巨柱的实际约束条件计算巨柱的临界荷载，再由欧拉公式反算巨柱的计算长度。具体方法如下：

（1）采用结构整体模型，考虑实际楼面梁和楼板对巨柱的约束刚度；仅考虑楼板的面内刚度，不考虑楼板的抗弯刚度。

（2）计算对象取同一截面尺寸的巨柱，在柱顶部与底部施加一对平衡单位力，计算模型见图 6-46 示意。

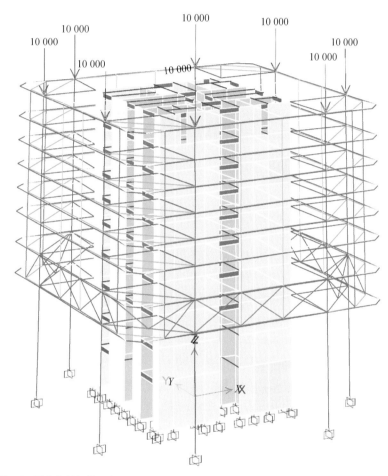

图 6-46　巨柱 MC1 屈曲分析加载示意

（3）采用 ETABS2016 程序进行屈曲分析，得到巨柱一阶屈曲模态下的临界荷载 p_{cr}。

（4）由欧拉公式可以得出柱子的计算长度 $l_0 = \mu l = \sqrt{\dfrac{\pi^2 EI}{p_{cr}}}$。

计算结果显示，巨柱的一阶屈曲模态基本为框架平面内（绕 2—2 轴）的屈曲，由上述方法得到的巨柱计算长度如表 6-12 所列。

表 6-12　巨柱计算长度

部件	B/m	H/m	$\mu L = \sqrt{\pi^2 E_{ce} I_{22}/p_{cr}}/m$	$\mu L/B$	$\mu L/i_{22}$
MC1	3.5	3.5	19.2	5.5	19
MC2	3.4	3.4	19.3	5.7	20

部件	B/m	H/m	$\mu L = \sqrt{\pi^2 E_{ce} I_{22}/p_{cr}}\,/\text{m}$	$\mu L/B$	$\mu L/i_{22}$
MC3	3.3	3.3	19.9	6.0	21
MC4	2.9	3.3	17.9	6.2	19
MC5	2.7	2.8	16.6	6.1	21
MC6	2.7	2.4	15.9	5.9	23
MC7	2.2	2.4	12.6	5.7	18
MC8	1.7	2.4	10.3	6.0	15
MC9	1.7	1.2	8.6	5.1	25

根据表 6-12 中计算结果可以看出：

（1）巨柱绕框架平面内的计算长度为 3～4 倍的楼层高度；

（2）除 MC6 和 MC9 外，其余巨柱均满足最严格的计算长度要求（即构件两端同向等弯矩分布）$\mu L/i_{22} < 34 - 12 = 22$。

2）垂直于框架平面的巨柱计算长度

《钢结构设计规范》（GB 50017—2003）第 5.1.7 条规定：长度为 l 的单根柱设置 m 道等间距（或间距不等但与平均间距相比不超过 20%）支撑时，各支撑点的支撑力为：

$$F_{bm} = \frac{N}{30(m+1)} \tag{6-17}$$

式中　N——被撑构件的最大轴心力；

　　　m——支撑的楼层数。

根据上述公式可简单计算为巨柱绕 3—3 轴屈曲提供约束的楼面梁轴力。底层 MC1 的最大轴压力约为 403 305 kN，按照楼层 $m = 98 - 3 = 95$ 层计算，给巨柱提供约束的楼面力为：$F_{bm} = 403\,305/\,(30\times96) = 140$ kN，远小于与巨柱相连钢梁的轴向承载力，也可认为楼面梁和楼板足以提供巨柱平面外屈曲的约束。

3）小结

（1）由于巨柱平面内和平面外的计算长度基本满足规范规定，故大部分巨柱校核时可不考虑计算长度对其承载力校核的影响。

（2）但对于 Mc6 和 Mc9，如构件的端弯矩 M_1 与 M_2 同号，且 $M_1/M_2 > 0.75$，则构件校核时需按照《混凝土结构设计规范》（GB 50010—2010）第 6.2.4 条进行弯矩设计值的放大。

5. 不同模拟单元对巨柱计算分析的影响

以苏州国际金融中心为例，巨柱采用 frame 单元模拟与 shell＋frame 单元模拟结果对比。

为简化分析，仅对 BASE 至 F10 层范围内的 MZ2，MZ3，MZ6 与 MZ8（图 6-47）采用 shell＋frame 模拟，即混凝土采用 shell 单元模拟，钢骨采用 frame 单元模拟，二者节点重合。

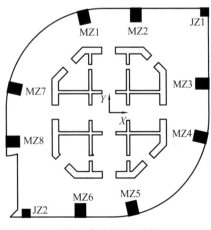

图 6-47　巨柱与角柱编号示意图

采用 frame 模拟巨柱时，结构的 $T_1 = 8.152\ 4\ \text{s}$；采用 shell + frame 模拟巨柱时，结构的 $T_1 = 8.143\ 0\ \text{s}$。

(1) X 向水平地震下内力比较（表 6-13）。

表 6-13　水平地震作用下 X 向剪力

巨柱模拟	X 向水平剪力/kN		合计/kN
	框架	芯筒	
frame	117	29 824	29 941
shell + frame	108	29 816	29 924

(2) X 向风荷载下内力比较（表 6-14）。

表 6-14　风荷载作用下 X 向剪力

巨柱模拟	X 向水平剪力/kN		合计/kN
	框架	芯筒	
frame	238	59 439	59 677
shell + frame	127	59 548	59 675

故巨柱虽比普通截面巨型化，但由于框架梁对巨柱的约束有限，巨柱的计算长度很长，使得巨柱的长细比较大，故采用 frame 单元模拟的精度已足够。

6.3.5　组合截面构造[23]

1. 与钢结构的连接构造处理

1) SRC 节点

SRC 柱与钢梁、支撑、伸臂桁架等钢构件的连接节点中，应最大程度地避免与 SRC 柱中纵筋与箍筋的冲突，并能保证与柱中钢骨的可靠连接。

当钢筋与节点板冲突时，可采取钢板设置钢筋通过孔、通过钢筋接驳器等强连接或焊接钢筋连接板保证钢筋在节点区的连续（图 6-48）。

由于上述措施的施工难度较大，现场施工条件较差，上述连接的可靠性不容易保证，提出以下建议：

(1) 当钢构件为箱形截面时，节点箱形截面的腹板伸入节点区，翼缘在混凝土外包线处截断（图 6-49），以保证柱纵筋贯通。

(2) H 形截面与 SRC 柱连接时，尽量减小翼缘钢板的宽度，减少与节点板冲突的纵筋数量。

(3) 适当调整柱纵筋布置，在不降低柱压弯承载力的前提下，将与钢板冲突的纵筋调整为构造钢筋（图 6-50），节点区遇到钢梁翼缘时可水平折弯，不贯通。

2) CFT 节点

按规范规定框架梁与钢管混凝土柱连接常用的节点方式是采用等同钢梁翼缘厚度的内环板以 1/4 钢管柱直径的宽度完整地绕柱内壁一周，当柱直径不大时此做法可行，可当柱直径达到 3 000 mm 这样的尺度时，内环板及加劲肋的用钢量甚至可能超过钢梁翼缘

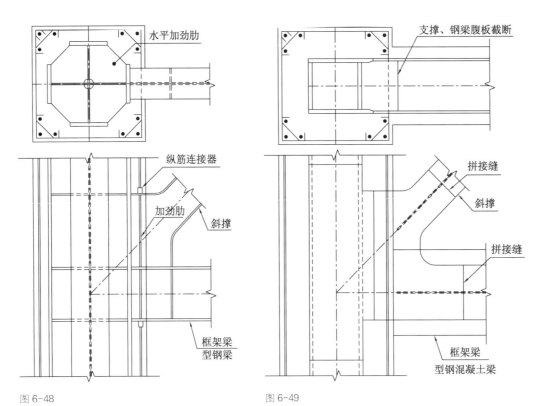

图6-48

图6-49

图6-48 钢筋穿孔及钢筋接驳器示意

图6-49 翼缘截断示意

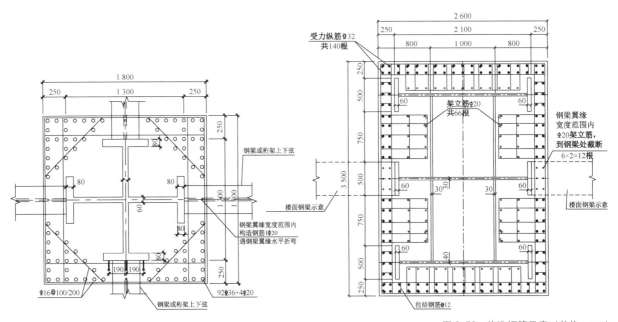

图6-50 构造钢筋示意（单位：mm）

本身的，此做法显然值得探讨。研究发现，梁柱节点加劲板的尺度更应与框架梁而不是与柱相关，通过在梁翼缘宽度对应的加劲内环板范围设置封头端板，可将翼缘的轴力通过相接触的混凝土扩散、传递至钢管混凝土柱整体，而不是仅仅靠环板的宽度传递至外钢管，有效提高梁端的弯曲约束刚度。通过与同济大学的合作试验研究，梁柱节点构造可采用图6-51、图6-52的做法。

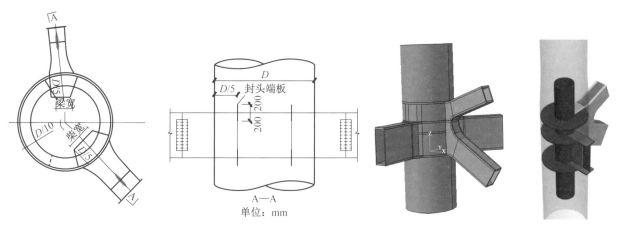

图 6-51

图 6-52

图 6-51 武汉中心塔楼巨柱-框架梁连接节点详图

图 6-52 武汉中心塔楼巨柱-伸臂桁架连接节点详图

3) CRFT 节点

钢管混凝土柱实际所受到的外荷载，一般首先作用于钢管壁，通过钢管与混凝土界面间的黏结，经过一定距离逐渐传递于核心混凝土。现有的研究工作一般均假设钢管与混凝土之间无缝隙，不会相对滑移，但随着钢管管径的增大，内部混凝土收缩可能使之与钢管壁发生脱空，造成黏结强度的丧失。《矩形钢管混凝土结构技术规程》（CECS 159—2004）规定，当矩形钢管混凝土构件截面边长大于 800 mm 时，宜采取柱内壁焊接栓钉或设纵向加劲肋等构造措施，但没有给出明确的设计方法。

图 6-53 和图 6-54 分别给出了深圳京基 100 大厦和天津高银金融 117 大厦工程中 CRFT 节点处的内部加劲肋和钢筋笼。

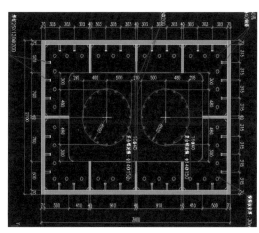
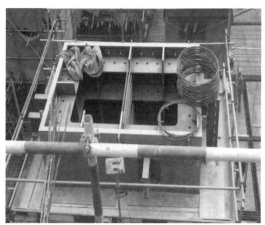

图 6-53 深圳京基 100 大厦 CRFT 截面及内部加劲肋、钢筋笼示意

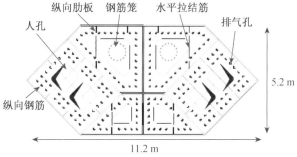

图 6-54 天津高银金融 117 大厦多腔异形 CRFT 截面及内部加劲肋、钢筋笼示意

已有工程[30]也建议在钢管混凝土柱楼层节点区钢管内设传力构件——分配梁和内环肋，详见图 6-55。其中，内环肋设置在分配梁的上、下翼缘高度处，可协调钢管混凝土柱钢管壁与内部混凝土的变形与受力，使钢管壁与内部混凝土共同承受外荷载。但内环肋的设置大大增加了混凝土的施工难度，也可能使分配梁顶面或地面出现混凝土气泡。

由于 CRFT 中的混凝土面积较大，为防止混凝土的收缩徐变，混凝土内部一般均设置构造纵筋，构造钢筋配筋率一般小于 0.5%。

天津高银金融 117 大厦的巨型组合截面柱中，构造加劲肋的含钢率为 0.92%，构造钢筋的含钢率为 0.49%，截面示意详见图 6-56。

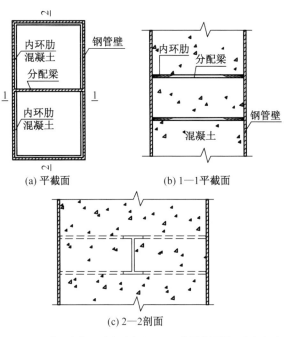

(a) 平截面　　　　　　(b) 1—1 平截面

(c) 2—2 剖面

图 6-55 沈阳宝能环球金融中心 CRFT 截面分配梁及内部加劲肋示意

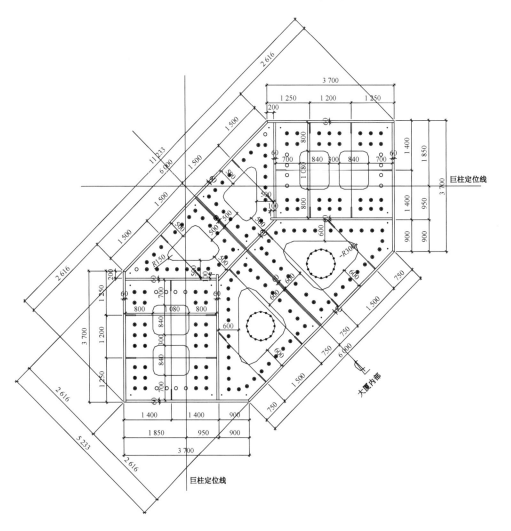

图 6-56 天津高银金融 117 大厦巨型组合截面示意图（单位：mm）

2. CFRT 角部撕裂的影响

同济大学根据业主以及华东建筑设计研究院的委托进行了天津高银金融 117 大厦中巨型钢管混凝土柱组装焊缝试验研究。试件的截面见图 6-57。

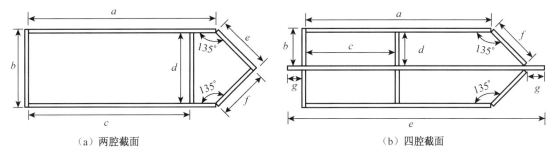

（a）两腔截面　　　　　　　　　　　　　　　　（b）四腔截面

图 6-57　试件简化截面形式

主要试验现象以及研究结果如下：

（1）纵向外部焊缝部分熔透的形式对试件的承载力影响较小，但是对试件的焊缝性能及试件的延性有明显的影响；纵向内部焊缝部分熔透的形式对试件的极限承载力、焊缝性能和试件的延性影响较小，可以忽略不计。

（2）残余应力的存在会使试件的刚度降低稍微提前，但试件的承载能力、软化段性能、破坏形态、焊缝性能不受影响；残余应力的影响即使在较高的水平下也可以忽略。

（3）通过限元分析验证，天津高银金融 117 大厦巨型钢管混凝土柱组装焊缝采用以下方案：横向焊缝均采用全熔透，纵向外部焊缝采用全熔透，仅对影响较小的纵向内部焊缝采用部分熔透形式。

（4）采用上述组装焊缝建议方案，通过有限元分析验证，在最不利荷载组合下，巨柱 MC1A 钢材最大应力点刚刚屈服，其他巨柱均处于弹性阶段；所有巨型钢管混凝土柱的承载力均满足规范要求。

6.4　伸臂桁架

6.4.1　概述

为更有效发挥周边框架的抗侧作用，提高风荷载和地震作用下结构的整体抗侧刚度，超高层框架-核心筒结构一般利用设备层和避难层空间设置伸臂桁架，加强核心筒与周边框架的联系，使之形成刚臂，调动周边框架柱的轴力形成抵抗倾覆力矩的力偶。

研究表明，合理设置伸臂桁架可有效约束核心筒的弯曲变形，减小核心筒承担的倾覆弯矩，减小风荷载和地震作用下的侧向变形，提高整体结构的抗弯刚度与抗倾覆承载力，如图 6-58 所示。但伸臂桁架基本不会改善结构的水平抗剪承载能力。

伸臂桁架＋巨型框架（或巨柱）＋混凝土核心筒体系中，相比抗弯框架-核心筒体系，柱距可显著提高，可以实现较好的建筑立面效果及室内空间效果。

伸臂桁架设计中，应重点关注以下几点问题：

（1）伸臂桁架的最优位置确定；

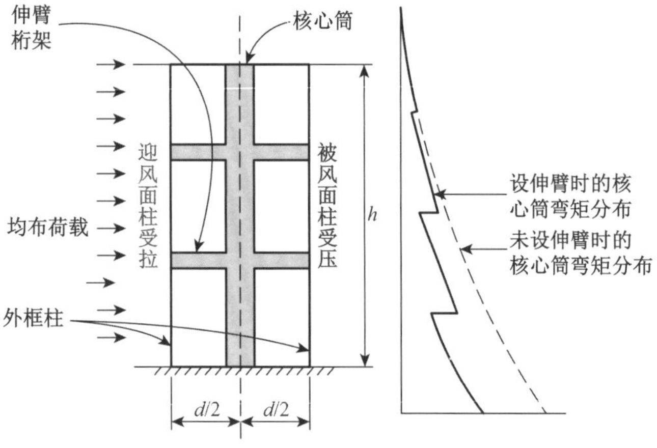
伸臂
桁架
核心筒
迎风面柱受拉
被风面柱受压
均布荷载
外框柱
h
d/2
d/2
设伸臂时的核
心筒弯矩分布
未设伸臂时的
核心筒弯矩分布

图 6-58　伸臂桁架工作原理

(2) 伸臂桁架加强层楼板设计；

(3) 核心筒与外框间差异沉降对伸臂桁架的影响；

(4) 伸臂桁架节点的分析与设计；

(5) 伸臂桁架抗震设防性能目标的确定。

虽然伸臂桁架可提高结构的抗倾覆能力，但也存在不适用于伸臂桁架的情况，如[31]：

(1) 以剪切变形为主的结构；

(2) 核心筒刚度及承载力足够时；

(3) 结构不对称；

(4) 伸臂桁架与核心筒连接困难时（如角度过大，伸臂桁架无法贯通等）；

(5) 柱截面受限制时。

根据主体结构所采用的材料，可以将伸臂桁架 + 巨型框架（或巨柱） + 混凝土核心筒体系分为全钢体系、全混凝土体系和钢-混体系三大类。

1. 全钢结构

美国纽约时报大厦（New York Times Tower）[31]是采用全钢体系的典型例子。其在结构的 28 层和 51 层设置了两道单斜布置的伸臂桁架，实现了支撑框架核心筒与周边框架的协同工作，如图 6-59 所示。使用伸臂桁架后的结构能够满足美国规范关于水平荷载下变形和舒适度的相关规定。

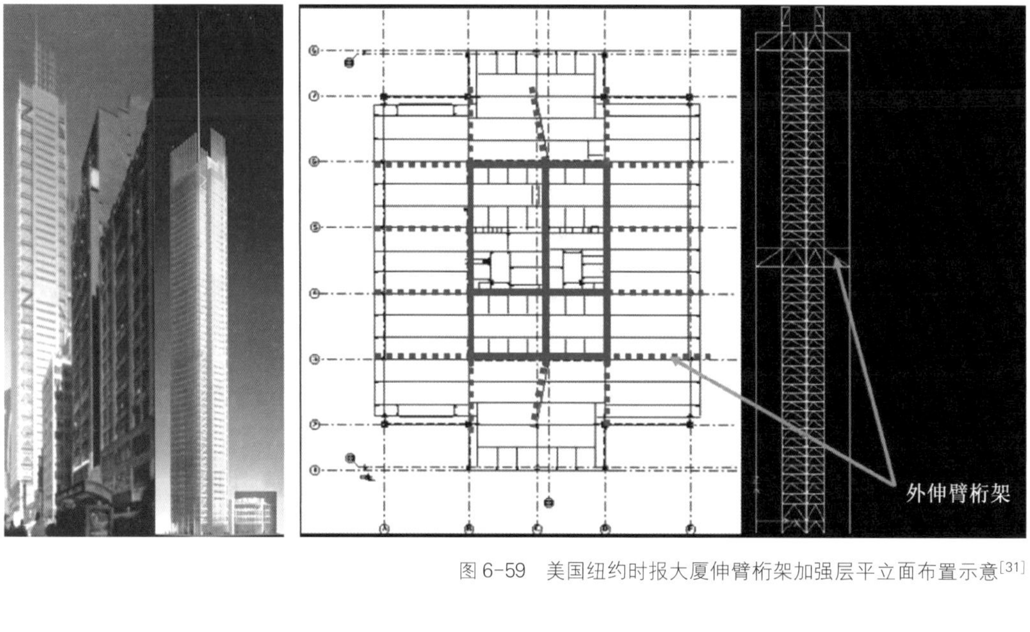
外伸臂桁架

图 6-59　美国纽约时报大厦伸臂桁架加强层平立面布置示意[31]

2. 全混凝土结构

恒隆广场[31]是采用全混凝土体系的典型例子。其混凝土核心筒墙体与周边框架柱之间沿结构全高设置了三道伸臂墙。伸臂墙跨越两个楼层，其顶部和底部楼面提供了一对拉压力偶，形成伸臂作用，而其中部楼面则用以传递竖向剪力，如图 6-60 所示。

 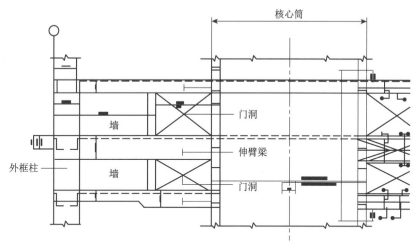

图 6-60　恒隆广场伸臂墙加强层布置示意及其传力机制[31]

3. 钢-混凝土组合结构

采用钢-混结构体系的工程实例包括苏州中南中心、武汉绿地中心和苏州国际金融中心等。通过外伸臂桁架，布置于角部的巨柱为整体结构提供巨大的抗弯刚度，以控制层间位移，满足规范对层间位移角的限值，巨柱承担绝大部分的倾覆弯矩。外伸臂桁架在侧向力作用下会承受很大的拉力和压力，一般采用质量较好的 Q345GJ 或 Q390GJ。伸臂桁架的两端分别连接于巨柱和核心筒墙体，外伸臂桁架伸入核心筒墙体以保持传力路径的连续性。

苏州中南中心项目主塔楼为综合体项目，含有办公、公寓、酒店及会所空间等建筑功能。塔楼共 137 层，主体结构高度为 598 m，塔冠最高点为 729 m，如图 6-61 所示。沿塔楼高度方向，其利用机电层布置了 5 道外伸臂桁架加强区，分别位于第 25～27 层，第 57～59 层，第 88～90 层，第 103～104 层，第 119～120 层。在平面上每个外伸臂区拥有 8 榀两层高的外伸臂钢桁架，如图 6-62 所示。

图 6-61　苏州中南中心效果图

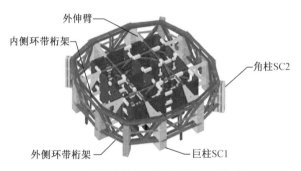

图 6-62　苏州中南中心伸臂桁架加强层杆件布置示意

武汉绿地中心主塔楼为综合体项目，含有办公、公寓、酒店及会所空间等建筑功能。塔楼共125层，高度在606 m以上，如图6-63所示。沿塔楼高度方向，其利用机电层布置了3道外伸臂桁架加强区，分别位于第36～39层，第67～70层，第101～103层。在平面上每个外伸臂区拥有12榀三层高的外伸臂钢桁架，如图6-64所示。

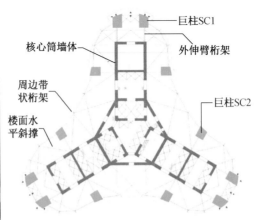

图6-63　武汉绿地中心效果图及典型楼层平面

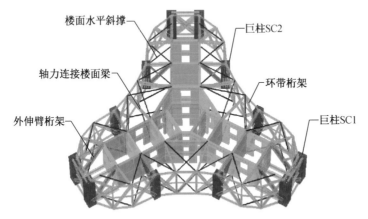

图6-64　武汉绿地中心伸臂桁架加强层杆件布置示意

苏州国际金融中心[35]主塔楼主要包含办公层及在顶层部分设有酒店及酒店式公寓，地上89层，4层地下室，高度为450 m，楼层的最高高度为414.9 m，如图6-65所示。其采用4道伸臂桁架，沿塔楼高度均匀分布于第29～30层，第45～46层，第62～63层，第76～77层，桁架高度为约8.2 m，接近两层楼高，并在核心筒的墙体内贯通设置钢框架，形成整体传力体系，优化结构效能，如图6-66所示。

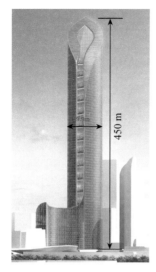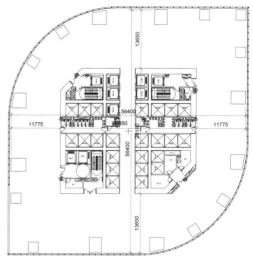

图 6-65　苏州国际金融中心效果图及典型楼层平面[35]

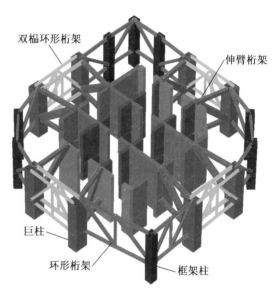

图 6-66　苏州国际金融中心伸臂
桁架加强层杆件布置示意

6.4.2　伸臂桁架的形式

1. 常规伸臂

实际工程中，伸臂桁架的形式多种多样（图 6-67），不同的桁架形式对于整体结构的刚度贡献和结构效率是不一样的。

与框架柱相连的伸臂桁架弦杆处如无对应的斜腹杆，该弦杆只能通过杆件自身的抗弯刚度（非轴向刚度）参与侧向荷载的传递，故作用较小。理论上该段弦杆可视为伸臂桁架的零杆，截面尺寸可适当减小（图 6-68）。

根据外框柱与核心筒墙体的相对关系，伸臂桁架的平面布置一般有两种布置方式：一种是伸臂桁架贯穿核心筒内墙，另一种是伸臂桁架贯穿核心筒外墙。

上海中心大厦、苏州国际金融中心中采用了伸臂桁架贯穿核心筒内墙的布置方式（图 6-69），由于伸臂桁架的杆件宽度较大，且高区核心筒内墙厚度逐渐减小，在高区的伸臂桁架加强层处，内墙厚度需要根据伸臂桁架杆件宽度的需要进行加厚处理，如图 6-70所示。

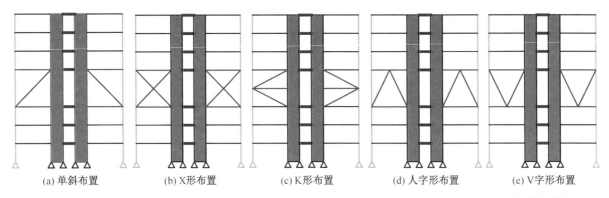

(a) 单斜布置　　　(b) X形布置　　　(c) K形布置　　　(d) 人字形布置　　　(e) V字形布置

图 6-67　伸臂桁架的常见形式

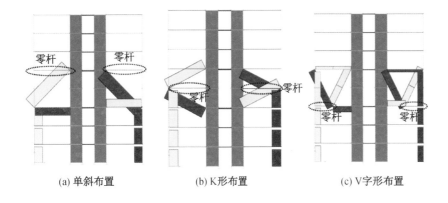

(a) 单斜布置　　　(b) K形布置　　　(c) V字形布置

图 6-68　伸臂桁架的零杆

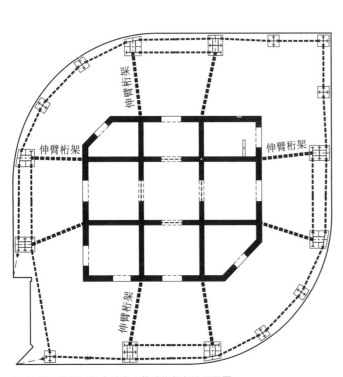

图 6-69　苏州国际金融中心伸臂桁架加强层平面

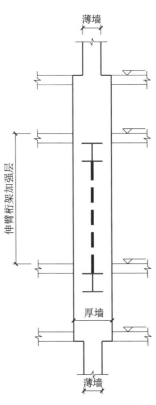

图 6-70　苏州国际金融中心伸臂桁架
加强层处内墙厚度变化示意

武汉中心等采用了伸臂桁架贯穿核心筒外墙的布置方式（图6-71），由于外墙厚度较大，可避免上述核心筒穿内墙设置时内墙厚度变化的问题，但两个方向的伸臂桁架弦杆在核心筒角部节点会重合，导致节点受力较为复杂，需进行专项的分析，研究确定合理的节点构造。

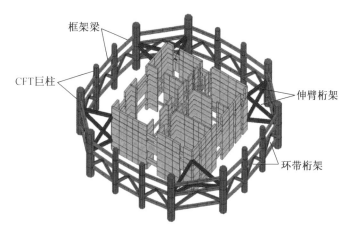

（a）伸臂桁架加强与杆件布置示意

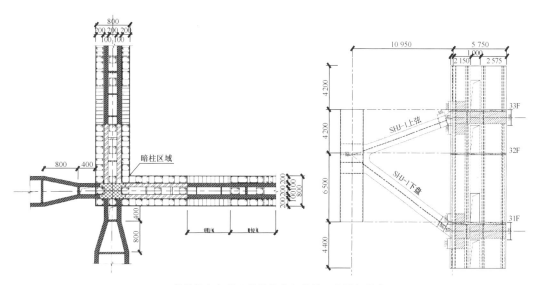

（b）伸臂桁架与核心筒外墙角部连接（内嵌钢骨式）

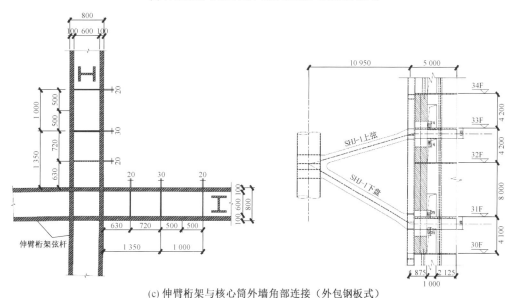

（c）伸臂桁架与核心筒外墙角部连接（外包钢板式）

图 6-71　武汉中心伸臂桁架与核心筒连接节点（单位：mm）

天津于家堡 03-08 地块工程中，结合建筑墙体的布置，伸臂桁架与核心筒外墙连接，但由于核心筒角部单方向设置翼墙，避免了上述两个方向伸臂桁架节点共节点的问题（图 6-72、图 6-73）。

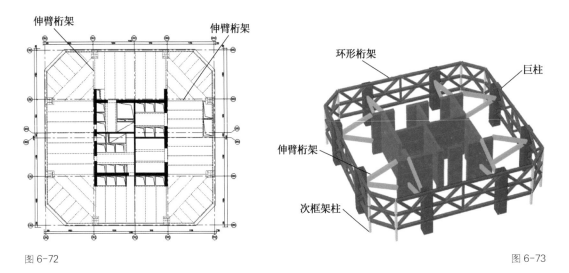

图 6-72

图 6-73

伸臂桁架节点处也可采用插板节点，贯穿核心筒的构件可采用钢板贯通，避免由于 H 型钢或 BOX 截面的宽度导致的墙体加厚与节点构造困难（图 6-74）。如插板节点过厚时，可采用两块板拼接使用。

图 6-72　天津于家堡 03-08 地块伸臂桁架加强层平面布置（单位：mm）

图 6-73　天津于家堡 03-08 地块伸臂桁架加强层杆件布置示意

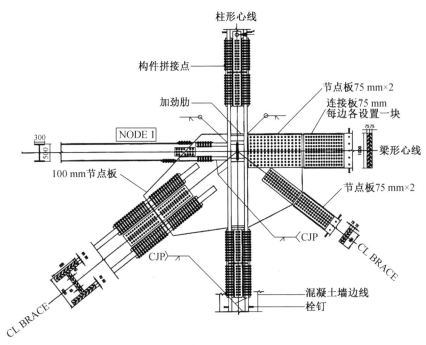

柱形心线

构件拼接点

加劲肋

NODE 1

100 mm 节点板

节点板 75 mm×2
连接板 75 mm
每边各设置一块

梁形心线

节点板 75 mm×2

CL BRACE

CJP

CJP

CL BRACE

混凝土墙边线

栓钉

图 6-74　伸臂桁架插板节点贯穿核心筒示意[31]

当结构平面采用角部巨柱且角柱上设置伸臂桁架时，伸臂桁架通常与核心筒的角部相连，此时很难保证伸臂桁架在核心筒内的贯通，此时建议采用伸臂墙的连接方式，在重庆来福士广场结构设计中采用了如图 6-75、图 6-76 的布置。

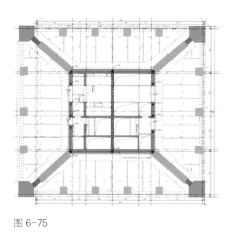

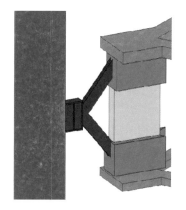

图 6-75 组合伸臂墙结构平面布置[40]

图 6-76 组合伸臂墙立面布置示意[40]

2. 虚拟伸臂

虚拟伸臂利用加强层的环带桁架和楼板：楼板具有很大的面内刚度和强度，变形在伸臂上、下层的楼板内产生一对水平力偶，并通过楼板传递到外围环带桁架的上、下弦杆上，最后通过环带桁架传递到桁架下的框架柱中，由柱中产生的轴力形成力偶抵抗侧向力产生的弯矩。

虚拟伸臂结构中核心筒产生的变形在伸臂上、下层的楼板内形成水平力偶，楼板以面内剪力的形式将水平力传递到外围环带桁架，经过环带桁架最终在外框柱中形成竖向抵抗力偶[36]，其传力路径如图 6-77 所示。虚拟伸臂没有实际的伸臂桁架连接核心筒和外围框柱，只是由楼板和外围环带桁架来实现协同工作，因此称之为虚拟伸臂。

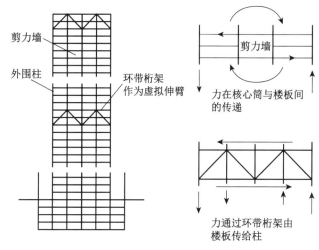

图 6-77 虚拟伸臂传力路径

在结构中设置虚拟伸臂能够实现上述有限刚度伸臂的想法，同时能够避免设置伸臂桁架带来的问题，其优点有：

(1) 没有伸臂桁架斜腹杆的影响，建筑空间能够随意利用。

(2) 外框柱的布置形式对虚拟伸臂的设计没有影响。

(3) 无须设计复杂的桁架-核心筒的连接。

(4) 核心筒和外框柱间变形的不协调不会影响虚拟伸臂，因为楼板在面外的垂直方向变形可以很灵活。

(5) 虚拟伸臂的刚度不大，设置虚拟伸臂会大大减小结构的刚度与内力突变，能够一定程度上消除或减少由于采用伸臂所带来的问题。使用虚拟伸臂仍然希望结构在罕遇地震作用下还能呈现"强柱弱梁""强剪弱弯"的延性屈服机制，避免结构在伸臂附近形成薄弱层。

韩国在建的高级高层住宅 Tower Palace Ⅲ[39] 是使用虚拟伸臂的典型例子。其在结构的 16 层和 55 层均设置了两道环带墙，形成的虚拟伸臂作用如图 6-78 所示。其在设计时加强了伸臂上、下层的楼板，为 300 mm 厚。使用虚拟伸臂后结构能够满足韩国规范的相关规定。

图 6-78　Tower Palace Ⅲ效果图及伸臂桁架立面布置示意[39]

3. 黏滞伸臂

黏滞伸臂通过在核心筒悬臂构件（梁、桁架、墙）与外框柱之间设置黏滞阻尼器形成。当悬臂构件端头与外框柱间产生相对位移时，黏滞阻尼器发挥作用，可显著提高结构的附加阻尼比，而其对结构抗倾覆刚度的影响不大。为了尽可能提高黏滞阻尼器的耗能能力，应当将其布置在层间位移较大的楼层。

菲律宾马尼拉香格里拉塔[38]由两座 217 m 高的钢筋混凝土建筑组成，采用框架-核心筒结构。其在加强层处设置 8 个悬臂墙，每个悬臂墙的端头连接处均设置两个垂直放置的特殊阻尼器，全楼共 16 个，如图 6-79 所示。设置黏滞阻尼器后，结构附加阻尼比高达 7.5%。

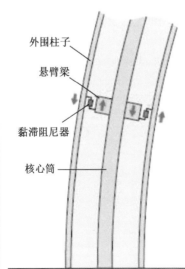

图 6-79　马尼拉香格里拉塔及其黏滞伸臂布置示意[38]

乌鲁木齐绿地中心塔楼结构大屋面高度 245 m，建筑总高度 258 m，单塔地上建筑面积约 11.35 万 m²。塔楼平面为带圆角的正方形，平面尺寸 44.5 m×44.5 m，结构地上 57 层,地下 3 层，基础埋深约 20.5 m，如图 6-80 所示。其黏滞阻尼器沿塔楼高度均匀布置于核心筒角部的各悬挑桁架上，即 F28，F37 和 F48。布置方式为悬臂式布置，在核心筒上设置悬挑桁架，在巨型柱与桁架端部之间设置竖向放置的黏滞阻尼器，如图 6-81 所示。设置黏滞阻尼器后，50 年风载基底剪力和倾覆力矩分别减小约 14% 和 19%，10 年风载顶部横风向加速度减小 60%，为 0.086，小震、中震和大震作用下阻尼器等效阻尼比分别提高到 4.5%，2.8% 和 1.9%。

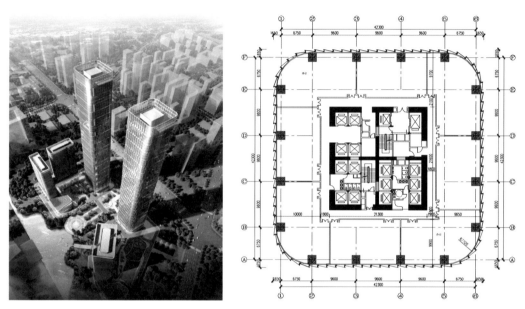

图 6-80　乌鲁木齐绿地中心效果图及典型楼层平面（单位：mm）

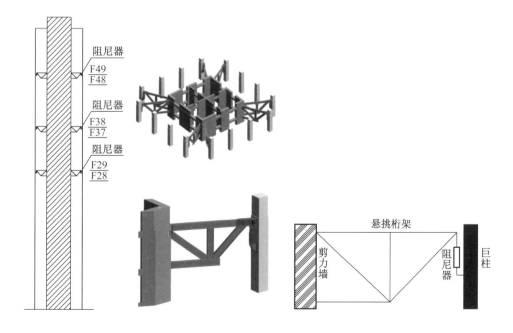

图 6-81　黏滞阻尼器平面布置和立面布置

6.4.3 伸臂桁架形式的效率分析

伸臂桁架可视为支座位于核心筒的悬臂构件，悬臂端部受一竖向集中力。其作用类似于组合梁中的钢梁表面设置的栓钉，或者 H 型钢梁中翼缘与腹板间的角焊缝，主要传递剪力为主，但与之不同的是伸臂桁架一般是分离（或分段）设置的。

下文利用虚功原理，按照一定的假定条件对下述四种伸臂桁架形式（图 6-82）的受力特点进行比较。

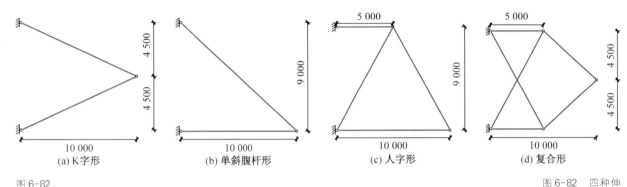

(a) K 字形　(b) 单斜腹杆形　(c) 人字形　(d) 复合形

图 6-82

图 6-82　四种伸臂桁架形式（单位：mm）

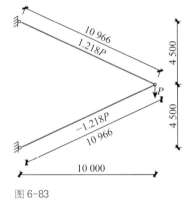

图 6-83

首先对伸臂桁架施加相同的竖向力 P，各种布置下的杆件轴力如图 6-83～图 6-86 所示。为便于比较，假定所有桁架杆件的轴向应力均相同，则可根据轴力求得桁架杆件的截面面积，即 $A_i/A_j = N_i/N_j$。

根据桁架的杆件内力和截面面积，利用虚功原理便可求得各桁架在 P 作用下的竖向位移 Δ_i。

图 6-83　K 形伸臂桁架轴力图 N_1（单位：mm）
图 6-84　单斜腹杆形伸臂轴力图 N_2（单位：mm）
图 6-85　人字形伸臂轴力图 N_3（单位：mm）
图 6-86　复合形伸臂轴力图 N_4（单位：mm）

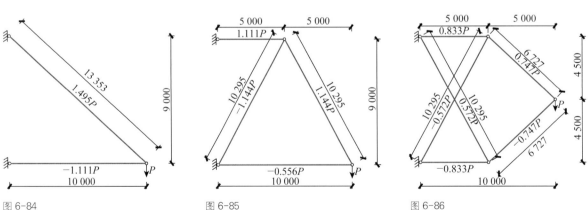

图 6-84　　　　　图 6-85　　　　　图 6-86

假设在外力 P 的作用下，四种伸臂桁架形式的竖向位移相同，即 $\Delta_1 = \Delta_2 = \Delta_3 = \Delta_4 = \Delta$，则可以认为这四种桁架形式的刚度相同。从而可以反算得到伸臂桁架抗弯刚度相同的条件下不同桁架形式的用钢量，汇总见表 6-15。

超高层建筑结构设计与工程实践

表 6-15　伸臂桁架形式及用钢量

桁架形式				
用钢量	$V_1 = \dfrac{713P}{E\Delta}$	$V_2 = \dfrac{967P}{E\Delta}$	$V_3 = \dfrac{1\,204P}{E\Delta}$	$V_4 = \dfrac{912P}{E\Delta}$
比例	1	1.36	1.69	1.28

从上表中可看出，在相同刚度条件下且假定各杆件应力均匀的前提下，上述四种桁架形式中，K 形布置的伸臂桁架材料最省，效率最高，人字形效率最低。且 K 形对称布置的伸臂桁架在竖向荷载作用下基本没有水平变形，单斜和人字形布置的伸臂桁架均存在弦杆的拉伸或压缩变形，对相连的巨柱产生一定的附加内力。

6.4.4　伸臂桁架位置的效率分析

已有的分析结果[29]表明，利用水平伸臂使外围框架参与结构整体抗弯是一种减小结构顶点侧移和核心筒底部弯矩的有效方法（图 6-87）。当伸臂的刚度和数量足够时，顶点侧移减小量可达最大可能减小量的 90% 以上。

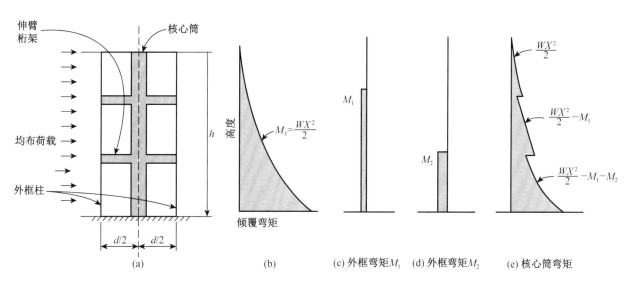

图 6-87　伸臂桁架弯矩分布示意图

伸臂桁架对于结构位移及核心筒倾覆弯矩的改善比例，取决于伸臂桁架的数量与位置以及结构刚度特征系数 λ。λ 是由核心筒和外围框架柱的刚度比及核心筒和伸臂的刚度比决定的。λ 可由核心筒和外框架柱的刚度比 α、核心筒和伸臂的线刚度比 β 确定[34]。

$$\lambda = \frac{\beta}{12(1 + \alpha)} \tag{6-18a}$$

$$\alpha = \frac{2E_w I_w}{d^2 E_c A_c} \tag{6-18b}$$

$$\beta = \frac{E_{\mathrm{w}}I_{\mathrm{w}}}{E_{\mathrm{b}}A_{\mathrm{b}}}\frac{d}{H} \qquad\qquad (6\text{-}18\mathrm{c})$$

式中 $E_{\mathrm{w}}I_{\mathrm{w}}$，$E_{\mathrm{b}}I_{\mathrm{b}}$——核心筒与伸臂桁架的弯曲刚度；

　　　　E_{c}，A_{c}——外围框架柱的弹性模量与面积。

伸臂的刚度对加强层的作用有很大的影响，伸臂的刚度越小，加强层的作用就越小。改变伸臂的刚度相对于改变外围框架柱的刚度对整体结构的影响更大。

已有的文献[29]已对伸臂桁架的效率分析进行了较多的研究。

当仅设置一道伸臂桁架时，以结构顶点位移作为评价伸臂桁架效率的指标。采用下述假定：①结构承受均布侧向荷载；②外围框架柱、核心筒和伸臂的截面特性沿高度不变；③伸臂桁架刚度无限刚，则设置伸臂后的结构顶点位移减小比例与伸臂桁架位置的关系如图 6-88 所示。从图中可看出：

（1）当仅设置一道伸臂桁架时，伸臂桁架位于 1/2 结构高度时，对降低结构位移最有效，算例中位移可减小为未设置伸臂桁架结构位移的 25%。

（2）由于建筑功能的要求，伸臂桁架设置于结构顶部时对建筑布置影响较小，虽也可显著降低结构位移，但其位移降低比例仅为设置于中部的 50% 左右。

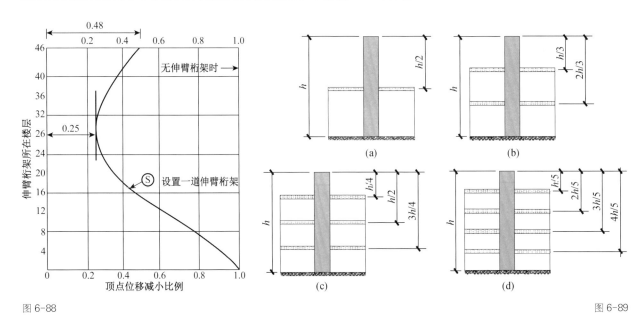

图 6-88

图 6-89

在上述假定基础上进行相应的分析，可得到多道伸臂桁架设置的最优位置（图 6-89），对于设置 n 道伸臂桁架时，最优的位置为 $h/(n+1)$，$2h/(n+1)$，$\cdots$，$n \times h/(n+1)$。

《高层建筑混凝土结构技术规程》（JGJ 3—2010）第 10.3.2 条给出了伸臂桁架设置的建议：当布置 1 个加强层时，可设置在 0.6 倍房屋高度附近；当布置 2 个加强层时，可分别设置在顶层和 0.5 倍房屋高度附近；当布置多个加强层时，宜沿竖向从顶层向下均匀布置。

由于伸臂桁架一般均包括斜撑或墙体，为减小对建筑功能的影响，伸臂桁架一般均设置在机电设备层或避难层。根据《建筑设计防火规范》（GB 50016—2014）中的规定，建筑高度大于 100 m 的公共建筑，应设置避难层（间），且第一个避难层（间）的楼地面

图 6-88　设置一道伸臂桁架时结构顶点位移减小比例与伸臂桁架位置的相对关系
图 6-89　伸臂桁架的最优位置

至灭火救援场地地面的高度不应大于 50 m，两个避难层（间）之间的高度不宜大于 50 m。避难层可兼作设备层。

故伸臂桁架需要在《建筑设计防火规范中》（GB 50016—2014）避难层规定的基础上进行相对的最优布置分析。

6.4.5 伸臂桁架加强层的受力特点

由于伸臂桁架的协调作用，核心筒在加强层附近受到伸臂桁架作用产生的附加弯矩，二者之间的内力传递类似于钢框架的梁柱节点。加强层的核心筒墙体类似于梁柱节点的节点域，而伸臂桁架在墙体内的上、下弦贯通类似于对应于钢梁上、下翼缘的加劲肋。

梁柱节点中，梁上、下翼缘的拉压力通过加劲肋与柱翼缘、腹板间的焊缝传递给柱腹板，如图 6-90 所示。

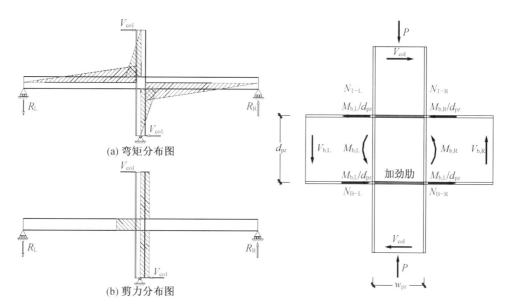

(a) 弯矩分布图

(b) 剪力分布图

图 6-90　框架梁柱节点受力特点

与梁柱节点不同，伸臂桁架杆件的内力较大，且伸臂桁架一般采用钢结构，核心筒则为混凝土结构，伸臂桁架的剪力及上下弦的水平拉、压力均需要采取可靠的措施传递给核心筒，如图 6-91 所示。

《高层建筑混凝土结构技术规程》（JGJ 3—2010）第 10.3.2-2 条规定：加强层水平伸臂构件宜贯通核心筒；广东省《高层建筑混凝土结构技术规程》（DBJ 15-92—2013）第 12.2.7-3 条规定核心筒墙体与伸臂桁架连接处宜设置构造型钢柱，型钢柱宜至少延伸至伸臂桁架高度范围以外上、下各一层。

墙体中的伸臂桁架贯通部分需设置栓钉或横向加劲肋，伸臂桁架上、下弦的拉压力通过栓钉的抗剪或加劲肋的承压将传递给核心筒墙体（图 6-92）。

由于栓钉或加劲肋承压沿弦杆均匀分布，故随着栓钉逐渐将杆件内力传递给核心筒墙体，弦杆自身的轴力自节点至核心筒内部逐渐减小，直至轴力变为零（图 6-93），类似于钢筋的锚固机理，故水平弦杆的截面可逐渐减小，理论上可不用贯通设置，只要锚固长度足够（即设置的栓钉或加劲肋足够）。

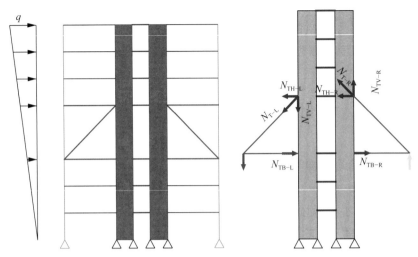

图 6-91 伸臂桁架在剪力墙内传力路径示意图

超高层建筑结构设计与工程实践

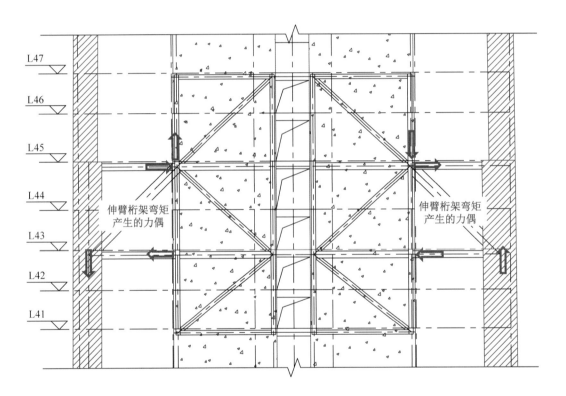

伸臂桁架弯矩
产生的力偶

伸臂桁架弯矩
产生的力偶

图 6-94 给出了苏州国际金融中心中外框架承担剪力及倾覆弯矩、核心筒承担剪力及倾覆弯矩和楼层总剪力及总倾覆弯矩沿楼层高度的分布。图 6-95 给出了苏州国际金融中心加强层处核心筒剪力及弯矩分布。

从图中可看出：

（1）一般楼层处的楼层剪力 V_{S} 由两部分组成，外框承担剪力 V_{FR} 和核心筒承担剪力 V_{C}，三者间存在如下关系：

$$V_{S} = V_{C} + V_{FR} \tag{6-19}$$

图 6-92 合肥宝能环球金融中心（GFC）B 座塔楼伸臂桁架立面布置

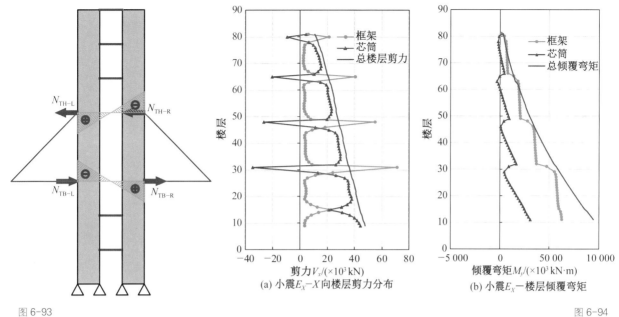

图 6-93

图 6-93 墙体内置水平弦杆轴力分布图（拉正压负）
图 6-94 苏州国际金融中心楼层剪力及倾覆弯矩分布

图 6-94

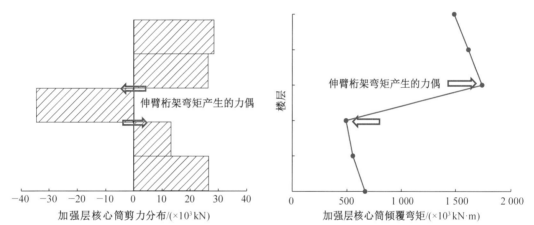

图 6-95 苏州国际金融中心加强层处核心筒剪力及弯矩分布

（2）加强层处的楼层剪力 V_S 由三部分组成，外框承担剪力 V_{FR}、核心筒承担剪力 V_C 及伸臂桁架分担的剪力 V_{OT}，表 6-16 给出了苏州国际金融中心伸臂桁架所在楼层处的各部分的剪力与楼层剪力的数值。

表 6-16　苏州国际金融中心伸臂桁架所在楼层处的各部分的剪力与楼层剪力的数值

加强层	楼层剪力 V_S/kN	核心筒剪力 V_C/kN	外框剪力 V_{FR}/kN	伸臂桁架剪力 V_{OT}/kN
OT4 （L78）	11 565	−13 714	4 212	21 067
OT3 （L63）	20 737	−23 503	2 585	41 655
OT2 （L46）	28 685	−29 844	758	57 770
OT1 （L29）	36 491	−31 217	1 195	66 513

从上表中可看出，伸臂桁架的剪力 V_{OT} 已超过楼层剪力值 V_S，从而导致各部分剪力存在如下关系：

$$V_S = -V_C + V_{FR} + V_{OT} \tag{6-20}$$

即伸臂桁架所在楼层处核心筒的剪力与外荷载是同方向的，加强层及上、下楼层处的剪力方向如图 6-96 所示。且加强层所在墙体的剪力一般均大于一般楼层的剪力，故除对墙体配筋进行加强外，《高层建筑混凝土结构技术规程》（JGJ 3—2010）中还建议设置内置的斜撑或钢板，提高墙体的抗剪承载力，作用类似于梁柱节点区的斜向加劲肋。

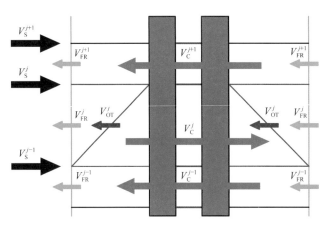

图 6-96　加强层楼层剪力分布

设置伸臂桁架的目的是使得外框柱的轴向刚度参与结构整体的抗倾覆，故理论上伸臂桁架的弦杆与斜腹杆的杆件内力在节点处的合力可简化为竖向剪力，进而转化为框架柱的轴力。《高层建筑混凝土结构技术规程》（JGJ 3—2010）第 10.3.2 条指出，水平伸臂构件与周边框架的连接宜采用铰接或半刚接。但实际情况较为复杂，主要存在以下三点，以苏州国际金融中心为例进行说明：

（1）伸臂桁架杆件截面较大，轴力巨大，无法做到铰接连接，故框架柱会受到局部弯矩 M_1。

（2）由于部分框架柱截面较大（巨柱），伸臂桁架的工作点与巨柱形心存在偏心距（图 6-97），使得巨柱受到较大的偏心弯矩 M_2；偏心距在分析中可通过刚臂模拟（图 6-98）。

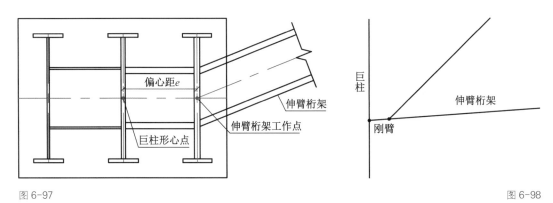

图 6-97

图 6-98

（3）伸臂桁架的下弦杆在受力作用下不可避免存在拉压变形，且集中在加强层上、下弦，由于上、下楼层的楼面存在较强的平面内约束，巨柱在此集中变形和楼面约束下产生较大的弯矩 M_3。

在三者中，局部弯矩 M_1 影响较小，由于偏心引起的弯矩 M_2 和下弦拉压变形引起的

图 6-97　伸臂桁架与巨柱偏心示意（一）
图 6-98　伸臂桁架与巨柱偏心示意（二）

弯矩对柱的承载力影响较大。图 6-99 和图 6-100 分别给出了采用刚性楼板和弹性楼板假定时，伸臂桁架与巨柱节点处弯矩分布。

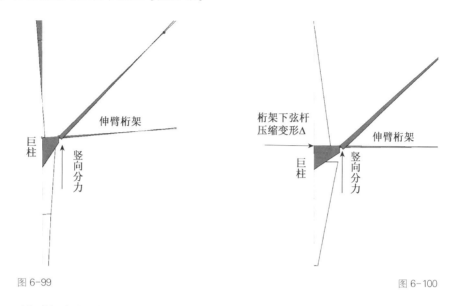

图 6-99   图 6-100

图 6-99　伸臂桁架与巨柱节点处弯矩分布（一）（采用刚性楼板假定，下弦无拉压变形）
图 6-100　伸臂桁架与巨柱节点处弯矩分布（二）（采用弹性楼板假定，下弦有拉压变形）

6.4.6　伸臂桁架杆件的受力特点

伸臂桁架主要通过桁架的抗弯来协调外框与核心筒的作用，理论上伸臂桁架杆件以轴力为主。但伸臂桁架的杆件截面及刚度一般均较大，由于节点区变形协调的原因，不可避免在杆件内会产生较大的弯矩，图 6-101 给出了苏州国际金融中心中伸臂桁架杆件在风荷载组合下的内力分布。

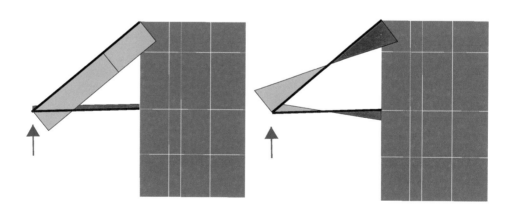

图 6-101　伸臂桁架的内力分布示意图

表 6-17 给出了伸臂桁架斜腹杆强度校核的结果，从表中结果可看出，弯矩产生的应力占截面总应力的 22%，说明伸臂桁架杆件的弯矩是不能忽视的。

表 6-17　苏州国际金融中心伸臂桁架杆件斜腹杆内力

斜腹杆内力		截面特性		应力/MPa			应力所占比例	
N/kN	M_3/（kN·m）	A/mm²	W_3/mm³	$\sigma_N = N/A$	$\sigma_M = M_3/W_3$	$\sigma_t = \sigma_N + \sigma_M$	σ_N/σ_t	σ_M/σ_t
−62 451	−5 530	403 000	1.26×10^8	155	43.9	198.9	78%	22%

在伸臂桁架截面形式选择时，可采用腹板强、翼缘弱的形式，节点处采用节点板连

接，以减少次弯矩的影响。

由于加强层的高度较高，对于单斜杆或 K 形布置的伸臂桁架斜腹杆，杆件长度一般均较大，其截面承载力往往受稳定控制。

从稳定的角度伸臂桁架杆件截面采用 BOX 截面是较为经济合理的，如苏州国际金融中心、武汉中心等，但采用 BOX 截面将使得伸臂桁架节点构造复杂。

图 6-102 给出了苏州国际金融中心伸臂桁架与核心筒墙体的连接节点构造，由于苏州国际金融中心伸臂桁架为贯穿核心筒内墙设置，根据结构整体刚度及杆件承载力的需求，伸臂桁架斜腹杆截面采用了 BOX 截面，在节点处仅腹板贯通，翼缘不伸入墙体内以避免与墙体纵筋冲突，该处节点中需要进行杆件的变宽度设置，钢板折弯构造，多处拼接缝连接等，构造相当复杂，给设计与施工均带来了相当大的难度。

超高层建筑结构设计与工程实践

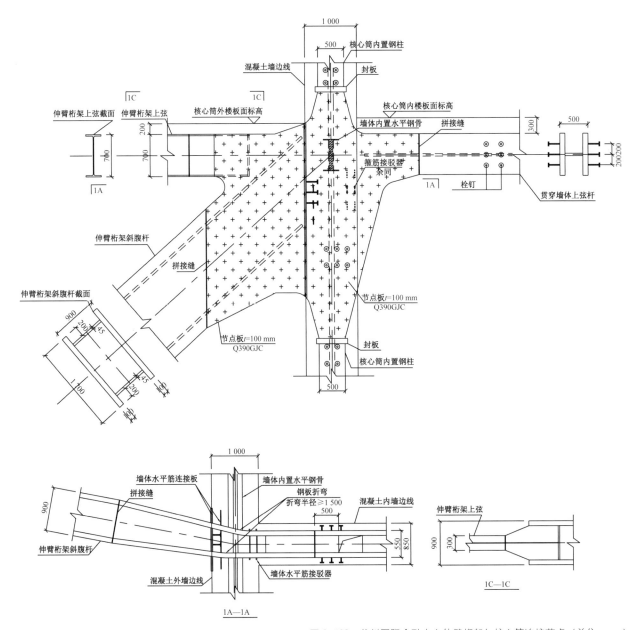

图 6-102 苏州国际金融中心伸臂桁架与核心筒连接节点（单位：mm）

图 6-103　武汉绿地中心伸臂桁架与巨柱、核心筒墙体的连接节点

从简化节点构造的角度，伸臂桁架杆件截面采用 H 形截面是合适的，但需要采取措施解决杆件的稳定问题，如加大 H 形截面的宽度以改善弱轴稳定，或采用再分式的杆件布置减小弱轴抗弯的计算长度。

伸臂桁架杆件采用正放的 H 形截面，节点连接采用单板连接强轴放在面外，一定程度上可简化节点构造，也可减少连接处的次弯矩，一般可视为铰接连接，如图 6-103 所示。

6.4.7　伸臂桁架的性能化设计

在风荷载作用下，设置伸臂桁架是减小结构水平位移的有效方法。但在地震作用下，由于伸臂桁架本身刚度很大，造成加强层楼层抗侧刚度突变和抗剪承载力突变，加强层处的内力分布复杂，容易形成薄弱层，结构的损坏机理比较难实现"强柱弱梁"和"强剪弱弯"的延性屈服机制[33]。因此要求设计伸臂桁架时需要满足：①刚度匹配；②位置合理；③传力直接等诸方面的设计要求。

在地震作用下，现行规范中建议框架-核心筒结构宜采用"有限刚度"加强层，从抗震设计概念上强调尽可能调整增加原结构的刚度，对结构整体刚度只要求其满足规范的最低值，"有限刚度"加强层只是弥补整体刚度的不足，以减少非结构构件的破损。尽量减少加强层的刚度，减少结构刚度突变和内力的剧增，避免结构在加强层附近形成薄弱层，使结构在罕遇地震作用下能呈现"强柱弱梁"和"强剪弱弯"的延性屈服机制。不建议采用刚度与承载力较大的伸臂桁架加强层，允许伸臂桁架杆件罕遇地震下进行屈服耗能。

基于以上规定和建议，苏州中南中心、武汉绿地中心、大连绿地中心、苏州国际金融中心、武汉中心、长沙国际金融中心针对伸臂桁架均采用了相同的性能设计目标，见表 6-18。

表 6-18　抗震性能设计目标

频遇地震和风荷载 （小震）	设防烈度地震 （中震）	罕遇地震 （大震）
按规范要求设计，弹性	按中震不屈服验算	允许进入塑性（$\varepsilon < LS$），钢材应力可超过屈服强度，但不能超过极限强度

注：LS 表示生命安全。

承载力校核时可参照《高层建筑混凝土结构技术规程》（JGJ 3—2010）中 3.11.3 条规定按下式进行：

$$S_{GE} + S_{EHK}^* + 0.4 S_{EVk}^* \leqslant R_K \tag{6-21}$$

根据上述性能目标，按如下公式进行构件承载力的校核验算。

（1）轴力验算按《钢结构设计规范》（GB 50017—2003）第 5.1 条规定计算：

轴力受拉和受压构件的强度：

$$\frac{N}{A_n} \leqslant f \tag{6-22}$$

轴心受压构件的稳定验算：

$$\frac{N}{\varphi A} \leqslant f \qquad (6\text{-}23)$$

（2）压弯拉弯构件验算按《钢结构设计规范》（GB 50017—2003）第 5.2 条规定计算：
在主平面内的强度：

$$\frac{N}{A_n} \pm \frac{M_x}{\gamma_x W_{nx}} \pm \frac{M_y}{\gamma_y W_{ny}} \leqslant f \qquad (6\text{-}24)$$

双向弯矩作用下的稳定性：

$$\frac{N}{\varphi_x A} + \frac{\beta_{mx} M_x}{\gamma_x W_x \left(1 - 0.8\dfrac{N}{N_{Ex}}\right)} + \eta \frac{\beta_{ty} M_y}{\varphi_{by} W_y} \leqslant f \qquad (6\text{-}25a)$$

$$\frac{N}{\varphi_y A} + \eta \frac{\beta_{tx} M_x}{\varphi_{bx} W_x} + \frac{\beta_{my} M_y}{\gamma_y W_y \left(1 - 0.8\dfrac{N}{N_{Ey}}\right)} \leqslant f \qquad (6\text{-}25b)$$

实现性能化设计较有效的方法是采用屈曲约束支撑（BRB）作为伸臂桁架的斜腹杆，
使得伸臂桁架本身成为结构的"保险丝"。当风荷载作用下结构变形不作为伸臂桁架设计
的控制工况时，这种方法最为有效，其优点有：

（1）伸臂桁架斜腹杆的极限状态是 BRB 的延性拉、压屈服，而非传统支撑构件的非
延性屈曲失效，因而避免了其相邻构件承受设计中未考虑到的超载。

（2）BRB 避免了将导致结构严重强度退化的斜腹杆屈曲破坏模式，使其在罕遇地震
作用下仍能继续工作。

（3）BRB 的拉压屈服能够吸收大量的地震能量，从而提高整体结构抗震性能。

（4）BRB 比传统支撑构件易于更换，地震后能更快地恢复结构的承载能力。

L. A. Live Tower[31] 是使用 BRB 作为伸臂桁架斜腹杆的典型例子。其在结构中部和
顶部设置了两道伸臂桁架，为了避免大震作用下周边框架出现超载的情况，斜腹杆设计
为 BRB，如图 6-104 所示。该设计中，BRB 在风荷载以及设计地震作用下保持弹性，仅
当其承受超过 50% 最大地震作用时，BRB 屈服以限制周边框架柱受力。

图 6-104　L. A. Live Tower 伸臂桁架 BRB 斜腹杆[31]

6.4.8 加强层的楼板分析

楼面结构体系是传递竖向荷载和水平荷载的重要组成。竖向荷载主要通过板传递给楼面梁，再通过楼面梁将竖向荷载传递给核心筒和外框架柱向下传递；同时，楼面系统联系着核心筒和外框架柱，是水平作用下结构体系变形协调、发挥结构空间整体性能的重要构件。

对设置水平伸臂构件的楼层在计算时宜考虑楼板平面内的变形，对加强层及相邻层的结构构件的配筋给予加强，并注意加强层各构件的连接锚固。

《高层建筑混凝土结构技术规程》（JGJ 3—2010）第 10.3.2-4 条规定，加强层及相邻层楼盖的刚度和配筋应加强。

广东省《高层建筑混凝土结构技术规程》（DBJ 15-92—2013）[14] 第 12.2.6-2 条规定，机房设备层、避难层及外伸臂桁架上下弦杆所在楼层的楼板宜采用钢筋混凝土楼板，并应采取加强措施。

1. 传统伸臂桁架中楼板作用的分析

伸臂桁架的上、下弦是桁架的关键构件，必然有拉伸和压缩变形。在单斜杆布置、人字形或 V 形伸臂桁架布置中，加强层楼层与伸臂桁架的上、下弦会共同作用，楼板的存在对于结构的内力分布与结构的整体刚度存在一定的影响，加强层的楼面结构存在较大的面内应力。

图 6-105 给出了苏州国际金融中心，典型加强层楼板（位于伸臂桁架下弦）在风荷载组合（$1.2D + 0.98L + 1.4W$）下的楼板应力情况。从图中可看出伸臂桁架下弦杆周围的楼板应力较大，局部应力区域（图中云线圈注）拉应力的最大值约为 4.5 MPa，需通过配筋加强楼板的抗拉承载力。

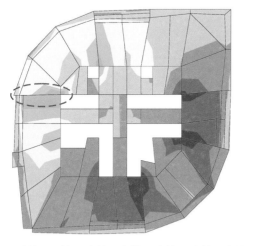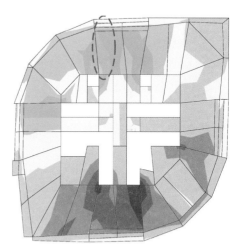

$$-6.00 \quad -5.00 \quad -4.00 \quad -3.00 \quad -2.00 \quad -1.00 \quad 0.00 \quad 1.00 \quad 2.00 \quad 3.00 \quad 4.00 \quad 5.00 \quad 6.00 \quad 7.00$$

(a) X 向风荷载组合   (b) Y 向风荷载组合

图 6-105　典型加强层在风荷载组合的楼板应力分

考虑到楼板的开裂，加强层的楼板在结构整体分析时应采用弹性膜假定。若采用无限刚的假定进行计算，则将夸大伸臂桁架的刚度作用，且使得伸臂桁架弦杆的内力无法得到真实反映。

表 6-19 和表 6-20 给出了苏州国际金融中心，不同的楼板刚度对整体结构刚度及风荷载下构件内力的影响。可以看到：

（1）苏州国际金融中心伸臂桁架采用单斜布置，仅下弦所在楼板参与伸臂桁架的受力，伸臂桁架的抗弯刚度中斜腹杆的刚度占比较大，故采用弹性楼板假定（刚度不折减时）与采用刚性楼板假定时，结构的整体刚度差别较小。但不考虑楼板刚度时，结构整体刚度有较大下降，风荷载下的顶点侧移增大 13%。

（2）楼板刚度对于斜腹杆轴力的影响很小，但是对于下弦杆和巨柱的内力影响显著。楼板刚度越大，有助于分担下弦杆轴力，进而巨柱的侧向变形越小，从而巨柱的剪力和弯矩也相应越小。

表 6-19　不同楼板刚度下的整体结构刚度

加强层楼板刚度	周期/s	风荷载下顶点位移/mm	
弹性楼板刚度不折减	8.38	564	
弹性楼板（不考虑楼板刚度）	8.89	635	113%
刚性楼板	8.30	555	98%

表 6-20　风荷载下的构件内力

楼板	斜腹杆轴力/kN	下弦杆轴力/kN	巨柱剪力/kN	巨柱弯矩/（kN·m）
弹性楼板刚度不折减	39 269	6 588	7 044	40 217
弹性楼板（不考虑楼板刚度）	38 320	10 755	9 805	49 156

2. 虚拟伸臂中楼板作用的分析

在虚拟伸臂结构中，核心筒与外框的变形通过楼板来协调，混凝土楼板两侧出现相对位移，从而对楼板产生反方向成对的剪力，楼板产生面内剪切变形，受到剪力和弯矩的作用。楼板作为虚拟伸臂结构中重要的传力构件，其刚度也是影响虚拟伸臂作用效果的一个因素。

同样以一个算例比较了不同刚度楼板对虚拟伸臂效率的影响，分析结果汇总于表 6-21。

表 6-21　不同刚度楼板对虚拟伸臂效率的影响

伸臂形式	风荷载下顶点侧向位移/in
虚拟伸臂	37.1
虚拟伸臂（楼板刚度加强 10%）	31.0
虚拟伸臂（楼板刚度加强 10%、环带桁架刚度加强 10%）	26.0

注：1 in＝2.54 cm。

理论上应验算楼板抗剪和抗弯刚度，但是从目前已有的资料来看，按照目前楼板厚度的取法设计的楼板不管在静力荷载作用还是动力荷载作用下都很少出现楼板面内受剪破坏或受弯破坏，因此设计时可不考虑面内剪力和弯矩，仅按竖向荷载计算。但考虑到虚拟伸臂中楼板是主要的传力构件，楼板应力比普通楼层大很多，为保证楼板的可靠传力应将其加强。为了确保楼板能够可靠地传递剪力，可以采用钢结构组合楼板中常常使用的水平支撑来抵抗成对的水平剪力。同时为了保障楼板具有必要的面内刚度，应该避免使用凹凸不规则和局部不连续。

6.4.9 差异沉降变形对伸臂桁架的影响

加强层的伸臂构件强化了内筒与周边框架的联系，内筒与周边框架的竖向变形差将产生较大的次应力，需采取有效措施减小其影响（如伸臂桁架斜腹杆的滞后连接等），在结构分析时宜将这些措施的影响反映在合理的模拟中。

《高层建筑混凝土结构技术规程》（JGJ 3—2010）第10.3.2条规定：在施工顺序和连接构造上应采取减小结构竖向温度变形和轴向压缩差的措施，结构分析模型应能反应施工措施的影响。

图6-106给出了苏州国际金融中心伸臂桁架斜腹杆及编号。表6-22给出了苏州国际金融中心

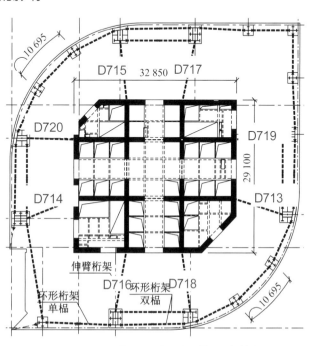

图6-106 苏州国际金融中心伸臂桁架斜腹杆及编号

伸臂荷载斜腹杆在自重（SW）及附加恒载（SD）作用下产生较大的附加内力。斜腹杆以受压为主，说明核心筒沉降大，外框柱沉降小。

表6-22 伸臂桁架斜腹杆在 $SW + SD$ 作用下的附加内力   单位：kN

楼层	D713	D714	D719	D720	D715	D716	D717	D718
F80	− 8 422	− 1 058	− 8 913	− 4 003	− 4 552	− 2 995	− 5 251	− 5 761
F65	− 11 266	− 4 675	− 10 527	− 8 914	− 7 775	− 5 005	− 7 626	− 8 120
F48	− 10 173	− 5 058	− 9 513	− 8 799	− 7 082	− 4 789	− 6 699	− 7 725
F31	− 5 419	− 2 201	− 5 386	− 5 464	− 4 269	− 599	− 3 636	− 3 771

表6-23给出了附加内力与控制风荷载组合下内力的对比，如不采取措施，附加内力将对伸臂桁架的承载力产生较大影响。且从表中可看出，高区伸臂桁架附加内力的占比一般均高于低区。

为减少框架-核心筒结构因竖向变形差、混凝土的徐变对伸臂构件产生的不利影响，可使伸臂桁架施工时先做临时固定，只在初固螺栓孔安装销子，不安装高强螺栓，通过销子在初固螺栓孔中的转动或滑动释放剪力墙和外框柱之间的竖向变形差，待施工到上一伸臂桁架层时再使用高强螺栓最终固定下一加强层的伸臂桁架。

表 6-23　伸臂桁架斜腹杆附加内力与控制风荷载组合下内力的对比　　　　　单位：kN

楼层	D713	D714	D719	D720	D715	D716	D717	D718
F80	− 26 153	− 11 219	− 25 956	− 19 243	− 22 914	− 18 968	− 23 991	− 25 988
$(SD+SW)$ / ECW	32%	9%	34%	21%	20%	16%	22%	22%
F65	− 44 687	− 28 802	− 40 595	− 40 593	− 45 225	− 39 534	− 43 989	− 43 987
$(SD+SW)$ / ECW	25%	16%	26%	22%	17%	13%	17%	18%
F48	− 54 423	− 39 184	− 48 458	− 51 010	− 58 464	− 51 719	− 55 944	− 54 653
$(SD+SW)$ / ECW	19%	13%	20%	17%	12%	9%	12%	14%
F31	− 52 656	− 39 400	− 46 610	− 51 481	− 61 651	− 50 750	− 57 727	− 52 820
$(SD+SW)$ / ECW	10%	6%	12%	11%	7%	1%	6%	7%

6.5　巨型支撑

6.5.1　支撑布置形式

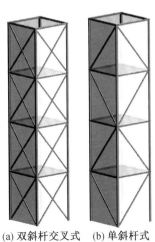

(a) 双斜杆交叉式　(b) 单斜杆式　(c) 人字撑

图 6-107　支撑布置形式示意图

　　巨型支撑布置形式大致可分为双斜杆交叉式、单斜杆式以及人字撑等形式。

　　从抗侧刚度比较，三者呈依次递减的顺序。双斜杆交叉式、单斜杆式支撑布置形式在超高层建筑设计中广泛采用。由于超高层底部大堂入口建筑空间的需求，部分工程底部的巨型支撑也会采取采用人字撑等形式。采用单斜杆布置形式的超高层建筑有上海环球金融中心、深圳京基 100 大厦等，采用双斜杆交叉式布置形式的超高层建筑有天津高银金融 117 大厦、北京 Z15 中国尊、深圳平安金融中心大厦、香港中国银行大厦等。

　　超高层建筑功能往往要求底部有大空间的大堂入口，双斜杆交叉或单斜杆支撑布置往往不能满足建筑师的要求，为了避免结构底部抗剪刚度削弱过于严重，在结构设计中往往退而求其次采用人字支撑的形式。人字支撑采用对结构设计应注意以下几点：

　　(1) 结构底部往往形成薄弱层。

　　巨型支撑框架结构往往采用双斜杆交叉式、单斜杆式支撑，其抗侧刚度远大于人字支撑，因此在结构底部采用人字支撑往往会形成薄弱层，一部分水平剪力将从外框筒结构转移到核心筒结构。

　　(2) 人字撑顶部水平杆承载能力验算。

　　超高层建筑底部采用人字支撑，往往底部楼层缺失形成大空间，人字支撑不能受到楼面的稳定约束。当遭遇罕遇地震时，人字支撑的压杆易于屈曲，沿水平横杆竖向产生不平衡竖向力和弯矩，对截面的承载力要求非常高。水平横杆在支撑拉压轴力作用下产生较大的轴向力，在平面内外易出现屈曲。支撑屈曲和水平横梁的屈曲或破坏将显著降低支撑筒的抗侧力刚度，尤其在关键的超高层建筑的底部加强区。

基于人字支撑布置超长、平面内外稳定约束点少的特点，可在设计中考虑采用屈曲约束支撑的形式，不再一味对巨型支撑、水平横杆截面以及楼板约束构造进行加强，不但可以解决超长支撑的稳定问题，同时避免水平横杆在跨中承受竖向力。底部大堂人字支撑布置如图6-110所示。

图6-108

图6-109

图6-110

图6-108　上海环球金融中心
图6-109　香港中国银行大厦
图6-110　底部大堂人字支撑布置[41]

6.5.2　巨型支撑与次框架结构关系

巨型支撑根据其与巨型框架次结构梁、柱的关系可区分为整体式与分离式，前者巨型支撑与次结构梁、柱在其相交处节点相连，次结构梁、柱将其承担的一部分竖向荷载传递至巨型支撑（图6-111）；后者巨型支撑与次结构柱、梁在其相交处节点分离，次结构梁、柱基本不传递竖向荷载至巨型支撑（图6-112）。

两种形式在实际工程中均有应用，其中整体式的实际工程应用有上海环球金融中心、北京Z15中国尊项目等，分离式的应用有天津高银金融117大厦。

两种形式各有其特点，其中分离式竖向荷载传递路径比较清晰，结构受力简洁明确，但由于其分离式的特点，次框架结构构件与巨型支撑结构构件需分前、后两层，此特点将主要造成两方面的影响：

（1）巨型支撑与转换桁架节点设计、施工较困难、烦琐。

转换桁架承担次框架的竖向荷载与次框架在同一平面内，因此分离式形式往往导致巨型支撑与转换桁架不在同一平面内，巨型支撑、转换桁架与巨型柱交接处节点处理困难，且由于受建筑空间的限制，转换桁架与巨型支撑结构构件前、后两层距离较近，施工空间狭小，对施工工艺、质量带来较大挑战，如图6-113所示。

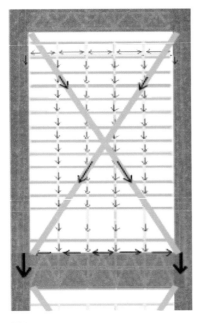
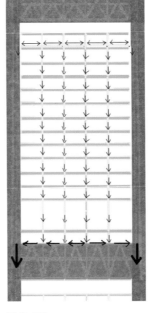
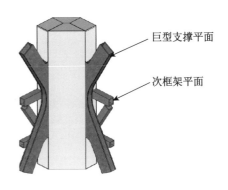

巨型支撑平面

次框架平面

图 6-111   图 6-112   图 6-113

（2）影响建筑有效使用进深。

次框架结构构件与巨型支撑结构构件需分前、后两层，无形中加厚了结构构件的宽度，对于建筑有效使用进深造成一定的影响。

整体式特点与分离式相反，虽然其次框架竖向荷载传递路径比较复杂，但其节点设计相对简单，对建筑空间的影响相对较小。在实际工程应用中得到较多采用。

图 6-111　整体式次框架竖向荷载传递路径[42]
图 6-112　分离式次框架竖向荷载传递路径[41]
图 6-113　分离式巨型支撑、转换桁架与巨型柱节点示意[41]

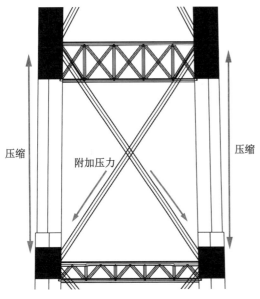

压缩　附加压力　压缩

图 6-114　巨型支撑附加压力示意图

6.5.3　支撑与竖向变形

巨型支撑框架体系结构中的支撑主要承担水半荷载作用下的剪力。但同时巨型支撑在竖向荷载作用下与巨柱同步压缩，将会产生较大的附加内力（图 6-114）。若考虑巨型柱的收缩与徐变，附加内力将会进一步增加。

释放一部分附加内力主要可采取巨型支撑后连接的形式，在施工过程中巨型支撑的连接节点通过长圆孔进行连接，释放轴向变形，在竖向荷载施加完毕后再进行连接节点的焊接。支撑连接节点焊接时应同时考虑将主体结构施工阶段的强度、稳定验算。

6.5.4　巨型支撑计算长度

通常情况下，巨型支撑通过钢梁与楼板进行连接，楼板作为巨型支撑的水平约束（图 6-115），同时通过构造措施，避免大量楼面竖向荷载传递至巨型支撑，确保支撑为轴

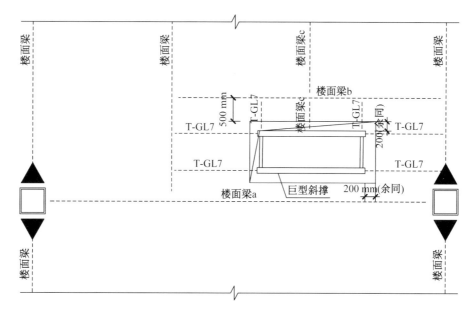

图 6-115　典型楼面梁约束巨型斜撑示意

向受力构件。由于巨型支撑的截面
较大，楼板提供的水平刚度不足以
作为巨型支撑的完全刚性约束，因
此在工程设计中需对楼板提供约束
刚度对巨型支撑的影响进行分析，
以确定巨型支撑的计算长度（屈曲
特征值分析简图见图 6-116）。具体
计算分析中可将楼板提供的约束沿
支撑长度方向简化成一系列弹簧，
通过屈曲特征值分析得到巨型支撑
的弹性屈曲欧拉力（P_{cr}），从而反
算出巨型支撑的计算长度。考虑楼
板开裂的影响，楼板平面内的约束
刚度应进行适当的折减。

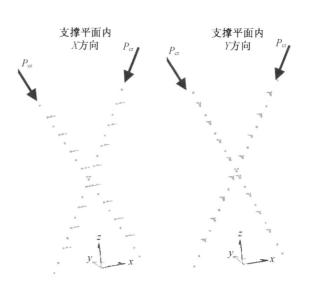

图 6-116　巨型支撑屈曲特征值分析简图[41]

6.6　环带桁架与次框架

6.6.1　环带桁架

　　环带桁架如同框架梁一样，约束巨柱的弯曲变形，与巨柱形成具有较大抗侧刚度的
巨型框架（图 6-117）。此外，环带桁架和桁架上、下弦的楼板还会与核心筒组成"虚
拟伸臂"，起到伸臂桁架的作用，协调巨型框架和核心筒变形，提高整体结构的抗侧刚
度。从竖向传力角度，环带桁架将次框架传来的竖向荷载传递给巨柱，起到转换桁架的
作用。

图 6-117 环带
桁架布置图[41]

环带桁架一般结合建筑、机电布置在设备层或避难层，减小对建筑使用功能的影响。从提高效率的角度看，环带桁架的道数不宜用太多，一般为伸臂桁架道数的 1.5～2 倍即可。从结构受力合理性考虑，环带桁架沿高度宜均匀布置，以有效约束巨柱的变形，避免巨型框架刚度不均匀。环带桁架高度根据承担竖向力大小、桁架跨度和巨型框架抗侧刚度要求综合确定，一般为一层高或两层高。由于巨柱截面较宽，而环带桁架宽度较小，为有效约束巨柱的变形，环带桁架也可采用双榀桁架，但设置双榀环带桁架，对巨型结构刚度几乎没有改善，且节点构造及施工会更趋复杂。

环带桁架杆件截面可根据桁架高度、杆件整体稳定、杆件局部稳定以及节点构造来确定，一般情况可采用箱形或工字形。箱形截面具有较好的稳定性，但节点构造和制作加工相对复杂；工字形截面节点构造和制作加工简单，但稳定性能稍差，用钢量相对较大。

6.6.2 环带桁架设计

环带桁架是巨型框架支撑筒体结构体系中主要的抗侧构件，又是竖向传力的主要构件，环带桁架设计时应考虑竖向荷载传力要求、抗侧刚度要求、抗震性能要求和防连续倒塌要求等。因此除了与普通桁架一样验算竖向荷载、地震作用（包括水平地震和竖向地震）和风荷载等作用下的承载力验算、构件宽厚比验算之外，环带桁架设计还需考虑以下要求。

(1) 多道设防。

相比核心筒，巨型框架的延性较好，在我国规范的多道抗震设防中，巨型框架属于第二道防线。与普通框架核心筒结构中控制框架承担地震剪力比例一样，巨型框架支撑承担的地震剪力需满足底部剪力 20% 的要求。作为巨型框架结构的一部分，环带桁架承担的地震作用需根据框架承担地震剪力比例的要求进行调整。

(2) 抗震性能目标。

环带桁架作为转换桁架，承担一区次框架传来的竖向荷载，环带桁架的破坏将导致其所支承一区所有楼面的破坏，有必要提高其抗震性能，设计中通常将环带抗震性能目标提高至大震不屈服。

当次框架为刚接时，在一区外框结构中，次框架起到空腹桁架的作用，能将部分竖向荷载直接传至巨柱，而通过次柱传递给环带桁架的荷载偏少。在大震作用下，次框架通常都会在端部形成塑性铰，空腹桁架作用基本没有，所有竖向荷载必须通过次柱传递到环带桁架上。因此，当次框架刚接时，环带桁架验算中需将框架梁柱之间改为铰接，不考虑空腹桁架作用，确保环带桁架满足大震不屈服的抗震性能目标。

(3) 防连续倒塌。

在突发事件，如爆炸、撞击等引起的结构局部破坏时，环带桁架是否具有抗连续倒塌能力一般可考虑两种情况：一种是次框架柱破坏后，在破坏面以上的楼层荷载将传递到上一区环带桁架，上一区环带桁架需具有承担因次柱失效而附加其上竖向荷载的能力；

另一种是环带桁架局部杆件破坏，如腹杆失效，竖向荷载重新分布后环带桁架仍需具有足够的承载能力。

6.6.3 次框架

次框架主要作用是将本区的竖向荷载传递给环带桁架（传力路径见图6-118）。当希望外框增加刚度时，也可将次框架的梁柱做成刚接。图6-119为某巨型框架支撑筒体结构次框架铰接和刚接下结构层间位移角分布的对比，次框架刚接时，结构层间位移角略小，说明结构整体刚度略大，但效果不明显。

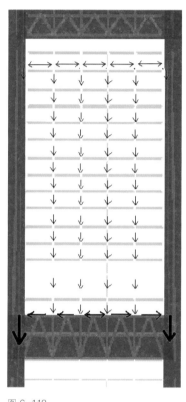

图 6-118

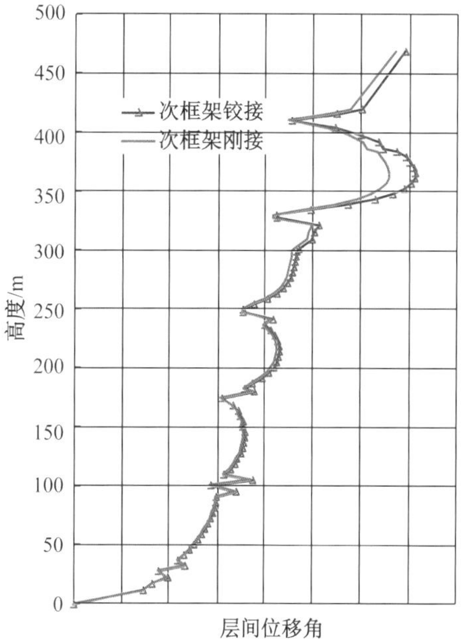

图 6-119

图 6-118　次框架传力路径[41]

图 6-119　巨型框架支撑筒体结构的层间位移角分布

次框架顶部与上一区环带桁架可以用长圆孔螺栓滑动连接（图6-120），平时避免向上部传递竖向荷载，保证在竖向荷载作用下各环带桁架的受力均匀性。在极端情况下当小柱完全破坏时，结构楼层悬挂于上部腰桁架上，形成第二传力途径。

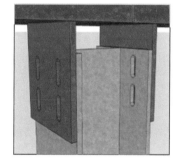

图 6-120　长圆孔螺栓滑动连接[41]

6.7　塔冠

塔冠位于建筑的最顶端，是整个建筑物曝光率最高的部位，塔冠往往是整个超高层建筑立面的点睛之笔。塔冠造型不仅要与塔楼整体相吻合，又要足够特殊以符合代言整个建筑的角色，因此塔冠造型比塔楼特殊复杂。塔冠一般没有使用功能，不含计容面积，因此设置塔冠可在保持建筑面积不变的前提下提高建筑物的高度。当前，为争夺城市、地区、国家甚至世界超高层建筑的最高点，超高层建筑的塔冠高度呈逐渐增大的趋势。超高层建筑中，塔冠高度的增加和塔冠造型的特殊不仅对塔冠本身的结构提出更高的要求，也对整体塔楼的结构设计带来不可忽略的影响。

6.7.1　塔冠风荷载

塔冠一般没有使用功能，竖向荷载主要为结构自重、幕墙、检修通道和设施，塔冠传给塔楼主体结构的竖向荷载不大。

塔冠位于建筑的顶部，承担较大的风荷载。该风荷载通过塔楼主体结构传递至地面，在传递过程中，引起较大的水平剪力和倾覆弯矩。超高层建筑中，塔冠风荷载引起的倾覆力矩占塔楼倾覆力矩的比例与普通建筑相比更高。超高层建筑结构自身周期较大长，地震作用下，顶部塔冠引起的鞭梢效应相比普通建筑更为显著。

为抵抗塔冠水平力引起的附加倾覆力矩，需增加塔楼主体结构的刚度。当不改变塔楼主体结构体系，为提高塔楼的刚度，需增大抗侧力构件截面尺寸。超高层建筑结构中，抗侧力构件的重量占结构自重的比例可达 60%～70%，抗侧力构件截面尺寸的增大在增大结构抗侧刚度的同时会显著增加结构的自重。

表 6-24 为大连绿地中心塔冠风荷载引起的剪力和倾覆力矩与整体塔楼的剪力和倾覆力矩的比较[43]。由于塔冠高度比例较大，无塔冠的模型要比有塔冠的模型的风荷载要减小 10%左右，基底的倾覆力矩可减小达 20%左右。

表 6-24　有、无塔冠塔楼的风荷载比较

有、无塔冠模型	无塔冠模型		有塔冠模型		（无塔冠−有塔冠）/有塔冠	
	X 向	Y 向	X 向	Y 向	X 向	Y 向
基底剪力/kN	76 877	81 921	85 179	93 021	−9.7%	−11.9%
基底倾覆力矩/（kN·m）	20 959 883	22 638 300	25 068 492	28 139 084	−16.4%	−19.5%

6.7.2　带塔冠整体结构分析

由于塔冠结构杆件众多，采用振型分解反应谱法进行分析时，塔冠会出现许多局部振型，若整体结构要达到 90%的质量参与系数，需要非常多的振型。因此整体结构地震作用分析时，可采用忽略塔冠、计入塔冠质量的方式计算整体结构的地震作用。

在采用刚重比验算塔楼稳定性时，由于塔冠与下部主体结构刚度相差太多，采用带塔冠的整体模型计算的刚重比会抬高结构的重心位置，导致计算结果过分保守，因此宜采用不带塔冠的模型计算整体结构刚重比。

6.7.3　塔冠鞭梢效应分析

塔冠结构分析分别采用含下部主体结构的整体模型和单独塔冠模型进行。整体模型可全面考虑塔冠鞭梢效应，地震作用下塔冠的受力和变形更加合理。单独模型在塔冠结构的调整和承载力校核时更加方便。但单独模型中，地震作用、风荷载和温度作用下塔

冠的内力需进行调整，使结构、构件的受力与整体模型计算结果相符。塔冠结构的分析模型如图 6-121 所示。

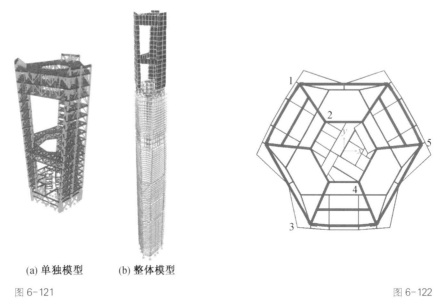

(a) 单独模型   (b) 整体模型

图 6-121

图 6-122

图 6-121　塔冠结构分析模型

图 6-122　塔冠底部提取加速度的位置

塔冠单独模型的结构响应可以通过塔冠支座加速度放大系数或塔冠支座处楼面谱来确定[44]。

(1) 塔冠底部加速度放大系数。

为了确定塔冠结构的鞭梢效应，对含有塔冠结构的整体模型进行了弹性时程分析，得到塔冠支座节点处（图 6-122）的最大加速度响应与输入加速度的比值（表 6-25），由此确定鞭梢效应引起的塔冠地震作用放大系数。单独模型分析中，偏于安全考虑鞭梢效应，水平地震作用放大系数取为 3，竖向地震作用放大系数取为 6。

表 6-25　地震作用放大系数

点号	放大倍数		
	a_x	a_y	a_z
1	2.4	1.6	4.0
2	2.0	2.4	4.0
3	2.1	2.1	4.3
4	1.9	1.9	4.2
5	1.9	1.6	3.7

(2) 楼面谱分析。

考虑塔冠鞭梢效应的特殊性，采用楼面谱分析，验证塔冠地震放大系数的适用性。将地震时程波在点 1 处产生的加速度相应进行傅里叶变换，得出点 1 处的楼面谱，并将其与按上文计算出的地震作用放大 3 倍后的反应谱进行比较，如图 6-123 所示。

可见，在塔冠结构主要的振型周期点上，按地震作用放大系数放大后安评反应谱与楼面谱的数值基本相符，说明上文计算出的地震作用放大系数进行塔冠结构设计是合理的。

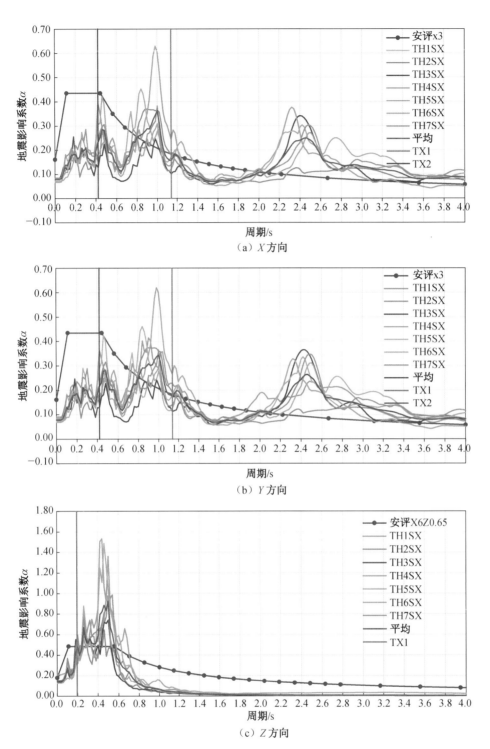

（a）X方向

（b）Y方向

（c）Z方向

图 6-123　安评反应谱与楼面谱的比较

6.7.4　塔冠结构设计

超高层建筑塔冠由于受力的特殊性，结构设计的关注点与普通塔冠结构不同，包括塔冠抗震性能目标的确定、塔冠与主体结构的连接要求、疲劳问题和施工可建性等。

6.7.4.1 抗震性能目标

超高层建筑的塔冠虽然没有使用功能，但由于其位置特殊性，抗震性能目标需根据塔冠实际情况进行适当提高。大连绿地中心塔冠由于其位置高，震后破坏损失大且难以修复，将塔冠构件的抗震性能目标适当提高至中震不屈服。塔冠支座是塔冠与主体结构连接的关键部位，其抗震性能目标提高至大震不屈服。塔冠抗震性能设防目标见表6-26所列。

表6-26 塔冠抗震性能设防目标

抗震烈度		频遇地震	设防烈度地震	罕遇地震
构件	塔冠构件	规范设计要求，弹性	不屈服	允许进入屈服
	塔冠支座	规范设计要求，弹性	弹性	不屈服

6.7.4.2 与主体结构的连接

超高层塔冠高度较高，承担较大的水平荷载，塔冠底部需要足够嵌固作用，才能保证塔冠的竖向荷载和水平荷载可靠地传递给塔楼主体结构。大连绿地中心塔冠的主要竖向构件，即空间桁架的弦杆支承在巨柱、环形桁架和伸臂桁架上。为保证塔冠的有效嵌固，塔冠主要竖向构件向下延伸至塔楼顶部的环形桁架和伸臂桁架中（图6-124）。

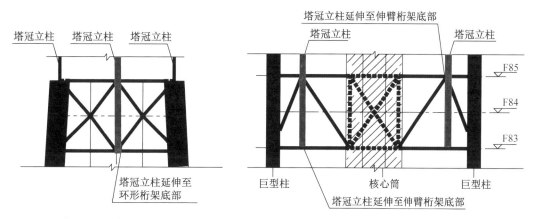

图6-124 塔冠立柱延伸示意图

6.7.4.3 疲劳设计

塔冠结构承担的竖向荷载不大，水平荷载尤其是风荷载较大。风荷载本质上是随机振动荷载，在风荷载作用下，构件（节点）内的应力会随机变化。由于竖向荷载引起的应力比例较低，风荷载引起的应力比例较高，构件（节点）内的应力幅较大。风荷载不是偶然荷载，是长期存在，因此其引起的应力幅将引起塔冠构件或节点的疲劳问题。

塔冠构件或节点的选择需考虑具有良好疲劳性能的形式，同时，设计中需严格控制风荷载下的应力水平和应力幅，材料选择和构造措施确定也需要考虑其抗疲劳性能。

6.7.4.4 施工的可建性

超高层建筑塔冠位于建筑顶部，属于高空施工。而且塔楼主体结构主要构件，如核心筒，到了结构大屋面后不会向上延伸，塔楼的施工条件较差，塔吊、施工电梯和脚手架等施工设施的设置受到更多的限制，其施工方式不同于塔楼主体结构，对施工方案提出更高的要求。塔冠结构设计中需要考虑施工可建性，结构体系、节点形式和连接方式等的选择均需要综合考虑塔冠安装的便利性和高空施工的限制。

6.7.4.5　使用阶段维护

超高层建筑塔冠位于建筑顶部，结构构件暴露在室外环境中，构件表面防腐涂层容易老化，使用阶段应定期维护。此外，塔冠结构的节点焊缝在外部荷载下尤其是疲劳应力下是否开裂也需在使用过程中加以检测。设计文件中宜对塔冠结构的防腐涂层维护以及焊缝检测等加以明确。

6.8　节点设计

6.8.1　节点类型

超高层建筑结构主要节点可分为柱脚节点，梁、柱、支撑连接及拼接节点，伸臂桁架、环带桁架连接节点等。相关规范、标准图集对典型节点的构造及设计均有明确的要求。对于比较复杂节点形式需进行节点有限元分析验证节点的可靠性，如有条件可进行节点缩尺试验验证节点有限元分析的可靠性。本节主要介绍复杂节点的构造与设计。

6.8.2　节点分析

6.8.2.1　分析软件选用

较复杂的节点例如超高层建筑伸臂桁架与框架柱及核心筒的连接节点一般采用通用有限元程序进行分析，选用分析软件时应注意所采用单元的收敛敏感性，特别对于混凝土单元，避免由于程序收敛性能差异造成的分析困难。

目前节点分析通常采用的有限元分析软件有 ABAQUS，ANSYS，MIDAS-FEA 等。

6.8.2.2　分析模型建模

分析模型建模需关注以下几个因素：

(1) 合理选择分析采用的单元类型（杆单元、壳单元、实体单元）。

(2) 合理选择单元划分尺寸（分析精度、分析时间）。

(3) 网格划分（图 6-125）应正确处理不同单元之间节点耦合关系。

(4) 模型边界条件的处理（位移边界，荷载边界，静力受力平衡，见图 6-126）。

(5) 计算模型施加荷载取值方法的合理选择：

① 根据整体结构计算模型分析结果取值进行加载。优点：较容易满足静力平衡条件（适用于力边界数量较多的较大节点分析模型）。缺点：往往不能满足强节点弱杆件的要求。

② 根据杆件承载能力进行加载。优点：满足强节点弱杆件的要求。缺点：往往不能满足静力平衡条件（仅适用于力边界数量较少的小节点分析模型）。

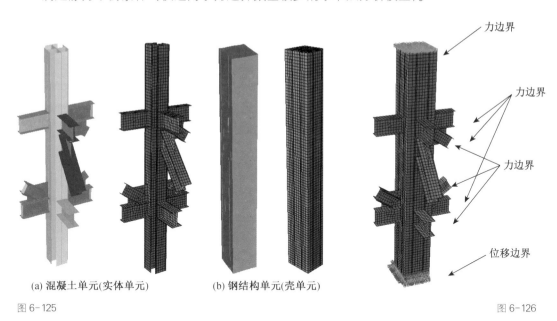

力边界
力边界
力边界
位移边界

(a) 混凝土单元(实体单元)　　　(b) 钢结构单元(壳单元)

图 6-125　　　　　　　　　　　　　　　　　　　　　　图 6-126

图 6-125　某项目节点分析网格划分
图 6-126　节点区域边界条件简图

6.8.2.3　分析结果判断

模型分析结果判断应注意以下几个问题：

(1) 不同材料采用不同的强度判断准则（混凝土、钢筋、钢结构）。

(2) 合理判断局部应力集中与节点承载能力的关系。

(3) 强节点弱杆件的判断（杆件完全屈服，节点部分屈服）。

6.8.3　柱脚节点

6.8.3.1　受力特点

超高层建筑结构柱脚受力主要以受压为主。局部高宽比较大的超高层建筑，在侧向荷载作用下，在柱脚部位可能产生拉力，虽然拉力数值可能远远小于压力，但由于混凝土材料的拉压性能差异较大，拉力在柱脚节点设计中也经常成为一个不可忽视的因素。当框架柱与支撑相连时，柱底可能会产生较大的水平力，柱底压力提供的摩擦力往往难以克服，在此类情况下还需对柱脚进行抗剪设计。

6.8.3.2　柱脚形式

超高层建筑结构柱脚形式主要分为两种：外包式和埋入式。

一般超高层建筑结构在竖向荷载作用下柱脚受力以受压为主，且往往埋置于深度较深的地下室，柱底水平力较小。因此外包式柱脚为目前超高层主要采用的柱脚节点形式（图 6-127）。如柱脚在侧向荷载作用下产生拉力以及较大的水平力，可通过在柱脚底板上设置高强度锚栓以及在柱脚底板下方设置抗剪件等措施来满足节点的承载力要求。外包式柱脚的主要优势在于构造简单，施工比较方便。

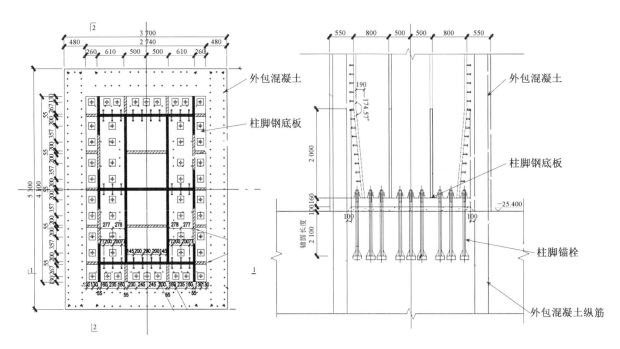

图 6-127 外包式巨型柱脚图[5]（单位：mm）

特殊超高层建筑结构，如 CCTV 新台址主楼，在建筑上部形成大悬挑结构，仅在竖向荷载作用下就形成巨大的倾覆弯矩，相应角部柱脚产生较大的拉力。对于此类情况柱脚建议在工程设计中采用埋入式柱脚（现场安装图见图 6-128）。埋入式柱脚的主要特点为：柱脚抗拉、抗剪、抗弯性能较好，但由于其埋入基础筏板内部，基础筏板结构的钢筋混凝土施工难度较大。

6.8.4 伸臂桁架与核心筒连接节点

超高层结构通常设有带伸臂桁架的结构加强层，伸臂桁架两端分别与核心筒及框架柱连接，将一部分侧向荷载产生的倾覆弯矩由核心筒传递至外框架。

伸臂桁架按与核心筒连接部位可分为与核心筒外墙连接以及核心筒内墙连接。

伸臂桁架与核心筒外墙连接点通常位于核心筒的角部，且有两个方向的伸臂桁架交汇，此处节点构造比较复杂，局部区域应力集中现象比较明显（图 6-129）。

图 6-128 埋入式柱脚现场安装

对于核心筒内墙布置比较规则的超高层建筑，将伸臂桁架布置于核心筒内墙处也是超高层结构设计的常见情况（图 6-130）。与伸臂桁架与核心筒外墙连接节点相比，将伸臂桁架连接节点布置在核心筒内墙处可避免两个方向伸臂桁架交汇的现象，节点受力状态相对简单。但由于核心筒内墙相对外墙较薄，而伸臂桁架连接节点以及杆件需要一定的厚度，核心筒内墙在伸臂桁架布置层及其相邻层往往需加厚，以满足节点构造的要求以及墙体抗剪承载力的要求。

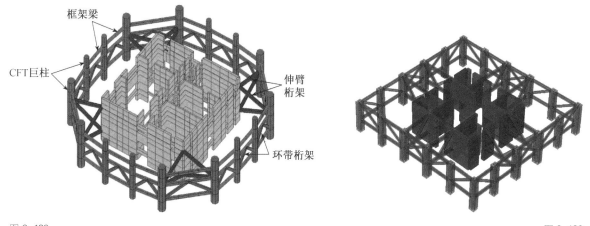

图 6-129

图 6-130

图 6-129　伸臂
桁架与核心筒外
墙连接

图 6-130　伸臂
桁架与核心筒内
墙连接

伸臂桁架与核心筒外墙角部连接按其节点构造形式可分为内嵌钢骨式和外包钢板式，如图 6-131、图 6-132 所示。

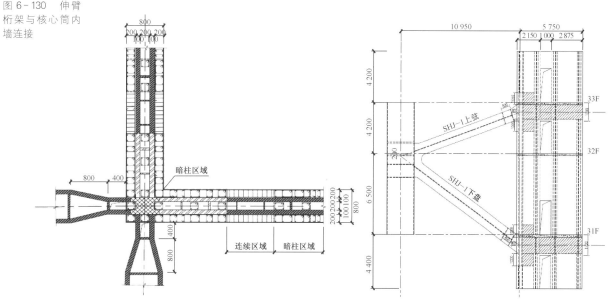

图 6-131　伸臂桁架与核心筒外墙角部连接（内嵌钢骨式）（单位：mm）

试验以及有限元分析表明，内嵌钢骨式和外包钢板式节点均表现出良好的承载力、延性、变形恢复能力以及耗能能力，抗震性能满足设计要求。两种节点均表现出良好的传力能力。试验和精细有限元分析表明，力在节点区通过以下路径进行传递：斜杆—节点板—墙体角部外包或内嵌钢板及钢骨—连梁—更远处外包或内嵌钢板，离节点区越远应力水平越低，很好地实现了力的传递和扩散。不同构造节点的传力机理有所区别。外包钢板由于覆盖面积更大，角部分受力更多，深入墙内的外包钢板受力相对较小，应力扩散更快。而内嵌钢板由于构造复杂，内埋钢骨较少，角部分受力较少，深入墙内的内嵌钢板受力相对较大，应力扩散较慢。伸臂桁架入墙处与混凝土剪力墙共同作用良好，很好地发挥了传力的作用。

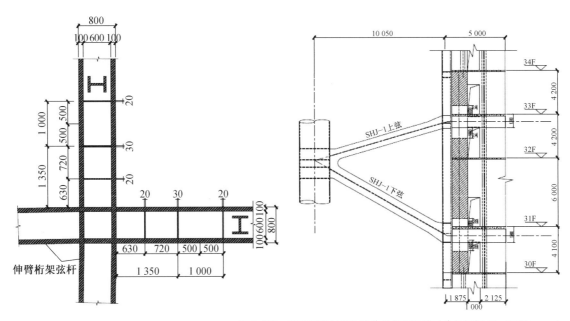

图 6-132 伸臂桁架与核心筒外墙角部连接（外包钢板式）（单位：mm）

伸臂桁架与核心筒内墙连接时，由于仅需连接一个方向的伸臂桁架，主要采用内嵌钢骨的形式。其节点的传力机理和路径与伸臂桁架和核心筒外墙连接类似，如图 6-133 所示。

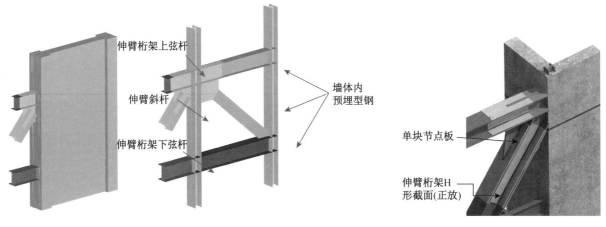

图 6-133

图 6-134

加强层与伸臂桁架相连的核心筒墙体将会承受较大的剪力，因此在加强层与伸臂桁架相连的核心筒墙体内部往往通过埋设部分钢结构来提高墙体的抗剪能力，同时也使外侧伸臂桁架形成的剪力通过墙体内埋设的钢结构均匀地传递给钢筋混凝土墙体。墙体内埋设的钢结构主要分钢板和型钢两种。

伸臂桁架 H 形截面斜腹杆与核心筒连接可分为正放（斜杆翼缘平行于地面，见图 6-134)和倒放（斜杆翼缘垂直于地面，见图 6-135）两种形式。二者节点传力路径均较清晰简单，在节点构造上各有其优缺点。

伸臂桁架 H 形截面斜杆采用正放与核心筒连接节点主要有以下特点：

图 6-133 伸臂桁架与核心筒内墙连接（内嵌钢骨式）
图 6-134 H 形伸臂桁架截面与核心筒内墙连接（截面正放）

（1）仅含与 H 形截面腹板对应的单块节点板板件伸入钢筋混凝土墙体内部，节点构造简单，对土建施工影响较小。

（2）伸臂桁架杆件的内力仅靠单块节点板传递，当伸臂桁架截面较大时，可能造成节点板厚度较厚，尺寸较大。

伸臂桁架 H 形截面斜杆采用倒放与核心筒连接节点主要有以下特点：

（1）与 H 形截面翼缘对应的两

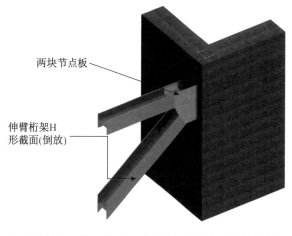

图 6-135 H 形伸臂桁架截面与核心筒内墙连接（截面倒放）

块节点板伸入钢筋混凝土墙体内部，与单块节点板相比，土建施工难度略有增加。

（2）伸臂桁架杆件的内力由两块节点板传递，与杆件正放的单块节点板相比，节点板板厚较薄，尺寸较小。

6.8.5　伸臂桁架与框架柱连接节点

超高层结构框架柱通常采用钢骨混凝土柱（SRC 柱）或钢管混凝土柱（CFT 柱）的形式，其中钢管混凝土柱主要分为圆钢管混凝土柱和矩形钢管混凝土柱，近些年来随着巨型框架结构的兴起，多腔体异形钢管混凝土也在实际工程中得到应用。由于框架柱形式的不同，伸臂桁架与框架柱的连接节点形式也有一定的差异。

1. 伸臂桁架与 SRC 柱连接节点

十字形钢骨或双腹板王字形钢骨为 SRC 柱常用的钢骨形式，如图 6-136 所示。

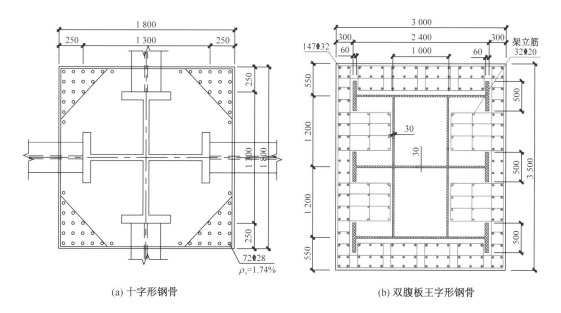

(a) 十字形钢骨　　　　　　　　　　(b) 双腹板王字形钢骨

图 6-136　钢骨混凝土柱中钢骨主要形式（单位：mm）

对于十字形钢骨，建议伸臂桁架的杆件采用 H 形截面形式，伸臂桁架杆件 H 形截面的腹板与十字形钢骨的腹板对齐（正放），通过与腹板对齐的单块节点板传递力的作用。节点板应根据伸臂桁架杆件截面进行设计，满足"强节点，弱杆件"的要求，如图 6-137 所示。

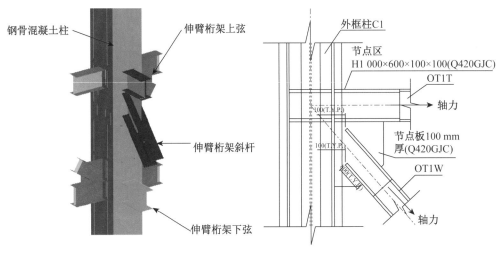

图 6-137 十字形钢骨与伸臂桁架连接节点

对于双腹板王字形钢骨，建议伸臂桁架的杆件可采用 H 形截面以及箱形截面两种形式（图 6-138）。当伸臂桁架采用 H 型钢时，可将 H 型钢的翼缘置于与王字形腹板平行方向（倒放）（图 6-139）。建议截面形式设计为两侧翼缘较厚、腹板较薄的形式，在节点部分仅两侧翼缘伸入节点，腹板断开。当伸臂桁架杆件伸臂桁架采用箱形截面时。建议截面形式设计为两侧腹板较厚、上下翼缘较薄的形式，在节点部分仅两侧腹板伸入节点，上下翼缘断开。此类节点构造尽可能减少柱内水平隔板的数量，便于柱内钢筋混凝土结构的施工。

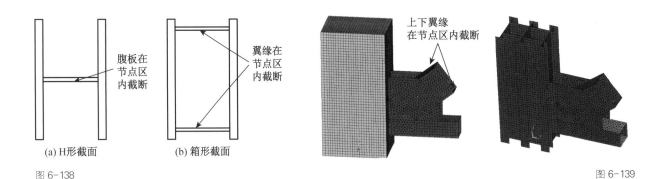

图 6-138

图 6-139

2. 伸臂桁架与 CFT 柱连接节点

伸臂桁架与矩形钢骨混凝土柱及圆钢管混凝土柱的连接节点比较类似，均多采用将与伸臂桁架杆件竖向板件相对应的节点板插入钢管混凝土内的形式，节点板上布置抗剪栓钉，可将部分力传递于钢管内的混凝土，如图 6-140、图 6-141 所示。

图 6-138 伸臂桁架截面示意

图 6-139 伸臂桁架与王字形钢骨柱连接节点

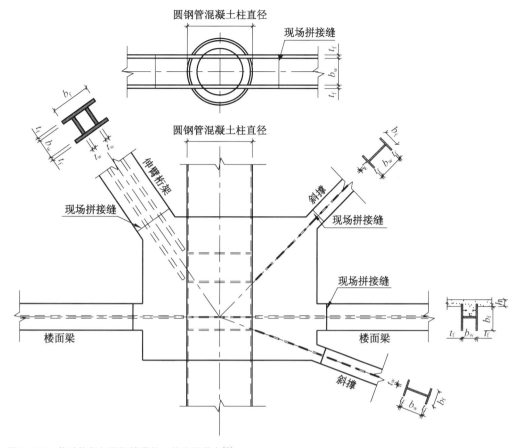

图 6-140　伸臂桁架与圆钢管混凝土柱连接节点[9]

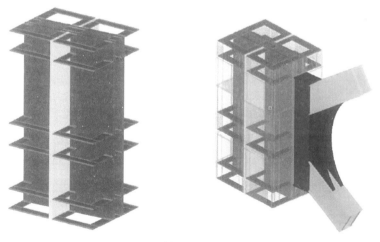

图 6-141　伸臂桁架与矩形钢管混凝土柱连接节点[4]

6.8.6　环带桁架连接节点

环带桁架根据结构形式的不同一般分为两种：一种为普通框架中的环带桁架（图 6-142），主要起减小与伸臂桁架相邻框架柱的剪力滞后效应的作用，提高外框架抗侧刚度，一般跨度较小通常采用单节间的形式；另一种为巨型框架中的环带桁架（转换桁架，图 6-143），主要起转换次结构的作用，同时作为巨型框架的框架梁，提供一定的抗侧刚度，一般跨度较大，桁架有多个节间。

普通框架中环带桁架与框架柱的连接节点与伸臂桁架相似。巨型框架中环带桁架（转换桁架）的节点分为环带桁架与巨型柱连接节点、环带桁架节间连接节点以及环带桁架与次结构柱的连接节点。

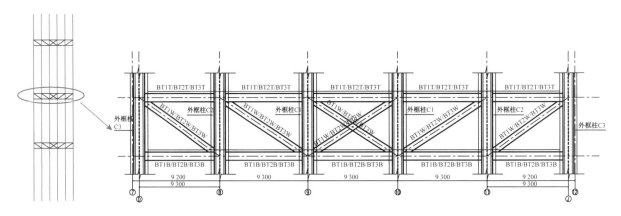

图 6-142　普通框架中的环带桁架（单位：mm）

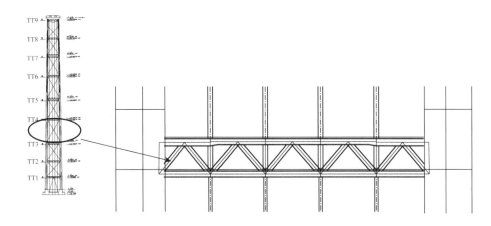

图 6-143　巨型框架中的环带桁架[41]

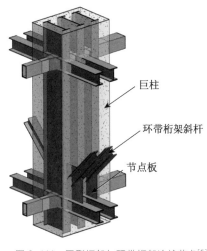

图 6-144　巨型框架与环带桁架连接节点[5]

6.8.6.1　环带桁架与巨型柱连接节点

环带桁架与巨型柱连接节点（图 6-144）可参照伸臂桁架与框架柱的连接节点，在巨型结构中环带桁架往往兼作次结构的转换桁架，节点设计中应注意其在竖向荷载作用下就会产生较大的内力，竖向荷载往往将会成为巨型框架中环带桁架的控制因素。

6.8.6.2　环带桁架节间连接节点

环带桁架同一节点中的斜腹杆受力形式往往呈现一拉一压的状态（桁架跨中除外，但跨中往往斜腹杆内力较小，见图6-145）。环带桁架可能采用H形截面与箱形截面的形式，连接节点做法可大致分为两种：

（1）腹杆全截面（截面腹板以及翼缘）直接与弦杆杆件焊接；

（2）腹杆翼缘在节点处断开，通过一块（H形截面）或两块（箱形截面）厚度相对较厚的节点板与弦杆杆件焊接。

其中第（2）种连接方式传力途径比较清晰，加工比较方便，尤其对于箱形截面桁架，减少了箱形截面内部的加劲肋，降低了钢结构加工制作的难度。

对此类环带桁架的节点设计主要需注意以下几个问题：

(1) 斜杆上、下翼缘伸入锚固长度的验算；

(2) 节点板局部破坏线验算；

(3) 节点整体抗剪验算；

(4) 节点板的稳定验算；

(5) 节点应按"强节点、弱杆件"进行设计。

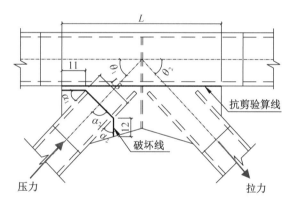
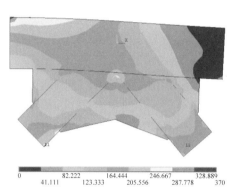

图6-145 环带桁架节间连接节点及有限元分析简图

6.8.6.3 环带桁架与次结构柱连接节点

若将次结构柱设计为仅承受竖向荷载的重力柱，建议次框架柱底与环带桁架采用铰接节点的形式，可避免环带桁架变形引起次结构柱的次弯矩，有效减小次结构柱的截面。

次结构柱顶端与环带桁架往往采用长圆孔普通螺栓的连接形式，使结构转换传力路径明确的同时适当增加结构的冗余度。

根据《建筑设计防火规范》（GB 50016—2014）的要求，相邻避难层之间高度不应大于50 m，根据一般办公楼层高，相邻避难层之间的层数约为11层，大大小于《建筑设计防火规范》（GB 50016—2014）执行之前邻避难层之间的层数（一般为15层左右）。为了减少转换桁架（环带桁架）的道数，且使每道转换桁架较均匀地承受竖向荷载，可采用隔区设置转换桁架（环带桁架）的形式。转换桁架与次结构柱关系可采用上托、下吊相结合的形式，如图6-146所示。

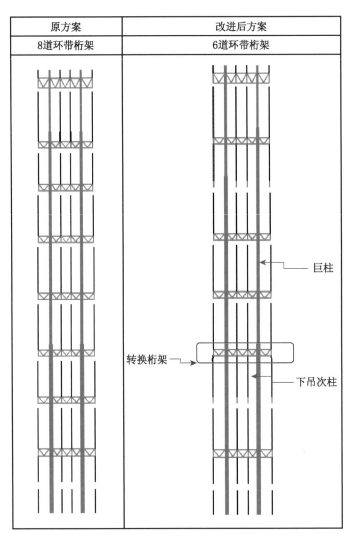

|原方案|改进后方案|
|8道环带桁架|6道环带桁架|

巨柱

转换桁架

下吊次柱

图 6-146 采用次柱上托、下吊式优化后的环带桁架

6.8.7 巨型支撑连接节点

6.8.7.1 巨型支撑与巨柱连接节点

巨型支撑与巨柱连接节点根据巨型支撑与次结构的空间关系分为两类：巨型支撑与次结构在同一平面、巨型支撑与次结构在不同平面。

当巨型支撑与次结构在同一平面内时，巨型支撑与巨型柱的节点通常与环带桁架与巨型柱的节点融合，且节点处往往采取宽度加大的构造，以增加节点对巨柱的约束，如图 6-147 所示。

当巨型支撑与次结构在不同平面时，巨型支撑与巨型柱的节点通常与环带桁架与巨型柱的节点错开，但通常情况下二者错开间距较近，节点构造复杂、施工难度大，如图6-148 所示。

6.8.7.2 巨型支撑与次结构柱连接节点

当巨型支撑与次结构在同一平面内时，次结构柱与巨型支撑相交，相交处通常采用刚性连接节点，保证次结构柱及巨型支撑在节点处的连续性，如图 6-149 所示。

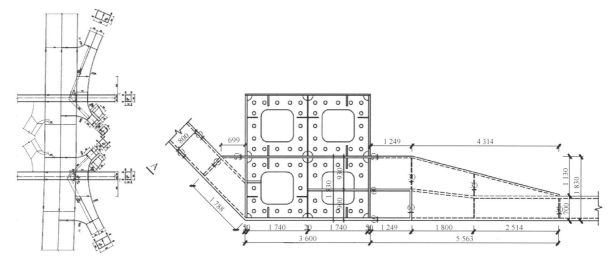

图 6-147　巨型支撑与巨柱连接节点（巨型支撑与次结构在同一平面内）[42]

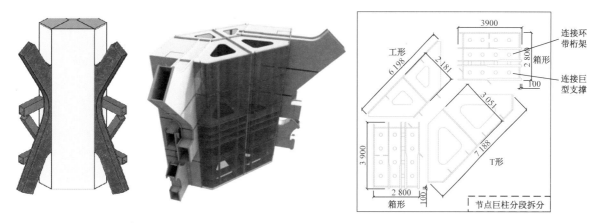

图 6-148　巨型支撑与巨柱连接节点（巨型支撑与次结构在不同平面）（单位：mm）

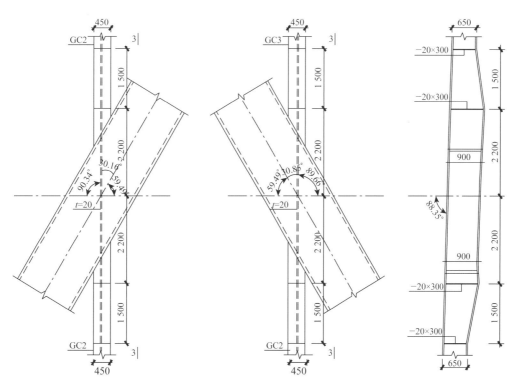

图 6-149　巨型支撑与次结构柱刚性连接节点[5]（单位：mm）

6.9 参考文献

［1］陆道渊，包联进，等．钢-混凝土组合楼盖体系设计技术大纲［R］．华东建筑设计研究院有限公司．

［2］汪大绥，姜文伟，芮明倬，等．超高层连体结构关键技术研究［R］．华东建筑设计研究院有限公司．

［3］上海现代建筑设计（集团）有限公司技术中心．组合楼板设计与施工规范：CECS 273—2010［S］．北京：中国计划出版社，2010.

［4］Arup International Consultants Co Ltd. 广州新城东塔项目超限设计专家审查报告［R］．2009.

［5］Thornton Tomasetti, Inc., 同济大学建筑设计研究院（集团）有限公司．上海中心大厦结构超限审查会送审报告［R］．2009.

［6］SMITH Adrian. Adrian Smith + Gordon Gill Architecture, Burj Dubai: Designing the World's Tallest, Mar 2008-CTBUH 2008 8th World Congress［R］．Dubai.

［7］Thornton Tomasetti, Inc., 华东建筑设计研究院有限公司．武汉绿地中心主楼工程结构工程超限审查送审报告［R］．2012.

［8］雷强，刘冠亚，侯胜利．深圳京基金融中心超限高层结构初步设计［J］．建筑结构，2011，41（S1）：346-351.

［9］SOM，华东建筑设计研究院有限公司．天津津塔超限高层抗震审查报告［R］．2007.

［10］华东建筑设计研究院有限公司．乌鲁木齐绿地中心三期项目超限高层抗震审查报告［R］．2014.

［11］华东建筑设计研究院有限公司．大连绿地中心项目超限高层抗震审查报告［R］．2013.

［12］肖建庄．高强混凝土结构性能及发展［J］．建筑技术开发，2002，29（1）：3-6.

［13］中国建筑科学研究院．建筑抗震设计规范：GB 50011—2010［S］．北京：中国建筑工业出版社，2010.

［14］广东省住房和城乡建设厅．高层建筑混凝土结构技术规程：DBJ 15-92—2013［S］．北京：中国建筑工业出版社，2013.

［15］蒋冬启，肖从真，陈涛，等．高强混凝土钢板组合剪力墙压弯性能试验研究［J］．土木工程学报，2012，45（3）：17-25.

［16］中华人民共和国住房和城乡建设部．组合结构设计规范：JGJ 138—2016［S］．北京：中国建筑工业出版社，2016.

［17］中国建筑科学研究院．混凝土结构设计规范：GB 50010—2010［S］．北京：中国建筑工业出版社，2010.

［18］孙建超，徐培福，肖从真，等．钢板-混凝土组合剪力墙受剪性能试验研究［J］．建筑结构，2008，38（6）：1-6.

［19］中华人民共和国住房和城乡建设部．超限高层建筑工程抗震设防专项审查技术要点

超高层建筑结构设计与工程实践

（建质〔2010〕109 号）[S].北京：2015.

[20] 胥玉祥，朱玉华，赵昕，等．双连梁受力性能研究 [J].结构工程师，2010，26
（3）：31-37.

[21] 纪晓东，王彦栋，马琦峰，等．可更换钢连梁抗震性能试验研究 [J].建筑结构学
报，2015，36（10）：1-10.

[22] 李霆，张慎，王杰，等．钢筋混凝土分段式连梁抗震性能分析及应用 [J].建筑结
构，2016，46（13）：90-96.

[23] 黄永强，童骏．超高层结构中巨型组合截面的应用技术研究 [R].华东建筑设计研究
院有限公司，2013.

[24] 冶金工业信息标准研究院．钢骨混凝土结构技术规程：YB 9082—2006 [S].北京：
冶金工业出版社，2007.

[25] 中华人民共和国住房和城乡建设部．型钢混凝土组合结构技术规程：JGJ 138—2001
[S].北京：中国建筑工业出版社，2002.

[26] 同济大学，浙江杭萧钢构股份有限公司．矩形钢管混凝土结构技术规程：CECS
159—2004 [S].北京：中国计划出版社，2004.

[27] 杜义欣，田春雨，肖从真，等．某工程复杂截面型钢混凝土巨型柱压弯性能试验
[J].建筑结构，2011，41（11）：53-56，15.

[28] 中华人民共和国住房和城乡建设部．混凝土结构工程施工质量验收规范：
GB 50204—2015 [S].北京：中国建筑工业出版社，2015.

[29] Taranath Bungale S. Structural Analysis and Design of Tall Buildings [M] //Steel
and Composite Construction. CRC Press.

[30] 深圳大学建筑设计研究院．宝能环球金融中心 T1 塔楼结构工程超限高层超限送审报
告 [R].2014.

[31] Hi Sunchoi, etc. CTBUH Technical Guides：Outrigger Design for High-rise Build-
ings Routledge [M]. 2014.

[32] 黄永强．苏州 IFC 超限高层结构设计中的关键问题 [J].建筑结构，2012，42（5）：
28-33.

[33] 徐培福，黄吉锋，肖从真，等．带加强层的框架-核心筒结构抗震设计中的几个问题
[J].建筑结构学报，1999，20（4）：1-10.

[34] 沈蒲生．带加强层与错层高层结构设计与施工 [M].北京：机械工业出版社，2009.

[35] 华东建筑设计研究院有限公司．苏州 271 地块超高层项目结构超限设计审查报告
[R].2010.

[36] NAIR R Shankar. Belt trusses and basements as "virtual" outriggers for tall build-
ings [J]. Engineering Journal, 1998：140-146.

[37] 中华人民共和国住房和城乡建设部．钢管混凝土结构技术规范：GB 50936—2014
[S].北京：中国建筑工业出版社，2014.

[38] SMITH R J, WILLFORD M R. The damped outrigger concept for tall buildings
[J]. The Structural Design of Tall and Special Buildings, 2007 (16)：501-517.

[39] ABDELRAZAQ A K, BAKER W F, CHUNG K R, et al. Integration of design

and construction of the tallest building in Korea, Tower Palace Ⅲ, Seoul, Korea [C] //Proceedings of CTBUH 2004. Seoul, Korea, 2004.

[40] 朱立刚, 等. 创新组合伸臂系统在重庆来福士广场北塔楼中的应用 [J]. 建筑结构, 2015 (24): 22-28.

[41] ARUP, 华东建筑设计研究院有限公司. 天津市高新区软件和服务外包基地综合配套区中央商务区一期项目—天津 117 大厦超限设计专家审查报告 [R].2010.

[42] ARUP, 北京市建筑设计研究院有限公司. 北京朝阳区 CBD 核心区 Z15 地块项目 "中国尊" 超限高层建筑工程抗震设防审查专项报告 [R].2013.

超高层建筑结构设计与工程实践

第 7 章 | 超高层建筑结构基础设计

7.1 超高层建筑基础特点与设计要求

7.1.1 超高层建筑地基基础特点与难点

近年来，高层建筑的建造高度和速度都受到了世界的瞩目，1998 年建成的马来西亚吉隆坡石油大厦（452 m，88 层）和中国上海金茂大厦（420.5 m，88 层），及 2002 年建成的中国台北国际金融中心（505 m，101 层）标志着超高层建筑进入了新的发展时期。我国也是超高层建筑的建造大国，已建成的世界十大最高建筑中，其 6 幢在中国。据不完全统计，目前我国已建或正在兴建高度超过 200 m 的超高层建筑已超过 100 幢。超高层建筑的兴建不但具有显著的经济效益和社会效益，能够展现一个时代、一个国家的科技发展成就，而且可以极大地促进相关领域科技的发展。

以上海、天津为代表的软土地区成为我国超高层建筑建造的集中区域。上海陆家嘴于 1998 年和 2007 年分别建造了金茂大厦（420.5 m，88 层）和上海环球金融中心（492 m，100 层），2008 年又开工建设高度达 580 m 的上海中心大厦。此后，天津高银金融 117 大厦、深圳平安金融大厦、武汉绿地中心、苏州中南中心大厦等多幢高度超 600 m 的超高层建筑陆续开始建设[1, 2]。我国城市基础建设进入了新的阶段，城市空间建设进入全新的纵向立体化开发与利用阶段。

在高层建筑高度不断增加的同时，建筑技术也得到了不断的发展，建筑的功能、形式日趋复杂，促使结构形式、建筑材料、建造技术不断发展和创新。超高层建筑深基础工程有别于常规的建筑，表现为荷载集度高，对差异沉降要求严格，对于软土地层，要满足超高层建筑高荷载作用下地基承载力与变形的要求，地基基础的难度异常大，促使相关技术的进一步发展。

1. 更高的基底压力

超高层建筑全部结构水平与竖向构件、机电设备、人群等恒载与活载直接作用于基础，基础上的竖向压力基本随着结构层数的增加而增长，因此超高层建筑基础首先面临的是竖向承载力的问题。特别是塔楼范围内基底压力将非常大，如上海环球金融中心主楼基础底板的平均压力要高达 920 kPa，核心筒区域更大。如此高的竖向荷载，必须采用桩基础才能满足承载力的要求，然而为了保证布桩间距的要求，单桩承载力往往很大，给桩基的施工、检测、沉降分析都带来一系列问题，给基础底板的设计也带来了一定难度。

2. 更严格的沉降控制

由于地下工程中未知因素和不确定因素很多，基础沉降控制从来就是基础工程中难题之一。随着超高层建筑高度的增加，其对变形将更加敏感，特别是由差异沉降引起的倾斜。结构柱（墙）之间沉降差的增加将在主体结构产生次生应力，由于超高层建筑的结构受力体系比较复杂，对次生应力也更加敏感，而变形引起的次生应力的分布与大小往往很难预估，因此其影响是潜在和难以弥补的。随着高度的增加，由差异沉降引起的倾斜将在结构顶部产生较大的水平变形，很可能会影响到电梯等设备的正常使用和人的舒适度。

为了保证结构的安全与正常使用，规范规定了高层建筑物容许的基础沉降与基础倾斜。由于差异沉降不易准确计算，在设计中主要是控制基础最大沉降。在超高层建筑巨大的基底压力下，却要将沉降控制在较小的范围，其难度可想而知。

3. 复杂的风和地震作用

超高层建筑承受风荷载和地震作用较一般建筑显著，加之建筑物重心较高，使得基础体系产生较大的弯矩，进而引起基础较大的偏心受力，这会对基础施加附加的竖向荷载，特别是对于处在基础系统中外围的桩基。因此，桩基础的设计需要考虑较大的水平作用引起的附加竖向荷载，对于某些荷载组合下，群桩基础体系中形成受拉和受压区时，还需分区对桩基的受压或受拉承载力进行验算。风引起的横向荷载和弯矩是循环荷载。由于循环荷载可能降低地基承载力并引起附加沉降，因此需要考虑循环的竖向和横向荷载对基础系统的影响。

地震作用将对结构产生附加的横向力，并导致支承结构在地面上横向运动。因此，附加横向力和运动通过两种机理在基础系统中产生：①结构的横向激励产生的惯性力和力矩；②由于地基相对桩基运动，导致桩基产生动态的力和力矩。

4. 更复杂的基础稳定问题

由于我国风荷载的研究仅基于一般高度的高层建筑的风动试验研究成果和工程实践经验，针对 300 m 以上高度的超高层建筑在风荷载作用下的反应研究、现场测试和工程经验都非常缺乏。随着超高层建筑高度增加，其风载、地震作用等对基础抗滑移与抗倾覆将产生更加不利的影响，而作用于超高层建筑风载、地震作用的不确定性和未知性使得基础稳定设计也变得相当复杂。

5. 更深的基础埋深

基础埋置深度应考虑建筑物的高度、体型、地基土性质、抗震设防烈度等因素，其中与高度的关系更加明确。《建筑地基基础设计规范》（GB 50007—2011）规定高层建筑筏形和箱形基础的埋置深度应满足地基承载力、变形和稳定性要求，桩箱或桩筏基础的埋置深度（不计桩长）不宜小于建筑物高度的 1/20～1/15。若超高层建筑高度为 500 m，800 m，其埋深分别为 25 m，40 m。可见随着高度的增加不仅给结构体系，同时会给基础的选型与设置带来一系列难题。

(1) 深基础开挖所带来的深基坑围护问题。基础埋深的增加加大了基坑围护的投资、难度和风险性。尤其是要保证深基坑自身的稳定与安全和控制开挖对周边环境的影响。

(2) 埋深增加加大了桩基施工的难度。为了保证桩的承载力，埋深的增加将加大桩的总长度，对于钻孔灌注桩来说即是增加了基底以下空钻的长度，对于预制桩来说即是增加了送桩的长度，直接影响施工效率与成桩质量。

(3) 基础深开挖对桩基承载力的影响。埋深增加后，开挖基底以上的土体将产生较大的卸荷，不得不考虑卸荷对桩基产生的不利影响，主要体现在两个方面：其一，基底以下土体回弹给桩产生的预加轴力；其二，卸荷使得桩周土体围压减小从而减小桩身侧摩阻力。深基础开挖对抗拔桩的影响尤为突出。

(4) 地下空间的利用往往要求主楼与裙楼地下空间的一体化开发，对于超高层建筑由于基础埋深较深、所受的水浮力很大，裙楼结构自重往往不能平衡向上的水浮力，存在抗浮问题。

超高层建筑随着高度增加和主楼与裙楼地下空间的一体化开发，使得高层建筑的地基基础向超深、超大和更复杂的方向发展，给设计及相关的计算都提出了新的挑战。

7.1.2 主要技术问题

7.1.2.1 基础埋深

基础的埋置深度是指室外设计地面至基础底面的垂直距离，简称基础的埋深。在确定高层建筑的基础埋深时，应综合考虑建筑物的高度、体型、工程地质和水文条件、抗震设防烈度、地震作用下结构的动力效应、环境条件的影响等因素，还应考虑建筑物的用途、相邻建筑物及设备基础的埋深，并应满足抗倾覆和抗滑移的要求。

国家标准《建筑地基基础设计规范》（GB 50007—2011）规定高层建筑筏形和箱形基础的埋置深度应满足地基承载力变形和稳定性要求，桩箱或桩筏基础的埋置深度（不计桩长）不宜小于建筑物高度的 $1/20 \sim 1/15$。行业标准《高层建筑混凝土结构技术规程》（JGJ 3—2010）规定："基础的埋置深度必须满足地基变形和稳定的要求，以减少建筑的整体倾斜，防止倾覆及滑移。埋置深度，采用天然地基时可不小于建筑高度的 $1/12$，采用桩基时，可不小于建筑高度的 $1/15$。"

基础埋深的确定作为基础设计的首要环节，直接影响着基础设计选型和结构的稳定性，而且关系到地基是否可靠、施工的难易度及造价的高低。但规范的量化要求仅反映了房屋总高度 H 对基础埋深的影响，并没有反映高宽比 H/B、抗震设防烈度、基础形式和构造、工程地质和水文地质条件、相邻建筑物的基础埋深、工程造价及施工方法和条件等因素。同样高度的两栋建筑物，高宽比 H/B 较小的建筑物整体稳定性较好，基础埋深可以较小。同一幢建筑，在抗震设防烈度和设计基本地震加速度值不同的区域，抗倾覆和抗滑移计算时的结构总水平地震作用标准值就不同，需要的基础埋深则不同。

基础埋置过深无疑会增加基础的施工难度和工程造价，太浅又难以满足在水平荷载作用下的抗滑移、抗倾覆要求。表 7-1 列出了部分典型超高层建筑基础埋深的情况，可供类似工程参考。从设计计算角度，应从高层建筑地基承载力、沉降、抗滑移、抗倾覆等几个角度验算埋置深度的合理性。

表 7-1　部分典型超高层建筑基础埋置深度

工　程	建筑高度/m	结构高度/m	地上层数	地下室层数	基础形式	基础底板厚度/m	基础埋置深度/m	比例
北京中环世贸中心	150	137.4	34	5	天然地基筏形基础	3.23	24.2	1/6.2
青岛中银大厦	249	244.8	58	4	天然地基箱形基础	2.4	19.6	1/12.7
长沙国际金融中心	452	440	102	5	天然地基筏形基础	5.5	34	1/13.3

工　程	建筑高度/m	结构高度/m	地上层数	地下室层数	基础形式	基础底板厚度/m	基础埋置深度/m	比例
大连绿地中心	518	400.8	83	5	天然地基筏形基础	4.0	28	1/18.5
上海中心大厦	632	580	121	5	桩基础	6.0	31.2	1/20.3
天津高银金融117大厦	597	597	117	3	桩基础	6.5	25.8	1/23.4
深圳平安金融大厦	588	555.5	118	5	桩基础	4.5	33.5	1/19.7
上海环球金融中心	492	492	101	3	桩基础	4.5	18	1/27.3
南京绿地紫峰大厦	450	381	89	4	桩基础	3.4	24.2	1/18.6
上海金茂大厦	420.5	—	88	3	桩基础	4	19.6	1/21.5
武汉中心	438	393.9	88	4	桩基础	4	20.1	1/21.8
天津津塔	336.9	336.9	75	4	桩基础	4	23.6	1/14.3
上海白玉兰广场	320	300	66	4	桩基础	4.3	25.1	1/12.8
重庆万豪国际会展大厦	303.3	283.3	68	4	桩基础	4.5	22	1/13.8

7.1.2.2　基础沉降

超高层建筑基础的沉降包括整体沉降（平均沉降）、差异沉降和由沉降引起的倾斜。规范的沉降计算方法是对整体沉降进行分析，但是实际工程设计最关心的又往往是差异沉降，故常常是通过控制平均沉降来达到间接控制差异沉降的目的。实际工程中，如果能够准确计算结构的差异沉降则可以通过调节桩长、桩位来进行桩土刚度调整，取得沉降均匀、板内弯矩分布均匀、减少配筋的优化效果。

国家标准《建筑地基基础设计规范》(GB 50007—2011) 给出了高层建筑整体倾斜（基础倾斜方向两端点的沉降差与其距离的比值）允许值，见表 7-2。表 7-3 列出了由 Zhang 和 Ng 推荐的取值[3]，不仅包括允许的沉降和转角，还包括通过观察得到的不能忍受的沉降值和转角量。从使用功能角度及视觉角度上，随着建筑高度的增加，建筑整体的允许沉降值和允许角变形值降低，但对于建造在黏土沉积层上的超高层建筑，应用十分严格的标准是不切实际的，有可能无法达到。此外，德国 Frankfurt 的高层建筑工程经验表明，整体沉降在 100 mm 以内不会对功能有明显的损伤；在中国香港，大多数公共高层建筑物的倾斜极限为 1/300，以保证电梯的正常运行。

表 7-2　高层建筑整体倾斜允许值

高度/m	$24<H\leqslant60$	$60<H\leqslant100$	$H>100$
允许值	0.003	0.0025	0.002

表 7-3　Zhang 和 Ng 推荐的深基础沉降和转角限值[3]

类　型	数值	备　注
允许的沉降变形限值/mm	106	根据 52 个深基础工程统计得出，标准差 55 mm，推荐安全系数 1.5

类　型	数值	备　注
不能容忍的沉降变形观察值/mm	349	根据 52 个深基础工程统计得出，标准差 218 mm
允许的转角限值/rad	1/500	根据 57 个深基础工程统计得出标准差为 1/500 rad
不能容忍的转角观察值/rad	1/125	根据 57 个深基础工程统计得出，标准差 1/90 rad

7.1.2.3　基础内力

基础底板的分析主要有倒梁盖法、静定梁法以及考虑协同作用的分析方法。目前规范规定采用"倒梁盖法"和"弹性地基上板梁法"来计算基础底板内力。"倒梁盖法"的适用范围有限，有研究认为这种算法很不合理，且在某些工程中出现采用该法设计的基础底板开裂的问题。"弹性地基上板梁法"实质上也是一种数值方法，在应用上的变化也较多，这使得设计人员在基础底板分析时处于两难境地。工程师在计算的基础上往往通过引入计算调整系数、构造措施、工程类比等，综合确定基础底板的厚度与配筋，这样的设计总是偏于保守。随着建筑高度的增加、结构荷载的加大，基础底板呈越来越厚、配筋越来越多的趋势。这些厚板不但不经济，大体积混凝土带来的温度应力、施工分缝等一系列问题既加大了施工难度，也不易保证质量。

在实用计算方面，地基基础计算的方法大致可分为三个阶段。

第一阶段：完全不考虑上部结构、基础和地基三者之间协同作用的分析方法。有静力分析法，即将整个静力平衡体系分割成三个部分，各自独立求解。还有倒梁法和调整倒梁法。

第二阶段：不完全的协同作用分析方法。这种方法先视基础的刚度为无穷大，求出上部结构在基础顶面处的固端反力，再把该反力作用于基础，考虑基础与地基的协同作用，分析基础的内力，但完全忽视上部结构的影响。

第三阶段：协同作用分析方法。随着计算技术的提高，已发展到将上部结构、基础和地基三者视为一个完整的体系来计算，即协同作用的分析计算方法。

7.1.3　设计要求

7.1.3.1　规范相关要求

基础的内力与沉降计算一直是设计中的难题，鉴于地基基础的重要地位，关于这方面的研究与实践将在很长一段时间内成为行业研究的热点与难点。高层建筑地基-基础-上部结构协同作用的理论与方法的研究，在国外始于 20 世纪五六十年代，我国则始于七八十年代，特别是八十年代，进行了大量的实测与理论研究。

桩筏基础中存在三个个体：群桩、基础筏板、土介质。这三者是紧紧联系在一起的，它们在上部结构的作用下相互作用、相互影响，共同支承上部结构。它们之间的相互作用可分两部分：一部分为群桩与土的相互作用，一部分为基础底板与群桩、基础底板及上部结构的相互作用。理论研究表明，与不考虑协同作用的常规法计算结果相比，协同作用分析将使上部结构、基础和地基等在内力（荷载）和位移等方面都发生显著的变化。因此相关规范对考虑上部结构与地基基础协同作用分析进行了相应规定：

（1）行业标准《高层建筑混凝土结构技术规程》（JGJ 3—2010）规定：基础设计应根据上部结构和地质状况进行，宜考虑地基基础与上部结构相互作用的影响。

（2）国家标准《建筑地基基础设计规范》（GB 50007—2011）规定：桩基设计时，应结合地区经验考虑桩、土、承台的共同工作。

（3）行业标准《建筑桩基技术规范》（JGJ 94—2008）规定：筏形承台的弯矩宜考虑地基土层性质、基桩的几何特征、承台和上部结构形式与刚度，按地基-桩-承台-上部结构协同作用的原理分析计算。

（4）《高层建筑筏形与箱形基础技术规范》（JGJ 6—2011）规定：筏形基础的设计与施工，应综合考虑整个建筑场地的地质条件、施工方法、使用要求以及与相邻建筑的相互影响，并应考虑地基基础和上部结构的协同作用。

目前，协同作用分析的理论已逐步为工程界所接受并用于超高层建筑复杂地基基础的沉降与内力分析。由于协同作用分析涉及岩土工程、结构工程、数值分析等理论问题，计算手段相对复杂，因此，研发理论概念明确且便于工程设计分析使用的计算方法成为众多学者和工程师的追求目标。

7.1.3.2　协同作用分析方法

上部结构、基础与地基协同作用的分析方法，就是把上部结构、基础与地基三者作为一个彼此协调工作的整体进行分析，计算各部分的内力与变形。其基本假定是整个体系符合静力平衡条件，上部结构与基础之间、基础与地基之间的连接部位满足变形协调。

目前，尽管规范都要求考虑协同作用，多数设计人员也意识到协同作用分析的重要性，但由于缺乏成熟的计算理论和方法及配套的软件，计算参数较难确定，计算结果无法把握，协同作用分析方法难以推广。现在随着计算机与计算技术的迅速发展，大量建造高层建筑的实践、日渐丰富的现场实测和试验室研究，为采用协同作用分析方法指导实际工程和解决问题提供了可能性和现实性。在工程上要实现协同作用的分析与设计，需要有协同作用理论与方法、工程实测及分析软件等方面的研究成果支撑。

理论研究表明，协同作用分析的结果与将上部结构、基础、地基三者相互割裂的计算结果显然是不同的。由于结构荷载的作用，地基将产生变形，但地基的变形将受到基础的制约；基础的刚度不同，其制约的程度也不同。基础随地基的变形而变形，但基础的变形同样受到上部结构的制约；上部结构的刚度不同，其制约的程度也不同。所以在协同作用分析法中，上部结构、基础和地基三者之间是相互影响的关系。采用协同作用分析方法是符合整体结构的实际工作状态的，使设计更为合理、经济[4,5]。

通过大量的协同作用分析结果与工程实测的综合研究，使得人们对协同作用的机理有了一定的认识，虽然定量地阐述协同作用的机理还有相当的难度，但是仍有一些定性的特征，可以通过上部结构、地基、基础三者各自的刚度对其他二者比例关系的变化造成的影响来描述。

1. 地基刚度的影响

地基的弹性模量与平均沉降成反比，它的变化对差异沉降的影响不显著，但对基础底板弯矩和筏基或箱基的分担建筑物的荷载却影响很大。当地基变得软弱时，基础内力和挠曲增加，上部结构中内力发生变化；相反，当地基刚度增加至相当大的程度时，上部结构的刚度对基础内力影响较小，因为这时沉降和差异沉降已很小，不需要上部结构的刚度来帮助减小不均匀沉降。同时，上部结构中的次应力也减小。

2. 基础刚度的影响

在上部结构刚度与地基条件不变的情况下，基础内力随其刚度增大而增大，相对挠曲则随之减小；相反，上部结构中的次应力却随基础刚度减小而明显增大。因为基础差异沉降增加，必然在上部结构中引起更大的次应力。可见，从减少基础内力出发，宜减小基础刚度；就减小上部结构次应力而言，宜增加基础刚度。因此，基础方案应视结构类型作综合考虑。

另外，基础刚度与基底反力的关系也非常密切。当完全不考虑上部结构刚度时，如果基础为绝对柔性，则基础对荷载传递无扩散作用，就像荷载直接作用在地基上，地基反力分布与荷载大小相等、方向相反，如图 7-1 (a) 所示。对于绝对柔性基础，当荷载均匀时，基础呈盆形沉降。可根据此特性，使荷载从中央到两端逐渐增大，达到均匀沉降。

如果基础为绝对刚性，则基础对荷载传递起着"架越作用"，均匀荷载将迫使基底均匀沉降。由于土中塑性区的开展，基底反力将发生重分布。塑性区最先在基础边缘处出现，基底反力将减小，并向中部转移，形成马鞍形分布，如图 7-1 (b) 所示。

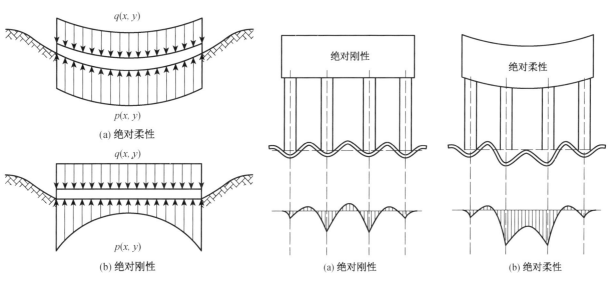

(a) 绝对柔性

(b) 绝对刚性

(a) 绝对刚性

(b) 绝对柔性

图 7-1

图 7-2

图 7-1　基础刚度对基底反力的影响

图 7-2　上部结构刚度对基础内力的影响

3. 上部结构刚度的影响

上部结构的刚度，指的是整个上部结构对基础不均匀沉降或挠曲的抵抗能力，或称整体刚度。如果上部结构为绝对刚性，如图 7-2 (a) 所示，当基础下沉时，如果忽略各柱墙的抗转动能力，则基础梁犹如倒置的连续梁，不产生整体弯曲，以各柱墙为不动铰支座，只产生局部弯曲；如果上部结构为绝对柔性，如图 7-2 (b) 所示，即上部结构对基础完全无约束作用，则基础不仅发生局部弯曲，还产生较大的整体弯曲。由图可见，这两种情形下的基础内力和分布形式有着非常大的差别，实际上建筑物的上部结构刚度介于二者之间。在地基、基础和荷载条件不变的情况下，增加上部结构的刚度会减小基础的相对挠曲和内力，但同时导致上部结构自身内力增加，即上部结构对减小基础内力的贡献是以在自身中产生不容忽视的次应力为代价的。

上部结构的刚度随着上部结构的层数增加而增加，但增加的速度却逐渐减缓，达到一定层数以后便趋于稳定。上部结构的刚度对基础的平均沉降几乎没有影响，但可有效地减少基础的差异沉降，同时能影响桩顶荷载和基础内力的重分布。

考虑到上部结构刚度对基础的贡献并不是随层数的增加而简单增加，而是随着层数的增加逐渐衰减的事实，北京工业大学孙家乐等利用二次曲线型内力分布函数，考虑了土的压缩变形，推导出连分式上部结构等效刚度公式，利用该公式算出的结果，也说明了上部结构刚度的贡献是有限的[6, 7]。并且，上部结构通过自身刚度对基础受力状况施加影响，对于混凝土结构，上部结构刚度的形成一般存在滞后现象。

7.1.3.3 超高层建筑基础设计要点

1. 主要设计内容

根据超高层建筑的结构体系、基础受力变形等特点，其基础设计的主要内容包括以下几个方面：

(1) 基础体系在竖向、横向、力矩荷载组合下的极限承载力；

(2) 基础体系在竖向、横向、力矩荷载组合下的稳定性（基础抗滑移、抗倾覆）；

(3) 风荷载（循环荷载）、地震作用等对基础承载力和基础位移的影响；

(4) 整体沉降、倾斜、不均匀沉降（包括高层建筑场地内，以及塔楼与裙楼之间）；

(5) 地震影响，包括基础结构体系在地震作用下的响应，基础下或周围土体砂土液化分析及处理措施；

(6) 大面积深基础开挖对桩基受力与承载力的影响、大面积堆填土引起的基础沉降与受力等由于外部因素导致的地基地层运动对基础体系的影响；

(7) 基础体系设计，包括基础体系各部分（如桩基和筏板）的规格、承载力、基础布置、基础详细设计等。

2. 主要设计过程

超高层建筑地基基础的设计步骤主要包括以下几个方面：

(1) 岩土工程勘察：建筑场地工程地质及水文地质条件勘察。获得场地地层情况，现场原位试验以获得关键地层的工程特性，室内试验获得关键地层更多详细参数。

(2) 场地地质建模：根据勘察信息，建立场地关键二维或三维地质模型，包括关键地层的分布及工程特性。当地基土层条件有较大变化时，地质模型需要充分体现地层的变化。据此，初步评估塔楼的地基条件，判断工程地质特征及不同地层的特性，确定岩土设计参数。

(3) 初步设计：结合经验及简单的计算，进行基础的初步设计。在这一步中，地质条件和结构荷载可以进行适当简化。概念设计的目标是首先建立起基础体系，根据所得的地质资料和简化的地质模型估算基础性能。以桩基础为例，在这一设计阶段，主要包括如下内容：

① 地基承载力和基础选型；

② 桩径和桩长在一定范围内的桩身承载力（岩土和结构）；

③ 桩径和桩长在一定范围内的竖向和水平向桩身刚度（单桩及群桩）；

④ 筏板尺寸的初步选择（平面尺寸和厚度）；

⑤ 不同桩径尺寸的桩基布置选择；

⑥ 在重力和水平向荷载作用下的建筑物性能的初步预测；

⑦ 群桩效应的估算；

⑧ 基础刚度的估算以及其对塔楼整体性能的影响；

⑨ 考虑上部结构刚度对桩基荷载分布估算。

根据以上信息，详细设计阶段可以对桩基布置的选择进行进一步的评估和细化。

（4）施工图设计。

① 在单桩设计的基础上，进行现场试桩足尺试验，以验证单桩承载力和沉降变形控制能力。当存在多种设计方案，如不同桩端持力层、不同桩基类型（后注浆类型）等，需要进行多组试验，以进行方案比选和验证。

② 基于单桩设计结果和较为完整的上部荷载信息，确定桩数，并进行平面布桩设计。

③ 根据上部荷载大小、结构形式及工程经验，初步设定基础筏板的厚度，并采用考虑上部结构、基础及地基协同作用的计算方法，对群桩与基础筏板受力和变形进行计算分析。

④ 基于群桩基础计算结果，微调不同区域基桩桩长，进行变刚度调平设计，同时验算基桩桩身结构强度。

⑤ 进行基础筏板抗冲切和剪切验算。

此阶段通常需要现场桩基载荷试验验证基础实际特性和设计假定是否一致。同时应意识到试验只包括基础体系的单个元素，实际情况下基础体系中桩基和筏板会相互影响。当根据场地条件、荷载要求及工程经验等因素确定了桩长、桩径及桩身强度等单桩设计内容，并经过了现场足尺试验检验或调整之后，作进一步的群桩与基础底板设计计算，其流程如图7-3所示。

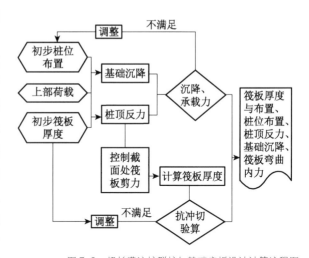

图7-3 超长灌注桩群桩与基础底板设计计算流程图

（5）施工期及竣工后监测。超高层建筑需要进行桩基及筏板的受力与沉降监测，用来测试基础体系荷载及变形分布情况。如果监测到的结果与预期计算结果相差巨大，需要采用技术措施，使差距缩小。需要指出的是，与预期结果的差距不仅包括沉降和不均匀沉降结果大于预期时，也包括沉降和不均匀沉降结果小于预期的情况。

3. 设计计算方法与工具

基础设计基于不同的设计阶段可采用不同的计算方法。初步设计阶段，主要采用简化的经验方法进行估算，通常采用 Excel 表格、简单手算或其他简单的工具进行计算。施工图设计阶段，通常采用针对桩基及基础筏板计算分析的专业软件进行设计计算，如 PWMI（华东建筑设计研究院）、PKPM JCCAD（中国建筑科学研究院）、PILE（同济启明星）、SFC（上海申元岩土公司）、FSFIA（北京勘察设计研究院）等。必要时，宜采用有限元或有限差分等通用商业分析软件，如 ABAQUS, PLAXIS3D 及 FLAC3D 等，建立土体、桩筏基础、上部结构等三维整体模型或精细的局部模型进行分析研究。

7.2 天然地基筏形基础设计

7.2.1 天然地基筏形基础形式

国外有关资料分析表明，天然地基基础的造价一般为桩基础造价的 20%～70%，高层建筑在选择基础方案时，天然地基筏形基础方案是首选。高层建筑荷载大，且受风荷载和地震作用明显，是否能采用天然地基筏形基础，主要由地基承载力和压缩性决定。如果持力层土的承载力和变形性能可以满足上部结构的需求，且下卧基岩起伏不致引起建筑滑移，高层建筑基础应首选天然地基。

筏形基础是发展较早的一种天然地基上的高层建筑基础形式。当钢筋混凝土被用于建筑物的基础时，开始较多使用的是条形基础、独立基础和交叉梁基础。当建筑物荷载越来越大或地基承载力较低，基础所占面积越来越大，当达到建筑物投影面积的 3/4 时采用整体筏板式基础更为合理和经济，于是筏形基础得到了应用。筏形基础是柱下或墙下连续的平板或梁板式钢筋混凝土基础，从力学角度看，是用作支承荷载和扩散荷载的基础结构，要求具有一定的刚度和强度，其刚度介于刚性板和柔性板之间，为有限刚度板。

筏形基础分为梁板式和平板式两种类型，梁板式又分正向梁板式和反向梁板式两种。必要时也可采用柱帽式筏形基础。设计时，应根据工程地质、上部结构体系、柱距、荷载大小以及施工条件等因素确定其选型。一般情况下，等厚平板式适用于在柱网均匀且尺寸和荷载不太大的结构，而梁板式或柱帽式则适用于柱网不均匀且尺寸和荷载均较大的结构。平板式筏板施工简便且有利于地下空间的使用，但当荷载较大或地基不均匀、差异沉降较大时，板的厚度较大。梁板式筏基是由纵横梁和板组成的双向板体系，与平板形筏基相比具有材耗低、刚度大的优点。板底设梁的方案有利于地下空间的利用，但地基开槽施工麻烦且会扰动地基，破坏了地基的连续性；板顶设梁的方案虽便于施工，但不利于地下空间的利用。

7.2.2 天然地基筏形基础的设计关键

7.2.2.1 地基承载力

1. 地基承载力的确定

地基承载力与地基的破坏模式有关。条形基础下土体主要有三种剪切破坏模式，即整体剪切破坏、局部剪切破坏、刺入剪切破坏模式。整体剪切破坏的特征是：有一个轮廓分明的破坏图式，包括一个从基础一侧到地面的连续滑动面。在大多数加荷过程中，在基础两侧能够记录到邻近土体有隆起的趋向。当然，土体的最终失稳只在基础的一侧发生。刺入剪切破坏的特征是：当荷载增加时，随着直接位于它下面持力层土的压缩，基础竖直向下移动。在荷载面积以外的土体，相对来说，受到牵连较小，基础两边的土没有明显移动。局部剪切破坏的特征是：破坏图式包括一个楔体以及与整体剪切破坏情况下完全一样的，从基础边缘开始的滑动面。在基础的两侧，土体有明显的隆起。但基础下的竖向压缩是显著的，滑动面在土体内某处终止。局部剪切破坏保留了整体剪切破坏和刺入剪切破坏两种破坏模式的某些特征，表示了一种过渡的模式。

地基承载力特征值应根据地基基础设计等级，采用载荷试验或其他原位测试、公式计算等方法，并结合工程实践经验综合确定。根据土的物理力学性质指标查表确定承载力的方法是通过统计分析荷载试验与土的室内试验或原位试验测定的指标的相互关系，定出各类土的承载力表，根据工程地基土的性质查得相应的地基承载力值，查表法具有一定的局限性，已被规范所摒弃。

理论计算法是以土的强度理论为基础，根据地基土中塑性变形区发展范围以及整体剪切破坏情况等在假设条件下推导出的计算公式。主要有临塑荷载公式、控制塑性区公式、极限承载力公式三种。基础底部地基土即将出现塑性变形时（地基局部剪切破坏，结构物安全），基底荷载称为临塑荷载 P_{cr}，地基土所允许的最大塑性变形区所对应荷载定义为临界荷载 P_n，地基土中塑性变形区已发展成为贯通的滑动面，地基土处于极限平衡状态，地基土达到极限荷载 P_u，国家标准《建筑地基基础设计规范》（GB 50007—2011）中天然地基承载力计算公式即为控制塑性区 $Z_{max} = b/4$ 而忽略土类特性的地基承载力临界值 $P_{1/4}$，其对应于地基承载力特征值 f_{ak}，这样既充分利用地基的承载力，又保证了建筑物的安全和正常使用，但对于砂土内摩擦角大于 24° 时，承载力理论计算值偏低，尚需进行经验修正。当按此理论公式计算地基承载力特征值确定基础底面尺寸时，不需进行承载力的深宽修正，但必须进行地基的变形验算。全国地基规范与上海地方规范中，采用抗剪强度指标计算天然地基承载力的公式同样都由三部分组成，只是表达形式有所不同，上海地方规范中采用的是比较标准的 Hansen 公式，而全国地基规范将系数进行了简化和归并。上海地方规范在 2010 版规范修订期间，在以往工作的基础上又针对上海地区浅层天然地基开展了系列平板载荷试验，同时也收集了上海近年来的载荷试验资料，根据这些资料对相关计算参数进行了修订，使得该公式与载荷试验资料大体吻合。与上海地区土层条件类似的地区也可在当地的现场载荷试验的基础上，参考该公式进行天然地基承载力的估算。

载荷试验被认为是确定承载力最直接和可靠的方法，能较好地反映地基土的沉降变形规律，但受荷面积小，仅能反映承压板下一定土的强度和变形特征，测试结果尚需深宽修正。如果载荷试验是基于实际基础埋深和宽度而取得的数据，则不必对地基承载力值进行深宽修正。浅层平板载荷试验适用于测定浅部地基土层的承压板下应力主要影响范围内的承载力；深层平板载荷试验适用于测定埋深大于或等于 3 m 和地下水位以上的地基土层在承压板下应力主要影响范围内的承载力。对于测定地下水位以下和埋藏很深的土层的地基承载力，螺旋板载荷试验和旁压试验是比较理想的方法。

2. 关于深度修正

地基承载力的深度修正概念，出自浅基础下土体的破坏模式假定。浅基础塑性荷载公式的基本定义是，当上部荷载超过比例界限值后，基础边侧将出现塑性区，荷载继续增加，塑性区将不断向深处发展。在塑性区内土体将发生剪切变形，并向侧向挤出，基础沉降亦随之增加。而基础侧面的超载，其作用是阻止塑性区内的土体向侧向挤出，从而提高了基础的塑性荷载，这便是进行深度修正的基本所在。

随着高层建筑工程建设的大规模发展，由于各种使用功能的要求，出现了大量主楼与裙房一体或相邻的建筑物结构形式，合理地进行地基承载力的深度修正比较复杂。高层建筑基础宽度和深度都很大，取值不当，对基础的安全和造价均会影响甚大。规范指出，对于主体结构地基承载力的深度修正，宜将相邻基础底面以上范围内的荷载，按基础两侧的超载考虑，当超载宽度大于基础宽度两倍时，可将超载折算成土层厚度作为基础埋深。当地下水位高于裙房的底板标高时，用来折算土厚的超载值应采用浮容重。

由于地下室的结构自重一般只有开挖土层重量的 30% 左右，使得主楼基底以上的相邻超载情况（加权平均土重或结构自重）差别较大，基础两侧超载往往不等，可以将基础底面以上范围内的荷载当作超载折算成土层厚度作为修正用的基础埋深，并与主体建筑周边实际填土厚度比较取小值。应当指出，当裙房采用箱形基础或筏板基础时，有足够的强度和刚度，可将上部结构作为超载；而当裙楼或地下室的基础采用独立基础加防水板的基础形式时，一般来讲，由于防水板无法有效约束地基，不宜按折算埋深考虑深度修正。当设计中有限度地考虑防水板对地基的约束作用时，应根据工程实际情况谨慎计算。当裙房宽度相对于主楼基础宽度很小时，或主楼仅有很小的范围附有裙房时，如何进行深度修正，规范没有明确规定，建议按小值采用。主裙楼一体时，为了工期和减少沉降差异，往往先行施工主楼再施工裙房，此时不应考虑采用裙房荷载的折算土厚进行深度修正，施工顺序对地基承载力修正的影响是容易忽视的因素。

3. 岩石地基承载力相关问题

在初步设计时，可根据岩石室内饱和单轴抗压强度按下式估算：$f_a = \psi_r \cdot f_{rk}$，$f_{rk}$ 为岩石饱和单轴抗压强度标准值，对于黏土质岩，在确保施工期及使用期不致遭水浸泡时，也可采用天然湿度的试样，不进行饱和处理；ψ_r 为折减系数，根据岩体完整程度以及结构面的间距、宽度、产状和组合，由地区经验确定。无经验时，对完整岩体可取 0.5；对较完整岩体可取 0.2～0.5；对较破碎岩体可取 0.1～0.2。折减系数值未考虑施工因素及建筑物使用后风化作用的继续。估算的关键问题是如何确定折减系数。岩石饱和单轴抗压强度与地基承载力之间的不同在于：①抗压强度试验时，岩石试件处于无侧限的单轴受力状态；而地基承载力则处于有围压的三轴应力状态，则后者远远高于前者。②岩块强度与岩体强度是不同的，原因在于岩体中存在或多或少、或宽或窄、或显或隐的裂隙，这些裂隙不同程度地降低了地基的承载力。显然，越完整，折减越少；越破碎，折减越多。由于情况复杂，折减系数的取值原则上由地方经验确定，无经验时，可按上述取值。

对破碎、极破碎的岩石地基承载力特征值 f_{ak}，基岩取芯样较困难，取芯过程中不可避免地对样本产生扰动。另外，单轴抗压强度不能较真实地代表岩体在有侧限条件下的承载力，通过单轴抗压强度得到的桩端承载力往往偏低。对于此类基岩应重视以深层平板或嵌岩短墩载荷试验作为桩端承载力取值的依据。也有文献提出采用三轴抗压强度来确定基岩承载力。岩石地基承载力的确定，应按现行国家标准《建筑地基基础设计规范》（GB 50007—2011）岩基荷载试验确定。试验数量不应少于 3 个，取小值作为岩石地基承载力特征值，不可进行深宽修正计算。强风化和全风化的岩石地基，进行其承载力特征值的深宽修正计算时，可参照风化成的相应土类确定深宽修正系数的取值，其他状态下的岩石不修正。对于风化残积土和风化软岩的地基承载力，由于取样扰动和失水，往往造成室内土工试验结果出现偏差，不能反映场地岩土的真实物理力学性质，应采用原位试验与室内土工试验相结合的综合判断法来确定岩土的承载力与变形特性。

7.2.2.2 基础沉降

1. 整体沉降及计算方法

地基的验算应包括地基承载力和变形两个方面，尤其对于高层或超高层建筑，变形往往起着决定性的控制作用。天然地基筏形基础方案常常被否决的一个主要原因是沉降和差异沉降不能满足规范要求。目前常用的计算方法是基于线弹性理论的弹性半无限体地基模型和文克尔地基模型。目前的理论对地基变形的精确计算比较困难，计算结果误差较大，往往使工程设计人员难于把握。

弹性半无限体地基模型将土体视为弹性均质体，采用各向同性均质的直线变形体理论，并用经典弹性力学方法建立土的应力-应变关系，按简化的分层总和法计算地基的沉降量。这种地基模型较好地反映了地基土的扩散应力和变形能力，考虑了土层沿深度和平面上的变化及非均质性。现行规范在计算地基变形时，采用的就是分层地基模型，随土层所受附加压力的不同而变化，因而土体压缩模量应根据不同的附加压力选择相应的数值。同时，土层的划分应尽量细，以期较准确地反映地基的受力状态。但是，由于它只能计及地基土的压缩变形而未考虑到基底反力的塑性重分布，且夸大了土的应力扩散能力，土体压缩模量准确取值难度较大，最终沉降按分层总和法计算并通过引入沉降计算经验系数进行修正。广州地区数十幢高层建筑的沉降观测资料的反分析，认为对于地基变形，应该用变形模量[8]。

文克尔地基模型假设地基表面任何点的沉降仅与该点的作用成正比，与其他点的作用无关，也就是把地基当作无数分隔开的、互不相干的小土柱，即把实际地基视为由独立的弹簧支座构成。由于它忽略了地基土中剪应力的存在，认为地基的沉降只发生在基底范围以内，这与实际情况不符。事实上，正是由于剪应力的存在，地基土中的附加应力才得以向周边扩散，使基底以外的地基也发生沉降。因而，此模型仅适用于下列特殊地基：①抗剪强度很低的淤泥、软黏土等地基；②基底下塑性区相对较大的地基；③薄压缩层地基。实际上土是由颗粒、水和空气构成的三相体系，并且具有大量不确定因素。大量实际工程测试结果表明，地基的相互作用性状介于文克尔地基模型与弹性半无限体地基模型之间。文克尔地基模型的难点在于确定基床系数 k，一般地基下各类土的基床系数值因土质及松密软硬的程度各不相同，其数值变动幅度很大（一般在 2~10 倍之间）。k 值实际上取决于许多复杂的因素，而非单纯表征土的力学性质的计算指标。对某一具体工程而言，应综合考虑在附加应力影响深度范围内各单一土层的基床系数 k，确定代表整个工程地质状况的基床系数 k。实际工程设计计算中，可以调整 k 值，使其计算得到的建筑中心最大沉降与按规范的分层总和法并考虑地区沉降经验系数后的计算沉降相接近[9]，以此作为计算采用的 k 值。

2. 差异沉降

差异沉降一般指相邻柱基中心点的沉降差，对于非框架结构可取相邻承重墙中心下的沉降差。筏形基础的沉降和差异沉降计算都是重要的课题，关系着基础方案的选型。规范明确要求建立在非岩石地基上的高层建筑均应进行沉降观测，对于重要和复杂的高层建筑尚应进行基坑回弹、基底反力、基础内力等实测，对于保证高层建筑的安全和提高计算水平都十分重要。由于裙房的单柱荷载与高层主楼相比要小得多，因此没有必要像主楼一样采用厚筏基础，采用薄板配柱下独立扩展基础即可。这里需强调的是，裙楼独立基础的沉降与主楼筏板基础的沉降要相协调，即控制沉降差在允许值范围内。对于差异沉降的限制原则第一是差异沉降引起的结构内力不得超过容许范围；第二是差异沉降引起的建筑物整体倾斜不得超过容许范围；第三是差异沉降引起的楼地面变形不得影响正常使用。

3. 整体倾斜

采用筏形基础的超高层建筑，由于整体刚度大，地基的不均匀沉降主要表现为建筑物的整体倾斜。超高层建筑由于高度大，整体倾斜引起的危害较严重，当超过一定数值时，不但使电梯等各种设备不能正常运行而影响使用外，还会产生较大的结构次生应力影响结构安全。因为超高层建筑高，对倾斜敏感，极易使人产生恐慌。1977 年国际土力学基础工程会议有关《基础与结构的性状》报告中指出，倾斜达到 1/250 时可被肉眼觉察，Skempoton 认为倾斜达到 1/150 结构开始损坏。对于非抗震设防区，超高层建筑整体倾斜应控制在 $b/(100H)$ 范围内，对于抗震设防区，控制值应更为严格，建议小于 $b/(200H)\sim b/(150H)$。

4. 筏板基础挠曲

高层建筑基础不但应满足强度要求，而且应有足够的刚度，方可保证上部结构的安全。带裙房的高层建筑下的大面积整体筏形基础，其主楼下筏板的整体挠度值不宜大于 0.5‰，主楼与相邻的裙房柱的差异沉降不应大于 1‰。基础挠曲度 Δ/L 的定义为：基础两端沉降的平均值和基础中间最大沉降的差值与基础两端之间距离的比值。中国建筑科学研究院地基所室内模型系列试验和大量工程实测分析表明，模型的整体挠曲变形曲线呈盆形状[10]，当 $\Delta/L>0.7‰$ 时，筏板角部开始出现裂缝，随后底层边、角柱的根部内侧顺着基础整体挠曲方向出现裂缝。英国 Burland 曾对四幢直径为 20 m 平板式筏基的地下仓库进行沉降观测，筏板厚度 1.2 m，基础持力层为白垩层土。四幢地下仓库的整体挠曲变形曲线均呈反盆状，当基础挠曲度 $\Delta/L=0.45‰$ 时，混凝土柱子出现发丝裂缝，当 $\Delta/L=0.6‰$ 时，柱子开裂严重，不得不设置临时支撑。因此，控制基础的挠曲度是完全必要的。

7.2.2.3 筏形基础内力

在均匀地基上，当上部结构刚度较好时，可采用简化计算方法，不考虑整体弯曲，即不计算各点沉降差的倒楼盖法；在不满足上述要求时，按弹性地基梁、板方法计算，当采用文克尔地基模型时，应适当选择基床系数值 k。中国建筑科学研究院黄熙龄开展了框架柱-筏基础模型试验[11]，试验是在粉质黏土和碎石土两种不同类型的土层上进行的，筏基平面尺寸为 3 220 mm×2 200 mm，厚度为 150 mm，其上为三榀单层框架。试验结果表明，无论是粉质黏土还是碎石土，沉降都相当均匀，筏板的整体挠曲度约为万分之三。基础内力的分布规律，按整体分析法（考虑上部结构作用）与倒梁法是一致的，且倒梁板法计算出来的弯矩值还略大于整体分析法。

国家标准《建筑地基基础设计规范》（GB 50007—2011）规定对单幢平板式筏基，当地基土比较均匀，地基压缩层范围内无软弱土层或可液化土层，柱网和荷载较均匀，相邻柱荷载及柱间距的变化不超过 20%，上部结构刚度较好，筏板厚度满足受冲切承载力要求，且筏板的厚跨比不小于 1/6 时，平板式筏基可仅考虑局部弯曲作用。基础反力可按直线分布进行计算。对于地基土、结构布置和荷载分布不符合该条款要求的结构，如框架-核心筒结构和筒中筒结构等，核心筒和周边框架柱之间的竖向荷载差异较大，一般情况下核心筒下的基底反力大于周边框架柱下基底反力，因此不适用于简化计算方法，筏基内力可按弹性地基梁板方法进行分析计算，分析时采用的地基模型应结合地区经验进行选择。

7.2.2.4 多建筑整体筏形基础

由于建筑综合体的快速发展，带裙房、附楼的高层建筑越来越多。随着对地下空间的开发和利用，在一个整体地下室的空间底盘上建造一个或多个高层建筑已成为趋势。这种一个项目的多个建筑往往采用整体的筏形基础，且主楼与裙楼之间不设永久沉降缝，进一步加大了基础的设计难度。筏板厚度和配筋宜按上部结构、基础与地基土的共同作用的基础变形和基底反力计算确定。

对于带裙房的高层建筑，由于主楼与裙房的刚度、荷载差异较大，因此如何解决二者基础间的差异沉降就成为设计、施工过程中的关键问题。目前解决这类问题的办法通常有以下方式：其一是在主、裙楼间设置沉降缝，高层建筑的基础埋深应大于裙房基础的埋深，地面以下沉降缝的缝隙应用粗砂填实；其二是在主、裙楼间采用后浇带的施工方案。当沉降实测值和计算确定的后期沉降差满足设计要求后，方可进行后浇带混凝土浇筑。

通常结构形式下，裙房基础对高层建筑荷载的扩散是有限的，在该有限扩散范围内基础筏板的变形为一整体弯曲面。有关分析表明，当整体连接时，主楼荷载可通过裙房基础向外扩散，可向裙房扩散 3 跨左右，其中第 1 跨对扩散荷载起的作用最大[12]。当裙房荷载不大，且筏板的变形满足要求，高层建筑与相连的裙房之间可不设沉降缝和后浇带，高层建筑及与其紧邻一跨裙房的筏板应采用相同厚度，为节省材料，宜从第二跨裙房开始逐渐减薄裙房筏板的厚度，应同时满足主、裙楼基础整体性和基础板的变形要求，应进行地基变形和基础内力的验算，验算时应分析地基与结构间变形的相互影响，并采取有效措施防止产生有不利影响的差异沉降。当筏板的变形不能满足要求，需要设置后浇带时，后浇带宜设在与高层建筑相邻裙房的第一跨内，确保地下室裙房有一跨与主楼整浇在一起，以减少高层建筑基础下的附加应力，充分发挥"共同作用的有效范围"的合理受力形式[13]。当需要满足高层建筑地基承载力、降低高层建筑沉降量，减小高层建筑与裙房间的沉降差而增大高层建筑基础面积时，后浇带可设在距主楼边柱的第二跨内，此时应满足以下条件：①地基土质较均匀；②裙房结构刚度较好且基础以上的地下室和裙房结构层数不少于两层；③后浇带一侧与主楼连接的裙房基础底板厚度与高层建筑的基础底板厚度相同。

主楼与裙房基础整体连接的关键是控制差异沉降，控制主楼与裙房之间的互相影响的程度，避免主楼或裙房发生较大倾斜。实际设计中，控制基础差异沉降和倾斜、基础整体弯曲在一定的范围内（差异沉降一般在 30 mm 以内，倾斜一般在 1.5‰～3.0‰，整体弯曲一般在 0.33‰以内）[12]，一般可以将主裙楼的基础整体连接。主楼基础扩大一跨对扩散主楼荷载及延缓基础变形是非常重要的，实际工作中可根据主裙楼基础整体连接时的筏基反力变形规律进行合理设计。采用大面积整体筏形基础时，与主楼连接的外扩地下室其角隅处的楼板板角，除配置两个垂直方向的上部钢筋外，尚应布置斜向上部构造钢筋，钢筋直径不应小于 10 mm，间距不应大于 200 mm，该钢筋伸入板内的长度不宜小于 1/4 的短边跨度；对于与基础整体弯曲方向一致的垂直于外墙的楼板上部钢筋以及主裙楼交界处的楼板上部钢筋，钢筋直径不应小于 10 mm，间距不应大于 200 mm，且钢筋的面积不应小于受弯构件的最小配筋率，钢筋的锚固长度不应小于 30d。

7.2.3 大连绿地中心天然地基设计实例

7.2.3.1 工程概况

1. 建筑结构概况

大连绿地中心位于大连湾东港区的核心地段，整个建筑占地 2.22 万 m^2，总建筑面积为 29.95 万 m^2，地上建筑面积为 22.03 万 m^2（其中塔楼建筑面积为 20.7 万 m^2，裙房建筑面积为 1.33 万 m^2），地下建筑面积为 7.92 万 m^2。建筑塔冠高度为 518 m，地上 83 层，结构屋面标高为 400.8 m，设置 5 层地下室。

本工程塔楼外形随高度变化，楼层平面为具有弧形切角的等边三角形，底部切角较小，顶部切角较大，见图 7-4。L1～L37 层切角三角形边长在 51.2～53.3 m 范围内变化，内部混凝土核心筒呈六边形，见图 7-5，长边边长约为 29 m。塔楼结构采用巨型框架支撑＋核心筒＋伸臂桁架结构体系，形成了双重抗侧力体系来抵抗水平风（地震）荷载的

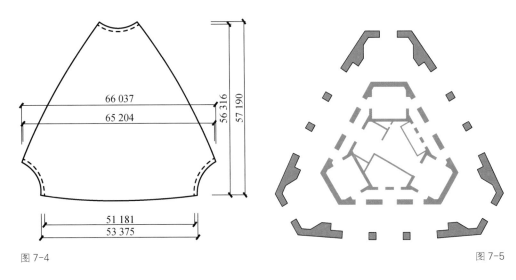

图 7-4　L1～L38层平面变化（单位：mm）

图 7-5　竖向构件布置

图 7-4　　　　　　　　　　　　　　　　　　　图 7-5

作用。钢筋混凝土核心筒位于平面中心，无偏置，核心筒剪力墙底层至F28层采用钢板剪力墙。巨型框架由巨型型钢混凝土柱和环形桁架组成，6根巨型钢骨混凝土柱位于结构平面的三个角部，在地下室部分，巨柱周边结合建筑功能要求设置翼墙，来承担传递支撑的水平力。

2. 岩土工程概况

场地地形较平坦，地貌简单，在钻探揭露深度范围内出露地层为第四纪全新统人工堆积层（Q_{4ml}）、第四纪全新统海积地层（Q_{4mc}）及冲洪积碎石层（Q_{4al+pl}）、震旦系五行山群长岭子组（Z_{whc}）板岩，并伴有中生代燕山期辉绿岩（β_μ）侵入。地层自上而下为素填土、淤泥质粉质黏土、碎石、全风化～微风化板岩、全风化～微风化辉绿岩。基底出露地层为中风化板岩、微风化板岩和构造破碎带，如图7-6所示。

图7-6 基底揭露地层破碎带分布

在基坑底面揭露区域，构造破碎带主要分布在基坑中部，宽度为2～6 m，呈近东西走向，瑞雷波速及详勘查明深部构造破碎带范围主要在基坑的西北部及中部。钻探期间，在钻探揭露深度范围内，各钻孔均见有地下水，观测到的地下水稳定水位埋深为1.50～8.50 m，且因地下水与海水相连，水位受海水潮汐影响较大，场地环境类别为Ⅱ类。

3. 基础方案

在恒载与活载的标准组合作用下，上部结构传至基底的荷载约为5 150 000 kN，其中恒载约为4 500 000 kN。基础面积约3 600 m^2，平均基底压力约1 450 kPa。详勘时提供的基底中风化板岩地基承载力特征值为2 500 kPa，总体上能满足上部结构荷载的需求，确定采用天然地基筏形基础的设计方案。

7.2.3.2 岩土承载变形力学参数试验

由于基底存在大范围分布的破碎带，基底岩性不均匀，在开挖至基底后，进行了中风化板岩和破碎带的基岩地基承载力载荷板试验，以进一步确定承载力和变形参数，为基础的设计提供进一步的依据。

1. 承载力

详勘报告提供的中风化板岩、构造破碎带的地基承载力特征值分别为2 500 kPa和500 kPa，开挖至基底后开展了竖向抗压承载力载荷板试验。中风化板岩的最大加载值达10 000～12 000 kPa，最大沉降为1.05～2.22 mm，得到特征值为3 000～4 000 kPa，平均值为3 333 kPa。构造破碎带的最大加载值达1 800～3 300 kPa，最大沉降为1.50～5.15 mm，特征值为500～1 000 kPa，平均值为820 kPa。因此，建议仍按详勘报告提供的承载力特征值进行设计。

2. 变形模量

中风化板岩的变形模量在 1 280～2 491 MPa，根据最不利因素条件，结合野外鉴定综合给定中风化板岩的变形模量为 1 000 MPa。构造破碎带的变形模量为 416～1 810 MPa，由于构造破碎带中夹有断层泥或强风化及中风化岩石的透镜体，在不同深度内强弱变化明显，试验受限于只能在基坑表面揭露构造破碎带区域试验，未能全面反映破碎带的变形，因此，结合野外鉴定及试验结果该区内构造破碎带的变形模量建议取值为 100 MPa。

3. 基床系数

中风化板岩的基床系数为 $4.2×10^6～2.2×10^7$ kN/m³，取试验中的最小值并结合经验取为 $2.0×10^6$ kN/m³。构造破碎带的基床系数为 $1.5×10^5～4.2×10^6$ kN/m³，取试验中的最小值并结合经验取为 $1.0×10^5$ kN/m³。

7.2.3.3 天然地基筏形基础设计验算

1. 地基承载力验算

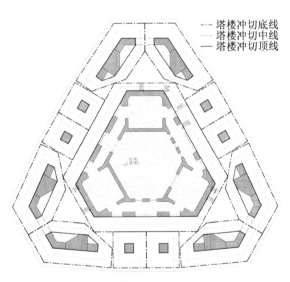

图 7-7 分块承载力验算

由核心筒传至基础底板总的竖向力为 2 631 000 kN，巨柱传至底板总的竖向力为 297 000 kN，中柱传至底板总的竖向力为 63 000 kN。底板厚度 4 000 mm，按不大于 45°扩散角进行计算，分别对端部巨柱、中柱、整体芯筒进行验算，扩散后的各区块承载面积互不重合，如图 7-7 所示。计算得到的巨柱、中柱、整体芯筒的基底压力分别为 2 370 kPa，2 080 kPa，1 950 kPa，在暂不考虑局部构造破碎带薄弱区域影响的条件下，皆能满足地基承载力的要求。

在风荷载作用下，按刚性板假定，则基础边的基底压力会增加，计算值约为 2 260 kPa，能满足 1.2 倍承载力特征值即 3 000 kPa 的地基承载力要求。风荷载在角部产生很大的轴力，芯筒转角墙肢基底压力达 3 800 kPa，大于 1.2 倍承载力特征值即 3 000 kPa 的要求。但根据施工勘察报告，中风化板岩的承载力特征值平均值为 3 333 kPa，其 1.2 倍为 3 999 kPa，能满足风荷载下芯筒转角墙肢的受力需求。

2. 破碎带影响分析及处理措施

现场施工勘察报告反映，场地存在贯穿主楼的构造破碎带，如图 7-6 所示。图中绿色为在基底标高处已经出露的构造破碎带，红色为基底以下 10 m 存在构造破碎带的区域。可以看出，除已揭露的构造破碎带外，基底以下 10 m 内存在的构造破碎带只在局部范围。构造破碎带的地基承载力特征值为 500 kPa，远低于其他部位中风化板岩的 2 500 kPa，为承载力薄弱区。对场地内的破碎带影响提出以下处理措施：

图中:
塔楼冲切底线
塔楼冲切中线
塔楼冲切顶线

(1) 风荷载作用下，端部巨柱及芯筒转角单肢墙处为基底反力最大，施工勘察报告的现场瑞雷波测试点显示，此区域破碎带或强风化板岩位于基底面以下最大为 6 m 深度内，采取全部挖开回填不低于 C30 混凝土的措施，换填范围为端部巨柱及芯筒转角墙肢压力承载力扩散区。

(2) 对于基底裸露的破碎带，采用挖开回填处理，确保基底以下 5 m 厚不存在破碎带等软弱土层。

(3) 对于基底 10 m 内存在的构造破碎带，通过补充勘察进一步探明构造破碎带的层顶标高，将基底以下 5 m 深度范围内的构造破碎挖除并回填混凝土。

(4) 适当提高基础筏板配筋率，加强筏板整体协调能力。

3. 塔楼抗倾覆验算

中震、风荷载组合工况下，塔楼底板未出现零应力区；在大震组合工况下，塔楼底板一侧出现受拉。考虑内力重分布后，底板零应力区分布如图 7-8 所示，基底最大反力为 2 845 kPa，小于 1.2 倍承载力特征值即 3 000 kPa 的要求。

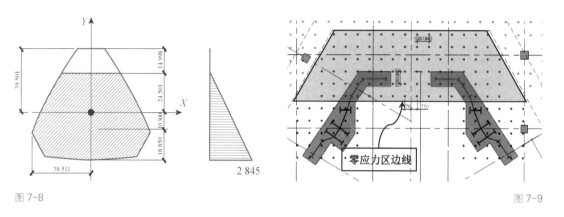

图 7-8

图 7-9

图 7-8 重分布后塔楼底板零应力区（单位：kPa）
图 7-9 塔楼抗拔锚杆布置图

考虑本项目的重要性，在可能的塔楼零应力区，即塔楼底板的三个角部设置抗拔锚杆。锚杆总抗拔力取大震弹性分析、大震弹塑性时程分析、大震组合底板出现零应力反算的拔力三种情况的包络值，即单个巨柱下最大拉力约为 67 000 kN。考虑该拉力仅在大震下出现，抗拔锚杆承载力取极限值 1 000 kN。锚杆直径为 170 mm，钢筋为 2 根 36（四级钢），锚杆长度为 5.8 m。塔楼抗拔锚杆布置如图 7-9 所示，锚杆 76 根，总的承载力 76 000 kN，满足 6 700 kN 拉力的要求。

4. 底板抗冲切验算

底板抗冲切验算包括整体冲切和芯筒、巨柱及中柱的分区块冲切验算。整体冲切较易满足，分区冲切从各个构件的截面边缘按一定扩散角向外扩散来划分其反力区块，构件间净距较小的区域均扩散至中心线的方法来简化，确保各构件的计算区块不重叠。按此处理方法，各构件反力影响区块的基底反力皆小于地基承载力特征值，自然满足规范对底板的冲切验算要求。

5. 基底板力与底板弯曲内力的整体计算分析

建立了上部结构和基础底板的整体分析模型，地基采用温克尔地基模型，弹簧刚度采用前期试验得到的基床系数。分析了破碎带对基底板力和底板内力的影响，破碎带基床系数取 1×10^5 kN/m³，基岩基床系数取 2×10^6 kN/m³，两部分基床系数相差 20 倍。由于破碎带地基刚度很低，地基反力很小，基底反力转移至刚度大的区域，芯筒部位最大基底反力达到 7 000 kPa 左右，远大于地基承载力 $f_a = 2\,500$ kPa。整体底板计算进一步说明，构造破碎带对本工程地基承载力的影响很大，需要进行处理。按前述的破碎带处理措施进行处理后，可以认为刚度均匀，统一按 2×10^6 kN/m^3 的基床系数计算。除端部巨柱及芯筒转角墙肢处很小面积区域的基底反力大于 4 000 kPa 外，其余地方均在 4 000 kPa以下。

整体分析计算得到筏板板顶弯矩最大值出现在核心筒与巨柱间跨中部位，最大配筋率约为 0.3%，其余区域筏板均为构造配筋；板底弯矩最大值出现在核心筒角部和部分巨柱等竖向构件位置，最大配筋率约为 0.25%，其余区域板底均为构造配筋。由于本工程地基存在一定的不均匀性，整体底板及受力较大部位的配筋率均在计算配筋率的基础上适当增加，以提高底板整体协调能力。

7.3 桩基础设计

7.3.1 主要桩型特点与发展

7.3.1.1 超高层建筑桩基础

上海地基软弱而复杂，地下水位埋深浅，从开埠起就采用桩基础来解决高层建筑的地基承载力和沉降问题。始建于公元 247 年（公元 977 年重建）的龙华塔是我国软土地区完好保存至今最早的高层建筑之一，其基础采用木桩。沉管灌注桩是在上海率先发展起来的就地灌注桩。在此基础上开发的"组合桩"深度可达 36 m，19 层的百老汇大厦和24 层的国际饭店便以此屹立于"上海滩"。桩基础的大规模应用和发展是在 1949 年以后。

目前，超高层建筑的桩基础主要采用预应力管桩、钢管桩和大直径钻孔灌注桩几种桩型。由于超高层建筑对单桩承载力提出了较高的要求，促使桩的长度向长桩和超长桩方向发展。表 7-4 列出了国内典型超高层建筑桩基的概况。

表 7-4　国内超高层建筑及其桩基工程概况

状态	名称	开始建造时间	高度/m	层数	桩型	桩径/mm	桩端埋深/m	桩端持力层
已建	天津津塔	2006 年 5 月	336.9	75	钻孔灌注桩	1 000	85	粉砂层
	无锡太湖广场	2009 年 12 月	339	83	钻孔灌注桩	850	74	粉质黏土
	温州鹿城广场	2007 年 12 月	350	75	钻孔灌注桩	1 100	110	中风化闪长岩
	上海金茂大厦	1994 年 5 月	420.5	88	钢管桩	φ914×20	80	细砂夹中粗砂层
	南京绿地紫峰大厦	2005 年 5 月	450	89	人工挖孔灌注桩	2 100	53	泥岩
	上海环球金融中心	1997 年 1 月	492	101	钢管桩	φ700×18	79	含砾中粗砂
	上海中心大厦	2008 年 11 月	632	121	钻孔灌注桩	1 000	88	粉砂夹中粗砂层

状态	名称	开始建造时间	高度/m	层数	桩型	桩径/mm	桩端埋深/m	桩端持力层
在建	苏州国际金融中心	2010年3月	450	92	钻孔灌注桩	1 000	90	细砂
	深圳平安国际金融大厦	2009年8月	588	118	人工挖孔灌注桩	5 700~8 400	10~35	砂岩
	天津高银金融117大厦	2008年9月	597	117	钻孔灌注桩	1 000	98	粉砂层
	武汉绿地中心	2011年7月	606	119	钻孔灌注桩	1 200	60	微风化泥岩

7.3.1.2　钢筋混凝土预制方桩

钢筋混凝土预制方桩断面边长从 200~500 mm 不等，高层建筑一般采用 300 mm×300 mm 以上的桩型。长度可达 40 m，单桩极限承载力为 2 000~5 000 kN。由于其承载力有限且挤土效应较大，因此在超高层建筑中应用较少。

7.3.1.3　预应力混凝土管桩

预应力混凝土管桩以高强度预应力钢筋和高强、高性能混凝土为材料，采用张拉、离心、高温高压养护等工艺，混凝土强度高，相同材料用量时承载力大，其材料和技术优势明显。管桩直径一般为 400~800 mm，壁厚为 80~130 mm，桩身混凝土强度高（C60~C80），从而节约混凝土用量，造价通常低于钢管桩和钻孔灌注桩。PHC 管桩耐锤打性能好，贯穿能力强，施工速度快，单桩承载力高。上海是较早采用管桩的地区。对于常规建筑高度不高、规模不大的工程，桩基竖向承载力要求不高，管桩得到了较为广泛的应用。在软土地区，随着经济的发展，重大工程的兴建，超长 PHC 桩得到越来越广泛的应用。但对于超高层建筑，由于上部结构荷载大，单桩承载力要求高，而且其受风荷载、地震水平作用突出，基础的受力更为复杂。而且管桩抗弯、抗剪承载力相关试验与理论研究相对较少，加之工程技术人员对管桩的弯剪承载力存在认识上的误区，很大程度限制了管桩在高层建筑等大型工程中的应用。近年来，我院开展了一系列管桩抗弯、抗剪承载力试验，提出了预应力管桩抗剪承载力计算公式[14]，积极推动管桩在超高层建筑、大型综合体等重大、复杂工程中的应用。

位于上海浦东陆家嘴的上海银行大厦（图 7-10）为 46 层的超高层办公建筑，建筑高度约 230 m，总建筑面积达 10.8 万 m²，设置 3 层地下室，主要建筑功能为办公。主塔楼采用先张法预应力混凝土管桩 [PHC-AB 600（110）]，桩基持力层为⑦₋₂层粉细砂层，根据⑦₋₂层粉细砂层面埋深，分别采用 17.6 m，18.6 m，19.6 m 和 20.6 m 四种有效桩长，单桩竖向承载力设计值为 2 850 kN，总桩数约 600 根。它是国内采用预应力管桩基础较高的建筑。

上海盛大金磐（图 7-11）是坐落于浦东陆家嘴的超高层精装修顶级公寓住宅开发项目，总建筑面积约 17 万 m²，一期共有 39，40，43 层三栋超高层住宅，建筑高度约 150 m，设置 2 层地下室。采用框架剪力墙结构，采用了先张法预应力混凝土管桩基础 [PHC-AB 600（110）]，桩基持力层为⑦₋₂层粉细砂层，有效桩长约 32 m，单桩竖向承载力设计值为 3 050 kN，总桩数约 900 根。项目需穿越厚 8~10 m 的砂质粉土层，成桩施工难度大，

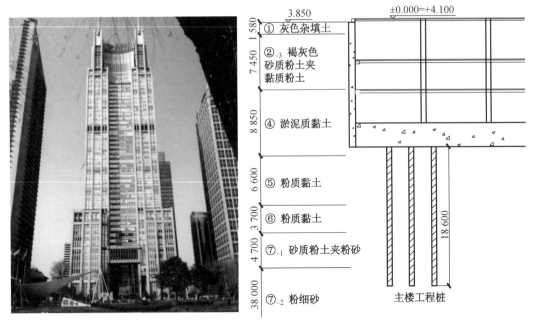

图 7-10　上海银行大厦（单位：mm）

① 灰色杂填土
②₋₃ 褐灰色砂质粉土夹黏质粉土
④ 淤泥质黏土
⑤ 粉质黏土
⑥ 粉质黏土
⑦₋₁ 砂质粉土夹粉砂
⑦₋₂ 粉细砂

主楼工程桩

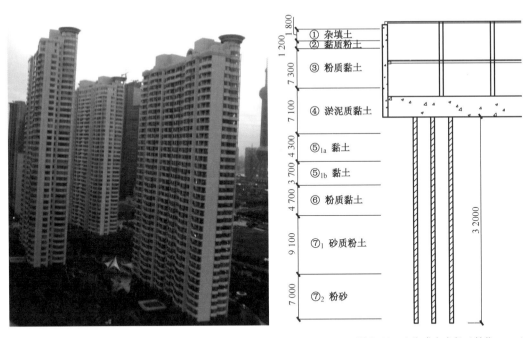

图 7-11　上海盛大金磐（单位：mm）

① 杂填土
② 黏质粉土
③ 粉质黏土
④ 淤泥质黏土
⑤₁ₐ 黏土
⑤₁ᵦ 黏土
⑥ 粉质黏土
⑦₁ 砂质粉土
⑦₂ 粉砂

实施过程中，采用了改进沉桩方式、增加钢管桩桩靴、调整施工顺序、调整停锤与贯入度标准等一系列措施，成功解决了管桩在密实砂层中的成桩难题。该工程是上海超高层住宅项目中较早采用管桩基础的项目。

7.3.1.4　钢管桩

20 世纪 70 年代后期，以宝钢为代表的重大工业项目开始采用钢管桩（桩径 609～914 mm），入土深度超过 60 m。钢管桩在高层民用建筑基础中的采用始于 80 年代中期。

1985 年上海静安希尔顿酒店主楼工程，采用了 φ609.6 钢管桩共 440 根。

88 层的上海金茂大厦和 101 层的上海环球金融中心皆采用钢管桩基础[15]，其设计概况见表 7-5。上海浦东陆家嘴区域砂层埋深较浅且厚，以埋深达 80 m 的⑨$_{-2}$层作为持力

表 7-5　钢管桩基设计概况

工程	规格	有效桩长/m	入土深度/m	进入持力层深度/m	单桩承载力设计值/kN	根数
上海金茂大厦	φ914×20	65	82.5	⑨$_2$层含砾中粗砂	7 500	430
上海环球金融中心	φ700×18	60.7	81	⑨$_2$层含砾中粗砂	5 750	225
	φ700×15	41.7	62	⑦$_2$层粉细砂	4 250	760

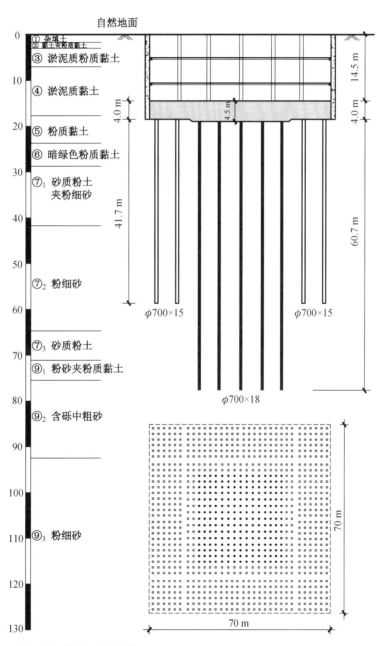

图 7-12　上海环球金融中心桩基平面与剖面图

层时,从地下 30 m 开始,要穿越 50 余米厚的砂层,按当时上海灌注桩施工技术,在厚层砂层中钻孔速度慢,且桩身泥皮和桩端沉渣难以控制,往往出现灌注桩承载力达不到设计要求的现象,而且当时钻孔灌注桩桩端后注浆的技术尚未应用成熟,因此否定了灌注桩的基础方案。当时建设场地周边还处于开发阶段,周边并无很多建筑物和市政地下管线等建(构)筑物,有锤击打桩的条件。由于 PHC 桩进入密实砂层的深度能力有限,单桩承载力受到限制,结合邻近金茂大厦基础工程的设计与施工经验,塔楼采用钢管桩。钢管桩中心区域采用桩长 60.65 m,桩型 φ700×18 的钢管桩 225 根,持力层为⑨₋₂层含砾中粗砂层;外围区域采用桩长 41.65 m,桩型 φ700×15 的钢管桩 952 根,持力层为⑦₋₂粉细砂层。核心筒区域基础筏板厚 4.5 m,核心筒周边区域筏板厚 4 m,裙楼区域筏板厚 2 m。

7.3.1.5 钻孔灌注桩

1. 大直径超长灌注桩

钻孔灌注桩是 20 世纪 80 年代以来逐渐采用的一种桩型,具有无噪声、无挤土、承载力选择灵活等优点而广泛应用于高层建筑的基础工程中,并向大直径和超长桩方向发展。1980 年,45 m 的钢筋混凝土长桩开始用于上海宾馆,接着在电信大楼、华亭宾馆、虹桥宾馆等工程相继采用。华东建筑设计研究院有限公司设计的上海华亭宾馆(28 层),基底压力约为 570 kPa,采用了桩长 44 m(桩尖约位于地面下 50 m)的灌注桩,单桩容许承载力为 2 200 kN。上海虹桥宾馆(33 层)和陆家嘴沪办大楼(36 层),桩长均达 60 m。

以上海、天津为代表的沿江、沿海等经济发达地区成为我国超高层建筑建造的集中区域,大部分为软土地区,基岩埋藏深度深,地表以下有较深厚的软土和中高压缩性土。为了承载超高层建筑巨大的荷载,在不增加基础面积的情况下,往往需要加大桩径并穿越超深厚的土层进入密实的砂层或基岩以提高承载力。因此,大直径超长灌注桩的应用成为趋势。表 7-6 列出了部分华东建筑设计研究院有限公司设计的超高层建筑桩基工程概况。

表 7-6 华东建筑设计研究院有限公司设计的部分超高层建筑大直径超长桩概况

名 称	始建时间	高度/m	层数	桩型	桩径/mm	桩端埋深/m	桩端持力层
中央电视台 CCTV 新台址主楼	2004 年	234	51	钻孔灌注桩	1 200	52	砂卵石
天津津塔	2006 年	336.9	75	钻孔灌注桩	1 000	85	粉砂
天津高银金融 117 大厦	2008 年	597	117	钻孔灌注桩	1 000	98	粉砂
上海中心大厦	2008 年	632	121	钻孔灌注桩	1 000	88	粉砂夹中粗砂
上海白玉兰广场	2009 年	320	66	钻孔灌注桩	1 000	85	含砾中粗砂
武汉中心	2009 年	438	88	钻孔灌注桩	1 000	65	微风化泥岩
苏州国际金融中心	2010 年	450	92	钻孔灌注桩	1 000	90	细砂
武汉绿地中心	2011 年	606	119	钻孔灌注桩	1 200	60	微风化砂岩、泥岩

大直径超长桩主要指直径大于 800 mm、桩长大于 50 m、长径比超过 50 的桩。理论研究和工程实践均表明,大直径超长桩受长径比大、桩端埋置深、桩身穿越土层多且土性复杂以及后注浆工艺等因素的影响,其受力性状有别于短桩和中长桩。因此,在明晰

大直径超长桩的工作性状、施工难点和检测要点的基础上，合理进行设计就显得非常重要。

大直径超长桩穿越土层深且土性复杂，加深了对其承载变形特性的认识难度，且受施工工艺的影响较大。因此，目前的相关认识主要以现场实测数据为主，也有学者尝试通过建立理论分析模型对其受力机理和影响因素作进一步的分析，研究主要方向有荷载传递机理、大直径的尺寸效应、侧阻的软化效应、端阻的深度效应、持力层的影响、后注浆的机理与影响[16-19]。

2. 嵌岩桩

超高层建筑基底荷载大、沉降控制要求高，往往要求桩基穿越深厚的土层进入相对较好的持力层以获得较高的承载力并控制变形，在岩层埋深较浅的区域，当没有条件采用天然地基时，将采用嵌岩桩基。表7-7列出了华东建筑设计研究院有限公司设计的部分超高层建筑采用嵌岩桩的概况，桩身直径范围为 1.0～2.6 m，承载力特征值为 11 000～62 000 kN。当基岩埋深较浅时通常采用人工挖孔嵌岩桩，并通过扩大桩端提高承载力，济南绿地普利门的嵌岩桩由 2.6 m 桩身直径扩大至 4.6 m。当没有条件进行人工挖孔时，通常采用钻孔、旋挖、冲孔等方式进行成孔。

表7-7　华东建筑设计研究院有限公司设计的部分超高层建筑嵌岩桩概况

表7-7　华东建筑设计研究院有限公司设计的部分超高层建筑嵌岩桩概况

项目名称	嵌岩桩桩长/m	桩径/mm	持力层	嵌岩深度/m	设计承载力/kN
武汉中心	42.1～48.1	1 000	微风化泥岩	13～17	11 000～12 300
南昌绿地中央广场	12～13.8	1 300	微风化砂砾岩	1.2～3.0	15 500～18 000
南京绿地紫峰大厦	6～30	桩身：2 000 桩端：4 000	中风化安山岩	2.0	39 000
济南绿地普利门	12	桩身：1 500～2 600 桩端：2 700～4 600	中风化闪长岩层	2.0～3.0	21 000～62 000
成都国际金融中心	6～10.8	桩身：1 300～1 900 桩端：3 000～4500	微风化泥岩	0.5	19 100～42 900

7.3.1.6　槽壁桩

槽壁桩基础是采用地下连续墙成墙工艺形成矩形截面桩作为建构筑物的基础承受上部结构荷载。槽壁桩基础在日本首次采用，同时也在日本得到了长足的发展和广泛的应用。东京都新宿区某高层建筑，地下2层，地上37层，建筑物高度130 m，采用槽壁桩作为墙下桩基，基底以下的深度为12 m。日本青森大桥采用三排井筒型槽壁桩刚性基础，基础平面尺寸为 30 m×20.5 m，承台厚 5 m，槽壁桩深 37 m，厚 1.5 m。近年来在日本还出现了扩底条形桩基础，进一步丰富了槽壁桩的基础形式。在国内槽壁桩基础的工程实践起步较晚，但近年来发展较快。1982 年上海特种基础研究所 5 层办公大楼的地下室停车库及人防基础，开创了槽壁桩在我国应用的先例。随后天津市冶金科贸中心、上海长宁区某高层公寓、香港环球贸易广场等相继采用了槽壁桩基础。香港环球贸易广场塔楼高度 450 m，地下室埋深约 35 m。塔楼周边设置环形地下连续墙作为基坑开挖阶段的

图 7-13 香港环球贸易广场现场照片[20]

围护墙和地下室结构外墙，同时也作为建筑周边的基础。内部采用 240 根矩形截面槽壁桩，桩身截面有 2.8 m×1.2 m 和 2.8 m ×1.0 m 两种形式，槽壁桩长度约为 80 m，采用桩侧后压浆提高承载力。其现场照片见图 7-13。

槽壁桩基础除了具有与常规桩基础相同的作用布置在基础承台下作为上部结构墙、柱的基础外，还有另外一种特殊的应用形式，即用作地下室外墙和墙下桩基。这种应用形式，在深基础工程中较为常见，深基础工程在基坑施工阶段常采用槽壁桩作为支护结构，而在正常使用阶段槽壁桩又作为地下室结构外墙和墙下桩基础使用。槽壁桩作为地下室外墙的应用也较为广泛，部分工程结构核心筒剪力墙和框架柱直接嵌固在槽壁桩上或紧贴槽壁桩，槽壁桩需直接承受较大的上部结构荷载。

在槽壁桩设计时，应根据上部结构的形状和荷载情况及地基状态选择槽壁桩的结构形式，图 7-14 为典型的槽壁桩基础平面布置图。当荷载具有方向性时，应该按照荷载方向配置墙段，这也是槽壁桩基础形式比其他常规桩基础的优越之处。槽壁桩作为基础结构主要承受上部结构的竖向荷载，但在实际工程中也不可避免地需承受上部结构传来的地震荷载和风荷载等水平荷载的作用，因此在进行槽壁桩布置时除满足竖向荷载要求外，还必须兼顾水平方向荷载的要求。由于受到自身截面形状的影响，槽壁桩的长短边方向的水平刚度差异较大，当水平力作用的作用方向平行于槽壁桩的长边方向时，由于该方向的截面模量较大，受力较为合理。但当水平力作用方向平行于槽壁桩的短边方向时，由于该方向的截面模量较小，受力较为不利。因此在基础设计中应尽量减小水平力，同时应对槽壁桩基础平面进行合理布置，加强水平力作用方向的刚度，在整体上提高对水平力的抵抗能力。图 7-15 为水平荷载作用下合理与不合理的槽壁桩平面布置图。

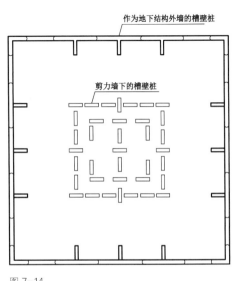

图 7-14

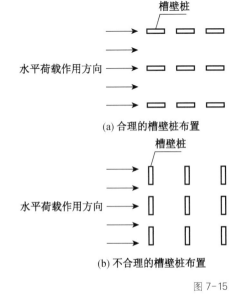

图 7-15

图 7-14 槽壁桩基础平面布置示意图

图 7-15 水平荷载作用下槽壁桩平面布置示意图

槽壁桩竖向承载力的计算，目前尚无详尽的设计规范，根据国内外关于槽壁桩承重的研究和大量的工程实践，当槽壁桩具有足够的入土深度且桩端进入良好持力层时，认为其竖向承载力可参照桩基计算原则确定。由于槽壁桩承载力高，开展现场静载荷试验确定承载力的难度较大。上海市解放日报新闻中心利用槽壁桩作为地下室结构外墙，上部结构柱直接作用在槽壁桩上，且部分位置槽壁桩紧贴结构核心筒剪力墙，需承受核心筒剪力墙的大部分荷载。由于上部结构对槽壁桩的承载力和沉降要求很高，因此该工程施工两幅槽段 CD1 和 CD2 进行现场静载荷试验，两幅试验槽段持力层分别为第⑦层（灰色砂质粉土层）和第⑤$_2$层（灰色砂质粉土与粉质黏土互层），槽段有效宽度为 2.0 m，均进行了槽底注浆。图 7-16 为静载荷试验的现场照片。试验采用慢速维持荷载法进行测试，CD1 分 16 级施加，每级荷载下的沉降均在较短时间内稳定，由于加载设备限制，该试验墙段最大加载量为 13 050 kN，在最大加载量稳定状态下试验槽段及周围土体没有破坏征状，墙体累计总沉降量为 10.38 mm，卸载至零后，回弹量为 6.24 mm，占总沉降量的 60.12%。Q-s 曲线［图 7-17（a）］未见明显第二拐点。

图 7-16　槽壁桩现场静载荷试验现场实景

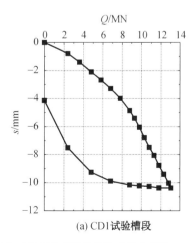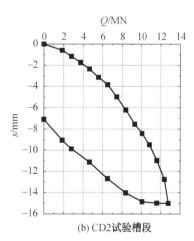

(a) CD1 试验槽段　　　　　　　　(b) CD2 试验槽段

图 7-17　CD1 和 CD2 试验槽段的荷载-位移曲线图

7.3.2 大直径超长灌注桩的设计

7.3.2.1 承载变形性状

大直径超长桩主要特点为承受荷载高，穿越土层多而复杂，施工工艺复杂且施工质量不易控制。由于其桩身长、长径比大导致桩土相对刚度小，直接影响其受力特性。大直径超长桩加载至极限承载力的实测数据较少，在试验荷载作用下，大直径超长桩 Q-s 曲线基本呈缓变型，桩端变形较小，桩顶沉降主要表现为桩身压缩，极限承载力往往由桩顶变形值确定。桩侧摩阻力发挥具有异步性，上部土层的侧摩阻力先于下部土层发挥作用，桩侧摩阻力占总承载力的比例较大，通常表现为摩擦型桩[21, 22]。桩端软弱或沉渣较厚时，桩端承载力较小，同时会降低桩侧摩阻力的发挥，使得其在相对较小的荷载作用下便发生陡降破坏。桩端后注浆可改善桩端支承条件，使桩端阻力大幅度提高，桩侧摩阻力亦可以发挥到较高的水平。

大直径超长桩在设计过程中应尽量避免或减少桩身上部侧阻软化、下部侧阻与端阻不能充分发挥及桩身变形过大等不利效应。虽然超长桩在工作荷载作用下表现为摩擦型桩，但桩端特性对桩侧摩阻力发挥及其承载变形特性有很大影响。大直径超长桩持力层通常选择埋深大、土性较好的土层，如基岩、卵砾石层、砂层等为持力层，后注浆能有效地消除桩端沉渣、改善桩端土体承载性状，提高桩端阻力及桩侧摩阻力发挥水平，且有利于减小桩长，进而增加桩身刚度，降低桩基施工难度，增加成桩的可靠性。

7.3.2.2 单桩承载力估算与取值

超长桩穿越土层多，土性复杂，深层土体的物理力学指标难以把握，实际工程中应重视以载荷试验成果确定承载力。目前，上海中心大厦[23, 24]、天津高银金融117大厦[25]、苏州中南中心[26]试桩的加载值分别达到了30 000 kN，42 000 kN 和40 000 kN。受加载设备的限制，大直径超长桩很难开展极限载荷试验，使得对其承载能力的评价大打折扣，研究大吨位载荷试验方法与设备成为当务之急。

大直径超长桩承载力载荷试验应加强对桩身轴力与沉降的量测。对于荷载位移曲线为缓变型的试桩，取桩顶沉降 40～60 mm 或 0.05D 来确定其极限承载力值。对于深开挖条件下的桩基，不能通过简单的理论计算方式从试桩承载力中扣除开挖段的侧摩阻力得到工程桩的承载力，应通过桩身轴力的量测或采用双套管技术直接得到工程桩的承载力，且沉降量控制应考虑基坑开挖段压缩，取工程桩桩顶沉降量确定极限承载力[27]。

大直径超长桩初步设计时，通常采用建筑桩基技术规范中计算方法估算单桩竖向极限承载力标准值。大直径超长桩承载变形特性与中、短桩有较大不同，采用基于中、短桩承载性状建立的经验方法估算时，其结果与现场实测值存在较大差异。常规大直径超长桩极限承载力实测值低于经验方法估算值。根据收集到的上海地区 5 个工程 10 根桩的资料，其极限承载力实测值与经验方法估算的比值为 0.50～0.97，平均值仅为 0.69，低于规范方法计算的大直径桩尺寸效应系数 0.9。这主要由桩身泥皮过厚、大直径引起的孔壁应力释放及桩端沉渣等问题产生，后注浆技术能有效解决桩端沉渣、桩侧泥皮问题，显著提高桩基承载能力。本书收集到的 9 个工程 28 根桩的数据表明，后注浆大直径超长桩承载力皆高于经验方法估算，实测值与按规范列表上限值的理论计算值的比值为 1.00～1.68，平均值为 1.32。因此，对于大直径超长桩应采用桩端后注浆工艺，当桩身范围内有较厚的砂层时，宜采用泥浆除砂器[28]。

7.3.2.3　桩身强度与桩身压缩

桩身强度应根据规范进行验算，由于后注浆工艺的应用，地基土对桩基的支承力大幅提高，因此，大直径超长桩设计时存在桩身强度与地基土支承力的协调性问题。高强度混凝土的应用有助于解决这一问题。如表 7-8 所示，国内几项超高层建筑桩基皆采用了高标号水下 C45，甚至 C50 的混凝土，以使桩身强度满足桩基承载能力要求。规范中灌注桩成桩工艺系数取 0.7～0.8，在采用合适的施工工艺，确保桩身质量的情况下，混凝土工艺系数可以取高值[29]，如表 7-8 中几项工程试桩取芯抗压强度与混凝土设计强度比值均达到或超过了 0.8。此外，箍筋的约束作用有利于混凝土强度提高，工程桩桩顶下 $5.0D$ 范围内应适当加密螺旋箍筋。

表 7-8　桩身混凝土强度

工程名称	混凝土强度等级	钻孔取芯无侧限抗压强度平均值/MPa	取芯抗压强度与混凝土设计强度比值
上海中心大厦	C50	40.0	0.80
上海白玉兰广场	C45	44.3	0.98
天津高银金融 117 大厦	C50	59.3	1.19
武汉中心	C50	54.6	1.09

规范[8]采用估算桩身压缩量和桩端沉降量来确定单桩桩顶沉降变形，其中估算桩身压缩时，对于摩擦型桩，桩身压缩系数 ξ_e 取值为 1/2～2/3。大直径超长桩通常表现为摩擦型桩，其在极限荷载作用下，桩身压缩占桩顶沉降的比例达 80% 以上。为考察大直径超长灌注桩桩身系数实际情况，本文统计了 15 个工程近 40 根试桩数据，绘制 $Q_0 L/AE_p$（桩身轴力为矩形分布）与桩身压缩实测值的关系图，如图 7-18 所示。从图中可以看出，桩身

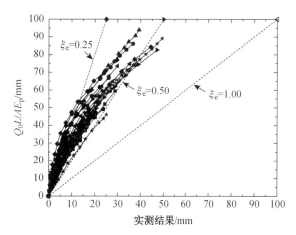

图 7-18　桩身压缩系数实测分析图

压缩系数随桩身压缩实测值增加而增大，其基本上分布于 1/4～1/2 之间，在极限荷载或最大加载水平下，部分试桩桩身压缩系数超过了 1/2，但在工作荷载作用下，桩身压缩系数是小于 1/2 的。因此，进行大直径超长灌注桩桩身压缩量计算时，桩身压缩系数取值不宜超过 1/2。

7.3.2.4　后注浆

1. 工艺特点

后注浆是灌注桩施工的一种辅助工法，以提高桩的承载力，减小桩基沉降，增强桩基质量稳定性。后注浆桩是指钻孔、冲孔和挖孔灌注桩在成桩后，通过预埋在桩身中的注浆管，利用压力作用，经桩端或桩侧的预留压力注浆装置向桩周地层均匀地注入能固化的浆液，加固桩底、桩侧周围的土体，改变桩与岩、土之间的边界条件，从而提高桩的承载力，减小桩基沉降，增强桩基质量稳定性[30-33]。

根据注浆位置不同，后注浆灌注桩可分为桩端后注浆灌注桩、桩侧后注浆灌注桩和桩端桩侧联合后注浆灌注桩三种。桩端后注浆又可分为封闭式注浆和开放式注浆两种。目前工程应用较多的主要是开放式桩端后注浆灌注桩。对于穿越深厚砂层或承载力取值较高的大直径超长灌注桩宜采用桩端、桩侧联合后注浆，如中央电视台 CCTV 新台址主楼采用桩端桩侧联合后注浆工艺，将桩端埋深减少十余米[34]。注浆增强效应总的变化规律是：端阻的增幅高于侧阻，粗粒土的增幅高于细粒土。以碎石类土层、中砂、粗砂、裂隙发育的中风化岩层为持力层的桩使用效果更好。目前注浆水泥用量及承载力提高幅度还是以地区经验为主[35]，考虑到大面施工的离散性和不确定性，建议注浆后单桩承载力的提高幅度不宜超过 50%。

2. 注浆材料与装置

注浆应采用 P42.5 级新鲜普通硅酸盐水泥配制的浆液，受潮结块水泥不得使用。浆液的水灰比应根据土的饱和度、渗透性确定，对于饱和土水灰比宜为 0.45～0.65，对于非饱和土水灰比宜为 0.7～0.9（松散碎石土、砂砾宜为 0.5～0.6）；低水灰比浆液宜掺入减水剂。配制好的浆液必须经细化或过滤后方可注入。桩端后注浆导管数量宜根据桩径大小设置。对于直径不大于 1 200 mm 的桩，宜沿钢筋笼圆周对称设置 2 根；对于直径大于 1 200 mm 而不大于 2 500 mm 的桩，宜对称设置 3 根。

桩侧后注浆管阀设置数量应综合地层情况、桩长和承载力增幅要求等因素确定，可在离桩底 5～15 m 以上、桩顶 8 m 以下，每隔 6～12 m 设置一道桩侧注浆阀，当有粗粒土时，宜将注浆阀设置于粗粒土层下部，对于干作业成孔灌注桩宜设于粗粒土层中部。

注浆管应采用钢管，钢管内径不宜小于 25 mm，壁厚不应小于 3.2 mm。注浆管上端宜高出地面 200 mm。注浆阀应具备逆止功能，为单向阀式注浆器。当桩端持力层为粉土和砂土时，桩端注浆阀应插入桩端以下 200～500 mm；当桩端持力层为基岩时，应将注浆阀尽力插至孔底。注浆管随钢筋笼同时下放，与钢筋笼加劲筋绑扎固定或焊接，并做注水试验检查是否漏水。

对于非通长配筋桩，钢筋笼上、下端应有不少于 4 根与注浆管等长的引导钢筋，引导钢筋应采用箍筋固定。引导钢筋规格不宜小于 Φ20，箍筋可采用 Φ8@300 的螺旋箍（或圆环箍）。

3. 注浆作业

灌注桩成桩后的 7～8 h 内，应采用清水进行开塞。桩身混凝土达到设计强度的 70%后方可注浆，注浆宜低压慢速。注浆作业离邻桩成孔作业点的距离不宜小于 8 m，对于群桩注浆宜先外围、后内部。桩端注浆应对同一根桩的各注浆导管依次实施等量注浆。对于饱和土中的复式注浆顺序宜先桩侧、后桩端；对于非饱和土宜先桩端、后桩侧；多断面桩侧注浆应先上后下；桩侧桩端注浆间隔时间不宜少于 2 h。

桩端注浆终止注浆压力应根据土层性质及注浆点深度确定，对于风化岩、非饱和黏性土及粉土，注浆压力宜为 3～10 MPa；对于饱和土层注浆压力宜为 1.2～4 MPa，软土宜取低值，密实黏性土宜取高值；注浆流量不宜超过 45 L/min。

注浆终止标准应采用注浆量与注浆压力双控的原则，以注浆量（水泥用量）控制为主，注浆压力控制为辅：当注浆量达到设计要求时，可终止注浆；当注浆压力达到设计要求并持荷 3 min，且注浆量达到设计注浆量的 80%时，也可终止注浆；否则，需采取补救措施。

施工单位应制订详尽的后注浆方案，包括注浆施工参数、注浆器的构造、注浆管的布置、喷浆眼的数量与布置以及注浆失败的补救措施。工程桩正式施工前应进行注浆试验，进一步修正和确定注浆方案。监理单位应加强现场监督，保证后注浆施工严格按照确定的施工方案及相关要求进行，确保工程质量。

7.3.2.5 试桩

1. 双套管

超高层建筑基础埋深较大，导致在地面试桩时，必需合理考虑开挖段桩侧摩阻力扣除问题[36]。试桩采用双层钢套管隔离基坑开挖段桩土接触作用，能较真实地反映工程桩承载变形特性，进而更为合理地确定工程桩承载力。双层钢套管设计要点为：双层钢套管的外套管同轴套在内套管外，并留有间隙，内套管内径不小于钻孔灌注桩桩身的直径，且垂直同轴套贴在钻孔灌注桩桩身上，外套管的管底标高为基底开挖面标高，内套管管底标高低于外套管管底标高，外套管管底部设有环形橡胶止水带封住外套管和内套管之间的间隙；外套管管底部封堵采用在环形橡胶止水带和外套管之间设置环形封堵板，环形封堵板的一边与外套管内壁或内套管外壁焊接，另一边与环形橡胶止水带紧密接触；内、外套管间增设环形支撑肋以解决套管失稳问题，环形支撑肋可采用钢筋、钢板等形式。环形支撑肋间隔焊接在内套管外壁或外套管内壁上，并与外套管内壁或内套管外壁留有间隙。双层钢套管设计简图如图 7-19 所示。

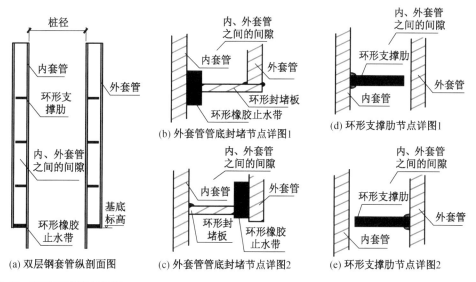

(a) 双层钢套管纵剖面图　(b) 外套管管底封堵节点详图1　(c) 外套管管底封堵节点详图2　(d) 环形支撑肋节点详图1　(e) 环形支撑肋节点详图2

图 7-19　双层钢套管设计简图

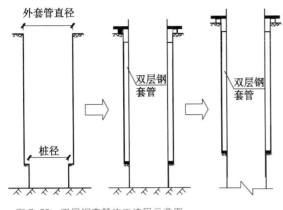

图 7-20 双层钢套管施工流程示意图

双层钢套管施工流程如图 7-20 所示。即首先采用直径较大的钻头在基坑开挖深度内钻出外套管直径的孔，再采用桩身直径钻头向下钻，接着吊装双层钢套管，且将双层钢套管压入土内，固定好双层钢套管后，继续成孔至设计标高。

2. 桩头设计

大直径超长桩承载力较大，如天津 117 大厦试桩加载达 42 000 kN，武汉绿地中心试桩加载达 45 000 kN，这对桩头设计提出较高的要求。根据试桩加载和检测等要求，桩头设计需要注意：桩头尺寸应满足千斤顶摆放及检测仪器设置与量测要求，如图 7-21 所示；桩头顶面标高确定需考虑载荷试验反力架架设的影响；桩头尺寸与配筋应满足受力要求，桩头配筋计算及构造措施可参考《混凝土结构设计规范》（GB 50010—2010）第 10.8 节牛腿相关公式和条文；桩头混凝土强度应不低于试桩混凝土强度，桩顶疏松部分混凝土应凿除，保留试桩钢筋，混凝土浇筑前应清洗桩头与试桩交界面，并做好界面接浆处理；接桩部分中轴线应与原桩身中轴线重合，垂直度应满足要求。试桩桩头应与地基土分开，分开距离应不小于 300 mm；当试桩采用双套管技术，施工过程应采取措施确保桩头与外套管不发生连接。图 7-22 为上海中心大厦桩帽设计剖面图[37]。桩帽混凝土强度等级为 C60，接桩前凿去桩顶疏松部分混凝土并清洗交界面，同时保证桩帽的垂直度及与桩身的同心定位。桩帽与双套管和地面相隔离，将荷载直接传递给桩身。

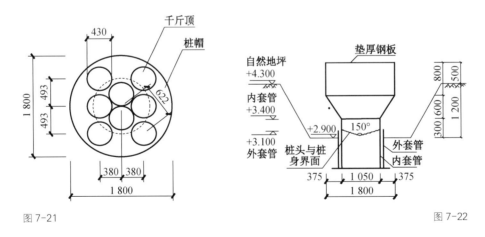

图 7-21

图 7-22

3. 试成孔

在试锚桩施工前应先进行试成孔，成孔后连续跟踪监测时间不应少于 36 h，每 4 h 测定不同深度处泥浆的比重、黏度、含砂率等技术指标，以此确定施工工艺。试锚桩的施工应重点关注孔径、垂直度、沉渣厚度、工效的控制以及水下高强混凝土的配比与灌注施工。载荷试验应尽量加载至极限承载力，且同时开展桩身轴力及变形的量测。

超高层建筑结构设计与工程实践

图 7-21 千斤顶布置图（单位：mm）

图 7-22 上海中心大厦桩帽设计剖面图（单位：mm）

大直径超长桩试桩施工要求为：①试成孔施工应模拟实际工况；②当桩身穿越深厚的砂层，应采用人工造浆和滤砂装置过滤泥浆；③成孔的垂直度偏差不应大于1/250，二次清孔后，沉渣厚度小于50 mm；④高强度水下混凝土应按要求试配；⑤采用后注浆工艺的试桩，需确定后注浆施工参数；⑦确定施工机具与工艺，确定施工参数指标，形成施工导则以指导工程桩施工。

4. 检测要求

大直径超长桩试桩检测项目为：①试成孔检测，试成孔连续跟踪监测时间不应少于36 h，成孔质量监测时间间隔不宜大于4 h，且在试成孔过程中应测定不同深度处泥浆的比重、黏度、含砂率等技术指标；②桩身质量检测，包括桩身完整性和桩身混凝土强度；③桩端混凝土质量、沉渣、入岩情况及桩端注浆效果检测；④试桩承载力检测；⑤桩身轴力、桩侧摩阻力量测；⑥桩身变形量测，包括桩顶、有效桩长桩顶、桩端及基岩面等桩身不同位置处在各荷载等级下变形值。

5. 高强混凝土

工程桩单桩承载力的取值应根据单桩承载力载荷试验结合桩身强度确定。宜采用C45或更高等级的水下混凝土，解决后注浆大直径超长桩桩身强度与地基土支承力不匹配的问题。由于桩长细比大、桩顶受荷强度高，桩顶变形计算应计入桩身压缩量。

7.3.3 嵌岩桩的设计

7.3.3.1 承载变形性状

嵌岩桩桩端进入岩层，岩层的强度与刚度远大于土，其受力性状有别于非嵌岩桩。工程实践表明，嵌岩桩的 Q-s 曲线，即桩顶荷载位移曲线基本呈缓变型，无明显拐点。部分桩因桩端沉渣过厚，试验加载过程中发生刺入性破坏，Q-s 为陡降型。由于嵌岩桩下部分桩身嵌入岩层之中，在成孔过程中，岩层孔壁因施工机械产生不规则凸起，桩-岩界面存在"咬合"，在桩顶卸荷后，限制了桩身的回弹变形，嵌岩桩的卸载回弹率较小。桩侧摩阻力的发挥需要一定的桩土相对位移。对上覆土层，当桩土相对位移大于4～6 mm,对于岩层，在桩土相对位移2～3 mm 时，桩侧摩阻力得到较大发挥[38,39]。随着桩土相对位移的增加，侧摩阻力逐步发挥并最后达到极限值。

嵌岩段侧阻力与端阻力不能同时达到极限，彼此之间存在相互协调的机制。嵌岩桩的嵌岩深度越深，传递到桩端的荷载越小，当嵌岩达到一定深度后，继续增加嵌固深度对嵌岩桩承载力的提高作用已不明显。嵌岩桩桩端阻力的发挥受桩侧阻力的影响，对于硬岩嵌岩桩，其桩端阻力在桩顶荷载加载初期即得到发挥，加载过程中，桩周土的侧摩阻力发挥水平较低，桩顶荷载主要由嵌岩段总阻力承担。相对于硬岩嵌岩桩，软岩嵌岩桩上覆土层与嵌岩段的侧摩阻力发挥水平较高，但桩端阻力发挥水平低于硬岩嵌岩桩[40]。

7.3.3.2 单桩承载力估算与取值

嵌岩桩的承载力由上覆土层侧摩阻力、嵌岩段侧摩阻力、桩端阻力三部分组成，应该从嵌岩段侧摩阻力与端阻力的发挥比例与总和综合认识嵌岩段的效率和承载能力。

目前规范关于嵌岩桩承载力估算主要分为两类。一类以现行的行业标准《建筑桩基技术规范》（JGJ 94—2008）和成都市、南京市、深圳市、广东省等地方标准为代表，通过建立嵌岩段侧摩阻力和端阻力与岩石单轴抗压强度的关系，计算嵌岩桩承载力。其中，行业标准《建筑桩基技术规范》（JGJ 94—2008）和南京市地方标准考虑了软岩与硬岩等不同岩性和不同嵌岩深径比对嵌岩桩侧阻系数与端阻系数的影响；深圳市地方标准考虑了岩石的风化、软硬及完整性，成桩工艺的影响；成都市地方标准仅考虑了嵌岩深径比的影响；广东省地方标准则不考虑岩性与嵌岩深径比的影响。各规范嵌岩桩侧阻系数 ζ_s 与端阻系数 ζ_p 除了考虑因素不一样，其取值差异也较大，两个系数取值的合理性直接影响到嵌岩桩的承载力取值，也蕴涵了嵌岩段侧阻与端阻的承载性状，是嵌岩桩承载力计算的关键问题。另一类以国家标准《建筑地基基础设计规范》（GB 50007—2011）和北京市、浙江省、湖北省地方标准为代表，仍沿用常规土层中桩基承载力计算方法。需要在勘察报告中提供嵌岩段的侧摩阻力与端阻力取值，很大程度上依赖于当地经验。对于重要工程，应通过嵌岩短墩试验确定嵌岩桩极限桩侧摩阻力和端阻力，或采用基岩承载力平板载荷试验确定嵌岩极限桩端阻力。上述规范对于嵌入完整和较完整的未风化、微风化、中风化硬质岩石的嵌岩桩，给出了单桩竖向承载力的简化计算公式，即只计桩端阻力，设计人员应注意其适用条件。

嵌岩段的侧阻与端阻之间呈现此消彼长的现象，侧阻力与端阻力并不能同时达到极限。规范综合系数取值方法中，侧阻系数和端阻系数是分离考虑的。华东建筑设计研究院基于 4 个背景工程共 20 余根现场试桩试验成果，采用有限元数值模拟方法，对嵌岩桩的试桩试验进行了数值模拟，取得了合理的岩（土）层参数取值，通过有限元数值模型计算得到综合系数的取值建议，见表 7-9[41]，可供嵌岩桩承载力估算采用。相比于规范综合系数取值表，其综合系数的取值在计算模型的选取上更合理，并且在不同岩石强度分类和嵌岩深径比两个维度上作了扩充与细化，计算结果与工程实测值更接近，适用性更强。将来在收集更多嵌岩桩工程实测案例的基础上，可对该嵌岩段综合系数的取值作进一步的完善。

表 7-9　侧阻和端阻综合系数 ζ_r 建议取值

	嵌岩深径比	0.5	1	2	3	4	5	6	7	8	9	10
极软岩	$f_{rk} \leqslant 5$ MPa	1.15	1.30	1.53	1.75	1.93	2.10	2.30	2.50	2.70	2.90	3.10
软岩	5 MPa$<f_{rk}\leqslant$15 MPa	0.95	1.10	1.25	1.45	1.60	1.75	1.90	2.00	2.10	2.20	2.25
较软岩	15 MPa$<f_{rk}\leqslant$30 MPa	0.65	0.85	1.05	1.20	1.35	1.45	1.55	1.65	1.70	1.75	1.75
较硬岩	30 MPa$<f_{rk}\leqslant$60 MPa	0.55	0.70	0.80	0.90	1.05	1.10	1.15	1.20	1.20	1.20	1.20
坚硬岩	$f_{rk}>$60 MPa	0.45	0.55	0.65	0.75	0.85	0.90	0.95	0.95	0.95	0.95	0.95

嵌岩桩嵌岩段承载力准确计算对于估算桩基承载力十分关键。如表 7-10 所示，对于嵌入软岩的桩基，规范方法估算值小于实测值，而嵌入硬岩的桩基，估算值则远大于实测值。究其原因为桩端岩石的强度一般由无侧限抗压强度试验测得，软岩取芯容易被扰动，且桩端岩石在高围压作用下的强度值要大于无侧限的情形[42]；而硬岩岩体强度和模

量较高，即使桩基发生破坏，桩端岩体强度仍较难得到充分发挥。因此，对于嵌入软岩的桩基，采用规范方法估算其极限承载力时，岩体强度参数的取值需要注意，避免钻探取芯时产生过大的扰动，必要时采用点荷载试验确定其抗压强度值；对于嵌入硬岩的桩基，其承载力估算应充分考虑桩身强度和桩顶变形的影响。

表7-10　武汉中心嵌岩桩实测值与规范方法计算值比较

试桩编号	STZ1-B1#	STZ1-B2#	STZ2-B7#	STZ2-1#
桩长/m	55.9	57.9	63.6	60.8
桩径/mm	1 200	1 200	1 200	1 200
桩端持力层	微风化砂岩	微风化砂岩	中风化泥岩	中风化泥岩
规范计算值/kN	72 695	71 496	33 606	31 053
实测值/kN	45 000	45 000	45 000	45 000

为了综合确定岩石的天然抗压强度，尽可能排除岩样中的裂隙对岩块抗压强度的影响，宜对岩块进行点荷载强度试验，以准确反映岩块的强度。并结合单轴抗压强度试验与点载荷试验，综合确定岩石的无侧限抗压强度值。对于重要和复杂的工程，应采用原位平板荷载试验得到的基岩承载力，试验可参照行业标准《高层建筑岩土工程勘察规程》(JGJ 72—2004) 附录 E "岩基大直径桩端阻力载荷试验" 要求进行。

7.3.3.3　桩的布置与构造要求

嵌岩桩桩径主要由受力确定，同时考虑施工工艺的影响。对于支承于完整和较完整的坚硬岩，宜尽量采用大直径桩基，充分发挥桩端阻力。当采用旋挖成孔工艺时，桩径不宜小于 800 mm；当采用冲孔工艺时，桩径不宜小于 1 000 mm；当采用人工挖孔工艺时，宜尽量采用大直径桩，提高挖孔可操作性与效率，桩径不应小于 1 000 mm。

嵌岩深度应综合荷载、上覆土层、基岩、桩径、桩长等诸因素确定；对于嵌入倾斜的完整和较完整岩的全断面深度不宜小于 $0.4d$ 且不小于 0.5 m，倾斜度大于 30% 的中风化岩，宜根据倾斜度及岩石完整性适当加大嵌岩深度；对于嵌入平整、完整的坚硬岩和较硬岩的深度不宜小于 $0.2d$，且不应小于 0.2 m。嵌岩桩中心距不宜小于 $3.0d$，对于嵌入平整、完整的坚硬岩和较硬岩的端承型嵌岩桩，最小桩中心距可减小至 $2.5d$。采用扩底嵌岩桩的中心距不应小于 1.5 倍扩底直径或扩底净距不小于 1.5 m，对于支承在完整或较完整的微风化岩扩底桩，扩底间距不应小于 1.0 m。

桩身混凝土强度应与承载力相匹配，混凝土强度等级不应低于 C30，当采用水下灌注时，不宜高于 C50。对于嵌岩受压桩，正截面最小配筋率可取 0.4%～0.2%（小直径桩取高值），且宜通长配筋；对受荷载特别大的端承型嵌岩桩应根据计算确定配筋率，并应通长配筋。

对于高层建筑的嵌岩桩基础，当基础埋置深度较浅时，在风荷载或地震的水平作用下，嵌岩桩可能承受较大的水平力，应进行嵌岩桩水平承载力和桩身抗剪、抗弯承载力的验算。嵌岩桩水平承载主要依靠桩前岩（土）的压缩，嵌岩段承担了大部分水平荷载。岩土交接处是附加应力集中的地方，该位置的桩身配筋应予以加强，包括纵向主筋和环向箍筋，配筋率应通过计算确定，纵筋宜通长设置，岩土交界面以下5倍桩径范围箍筋加密。同时在嵌岩桩的施工过程当中，该位置处的岩土体应尽量保持完整，以保证桩身与岩土的接触良好。

7.3.4 群桩基础受力与沉降分析

7.3.4.1 考虑共同作用的群桩基础设计计算

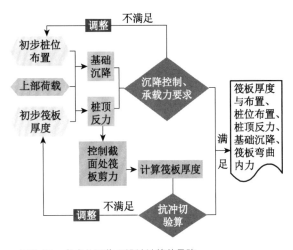

图7-23 考虑共同作用设计计算的思路

常规设计方法把桩、土、底板与上部结构作为独立的单元分别设计计算，忽略了地基、基础及上部结构间的相互约束和相互作用。这与实际基础体系受力性状不符，将产生较大的误差。规范提倡采用上部结构、地基与基础共同作用进行群桩基础分析计算，但实际操作过程中却没有统一固定的模型和比较实用的方法。群桩基础设计计算应考虑上部结构、基础底板、桩、土协同作用，分析流程如图7-23所示。根据上部荷载、桩位布置及初步确定的筏板厚度，计算基础沉降与桩顶反力，由桩顶反力可计算各控制截面处的筏板剪力，由筏板剪力计算所需筏板厚度，并进行抗冲切验算，还可根据沉降控制、桩基承载力要求对桩位进行调整。将重新确定的筏板厚度和桩位布置再次输入软件计算出实际桩顶反力，以此桩顶反力重新作上面所述计算，直至各条件均满足要求。据此确定筏板厚度与布置、桩位布置与桩顶反力、基础沉降与筏板弯曲内力[27]。

7.3.4.2 群桩基础设计计算内容

（1）基础沉降计算：采用正常使用极限状态下荷载效应准永久组合进行沉降计算。

（2）群桩承载力计算：包括桩基受压承载力特征值和设计值的验算。采用正常使用极限状态下荷载效应标准组合分析群桩受力，验算群桩不同区域的单桩承载力特征值；采用承载能力极限状态下荷载效应基本组合分析群桩受力，验算群桩不同区域的单桩桩身强度。承压计算时，选用低水位，抗浮计算时，选用设防高水位。

（3）筏板弯曲内力计算：采用承载能力极限状态下荷载效应基本组合计算筏板弯曲内力。

（4）筏板抗冲切和抗剪切验算：承载能力极限状态下荷载效应基本组合下的结构荷载和群桩桩顶反力设计值，验算筏板在核心筒（内筒和外筒）、巨柱荷载下的抗冲切，并验算整个核心筒范围以外边桩对筏板的剪切作用。

7.3.4.3　群桩基础分析计算中风荷载与地震作用的考虑

对于风荷载和地震作用的考虑，超高层建筑群桩基础设计计算的荷载工况为：①重力荷载（恒载＋活载）；②重力荷载＋风荷载；③重力荷载＋小震作用；④重力荷载＋风荷载＋小震作用；⑤重力荷载＋中震。超高层建筑在风荷载和地震作用下引起基础较大的偏心受力。水平风荷载引起的偏心竖向力作用下，基桩承载力特征值提高1.2倍。地震引起的偏心竖向力作用下，基桩承载力特征值提高1.5倍。地震作用下，群桩基础形成受拉和受压区时，需分区对桩基的受压或受拉承载力进行验算。

7.3.4.4　群桩分析

根据协同作用中地基、基础、上部结构三个主体，其计算分析方法的研究则着重于对三个主体的分析模型及整体分析的组集上面，由于基础、上部结构的几何与材料特性较明确，目前研究的热点集中在桩土计算方面。

桩基础的研究有着悠久的历史，有关桩基础分析方法的综述性文献云云总总，主要包括弹性理论法、荷载传递法、剪切变形法、分层总和法、有限单元法以及经验公式等。对桩筏基础的实测和研究开始于20世纪50年代，主要基于模型试验和现场测试。Poulos在1989年的Rankin lecture上作了题为"Pile behaviour —theory and application"的讲座，对已有的单桩和群桩做了评价，将桩的设计方法分为三类。第一类基于经验而非土力学方法，通过简单的现场和室内试验与桩的性状建立相关关系。第二类根据简单的理论或者图表，变形采用线弹性模型或者非线弹性模型，稳定采用刚塑性模型，如有效应力方法、弹性理论方法、边界元法。第三类基于应力路径的现场试验，变形分析采用线弹性、简单非线性等模型，稳定采用钢塑性模型，如有限元法、非线性边界元法、非线性荷载传递法。Poulos总结认为：地基模型的建立方式和计算参数的选择常常比分析方法更为重要。这就要求实测研究为地基模型理论提供可靠的依据。

1. 现有分析方法

协同作用的分析方法首先把建筑结构分为上部结构、底板、桩土三部分，然后进行独立分析，但整体分析时考虑满足三者之间的位移协调条件，进而得到桩基础和底板的分析结果。

1）桩土分析方法

桩土分析的方法多采用弹性理论法，此方法假定桩土为弹性，相互之间没有滑动。计算结果通过一定的经验系数修正，再应用到工程中。

弹性理论解大多基于Mindlin解，有直接用该解进行分析的，有用应力积分的Geddes解进行分析的，也有用其位移积分Poulos解进行分析的。

桩土分析的另一种分析方法是半数值半解析方法。此法把桩身离散为杆单元，在群桩与土相互作用大系统中，对桩周土近场高应变区用解析化的广义剪切位移法描述其非线性剪切位移场，对处于远场低应变区的大部分土体采用半解析半数值的有限层法。

有限元法则把土体看成连续介质，桩按实体单元考虑，桩和土之间的联系采用接触单元（有时不采用接触单元），底板采用实体元。各种不同的材料选用不同的本构模型和材料参数进行计算。此法建模复杂，计算量大，常用来分析一些简单结构，在实际桩基础工程设计中应用难度较大。

2) 底板分析方法

底板的分析可以采用薄板理论。经典的薄板理论采用 Kirchhoff 假设，此假设没有考虑剪应力 τ_{zx}，τ_{zy} 引起的变形，有一定的近似性。近似性的另一个原因是它不能满足每边三个边界条件。故在分析基础底板时有一定的误差。

厚板理论考虑了剪应力 τ_{zx}，τ_{zy} 引起的剪切变形，因而变形前同中面垂直的法线变形后不一定垂直于中面，且厚板理论能够满足每边三个边界条件，因此厚板理论较薄板理论严密，应用于底板的分析效果相对较好。

底板分析也可采用实体单元法，如采用 16 节点六面体等实体单元，但是由于计算量较大，应用于计算分析有一定的困难。有学者分析了退化 16 节点实体元理论在底板分析中的可能性，结果相对较好。

3) 上部结构分析方法

在考虑上部结构的初期，为了简化计算，不同的研究者采用等代公式法、平面结构法等不同的模型，方法简单，但结果粗略。

弹簧模型法相对精确一些，即考虑底板上同各个柱、墙接触点存在独立的弹簧，弹簧刚度反映上部结构刚度，但不能够考虑各个柱、墙构件之间的刚度影响。此方法受一定的人为因素影响，结果需要实测数据进行修正。

有限元法将上部结构各种单元全部考虑在内，柱、梁、墙、支撑等构件用子结构法进行刚度凝聚，输出到底板分析的结点上。

2. 华东建筑设计研究院有限公司超高层建筑群桩基础实用分析方法[43]

1) 桩土-基础底板-上部结构协同作用实用分析方法

按桩土-基础底板-上部结构协同作用原理进行基础分析计算，这是考虑到结构的实际受力情况具有共同作用的特性，因而分析计算应反映这一特性。其中较实用的计算方法为支承于弹簧上的弹性板有限元分析法。其基本假定是整个体系符合静力平衡条件，上部结构与基础之间、基础与地基之间的连接部位满足变形协调。按照位移协调条件，根据结点对应的关系，将桩土刚度矩阵、上部结构刚度矩阵叠加到底板刚度矩阵上，形成总体控制方程。在平面上所有桩土系统都是可以利用网格划分为土节点和桩节点，如图 7-24 所示，在各自节点的影响范围内，对自身节点和其他各个结点对自身节点

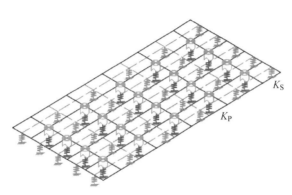

图 7-24　桩-土-基础底板计算模型示意图

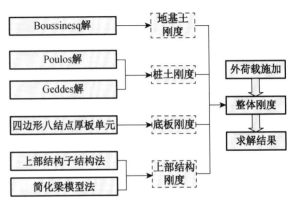

图 7-25　PWMI 协同作用分析理论框架与流程

分别考虑桩-桩、桩-土、土-土的作用，求解考虑相互影响的节点刚度，进而得到总体刚度。图 7-25 为 PWMI 协同作用分析理论框架与流程。

2) 桩的刚度

无论采用何种桩-土模型最后转换的结果就是刚度矩阵，当然计算方法不同桩基弹簧的刚度也就不同，且不是用简单的刚度相同的弹簧来表示桩的作用，而是一个复杂的刚度矩阵。可采用两种计算模型计算桩的刚度，其一是 Polous 位移解，其二是 Geddes 应力解。

(1) Poulos 位移解。采用弹性半空间体内部荷载作用下的 Mindlin 解计算土体位移，并采用桩体位移和土体位移的相容条件建立平衡方程，以此求得桩体位移和桩身内力。以此为基础可进行单桩、双桩、群桩分析，从而求解相互影响作用下的桩基刚度。

(2) Geddes 应力解。Geddes 针对桩侧摩阻力均匀分布、三角形分布情形给出了 Mindlin 解沿桩长的积分，使得 Mindlin 解用于求解桩基采生的土体应力问题更加简单。以此为基础可求解群桩影响下各桩端土层应力分布与数值，然后采用单向压缩分层总和法求解变形，从而求得桩基刚度。

3) 土的刚度

采用 Boussinesq 解计算桩间土的作用，设置选择开关满足常规桩基、疏桩或天然地基对土体承载的不同考虑，且不必事先假定桩土分担比。

4) 基础底板的刚度

以 Reissner 厚板理论分析筏板基础。Reissner 厚板理论假定能够利用一个竖向位移和两个转角位移表示位移场，进而表述应变能的关系。采用四边形八结点等参单元，八结点等参单元是一个协调元，它较常应变三角形单元更能逼近曲线（二次曲线）边界；元素的位移函数是双二次曲线插值函数，故能更好地反映弹性体的位移状态；由于采用较复杂的位移函数，故可以对结构进行较粗的网格划分而达到较精确的解答，适合于解决实际工程越来越大面积的底板问题。

5) 上部结构的刚度

根据结构体系及设计阶段的需要，可采用两种方法考虑上部结构对基础底板的影响：其一采用刚度矩阵凝聚的子结构法，其二采用梁元模型的简化方法。

子结构分析方法通过对上部结构建模，采用软件编程与程序接口的方法导入上部结构的刚度和荷载，将上部结构刚度凝聚至筏板，可以真实模拟上部结构刚度对筏板的影响，便于在施工图阶段精细的计算上部结构和底板的共同作用。

在结构设计的初步方案阶段可采用梁元法对上部结构进行简化分析。梁元法忽略柱刚度，仅分析剪力墙的刚度，在筏板基础建模时采用梁单元模拟。通过梁元分析法考虑上部结构的刚度，在筏板分析时叠加刚度矩阵，通过简化的方法考虑上部结构刚度的影响，提高方法的实用性。

通过整体分析得到基础沉降、桩顶反力、底板内力等计算结果，据此进行桩基布置与承载力校核、为基础底板抗剪和抗冲切验算提供地基反力、基础底板的布置和弯曲内力计算等地基基础的设计内容。

6) 实用分析方法特点

根据上述理论建立了上部结构-基础底板-桩土协同作用的实用分析方法，并结合工程实测对该方法及相关参数的选取进行了验证与修正，便得分析过程便于操作，结果符合实际，达到辅助结构设计的目的。此实用方法具有如下特点。

（1）考虑不同桩长、桩径。通过控制桩端土层厚度，达到控制边界条件的目的，可以反映不同桩长、桩径、土层等因素对桩土刚度的影响。和实测结果对比发现，分析结果比较理想。

（2）分析桩基础天然地基联合问题。在一些高层建筑中塔楼区域荷载大，需要布置桩基础，裙房荷载小，天然地基通常能够满足要求。这样在平面上就出现了桩基与天然地基联合的现象，此方法能够考虑这个较为复杂的问题。

（3）考虑变刚度问题。行业标准《建筑桩基技术规范》（JGJ 94）要求桩基设计进行变刚度调平设计，即在沉降不均匀区域，通过改变桩长、桩径、布桩等方法改变刚度，减少差异沉降，实现"调平"。此实用方法能够实现这个功能，这样设计者就能够根据计算结果和工程经验进行调整，减少差异沉降，底板内力，进而减少底板配筋，甚至减少底板厚度。

（4）解决底板厚度不均匀问题。塔楼和裙房由于刚度和荷载差别较大，故一般在上部设置防震缝，桩基采用不同桩长（或者天然地基桩基联合），底板选用不同厚度，施工期间设置后浇带，待沉降相对稳定再浇筑在一起，二者在使用期间协同工作，故分析中应该考虑底板厚度不均匀问题。方法能够通过对底板离散化网格的厚度属性赋值，实现不同厚度底板及之间渐变区域的模拟。

（5）抗拔桩问题。工程中有些部位的桩会受拉，分析中如果再利用原来抗压桩模型计算就难以反映实际。故首先确定抗拔桩位置，进而利用实际试桩试验数据，确定抗拔桩抗拔刚度，替代抗压桩刚度，通过迭代的方法实现考虑抗拔桩问题。

（6）考虑土层不均匀性问题。现有高层建筑平面尺寸逐渐增大，原有设计者根据经验确定其中一个勘探孔资料为桩基础设计的土层资料的方法，对于土层比较均匀的地基能够满足实际需要，但是土层变化较大的工程结果就不太理想了。采用 Voronoi 方法考虑各个勘探孔的影响范围，进行多勘探孔信息的考虑是此方法又一特点。

7.3.5　关键施工工艺与质量控制

7.3.5.1　大直径超长桩

大直径超长桩成孔深度大、施工时间长、泥浆相对密度大、含砂率高，导致桩身泥皮、沉渣与垂直度的问题较中、短桩更为突出，选择合适的成孔机具、工艺和辅助措施甚关键。采用的成孔钻机的功率和扭矩应能满足超深钻孔的需求；软土地区可采用回转钻机成孔，但在较硬土层，旋挖钻机成孔效率更高，采用旋挖钻机时，钻头的形式可根据孔深范围内不同土（岩）的性状进行选取。成孔过程中的泥浆工艺，当原土造浆效果较差时，应考虑采用部分或全部人工造浆，并适度提高泥浆相对密度以保证超深孔壁的稳定性，且严格控制泥浆中的含砂率，如上海中心大厦桩基成孔时，考虑到桩身穿越深厚砂层，其泥浆采用膨润土和外加剂人工制浆，泥浆相对密度控制在 $1.1 \sim 1.2 \ \mathrm{g/cm^3}$，并采用泥浆净化装置除砂，控制其含砂率在 4% 以内。孔深较大、桩身大部分位于粗粒土层中时，宜采用泵吸或气举反循环工艺，上海中心大厦桩基成孔深度近 90 m，其在深部砂性土层中采用了泵吸反循环成孔工艺，天津高银金融 117 大厦桩孔深达 100 m，其成孔时则采用了气举反循环工艺。

大直径超长桩单桩承载力高，桩身应力水平大，应严格控制成孔与成桩质量，尤其要防止断桩、缩径、离析等质量问题，其质量应以事前控制为主，检测与控制标准亦严于普通桩。注重对孔径、垂直度、沉渣等成孔质量进行全面的检测，抽检总数不宜少于工程桩桩数的 30%，对于荷载较大的一柱一桩和嵌岩桩，甚至可以提高到 100%；采用的低应变和高应变检测桩身完整性应根据不同的工程情况适当提高抽查比例；受高、低应变动力检测范围的限制，工程实践中应以超声波和钻孔取芯为主评价桩身质量，检测桩数不得少于总桩数的 10%；桩端后注浆灌注可利用注浆管作为超声波测管检测其桩身质量。

7.3.5.2 嵌岩桩

嵌岩桩施工机具及工艺的选择，应根据桩型、钻孔深度、土层情况、泥浆排放及处理条件综合确定。施工工艺的选择应符合下列规定：泥浆护壁钻孔工艺宜用于地下水位以下的黏性土、粉土、砂土、填土、碎石土及风化岩层，进入基岩岩石单轴抗压强度不宜大于 5 MPa；旋挖成孔灌注桩宜用于黏性土、粉土、砂土、填土、碎石土及风化岩层，进入基岩岩石单轴抗压强度不宜大于 30 MPa；冲孔成孔适用于较坚硬的基岩，还能穿透旧基础、建筑垃圾填土或大孤石等障碍物；长螺旋钻孔压灌桩后插钢筋笼宜用于黏性土、粉土、砂土、填土、非密实的碎石类土、强风化岩；岩溶地区的桩基宜选用回转钻机成孔、旋挖成孔或干作业螺旋钻孔，应慎重使用冲击成孔，当采用时应适当加密勘察钻孔。

根据地质条件可选择多种成孔工艺相结合以提高施工效率，可在上覆土层采用回转钻机成孔或旋挖成孔工艺，在基岩采用冲击成孔工艺。武汉中心嵌岩桩基[44]，其采用旋挖钻机成孔时针对不同地层，配备了多种旋挖机钻头（挖泥钻头、挖砂钻头、截齿钻头），其成孔效率在非嵌岩段达 5.0 m/h，嵌岩段达 2.5 m/h，大大高于回转钻机的施工功效（非嵌岩段 2.5 m/h，嵌岩段 0.2 m/h）。复杂土层可采用不同成孔机具组合进行针对性施工，如武汉绿地中心桩基工程，其在不同土层范围采用不同的成孔方式，即黏土层、砂层和强风化泥岩层采用旋挖钻机成孔，微风化泥岩层和中、微风化砂岩层成孔则采用了冲击钻机成孔方法。

7.3.5.3 人工挖孔桩

1. 人工挖孔工艺

(1) 人工挖孔施工时应设置有效的围护措施，每节土挖孔深不超过 1 m，松软土，每节孔深不超过 0.5 m，特殊地段还应特殊处理。每节挖土应按先中间、后周边的次序进行。

(2) 挖孔过程中，每挖一节，均应检查桩孔尺寸，并用垂球吊中线检查桩孔平面位置。

(3) 每开挖 1 m（或 1 节）绘制桩孔地质柱状图，并与勘察报告进行对比，二者相差较大时，应及时通知各方。

(4) 随挖随验，随做护壁。桩孔挖掘及支撑护壁两道工序必须连续作业。

(5) 挖出的土石方应及时运离孔口，不得堆放在孔口四周 1 m 范围内，机动车辆的通行不得对井壁的安全造成影响。

(6) 扩孔段施工应分节进行，每节孔开挖深度应小于 0.4 m，应边挖、边扩、边做护壁，严禁将扩大段一次挖至桩底后再进行扩孔施工。

(7) 桩基开挖应保证孔底基岩不受扰动，并在孔底设计标高以上保留 300 mm 厚土石层采用人工挖除。

(8) 桩基开挖时应采取降水、排水措施，并防止地表水进入，坑内不得有积水。当渗水量过大时，应采取场地截水、降水等有效措施，降水深度应低于孔底不小于 300 mm，严禁在桩孔中边抽水、边开挖、边灌注。

(9) 每日开工前必须检测井下是否有有毒、有害气体，并应有足够的安全防范措施。桩孔开挖深度超过 10 m 时，应有专门向井下送风的设备，风量不宜少于 25 L/s。

(10) 孔口和孔壁附着物必须固定可靠，孔口四周必须设置护栏，护栏高度为 0.8 m。

(11) 孔内必须设置应急软爬梯供人员上下；使用的电葫芦、吊笼等应安全可靠，并配有自动卡紧保险装置，不得使用麻绳和尼龙绳吊挂或脚踏井壁凸缘上下。电葫芦宜用按钮式开关，使用前必须检验其安全起吊能力。

(12) 挖孔应采用间隔跳挖作业，两个相邻孔不得同时施工。只有在桩身灌注混凝土7 d 后，才能进行邻近孔的施工。在刚灌注完混凝土后 72 h 的桩位附近进行另一根桩施工时，其相隔距离应大于 10 m。相邻桩基施工时，桩底较深的桩应先行施工。

2. 护壁工艺

(1) 可采用现浇混凝土内齿式护壁，随每节挖孔，逐段在孔内浇捣形成。

(2) 混凝土护壁的厚度不应小于 120 mm，混凝土强度等级不应低于桩身混凝土强度等级，并应振捣密实，应根据土层渗水情况使用速凝剂；护壁应配置直径不小于 8 mm 的构造钢筋，竖向筋应上下搭接或拉接。

(3) 第一节井圈护壁顶面应比场地高出 100～150 mm，壁厚应比下一节井壁厚度增加100～150 mm。

(4) 上、下节护壁的搭接长度不得小于 50 mm，当遇软弱土层时，上、下两段护壁之间用直径不小于 8 mm、间距不大于 200 mm 的竖向钢筋连接，连接钢筋伸入上、下护壁各不小于一半护壁高度加 250 mm 的搭接长度。

(5) 每开挖一段后，护壁均应在当日连续施工完毕，发现护壁有蜂窝、漏水现象时，应及时补强；同一水平面上的井圈任意直径的极差不得大于 50 mm。

(6) 挖孔施工中不得用砖护壁代替混凝土护壁。在极松散的土层中，可用具有足够刚度的钢护筒代替钢筋混凝土护壁，且应随挖随沉。

7.3.6 工程设计实例

7.3.6.1 天津高银金融117大厦

天津高银金融 117 大厦位于天津市高新区地块发展项目之中央商务区，是一幢以甲级写字楼为主，集六星级豪华商务酒店及其他设施于一身的大型超高层建筑（图 7-26）。塔楼楼层平面呈正方形，首层平面尺寸约 67 m×67 m，总建筑面积约 37 万 m²，建筑高度约为 597 m，共 117 层，另有 3 层地下室，基坑开挖深度为 26.35 m。大厦采用三重结构体系，由钢筋混凝土核心筒（内含钢柱）、带有巨型支撑和腰桁架的外框架、构成核心筒与外框架之间相互作用的伸臂桁架组成。该大厦结构复杂，自重荷载约 7 700 000 kN，对地基基础承载力和沉降要求高。

天津市区地处海河下游，属冲积、海积低平原。按地层沉积年代、成因类型，最大勘探深度 196.4 m 范围的土层划分为人工堆积层和第四纪沉积层两大类，并按地层岩性及其物理力学数据指标，进一步划分为 15 个大层及亚层。主要以粉质黏土、粉土、粉砂三种土层间隔分布，以粉质黏土为主。桩基及地质剖面如图 7-27 所示。

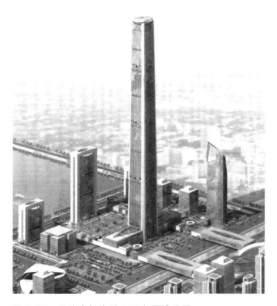

图 7-26 天津高银金融 117 大厦效果图

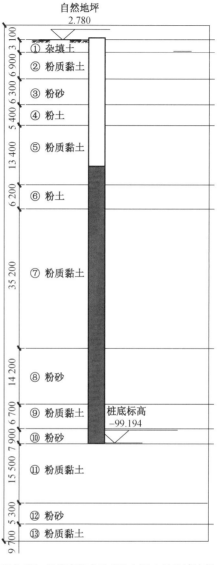

图 7-27 天津高银金融 117 大厦土层及试桩剖面图（单位：mm）

由于不存在深厚的密实砂层，其桩基持力层的选择是桩基设计中的难点。开展了分别以⑩₋₅和⑫₋₁层粉砂层为持力层的 4 组试桩，其中 2 组试桩桩端进入⑩₋₅粉砂层，桩端地面下埋深约 100 m，有效桩长为 76 m，另 2 组试桩桩端进入⑫₋₁粉砂层，桩端地面下埋深约 120 m，有效桩长为 96 m。试桩桩径皆为 1 000 mm，采用桩端桩侧联合后注浆工艺。试桩采用双层钢套管隔离约 25 m 基坑开挖段桩身与土体的接触。

试验结果表明，4 组试桩最大加载值皆达到 42 000 kN，桩顶变形为 30～45 mm，荷载位移曲线呈缓变形，并未加载至承载极限。120 m 长的试桩并未表现出比 100 m 长试桩更好的承载与变形能力，且目前的加载值远大于设计需求，因此工程桩选用以⑩₋₅粉砂层为持力层的桩基。

天津高银金融117大厦主塔楼共采用了941根灌注桩，桩径皆为1 000 mm，桩端埋深约100 m，有效桩长约76 m。考虑上部结构在基础上不同位置的荷载分布情况，根据桩顶反力大小与分布，有三种桩型满足桩基承载力特征值的需求，单桩承载力特征值分别为16 500 kN，15 000 kN，13 000 kN。桩基承台筏板呈正方形，面积约7 500 m²，板厚6.0 m，如图7-28所示。

桩基施工采用了回转钻机气举反循环工艺。泥浆采用膨润土人工造浆，并在新浆中加入PHP胶体。在钻进过程中，根据不同的地层，泥浆比重、黏度、含砂率宜分别控制在1.1～1.2 g/cm³，18～22 s，4%以确保泥渣正常悬浮。采用机械除砂、静力沉淀等多手段结合，控制泥浆含砂量，防止泥浆内悬浮砂、砾的沉淀。

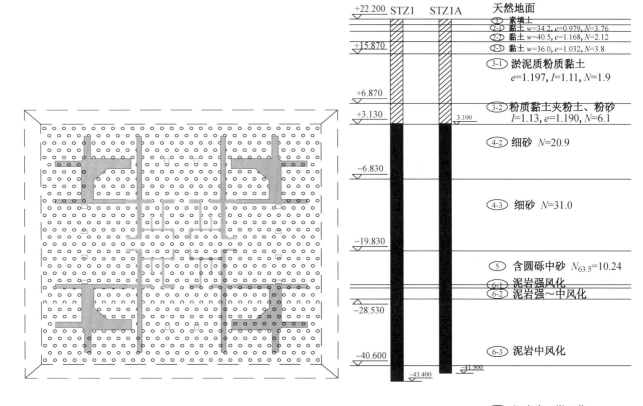

图7-28

图7-29

图7-28　桩位平面布置图

图7-29　武汉中心土层及试桩剖面图

7.3.6.2　武汉中心

武汉中心位于武汉王家墩中央商务区核心区西南角，用地面积为28 100 m²，总建筑面积约为323 000 m²，主楼高为88层，建筑高度438 m²。主楼占地面积为51.45 m×51.45 m，主体结构采用巨型柱-核心筒-伸臂桁架体系，设置4层地下室，基础埋深约20.0 m。由于建筑高、结构自重大、塔楼范围基底平均压力不小于1 200 kPa。预估单桩承载力极限值不小于20 000 kN，采用嵌岩灌注桩，以埋深约60 m的泥岩为持力层，当地无类似高承载力桩基的工程经验，其设计与施工难度大。

武汉中心开展了4组桩基承载力静载试验，采用锚桩法加载。试桩桩径为1 000 mm，桩身混凝土强度为C50。4根试桩中，STZ1和STZ2入微风化泥岩不小于3 m，预估极限值约246 000 kN；STZ1A和STZ2A入微风化泥岩不小于1.5 m，预估极限值约22 000 kN。以试桩STZ1为例，最大加载值达31 980 kN，桩顶位移为33.07 mm，桩端阻力为8 700 kN，桩端位移为3.17 mm。最大加载值下，STZ1桩身上覆土层侧摩阻力、嵌岩段侧摩阻力、桩端阻力占总承载力的比例分别为30%，43%，27%，表明嵌岩段对承载力具有绝对重要的作用，由于是软岩，嵌岩段侧摩阻力贡献大于端阻力，一定的入岩深度是获取较高承载力的保证。综合试桩结果、场地岩土工程条件以及拟建建筑物特征，确定本工程桩基采用直径1 000 mm的桩侧、桩端联合后注浆灌注桩。桩端进入(6-4)微风化泥岩。采用桩端、桩侧联合后注浆提高承载力，注浆水泥标号采用P. O42.5，水灰比为0.55。单根桩桩端后注浆水泥用量为3.0 t，桩侧注浆桩设置2个注浆断面，每道断面注浆水泥用量为1.0 t。桩身混凝土设计强度为C50。

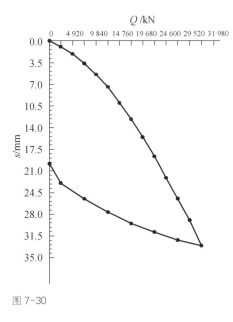

图 7-30

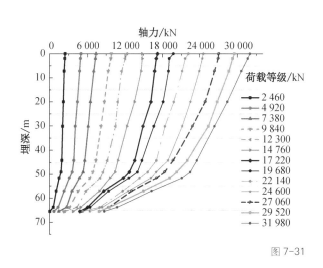

图 7-31

图7-30 STZ1 Q-s曲线

图7-31 STZ1桩身轴力分布曲线

根据永久荷载与可变荷载标准组合下桩顶反力大小与分布，工程桩竖向抗压承载力特征值为10 500～13 500 kN，采用不同的嵌岩深度满足桩基承载力需求，桩端持力层为微风化泥岩层。JZA受荷最大，位于核心筒区域，承载力特征值为13 500 kN，入微风化泥岩深度参照SZ1和SZ2；JZB受荷次之，位于核心筒与巨柱之间，承载力特征值为12 000 kN，入微风化泥岩深度参照SZ1A和SZ2A；JZC承载力最小，位于边缘，承载力特征值为10 500 kN，则根据

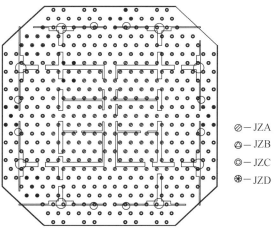

⊘－JZA
△－JZB
◎－JZC
✳－JZD

图7-32 桩位平面布置图

计算将桩端入岩深度适当减短。JZD 承载力特征值同 JZB，需穿越局部破碎带而将桩长适当增加。工程总桩数 448 根，呈梅花形布置，桩间距 3 m，如图 7-32 所示。根据永久荷载与可变荷载基本组合工况下群桩受力，为满足高承载力要求，工程桩桩身混凝土设计强度为 C50，同时结合采用不同的配筋（工程桩详细参数见表 7-11 所列）。

表 7-11　工程桩详细参数

试桩编号	桩径/mm	桩顶标高/m	有效桩长/m	桩数/根
JZA	1 000	−20.0	46.1	150
JZB	1 000	−20.0	44.1	217
JZC	1 000	−20.0	42.1	72
JZD	1 000	−20.0	48.1	9

7.3.6.3　南京绿地紫峰大厦

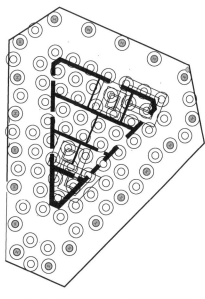

图 7-33　南京绿地紫峰大厦桩位平面图

南京绿地紫峰大厦位于南京市鼓楼区，建筑总高度 450 m，地上结构 89 层，为江苏省最高的高层建筑。本工程主楼采用桩径为 2 m 的钢筋混凝土人工挖孔灌注桩，桩端扩径至 4 m，桩身混凝土强度等级 C45，嵌岩桩的单桩竖向承载力设计值约为 45 000 kN，桩位平面图如图 7-33 所示。桩端进入中风化安山岩层 (5)-2a（软完整软岩）、(5)-2b（软完整软岩）、(5)-2c（软破碎软岩），桩基剖面如图 7-34 所示。勘察报告提供的 (5)-2a，2b，2c 岩层试样的饱和单轴抗压强度分别为 10.53 MPa，4.23 MPa 和 5.45 MPa，考虑较完整岩乘以折减系数 0.4、较破碎岩乘以折减系数 0.2，其桩端承载力特征值取值仅分别为 4.2 MPa，1.7 MPa 和 1.1 MPa，明显偏低。

为了进一步合理确定桩端基岩的承载力，本工程分别对 (5)-2a 和 (5)-2c 中风化安山岩开展了基岩承载力深层载荷板试验，根据试验得到的 P-s 曲线确定基岩的极限承载力，得基岩承载力特征值分别为 5.4 MPa 和 4.0 MPa。可见两种方法确定的基岩承载力有较大差别，特别是对于 (5)-2c 软破碎软岩，接单轴抗压强度确定的承载力明显偏低。

本工程最终采用深层载荷板试验确定的桩端阻力进行嵌岩桩的设计。桩基采用人工挖孔扩底桩，桩身混凝土强度 C45，桩身直径 2 m，桩端扩底直径 4 m，桩端进入中风化安山岩 2 m 左右，共 87 根桩。桩顶设置筏形承台，厚 3.4 m。竣工后的监测结果表明主楼沉降较小，最大值为 20 mm。

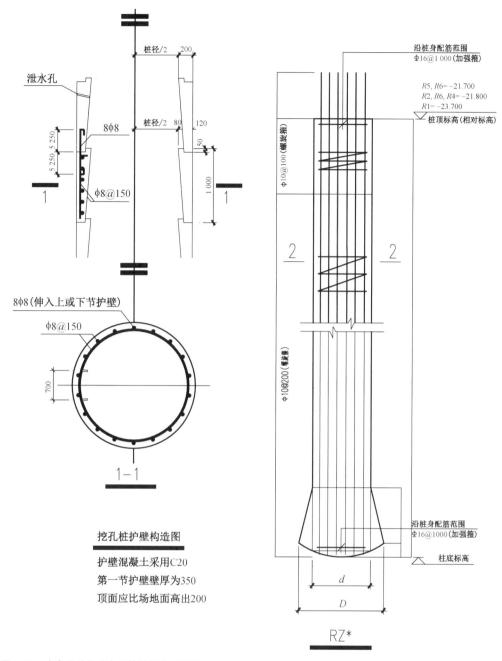

图 7-34　南京绿地紫峰大厦桩基构造（单位：mm）

7.4　超高层建筑裙房地下室抗浮设计

7.4.1　抗浮验算原则与内容

　　对于地下水位较高的地区，超高层建筑由于基础埋置较深而承受较大的水浮力，其裙楼或纯地下室区域，由于结构的自身重量往往不能平衡向上的水压力，需要考虑抗浮问题。建筑物在施工和使用阶段均应满足抗浮稳定性要求，应根据抗浮设防水位和抗力荷载进行抗浮验算并采取相应的抗浮措施。施工期间，应采取可靠的降、排水措施满足抗浮稳定要求。

1. 建筑物整体及局部抗浮稳定性验算

当施工阶段建筑物自重及抗拔构件的抗拔力不足以平衡水的浮力时，应提出施工中排水或其他抗浮措施。在施工阶段及使用阶段，地下建筑物的整体及局部抗浮稳定均必须得到保证。在进行整体抗浮验算的同时，应对结构自重较小的区域进行局部验算，特别是上部结构缺层或大范围楼板缺失开洞部位。

2. 抗浮验算

当自重抗浮验算不满足式（7-1）要求时，需采取必要的抗浮措施，保证基础安全。实际工程应用中可采用多种抗浮方法，如增加结构配重，设置抗拔桩、抗浮锚杆，基础底板下释放水浮力等。当采用抗拔桩或抗浮锚杆措施后，应满足式（7-1）要求。

$$\frac{G}{k} + nR \geqslant S \tag{7-1}$$

式中　R——单根桩或锚杆抗浮承载力特征值，取群桩（群锚）基础呈整体破坏或呈非整体破坏时基桩抗拔力较小值；

n——抗拔桩或抗浮锚杆的数量；

k——地下结构抗浮安全系数，一般取 1.05～1.10。单纯采用自重抗浮取高值，采用抗拔桩或抗浮锚杆可取低值。

3. 抗浮水位

整体抗浮验算时，浮力采用地下建筑物排开水的体积，但局部验算和构件强度计算时，应根据情况采用基础所承受的水头压强。在建筑物使用阶段，应根据设计基准期抗浮设防水位进行抗浮验算。设计基准期内抗浮设防水位应根据长期水文观测资料确定；无长期水文观测资料时，可采用丰水期最高稳定水位（不含上层滞水），或按勘察期间实测最高水位并结合地形地貌、地下水补给、排泄条件等因素综合确定；场地有承压水且与潜水有水力联系时，应实测承压水位并考虑其对抗浮设防水位的影响；在填海造陆区，宜取海水最高潮水位；当大面积填土面高于原有地面时，应按填土完成后的地下水位变化情况考虑。

4. 抗拔构件承载力及强度验算

当建筑物重量不满足抗浮要求时，需采取抗浮措施，如设置抗拔桩及锚杆等抗拔构件。抗拔构件的抗拔力应通过抗拔试验确定。在抗拔试验的基础上尚应对抗拔构件的强度及抗裂进行验算。当采用预应力管桩作抗拔桩时，应进行预应力钢棒抗拉强度、端板孔口抗剪强度、接桩连接强度、桩顶（采用填芯混凝土）与承台连接处强度等验算，并按不利处的抗拉强度确定管桩的抗拔承载力设计值。

7.4.2 增加配重法

配重法即通过增加工程的自重来抵御水浮力的作用，主要包括增加结构自重、增加地下室内部附加荷载和增加地下室外部附加荷载三种方式。

增加结构自重的方法包括顶板加载法、底板加载法和边墙加载法，可分别增加地下结构顶板、底板和边墙的厚度；也可结合当地材料供应情况，采用重混凝土（铁屑混凝土或用重金属矿石作骨料的混凝土），使自身重量（恒载）增加以抵抗地下水的上浮力。该方法的优点是简单易行、施工及设计较简单，但当结构物需要抵抗浮力较大时，由于需增加大量混凝土，故费用增加较多。同时，增加结构自重可能会影响地下室的使用净高。

增加地下室内部附加荷载可以通过设置双层底板内填毛石和地下室内消防水池注水的方法，实现内部附加荷载的增加，以抵抗地下室自身重量不足的地下水上浮力。该方法是底板加载法的一种改进方法，优点是简单易行、造价便宜，但施工及设计较复杂。

增加地下室外部附加荷载，通过地下室顶板覆土法和延伸底板法等方法，实现外部附加荷载的增加，以抵抗地下室自身重量不足的地下水上浮力。顶板覆土法是顶板加载法的一种改进，但会影响到顶板结构的布置与受力，而延伸底板法是边墙加载法的一种改进。

增加配重法的设计计算比较简单，基本原理是结构自重和附加荷载的重量之和满足地下水的浮力。当构筑物的自身重度与浮力相差不大时，应尽量采用配重抗浮，对工程造价影响较小，投产后亦没有管理成本。但构筑物的自身重度与浮力相差较大时，该方法将会增加工程量，使土建造价提高，原因是配重部分要扣除浮力，导致配重部分的厚度增大，较大的埋深也将增加挖方量，同时也会增大基底压力，引起较大的地基变形。因此配重法往往要增加土方量和混凝土量，一般用于上浮力不是很大的场合。

北京中环世贸中心地处北京CBD商务中心区，包括三栋塔楼[45]，由5层地下室组成的大底盘相连。基底埋深 − 24.1 m，对于裙楼位置的地下结构抗浮，采用增加地下结构内部和外部附加荷载的联合方法进行处理。对裙房位置的地下室顶板采用降板处理，其上填充密度不小于 2 500 kg/m³ 的重介质，同时，对该部分楼板下对应的基础防水板上也填充密度不小于 2 500 kg/m³ 的重介质。裙房处水浮力为184.2 kN/m²，采取以上增加附加荷载的措施后，裙房抗浮重量 186.5 kN/m²，正常使用表明，采用增加地下结构附加荷载的抗浮措施满足抗浮要求。图 7-35 为裙楼抗浮措施的示意图。

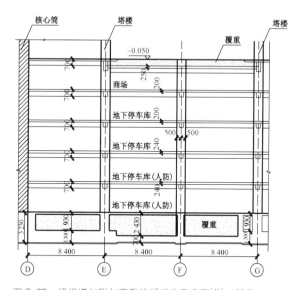

图 7-35　裙楼增加附加荷载抗浮措施示意图[45]（单位：mm）

7.4.3　抗拔锚杆

抗浮锚杆利用锚杆与砂浆组成的锚固体与岩土层的结合力作为抗浮力。因其造价低、施工方便、受力合理等优点而被广泛应用。锚杆抗浮方式适宜于基岩或良好锚固土层埋深较浅、锚杆长度较短等情况，但若地下室底板承受的水头压力较大，底板以下软弱土层较厚，导致锚杆过长时，这种抗浮方案就不合适。

抗浮锚杆依赖于土层与锚固体之间的黏结强度所提供的抗拔承载力。有机质土、液限 W_L 大于 50% 和相对密实度 D_r 小于 0.3 的地层不得作为永久性锚杆的锚固地层。锚杆材料可根据锚固工程性质、锚固部位和工程规模等因素，选择高强度、低松弛的普通钢筋、高强精轧螺纹钢筋、预应力钢丝或钢绞线。钻孔内锚杆杆体的面积不超过钻孔面积的 15%；锚杆杆体的保护层厚度不小于 25 mm。锚固段固结体可采用水泥浆、水泥砂浆和细石混凝土等，水泥浆、水泥砂浆强度不宜低于 30 MPa，细石混凝土强度等级不宜低于 C30，并宜采用二次注浆工艺。锚杆的防腐材料宜采用专门的防腐油脂，并满足现行行业标准《无黏结预应力筋用防腐润滑脂》（JG/T 430—2014）的技术要求。

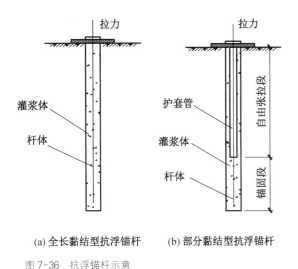

(a) 全长黏结型抗浮锚杆   (b) 部分黏结型抗浮锚杆

图 7-36　抗浮锚杆示意

抗浮锚杆按是否施加预应力，可分为非预应力抗浮锚杆和预应力抗浮锚杆。非预应力抗浮锚杆主要为全长黏结型锚杆，而预应力抗浮锚杆以部分黏结型锚杆较为常见。锚杆总长度应为锚固段、自由段和外锚段的长度之和。非预应力全长黏结型抗浮锚杆锚固装置或杆体全部和锚孔壁接触，杆体全长利用胶结材料与锚孔壁黏结，由全长黏结的杆体（锚固段）、垫板和紧固件组成，如图 7-36（a）所示。非预应力全长黏结型抗浮锚杆属于永久性被动抗浮锚杆，适应于较坚硬地层和容许地层有适量变形的工程。部分黏结型预应力抗浮锚杆、只有一部分利用胶结材料和锚孔壁接触的锚杆、可施加预应力并用于抗浮的锚杆，称为部分黏结型预应力抗浮锚杆，如图 7-36（b）所示，由杆体、锚固段、自由段和锚头组成。适用于要求锚杆承载力高、变形量小和需锚固地层较深处的工程。

抗浮锚杆的设计包括锚杆承载力的计算、杆体截面积的计算和锚杆数量的计算。锚杆抗拔承载力应通过锚杆抗拔承载力基本试验进行确定，对于塑性指数大于 17 的土层抗浮锚杆、极度风化的泥质岩层中或节理裂隙发育张开且充填有黏性土的岩层抗浮锚杆，应进行蠕变试验。当结构对锚杆上拔位移有要求时，应对锚杆在长期荷载作用下的上拔位移进行验算。验算结果达不到设计要求的应采用预应力锚杆。锚杆的间距应根据每根锚杆所承担的抗浮面积、浮力由计算确定，间距不应小于锚固体直径的 6 倍，且不应小于 1.5 m；锚杆间距较小、锚固体长度较长时，宜将锚固段错开布置，或应考虑群锚效应进行设计。

7.4.4　抗拔桩

采用桩基础抗浮也是工程中的常用措施之一，相对于锚杆，桩基础直径大、整体性好，能提供更大的承载力，布置灵活，特别适用于浮力较大的深基础。对于超高层建筑，抗拔桩基础还可以在施工阶段承受压力，解决施工过程中地基承载力问题。以上海为代表的沿江、沿海软土地区地下水位高，浅层土质软，采用抗拔桩依然是最普遍适用而又可靠的抗浮方法，桩径一般为 550～800 mm，桩长一般为 20～30 m，较深的抗拔桩桩长也可达 40～50 m。常规的等截面抗拔桩仅靠桩周侧摩阻力提供抗拔力，效率较低[46]；且灌注桩成孔施工广泛采用泥浆护壁工艺，往往形成桩身泥皮降低侧阻及抗拔承载力。对于超高层建筑的深大地下工程，抗拔桩的工程量与投资较大，使得扩底抗拔桩、桩侧后注浆抗拔桩等新型抗拔桩得到发展。扩底抗拔桩通过改变桩端截面提高承载力，桩侧后注浆抗拔桩则通过注浆改善桩土接触面特性提高承载力，二者皆以较小的混凝土或水泥浆材料增加获取显著的承载力提高，已成为桩基础的一个发展方向。

7.4.4.1　扩底抗拔桩

从 2000 年开始，上海、杭州、天津等地开展了以软土为背景的扩底抗拔桩的探索工作，软土地区扩底桩能大幅提高承载力且经济性好[47-49]。受土层与施工机具的限制，软土地区扩底抗拔多为长桩，扩底直径 D 与桩身直径 d 的比例在 2 左右，扩展角度非常小，扩大头长度为 1.5～2.5 m，持力土层多为中压缩性的黏土或粉质黏土层。工程实践表明这种小扩展角的扩底桩抗拔承载力能提高 30%～50%，混凝土仅增加 5%，具有较大的应用前景。

扩底灌注桩是在直孔灌注桩施工后增加一道扩底工序而成。由于地层较软且地下水位较高，爆扩和人工扩孔等扩孔方法一般不适用，机械式扩孔成为目前应用较多的施工方法。上海研发了一种伞形扩底钻头，钻具工作原理是在扩底钻进过程中，在钻压作用下，钻具底部的支承盘支承在地基上产生反作用力，使钻刀逐渐展开扩底成孔。全液压旋挖钻孔扩底工法是等截面桩身与扩底全部采用全液压切削挖掘，配备快换扩底铲斗进行桩底，桩底端的深度、扩底部位的形状和尺寸等数据以及图像通过检测装置直接显示在操作监控器，成孔效率高，质量易保证［图 7-37 (a)］。国内工程界还引进开发了分段式液压旋挖扩底施工机具［图 7-37 (b)］，通过设置上部扩展刀头和下部扩展刀头，经过上、下两步旋挖扩展切削，完成扩大头的施工。最大扩底率达 4.9 倍，最大扩底直径达到 4 700 mm，最大施工深度达 70 m，具有施工效率高、节约动力消耗、设备小型化的特点。

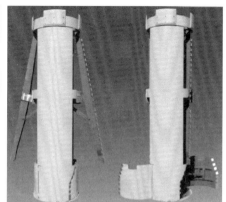

(a) 旋挖扩底钻头　　　　　　　　　　(b) 分段旋挖扩底钻头

图 7-37　液压旋挖扩底钻头

与等截面桩相比，扩底抗拔桩的 Q-s 曲线相对平缓，表现得更有后劲，其抗拔承载力的增加主要得益于扩大头的阻力，由扩大头侧面上摩擦阻力和竖向压力构成[50]。上拔过程中，塑性区由扩大头顶端逐步向四周扩展，最终呈半个椭圆形，扩大头牵动土体运动的范围约为扩大头直径的3倍[51]。扩底抗拔桩呈桩身"摩擦剪切"和桩端"局部压缩冲剪"共同控制的破坏模式，在破坏状态时，上拔位移大，回弹率小，其极限承载力的确定应考虑正常使用状态下的位移控制[52]。目前，基于对扩底抗拔桩大量载荷试验数据、抗拔承载变形特性的认识及精细化的数值分析，扩底抗拔桩承载力估算主要有4种方法：圆柱面剪切法[53]、旁压法、极限平衡法及荷载传递法[54]。

天津于家堡南北地下车库位于天津滨海新区于家堡金融起步区，总占地面积约55 000 m²，均整体设置4层地下室，基础埋深约为16 m。本工程属于典型的软土地区深大地下空间工程。由于基础埋深较深，且无地上建筑荷载，抗浮问题十分突出，需设置大量的抗拔桩基础。从节省工程造价、减少泥浆排放的角度考虑，本项目采用了扩底抗拔桩作为抗拔桩桩型，并采用了一种旋挖扩底的新型施工工艺[55]。现场足尺试验结果表明，采用扩底抗拔桩新桩型后，在桩径为850 mm不变的情况下，桩长从29 m减小至19 m。本工程共设置抗拔桩约2 800根，共节约混凝土用量约14 000余m³，节约钢筋2 156 t，减少泥浆排放量约70 000余m³，经济效益明显。

7.4.4.2　桩侧后注浆抗拔桩

扩底抗拔桩通过改变桩身截面获取显著的抗拔承载力提高。但对于砂层，扩孔的施工与检测变得非常困难；且当桩长较长时，扩底桩更换扩底钻头也会影响工效，使得扩底抗拔桩的应用受到了一定的限制，桩侧后注浆抗拔桩则表现出特有的优势。

桩侧后注浆抗拔桩是指灌注桩成桩后通过预设在桩身内的注浆导管和桩侧注浆器对桩身若干断面进行注浆，改变桩身与桩周土的接触界面特性，从而提高承载力。研究表明桩侧注浆的断面与注浆量成为影响其抗拔承载力提高幅度的主要因素。按桩侧注浆装置与注浆方式可分为环向点式注浆和纵向线式注浆（图7-38）。环向点式注浆是当前普遍采用的注浆方式，通过不同标高、多个环形注浆断面实现整个桩身注浆，桩侧注浆装置由纵向注浆导管、环形管及注浆器组成。注浆断面设置数量应综合地层情况、桩长和承载力增幅要求等因素确定，可在离桩底3 m以上、桩顶9 m以下，每隔9～12 m设置一

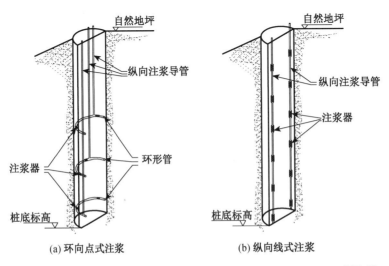

(a) 环向点式注浆　　　　　　　(b) 纵向线式注浆

图7-38　桩侧注浆方式

道桩侧注浆阀，单一断面的水泥用量为 0.4～0.6 t。当注浆断面较多时，埋管操作难度较大。纵向桩侧线式注浆装置由纵向注浆导管及注浆器组成，通过在纵向注浆导管内插入可上下移动的可控注浆芯管，实现对导管上不同标高桩侧注浆器的注浆。纵向线式注浆布设导管数量少、沿桩长注浆点密集，注浆更均匀，是进一步发展的方向。

等截面抗拔桩、扩底抗拔桩、桩侧注浆抗拔桩三种桩型的足尺对比试验表明桩侧后注浆桩全长范围内桩身各处侧摩阻力改善均比较明显[56]，扩底抗拔桩则表现为扩大头附近的局部增强效应。剪切面试验表明，存在泥皮时，桩土极限摩擦力较原状土降低约 45%；泥皮界面注入水泥浆后，极限摩擦力提高近 110%，桩侧后注浆抗拔桩全桩长范围内桩侧摩阻力皆因注浆效应得到大幅提高。破坏时与常规等截面桩类似，为沿桩土接触圆柱面剪切破坏。

当 30 m 以内有相对较硬土层时，扩底抗拔桩的扩大头便于施工且能充分发挥作用，并在承载力中占据较大份额，其经济性和施工可行性皆有较大优势。当桩径大、桩长超过 30 m，且桩身下部位于砂性土层时，则宜采用桩侧后注浆桩，由于浆液会从注浆断面处沿着桩土接触面向上返浆，整个桩长范围内的侧摩阻力均可得到改善，其施工可行性和承载力的提高比例都更有保证。相对于扩底桩来说，桩侧后注浆的适用性强、工效高、全桩长范围的承载能力得到大幅提高[57]。桩侧后注浆桩的抗拔承载力估算主要有两种方法：侧注浆侧阻增强系数法和荷载传递法[58]。

上海北外滩白玉兰广场包括一座 67 层 322 m 高的办公塔楼，3～6 层为商业裙楼，整体设置 4 层地下室，基础埋深约 22 m，地下室面积约 200 000 m²。裙楼区域水浮力远大于上部结构荷载。采用了新型的桩侧注浆抗拔桩，桩基静载荷试验检测结果表明桩径为 700 mm 的桩侧注浆抗拔桩，其抗拔承载力可达到同等桩长情况下 850 mm 等截面抗拔桩的抗拔承载力。可使抗拔桩的抗拔承载力增加 25% 以上，每根桩可节约混凝土用量 6.5 m³，减少泥浆排放量 19.5 m³。本工程中，抗拔桩数量达 2 050 根，经济优势十分明显。

7.4.5　释放水浮力法

常规的抗浮措施通常采用"抗"的思路解决地下结构的抗浮问题。释放水浮力法则采用"放"的思路解决地下结构的抗浮问题，是通过降水和排水等措施降低和释放基础底板下的水浮力。将地下水位降至地下室底板以下某个标高，不仅可防止地下室上浮，还能大幅度减小底板的厚度。

释放水浮力法即标准静水压力释放系统（Typical Hydrostatic Pressure Relief System，THPRS）是在基底下方设置静水压力释放层，使基底下的压力水通过释放层中的透水系统（过滤层、导水层）汇集到集水系统（滤水管网络），并导流至出水系统后进入专用水箱或集水井中排出，从而释放部分水浮力。适用于基底位于不（弱）透水（渗透系数 $k \leqslant 10^{-5}$ cm/s）的土层，或基底位于透水层，但距基底不太深处有一层不（弱）透水土层的情况，一般采用永久止水帷幕从室外地面一直向下延伸到相对隔水层中，使外围的地下水很难渗入到地下室底板周围。

常见的释放水浮力法有倒滤层法、盲沟排水法等，包括透水系统、集水系统和出水系统。其主要做法如下：地下水通过铺设在碎石层以下的土工布的过滤层进入碎石层，碎石层与底板之间也铺设防水层，碎石层中地下水通过包在 PVC 滤水管外的土工布作进一步过滤，然后进入滤水管并顺着管子流入集水井，最后通过抽水泵将地下水排出至基础底板之外，如图7-39所示。这样地下水产生的上浮力对基础底板的压力被大大地释放减弱，基础底板处于动态平衡之中。上海金茂大厦裙楼就采取这种抗浮方式（图7-40、图7-41）。释放浮力法的设计计算包括基础底部土层的最大渗水量和基础底板释放水浮力系统的最大排水量，确保释放水浮力系统最大排水量大于10倍的最大底部土体渗水量。

超高层建筑结构设计与工程实践

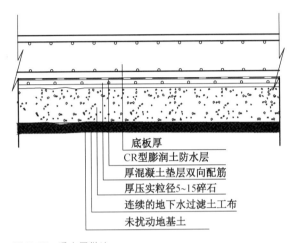

图7-39 透水层做法

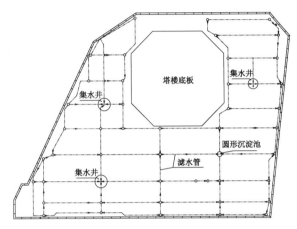

图7-40 上海金茂大厦裙楼滤水管和集水井平面布置图

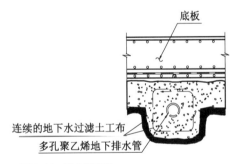

图7-41 滤水管做法

传统倒滤层法、盲沟排水法存在施工耗时、污染性高、需加深基坑深度、影响地基承载力、造成差异沉降加大及长时间使用后碳酸钙结晶阻塞等问题。近年来发展的CMC基底静水压力释放技术创新性构建了一种超薄、高效、耐久的CMC透水材料，由过滤层（一级高渗透阻流滤层）、导水层（超导水格网层）及保护层（聚乙烯保护膜）组成，厚度小于10 mm。一级高渗透阻留滤层可有效防止粒度不小于75 μm的土壤颗粒通过，保障系统不堵塞。超导水格网层导水能力高于级配砂石料，厚度仅7 mm，不影响地基承载力，不产生自带沉降。复合材料均具耐高压（>800 kPa）、高延展特性（拉伸率>14%）特点，不会因沉降、地震等因素造成系统失效。具有透水性和导水性高，实时疏导地下水使基底压力稳定；厚度薄，不影响承载力和不增加挖深；拉伸率大，适应建筑变形能力强；不受地下水酸碱性影响，可长期使用不劣化等优点。

释放水浮力法在国内的使用时间尚短，有关经济指标和长期使用效果均无详细的统计资料，对其长期运行的管理尚未积累出成熟的经验，因此在工程实践中可将该法作为一种可选方案与其他方案比较后择优选用。

7.5 参考文献

[1] 王卫东，吴江斌. 超高层建筑大直径超长灌注桩的设计与实践 [C] //2013 海峡两

岸地工技术/岩土工程交流研讨会论文集 . 2013：8-14.

[2] WANG Weidong, WU Jiangbin. Super-long bored pile foundation for super high-rise buildings in China ［C］//The 18th International Conference on Soil Mechanics and Geotechnical Engineering Challenges and Innovations in Geotechnics. 2013.

[3] ZHANG Limin, NG AMY. Limiting tolerable settlement and angular distortion for building foundations ［J］. Probabilistic Applications in Geotechnical Engineering, GSP 170, ASCE, 2006.

[4] 赵锡宏 . 上海高层建筑桩筏和桩箱基础共同作用理论与实践 ［M］//赵锡宏等 . 上海高层建筑桩筏与桩箱基础设计理论 . 上海：同济大学出版社，1989：1-23.

[5] 杨敏，赵锡宏 . 筒体结构-筏-桩-地基共同作用分析 ［M］//赵锡宏等 . 上海高层建筑桩筏与桩箱基础设计理论 . 上海：同济大学出版社，1989：162-178.

[6] 孙家乐，刘之珩，张镭 . 从上部结构与地基基础相互作用研讨基础内力的计算方法 ［J］.北京工业大学学报，1984，1：21-31.

[7] 孙家乐，吴观今 . 框架结构与地基基础共同作用等逐次弹性杆法 ［J］.北京工业大学学报，1984，2：61-72.

[8] 林本海，刘立树 . 筏板基础选型和设计方法的研讨 ［J］.建筑结构，1999，12：3-7.

[9] 朱炳寅 . 高层建筑筏基设计方法的分析与探索 ［J］.建筑结构，1999，4：54-57.

[10] 宫剑飞 . 多塔楼荷载作用下大底盘框筏基础反力及沉降计算 ［D］.北京：中国建筑科学研究院，1999.

[11] 黄熙龄 . 高层建筑厚筏反力及变形特征试验研究 ［J］.岩土工程学报，2002，24（2）：131-137.

[12] 邸道怀 . 高层建筑与裙房基础整体连接设计时基底反力和变形规律研 ［J］.工业建筑，2002，32（12）：11-13.

[13] 宫剑飞 . 高层建筑与裙房基础整体连接情况下基础的变形及反力分析 ［J］.土木工程学报，2002，35（3）：46-49.

[14] 吴江斌，楼志军，宋青君 . PHC 管桩桩身抗剪承载力试验与计算方法研究 ［J］.建筑结构，2012，42（5）：164-167.

[15] WANG W D, WU J B, LI Q. Design and performance of the piled raft foundation for Shanghai World Financial Center ［C］// The 15th Asian Regional Conference on Soil Mechanics and Geotechnical Engineering. 2015：393.

[16] 李永辉，吴江斌 . 基于载荷试验的大直径超长桩承载特性分析 ［J］.地下空间与工程学报，2011，7（5）：895-902.

[17] 王卫东，李永辉，吴江斌 . 超长灌注桩桩-土界面剪切模型及其有限元模拟 ［J］.岩土力学，2012，33（12）：3818-3824.

[18] 李永辉，王卫东，吴江斌 . 基于桩侧广义剪切模型的大直径超长灌注桩承载变形计算方法 ［J］.岩土工程学报，2015，37（12）：2157-2166.

[19] 赵春风，鲁嘉，孙其超，等 . 大直径深长钻孔灌注桩分层荷载传递特性试验研究 ［J］.岩石力学与工程学报，2009，28（5）：1020-1026.

[20] DAVIES John，LUI James，PAPPIN Jack，et al. The foundation design for two

super high-rise buildings in Hong Kong [C] //CTBUH 2004 Seoul Conference. Korea, 2004.

[21] 辛公锋. 大直径超长桩侧阻软化试验与理论研究 [D]. 杭州：浙江大学, 2006.

[22] 李永辉, 王卫东, 吴江斌. 桩端后注浆超长灌注桩桩侧极限摩阻力计算方法 [J]. 岩土力学, 2015, 36 (S1): 382-386.

[23] 王卫东, 李永辉, 吴江斌. 上海中心大厦大直径超长灌注桩现场试验研究 [J]. 岩土工程学报, 2011, 33 (12): 1817-1826.

[24] WANG W D, LI Y H, WU J B. Pile design and pile test analysis of Shanghai Center Tower [C] //The 14th Asian Regional Conference on Soil Mechanics and Geotechnical Engineering. 2011: 33.

[25] 吴江斌, 聂书博, 王卫东. 天津 117 大厦大直径超长灌注桩荷载试验 [J]. 建筑科学, 2015, 31 (增 2): 272-278.

[26] WU Jiangbin, WANG Weidong. Analysis of pile foundation and loading test of Suzhou Zhongnan center [C] //CTBUH 2014 Shanghai Conference. Shanghai, 2014.

[27] 王卫东, 吴江斌, 李永辉. 超高层建筑桩基础设计方法与技术措施 [C] //中国建筑科学研究院. 第二十二届全国高层建筑结构学术交流会论文集. 2012.

[28] 岳建勇, 黄绍铭, 王卫东, 等. 上海软土地区桩端后注浆灌注桩单桩极限承载力估算方法探讨 [J]. 建筑结构, 2009, 39 (S1): 721-725.

[29] 李进军, 吴江斌, 王卫东. 灌注桩设计中桩身强度问题的探讨 [M] //桩基工程技术进展 2009. 兰州：中国建筑工业出版社, 2009: 377-381.

[30] 王卫东, 吴江斌, 李进军, 等. 桩端后注浆灌注桩的桩端承载特性研究 [J]. 土木工程学报, 2007, 40 (S1): 75-80.

[31] 王卫东, 吴江斌, 黄绍铭. 上海软土地区桩端后注浆灌注桩的承载特性 [M] //地基基础工程技术实践与发展. 贵阳：知识产权出版社, 2008: 146-156.

[32] 李永辉, 王卫东, 吴江斌. 桩端后注浆超长灌注桩桩侧极限摩阻力计算方法 [J]. 岩土力学, 2015, 36 (S1): 382-386.

[33] 吴江斌, 王卫东. 软土地区桩端后注浆灌注桩合理注浆量与承载力计算方法研究 [J]. 建筑结构, 2007, 37 (5): 114-116.

[34] 王卫东, 吴江斌, 翁其平, 等. 中央电视台 (CCTV) 新主楼基础设计 [J]. 岩土工程学报, 2010, 32 (z2): 253-258.

[35] WANG Weidong, WU Jiangbin. Foundation design and settlement measurement of CCTV new headquarter [C] //Seventh International Conference on Case Histories in Geotechnical Engineering and Symposium in Honor of Clyde Baker. 2013.

[36] 王卫东, 吴江斌. 深开挖条件下抗拔桩分析与设计 [J]. 建筑结构学报, 2010, 31 (5): 202-208.

[37] 王卫东, 吴江斌. 上海中心大厦桩型选择与试桩设计 [J]. 建筑科学, 2012, 28 (增刊): 303-307.

[38] 王卫东, 吴江斌, 聂书博. 武汉中心大厦超长桩软岩嵌岩桩承载特性试验研究 [J].

建筑结构学报，37（6）：196-203，2016.

[39] 聂书博，吴江斌．泥岩地区大直径嵌岩桩承载特性研究［M］//岩土力学与工程进展．武汉：武汉大学出版社，2013：176-182.

[40] 王卫东，吴江斌，聂书博，武汉绿地中心大厦大直径嵌岩桩现场试验研究［J］.岩土工程学报，2015，37（11）：1945-1954.

[41] 王卫东，吴江斌，王向军．嵌岩桩嵌岩段侧阻和端阻综合系数 ζ_r 的研究［J］.岩土力学，36（增2）：289-295，2015.

[42] 王卫东，吴江斌，李进军，等．桩基的设计与工程实践［M］//桩基工程技术进展．北京：中国建筑工业出版社，2009.

[43] 王卫东，申兆武，吴江斌．桩土-基础底板与上部结构协同作用的实用计算分析方法与应用［J］.建筑结构，2007，37（5）：111-113.

[44] 吴江斌，王卫东．438 m 武汉中心大厦嵌岩桩设计［J］.岩土工程学报，2013，35（增刊1）：76-81.

[45] 王昌兴，韩文娜，沈军，等．中环世贸中心基础设计［J］.建筑结构，2008，7：129-131.

[46] 王向军，吴江斌，黄茂松．桩的泊松效应对抗拔系数 λ 的影响［J］.地下空间与工程学报，2009，5（z2）：1545-1548.

[47] 王卫东，吴江斌，王向军．基于极限载荷试验的扩底抗拔桩承载变形特性的分析［J］.岩土工程学报，2016，38（7）：1330-1338.

[48] 王卫东，吴江斌，王敏．扩底抗拔桩在超大型地下工程中的设计与分析［C］//中国土木工程学会第十届土力学及岩土工程学术会议论文集，2007.

[49] 王卫东，吴江斌，黄绍铭．上海软土地区扩底抗拔桩的研究与工程应用［M］//地基基础工程技术新进展．北京：知识产权出版社，2016：101-111.

[50] 王卫东，吴江斌，许亮，等．软土地区扩底抗拔桩承载特性试验研究［J］.岩土工程学报，2007，29（9）：1418-1424.

[51] 吴江斌，王卫东，黄绍铭．扩底抗拔桩扩大头作用机理的数值模拟研究［J］.岩土力学，2008，29（8）：2115-2120.

[52] 吴江斌，王卫东，黄绍铭．等截面桩与扩底桩抗拔承载特性之数值分析研究［J］.岩土力学，2008，29（9）：2583-2588.

[53] 许亮，王卫东，沈健，等．扩底抗拔桩承载力计算方法与工程应用［J］.建筑结构学报，2007，28（3）：122-128.

[54] 黄茂松，王向军，吴江斌，等．不同桩长扩底抗拔桩极限承载力的统一计算模式［J］.岩土工程学报，2011，33（1）：63-69.

[55] 郝沛涛，吴江斌．旋挖扩底施工工艺在天津于家堡南北地下车库项目中的应用［M］//第四届深基础工程发展论坛论文集．北京：知识产权出版社，2014：150-157.

[56] 吴江斌，王卫东，王向军．软土地区多种桩型抗拔桩侧摩阻力特性研究［J］.岩土工程学报，2010，32（z2）：93-98.

[57] 王卫东，吴江斌，王向军. 桩侧注浆抗拔桩的试验研究与工程应用 [J]. 岩土工程学报，2010，32（z2）：284-289.

[58] 王卫东，吴江斌，王向军. 桩侧后注浆抗拔桩技术的研究与应用 [J]. 岩土工程学报，2011，33（231）（z2）：437-445.

超高层建筑结构设计与工程实践

第 8 章 │ 超高层建筑结构设计工程实例

8.1 长沙国际金融中心 T1 塔楼

8.1.1 工程概况

8.1.1.1 工程简介

长沙国际金融中心项目地处长沙市中心区域，位于解放路的北侧，黄兴路和蔡锷中路之间，由塔楼 T1、T2 及裙房和地库组成，总建筑面积超过 100 万 m²。项目建设单位为九龙仓（长沙）置业有限公司；建筑设计单位为王董国际有限公司；结构设计单位为华东建筑设计研究院有限公司；机电设计单位为奥雅纳工程咨询有限公司。

其中塔楼 T1 地上结构楼层 92 层，建筑总高度 452 m，结构大屋面高度 440.45 m，建筑面积约 28.4 万 m²，塔楼地下室为 5 层。项目的建筑效果图如图 8-1（a）所示，施工现场照片如图 8-1（b）所示。塔楼大部分楼层功能为办公，层高 4.45 m。顶部设酒店层，层高 4.45 m。局部设机电设备、避难层，其层高 6.0～13.5 m（13.5 m 层高处设夹层）。塔楼高区建筑立面收进处，外柱结构采用斜柱方案实现。塔楼最顶部 2 层收进采用梁托柱转换方案。塔楼抗侧力体系为框架-核心筒-伸臂桁架体系，其中，核心筒为主要抗侧力体系。

(a) 建筑效果图　　　(b) 塔楼施工现场

图 8-1

图 8-2

图 8-1　长沙国际金融中心
图 8-2　风洞试验现场照片

8.1.1.2 主要设计条件

1. 风荷载

用于主体结构设计的风荷载依据风洞试验的结果进行取值。本工程风洞试验如图 8-2所示。

风洞试验的风荷载与《建筑结构荷载规范》（GB 50009—2001）（注：结构设计时新荷载规范尚未正式颁布）的比较结果如图 8-3 所示。风洞试验风荷载为 100 年重现期，阻尼比 2% 并考虑了横风向效应的最大等效静力风荷载结果；按规范取值时，基本风压取 0.4 kN/m²，体型系数取 1.4，未考虑横风向影响。风洞试验与规范均按 C 类地貌取值[1]。

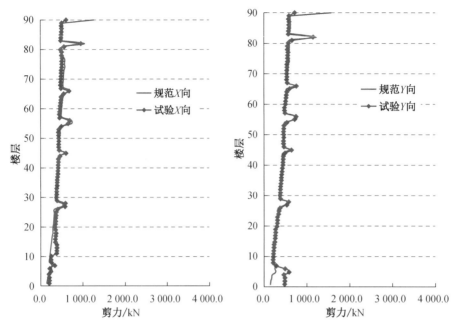

图 8-3　风洞试验与《建筑结构荷载规范》风荷载比较结果

2. 地震作用

小震、中震和大震反应谱曲线参数分别为：取安评报告中小震、中震和大震加速度最大值，地震放大系数取 2.25，反应谱参数形状按规范取值。可计算得本工程 4% 阻尼比下，小震地震影响系数最大值 $\alpha_{\max 小震} = 0.0618$，中震 $\alpha_{\max 中震} = 0.175$，大震 $\alpha_{\max 大震} = 0.386$。

以小震为例，规范小震、安评小震以及抗震审查专家建议曲线的对比结果如图 8-4 所示（均已换算成阻尼比为 4% 的值）。

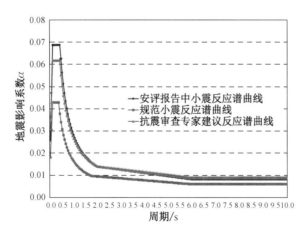

图 8-4　规范小震、安评小震以及抗震专家建议曲线的对比结果

其中红色反应谱曲线（本文后续图表简称安评小震或安评中震）用于下文中位移、剪重比等主要结构指标的统计。

3. 风洞试验、小震和中震数据比较

塔楼风洞试验、小震及中震下楼层剪力的比较数据如图 8-5 所示。

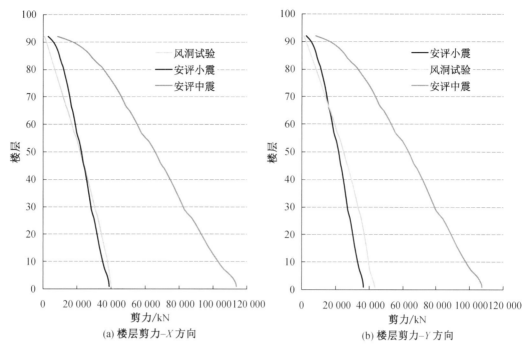

图 8-5　塔楼风洞试验、小震及中震下楼层剪力的比较

　　塔楼风洞试验、小震及中震下楼层倾覆力矩的比较数据如图 8-6 所示。

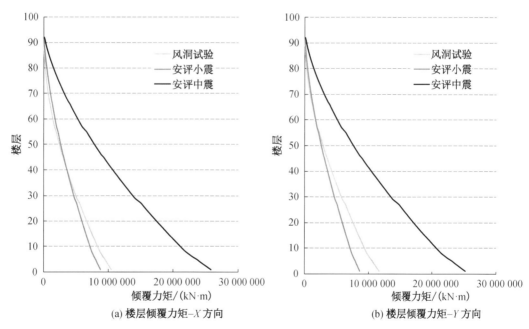

图 8-6　塔楼风洞试验、小震及中震下楼层倾覆力矩的比较

　　由上述图表可知：本工程的控制工况均为中震；X 方向风荷载与安评小震的基底剪力与倾覆力矩基本一致；Y 方向风荷载的基底剪力与倾覆力矩略大于安评小震。

8.1.2 塔楼结构体系

8.1.2.1 塔楼抗侧力体系

塔楼抗侧力体系为框架-核心筒-伸臂桁架-环带桁架体系，如图8-7所示。其中，核心筒为主要抗侧力体系；框架、环带和伸臂桁架为次级抗侧力体系。框架柱采用型钢混凝土柱。伸臂桁架将框架与核心筒相连，增强了框柱对结构整体抗侧的贡献。塔楼共设置5道环带桁架和2道伸臂桁架[2]。

塔楼的核心筒为底部外边长约35.5 m×33.1 m的矩形混凝土筒体，底部东西外墙厚度为1.5 m，随高度增加该墙厚逐渐减薄至0.4 m，如图8-8所示。伸臂桁架的钢结构构件贯穿核心筒外墙。核心筒内角部等关键部位设置型钢，不仅可以有效控制剪力墙厚度，控制墙体轴压比在规范要求的范围内，而且也可提高核心筒剪力墙底部区域的延性。剪力墙混凝土强度等级为从低区C60逐渐过渡至高区C40。

塔楼的外框架由每边4个外框柱，每个角部设1个外框柱组成（底层2 200 mm×2 200 mm），外框总共20个柱，其中与核心筒角部对应的8根巨柱最大（底层2 600 mm×2 600 mm）。部分外框柱在70层开始以小于1∶6的斜率开始向内倾斜，以配合建筑立面的高位收进。在外围框架，设置了较大的外框梁（底部1 200 mm高、中上部900 mm高）以提高外框架的抗侧刚度。框架柱混凝土强度等级为从低区C70逐渐过渡至高区C50。

塔楼共布置有两道伸臂桁架，每道为13.5 m层高（层内设有设备夹层），分别位于建筑楼层F27~F28/F54~F55。伸臂桁架的形式经过比选，选择了"X"形布置，如图8-8所示。在外框柱之间，在建筑避难层或设备层布置了5道环带桁架，分别位于建筑楼层F27，F44，F54，F64，F80，见立面示意图8-7。环带桁架的高度分别为13.5 m，6 m，13.5 m，6 m，9 m。5道环带桁架的设置，配合伸臂桁架，大大加强了结构整体刚度。典型的环带桁架与伸臂桁架杆件的钢号为Q345GJC。

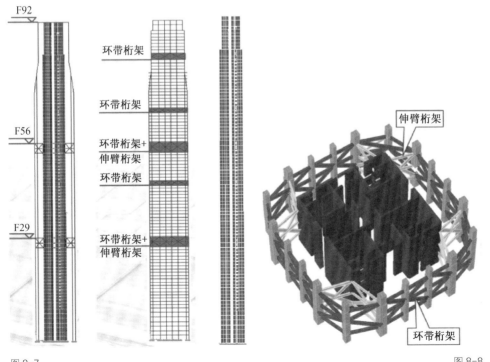

图8-7
图8-8

图8-7 塔楼抗侧力体系示意图
图8-8 塔楼典型加强层环带及伸臂桁架示意图

8.1.2.2 塔楼重力体系

塔楼核心筒采用混凝土现浇梁板结构体系；核心筒与外框架之间的重力结构体系采用钢梁和组合楼板，典型办公与酒店楼层的板厚为 120 mm。塔楼低区和高区的典型平面如图 8-9 所示。

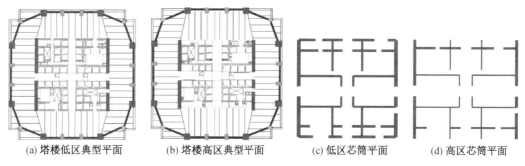

(a) 塔楼低区典型平面　　(b) 塔楼高区典型平面　　(c) 低区芯筒平面　　(d) 高区芯筒平面

图 8-9　塔楼低区和高区的典型平面

8.1.3　地基基础

塔楼结构大屋面 440.45 m，基础埋深 37.8 m，埋深为 1/11.6。基础底板已进入中风化岩层，满足基础埋深 1/15 要求。经过多种基础方案的比选研究，最终确定基础形式为筏基，持力层底板厚度为 5 m，如图 8-10 所示。尽管大震下柱与核心筒均未出现拉力，但考虑地震作用的不确定性，在塔楼底板周边布置了抗拔锚杆。

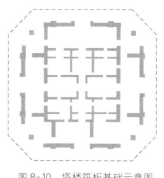

图 8-10　塔楼筏板基础示意图

8.1.4　结构整体计算分析

8.1.4.1　质量与周期

塔楼质量与周期计算结果如表 8-1 和表 8-2 所示。

表 8-1　地震质量（不包括地下室部分）

软件类型	ETABS	SATWE
重力荷载代表值/t	519 600	512 254

注：单位面积质量 1.8 t/m²。

表 8-2　结构自振周期

软件类型		ETABS		SATWE	
		周期/s	振型	周期/s	振型
结构基本自振周期	T_1	7.58	Y 向	7.55	Y 向
	T_2	7.18	X 向	7.17	X 向
	T_3	3.62	扭转	3.62	扭转

8.1.4.2 层间位移角

安评小震与风荷载作用下层间位移角曲线如图 8-11 所示，均小于规范限值，表明结构具有较好的抗侧刚度。

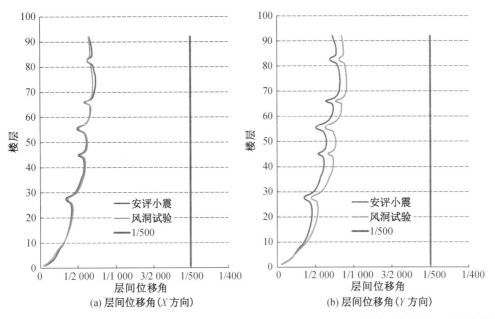

(a) 层间位移角(X 方向)   (b) 层间位移角(Y 方向)

图 8-11　地震和风荷载作用下层间位移角

8.1.4.3 剪重比

塔楼 X，Y 方向剪重比计算结果如图 8-12 所示，剪重比控制限值 $\lambda = 0.737\%$。其中 X 方向的最小剪重比为 0.776%，Y 方向的剪重比为 0.728%。不满足规范限值的楼层数如图 8-13 所示。

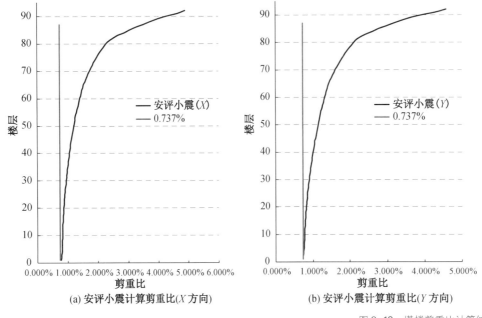

(a) 安评小震计算剪重比(X 方向)   (b) 安评小震计算剪重比(Y 方向)

图 8-12　塔楼剪重比计算结果

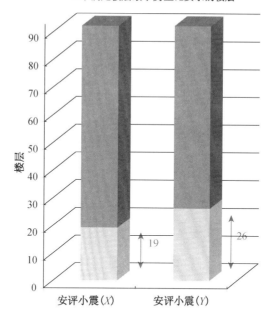

图 8-13 不满足规范限值的楼层数

塔楼的最小剪重比已超过（X 方向）或接近（Y 方向）剪重比限值的 85%。剪重比不满足的楼层根据剪重比限值进行地震剪力的放大。

8.1.4.4 外框承担的剪力比

塔楼外框承担的剪力比统计结果如图 8-14 所示。

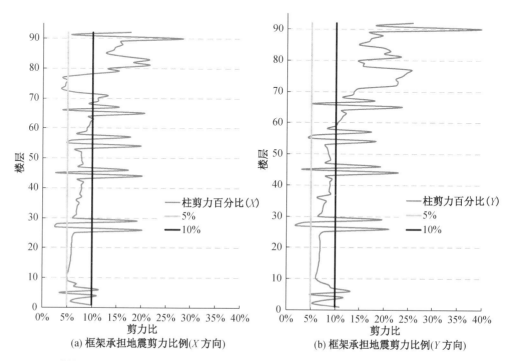

(a) 框架承担地震剪力比例(X 方向)   (b) 框架承担地震剪力比例(Y 方向)

图 8-14 塔楼框架承担的剪力比

在塔楼结构低区，框架在两个方向承担的地震剪力比绝大部分楼层大于5%，基本都在7%～8%之间，结构中高区框架在两个方向承担的楼层地震剪力比例已超过10%；考虑到低区框架承担的剪力比相对较低，故设计时提高了核心筒剪力墙的抗震能力，将塔楼低区核心筒承担的地震剪力放大10%。

8.1.4.5 外框承担的倾覆力矩比

塔楼外框承担的倾覆力矩比如图8-15所示。

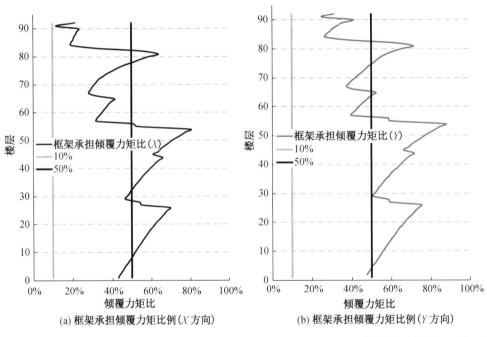

(a) 框架承担倾覆力矩比例（X方向） (b) 框架承担倾覆力矩比例（Y方向）

图8-15 塔楼外框承担的倾覆力矩比

X，Y向结构底层框架部分承受的地震倾覆力矩与底层总地震倾覆力矩的比值均接近50%。

8.1.4.6 刚重比

塔楼X方向的刚重比为1.88，Y方向的刚重比为1.68，均满足刚重比限值1.4的要求，但需考虑重力二阶效应。

8.1.5 考虑非荷载效应的施工模拟分析

施工顺序是基于塔楼施工进度计划及标准的超高层建筑施工顺序假定，具体的施工顺序如图8-16所示。混凝土收缩、徐变模型采用欧洲混凝土规范的CEB-FIP模型。

不同时间巨柱与核心筒压缩变形差如图8-17所示。

考虑施工顺序和长期荷载效应的伸臂桁架设计荷载组合为：风荷载、小震、重力荷载及结构封顶后框架柱与核心筒间的竖向变形差工况，如表8-3所示，能够满足设计应力比要求。

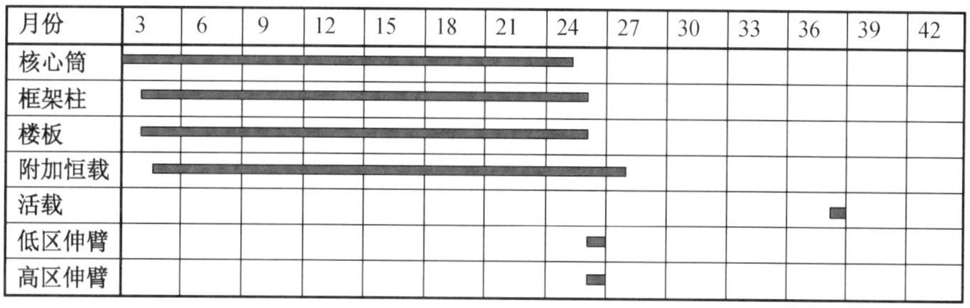

月份	3	6	9	12	15	18	21	24	27	30	33	36	39	42
核心筒	██████████████████████████													
框架柱	██████████████████████████													
楼板	███████████████████████████													
附加恒载	████████████████████████████████													
活载											▄			
低区伸臂								▄						
高区伸臂								▄						

图 8-16 塔楼施工顺序假定

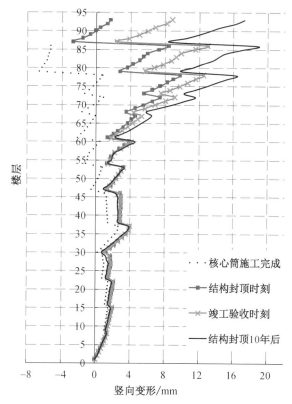

图 8-17 不同时刻巨柱与核心筒压缩变形差

表 8-3 考虑竖向变形差异的伸臂桁架应力比

伸臂桁架	考虑竖向变形差异的伸臂桁架斜腹杆应力比
第二道伸臂	0.64
第一道伸臂	0.66

巨柱与角柱的竖向变形差如图 8-18 所示。

由于巨柱和角柱轴压比基本一致，尺寸比较接近，巨柱与角柱的最终压缩变形基本一致，长期压缩变形对环带桁架的影响很小。

8.1.6 结构图纸及施工照片

塔楼标准层结构平面图如图 8-19 所示。

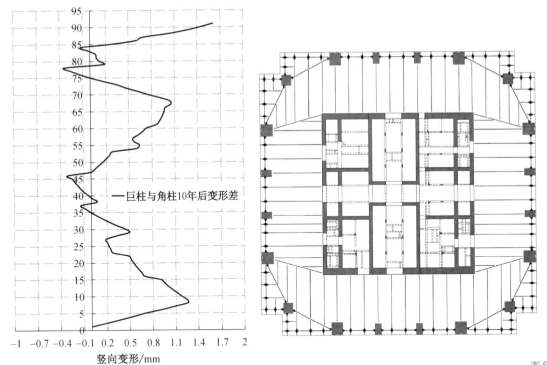

图 8-18

图 8-19

图 8-18　巨柱与角柱之间的竖向变形差

图 8-19　塔楼标准层平面图

塔楼典型环带桁架展开图如图 8-20 所示。

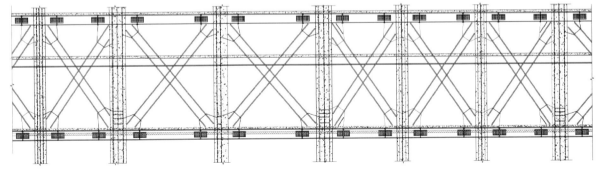

图 8-20　塔楼典型环带桁架展开图

塔楼典型伸臂桁架展开图如图 8-21 所示。

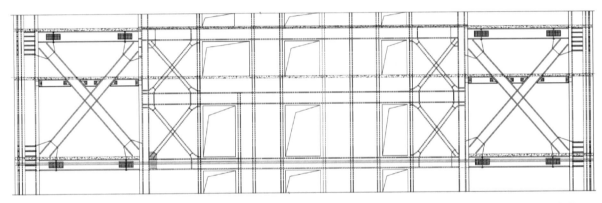

图 8-21　塔楼典型伸臂桁架展开图

318

超高层建筑结构设计与工程实践

8.2 武汉中心

8.2.1 工程概况

武汉中心位于武汉市汉口城区，是在王家墩机场搬迁原址上规划建造的武汉市"新心脏"——王家墩中央商务区内第一座地标性建筑，含总高度为 438 m 的 88 层塔楼和高 22.5 m 的 4 层裙楼，塔楼地上建筑面积约 25.1 万㎡，地下室为 3～4 层。塔楼功能包括办公、公寓、酒店、观光，裙房为商业和酒店配套设施，办公层层高 4.4 m，公寓、酒店层层高 4.2 m，设备、避难层层高分别为 6.3 m 和 6.6 m，建筑效果、施工阶段照片和外立面完成后照片如图 8-22～图 8-24 所示。华东建筑设计研究院有限公司承担了武汉中心全部专业的全过程设计，工程于 2015 年 4 月结构封顶，是目前在建由国内设计院原创的最高超高层项目之一。

图 8-22　　　　　　　　　　　图 8-23　　　　　　　图 8-24

图 8-22　建筑效果图
图 8-23　施工照片
图 8-24　外立面完成后照片

本工程塔楼与裙楼在首层以上设防震缝断开。塔楼的设计使用年限为 50 年，主要构件耐久性设计使用年限为 100 年；重要构件（核心筒、巨柱、伸臂桁架、环带桁架）安全等级为一级，其余构件为二级；抗震设防类别为重点设防类（乙类建筑）。本工程抗震设防烈度为 6 度，设计地震分组为第一组，根据"武汉市主城规划区地震动参数小区划图"确定地震动参数[3]。

8.2.2 基础与地下室设计

工程场地地势平坦，场地区域地质构造稳定。在勘探深度范围内所分布的地层除表层分布有素填土外，其下为第四系全新纪冲积成因的黏性土、砂土、含圆砾细砂，下伏基岩为志留系泥岩、泥质页岩，地下水位在地表以下 0.9～1.5 m。

塔楼地下室埋深约 22 m，采用桩筏基础（图 8-25）。桩基为直径 1 000 mm 的旋挖成孔灌注桩，有效桩长约 46 m，桩身混凝土设计强度为 C50。

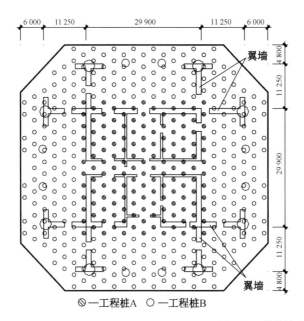

图 8-25　桩筏基础平面示意（单位：mm）

桩端以层⑥₋₄微风化泥岩为持力层，入岩深度按桩顶计算反力需求区分为核心筒区域的 3.0 m（桩 A）和其他区域的 1.5 m（桩 B），桩 A 和桩 B 计算承载力特征值分别为 13 000 kN 和 12 000 kN，该值已考虑了桩端、桩侧联合后注浆的提高作用。静载试桩结果显示桩 A 和桩 B 的单桩极限抗压承载力分别达 31 980 kN 和 26 400 kN，满足设计需求，其中桩侧反力和桩端反力分别占 72% 和 28% 左右。

由于群桩在筏板下已基本满布，在核心筒周边区域的弯矩和剪力均已超过筏板承载能力，通过设置"井"状翼墙提高筏板刚度，从而调整桩反力的均匀度和力传递途径。翼墙的高度为整个地下室高度，翼墙同时有助于加大地下室抗侧刚度，增强对塔楼的嵌固。筏板厚度为 4 m，混凝土设计强度为 C40，在与厚度为 1.0 m 的地下室底板的交界区域布置了 2.5 m 厚度的过渡段。

基础的沉降计算采用 Mindlin 应力公式，考虑了筏板和地下室范围墙体刚度以及桩身压缩影响，筏板最大沉降计算值为 58 mm。筏板设计时按最大沉降 60 mm 的不利工况计算筏板弯曲内力，筏板配筋构造示意如图 8-26 所示。

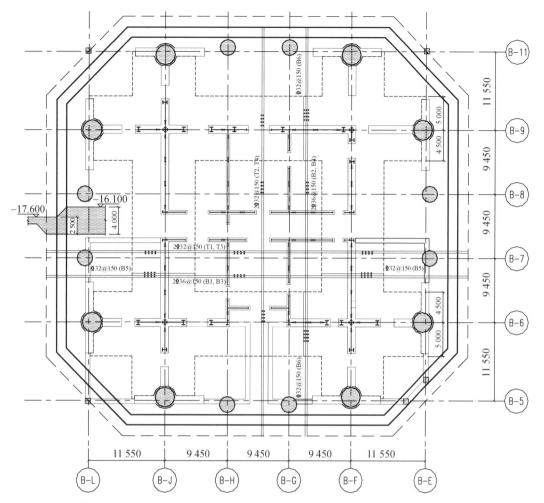

图8-26　基础筏板配筋构造示意（单位：mm）

8.2.3　上部结构体系

中心塔楼大屋面标高为 393.9 m，其抗侧力体系为巨柱框架-核心筒-伸臂桁架体系（图8-27）。该体系由三部分组成：①部分楼层内置钢板或型钢的钢筋混凝土核心筒；②设置 6 道环带桁架加强层的由钢管混凝土柱和钢梁形成的巨柱框架；③连接核心筒和巨柱框架的 3 道伸臂桁架。其中核心筒为主要抗侧力体系，巨柱框架和伸臂桁架为次要抗侧力体系，伸臂桁架将巨柱与核心筒相连，增强了外框柱对结构整体抗侧的贡献。楼面体系为压型钢板组合楼板。大屋面以上核心筒继续上升至 410 m，并与其上之钢结构共同构成塔冠结构，达到 438 m 的最高点。

核心筒混凝土强度等级为 C60，巨柱混凝土强度等级为 C70～C50，巨柱钢管及楼面钢梁采用 Q345B 钢，伸臂桁架、环带桁架以及钢板剪力墙采用 Q390GJC 钢。

本结构体系的框架在 F66 层楼面以下区域为每边 4 个共 16 个巨柱（柱距 9.45 m），在 F66 层楼面以上为每边 2 个共 8 个巨柱（柱距 28.35 m），均采用钢管混凝土柱（CFT 柱），图8-28 所示。建筑沿高度曲线外鼓的轮廓在 F64 层楼面以下通过楼层外挑实现，F64 层楼面以上以约 2°的柱内倾实现。

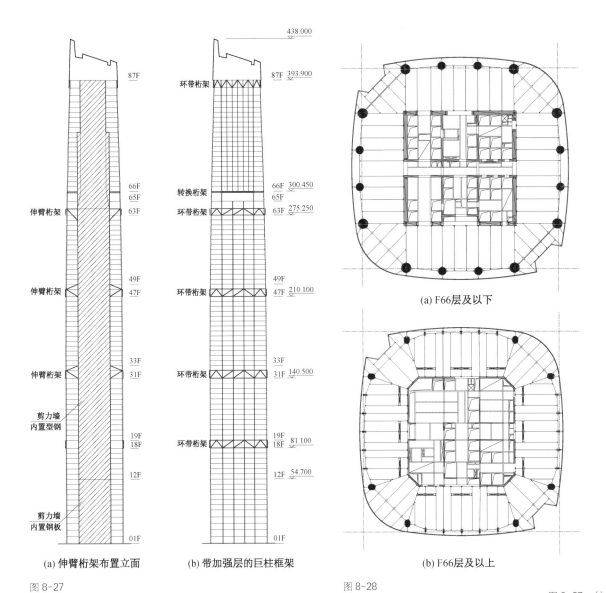

(a) 伸臂桁架布置立面　　(b) 带加强层的巨柱框架　　(b) F66层及以上

图 8-27　　　　　　　　　图 8-28

图 8-27　结构抗侧力体系（单位：mm）

图 8-28　典型结构平面布置图

主要竖向构件的截面见表 8-4 所列。

表 8-4　竖向构件截面布置　　　　　　　　　　　　　　　　　　　单位：mm

楼层号	剪力墙厚度		柱截面尺寸	
	外墙	内墙	角柱	边柱
F79～F89	400			
F78	900		Φ1 500×30 （C50）	Box×300×600×30 （Q345B）
F74～F77	400	250		
F67～F73	500		Φ1 800×30 （C50）	
F66				无
F50～F65	600	350	Φ2 000×35 （C60）	Φ1 400×22 （C60）
F34～F49	700	400		Φ1 600×28 （C60）
F26～F33	800	450	Φ2 300×35 （C60）	Φ1 800×35 （C60）
F21～F25	900	500		

楼层号	剪力墙厚度		柱截面尺寸	
	外墙	内墙	角柱	边柱
F13~F20	1 100	550	Φ2 500×45（C70）	Φ2 000×35（C70）
F7~F12	1 100	550	Φ2 800×50（C70）	Φ2 000×40（C70）
B3~F6	1 200	550	Φ3 000×60（C70）	Φ2 000×40（C70）

注：F12 及以下层核心筒为钢板组合剪力墙。

8.2.4 塔楼结构计算主要结果

塔楼结构计算主要结果见表 8-5～表 8-7，层间位移角如图 8-29 所示。

表 8-5 SATWE 前三阶振型计算周期

周期/s	平动系数
8.76	0.99（0.70＋0.29）
8.66	1.00（0.29＋0.71）
4.82	0.01（0.01＋0.00）

表 8-6 重力荷载代表值及比例

活载/t	附加恒载/t	结构自重/t	合计/t
51 521	75 899	319 945	447 365
11.5%	17.0%	71.5%	100.0%

表 8-7 风和地震下基底反力

基底反力		反应谱	风荷载
		小震	50 年
底部剪力/kN	X 向	27 233	44 893
	Y 向	27 980	34 647
底部倾覆力矩/kN·m	X 向（绕 Y 轴）	5 857 373	10 883 585
	Y 向（绕 X 轴）	5 907 475	8 380 066

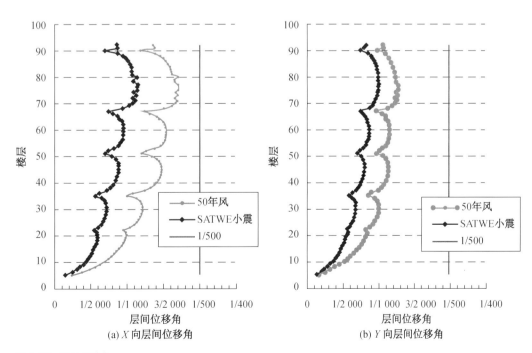

(a) X 向层间位移角　　　　　　(b) Y 向层间位移角

图 8-29 层间位移角

可以看到，风荷载下基底剪力和倾覆力矩均大于小震工况。

8.2.5 结构主要特点

8.2.5.1 大直径钢管混凝土柱

相比目前超高层结构中常用的钢骨混凝土劲性柱（SRC 柱），钢管混凝土柱的核心混凝土处于三向受压状态，承载力更高；高强混凝土的脆性得到改善，使采用更高强度等级的混凝土成为可能；在罕遇地震下，克服了因混凝土剥落而影响钢筋混凝土与钢骨协同工作的弱点，构件延性好，具有更好的抗震性能；特别是在施工中避免了钢筋受钢骨阻隔这一影响 SRC 节点性能的通病，钢管内仅设少量构造钢筋芯柱，混凝土浇筑的质量易于保证，且不需模板。

由于柱承受的竖向荷载巨大且有一定的抗侧刚度需求，本工程底部角柱的钢管直径为 3 000 mm，远大于常用 CFT 柱的尺寸，因此也带来传力机制、节点构造等一系列问题，设计过程中进行了专门的试验研究。

8.2.5.2 内置钢板剪力墙的使用

为保证 70% 的二次得房率，塔楼核心筒底部外包尺寸被限制为边长 28.60 m 的方形，而塔楼多重使用功能的性质对核心筒内垂直交通面积的需求也较单功能建筑大，最终导致底部核心筒外墙、内墙厚度被限制在 1.2 m 和 0.55 m 以内。在核心筒墙体混凝土强度等级不得高于 C60 的现实条件下，为满足现行规范对底部加强区墙体轴压比不大于 0.5 的要求，在 F12 层楼面以下区域采用了内置单层钢板的混凝土-钢板组合剪力墙（图 8-30），F12 层楼面以上核心筒角部设置了型钢钢骨。

虽然内置钢板剪力墙的使用起因于轴压比需求，钢板的延性和抗剪能力同时也大大提高了底部核心筒的抗震性能，对于将核心筒作为主要抗侧体系的本工程，显然也是合适的选择。

墙内钢板表面设置了抗剪栓钉用以协调其与外包混凝土的变形，并将被钢板分隔开的两侧混凝土拉结成一体；左右相邻钢板分幅间的连接采用高强螺栓，以减少现场焊接量；为减少钢板对墙内端部约束边缘构件钢筋的阻隔，钢板部分位置开孔供箍筋穿过（图 8-31）。

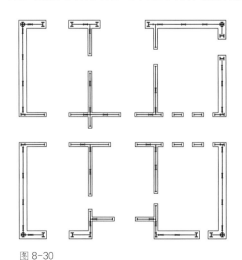

图 8-30 混凝土-钢板组合剪力墙平面布置
图 8-31 混凝土-钢板组合剪力墙构造

图 8-30   图 8-31

8.2.5.3 伸臂层与加强层的设置

本工程采用的巨柱框架-核心筒-伸臂桁架体系中共布置了3道伸臂桁架，每道为两层高，分别位于F31~F32层、F47~F48层、F63~F64层，另在上述伸臂桁架所在楼层和F18层、F86层布置了环带桁架加强层，环带桁架高度均为1层。

伸臂桁架数量和位置选择过程中，除了判断其对结构层间位移、周期、刚重比等刚度指标的影响效率和施工工期影响之外，还遵守了下列原则：多道、均匀布置于抗侧效率高的部位，减少对某一道的特别依赖，减小刚度和应力突变程度；每一道伸臂桁架承受的内力适当，避免过大的截面需求，以保证伸臂桁架与巨柱及核心筒剪力墙连接节点的安全可靠和可实施性；保证由伸臂桁架分隔的各段外框架分担倾覆力矩的比例及均衡性；伸臂桁架用钢量适当。

伸臂桁架的形式选择，综合考虑了与环带桁架节点的交接关系和建筑环通走道布置的需求，下部2道选择了双斜杆"K"形布置，上部1道为单斜杆形，布置示意如图8-32所示。

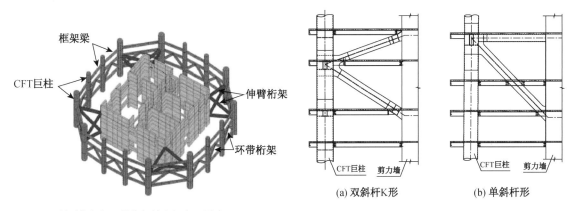

(a) 双斜杆K形　　　　(b) 单斜杆形

图8-32 伸臂桁架与环带桁架的空间布置形式

本工程中两个方向的伸臂桁架交汇于核心筒角部一点，该处的应力集中、构造处理困难，设计进行了专门的试验研究。

8.2.5.4 上部转换次结构

塔楼F66层楼面以上外框柱由下部的16个减少为8个主结构柱，每边2个主结构柱间，在F66层和F86~F87层间分别设置跨度为28.35 m的箱形转换钢梁和兼作环带加强桁架的转换桁架，以支承F68~F86层的次结构框架（图8-33）。次框架与转换梁、环带桁架共同形成了刚度较大的密柱刚架，将竖向荷载传递至8个巨柱，同时也提高了此区段的框架抗侧刚度。次框架内荷载的传递途径与框架的形成过程即施工顺序有极大关系。

8.2.5.5 核心筒的转换

根据建筑功能的要求，核心筒的角部在酒店区域被切去约2.8 m，形成切角的方形筒体，此处的转换通过F64~F66层间3个层高的平缓斜向过渡实现；在F78层处，切角后的核心筒外墙整体向内退进500 mm，上部剪力墙在此处将向下方延伸一层，完成类似于搭接的转换（图8-34）。

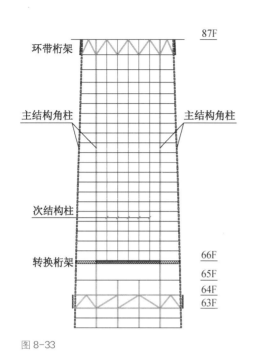

环带桁架

主结构角柱 　　　　　主结构角柱

次结构柱

转换桁架

87F

66F
65F
64F
63F

图 8-33

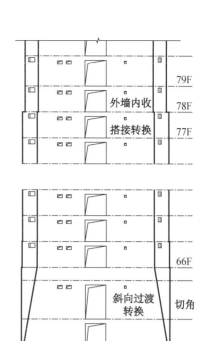

79F
外墙内收 78F
搭接转换 77F

66F

斜向过渡
转换 切角

64F

63F

图 8-34

图 8-33　顶部主
次结构示意图
图 8-34　核心筒
转换

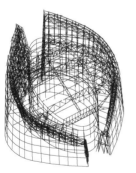

图 8-35　塔冠结构

8.2.6　塔冠

塔冠是构成塔楼顶部形象的点睛部位，以支承于伸出大屋面标高的核心筒剪力墙的 4 榀中间主桁架和立于大屋面的二组端部立体桁架为主要受力构件，与腰部环带桁架、顶部环带桁架共同构成空间桁架，支承周边的玻璃幕墙和其他围护系统（图 8-35）。

8.2.7　结构超限判别及主要措施

塔楼为超 B 级高度结构，其他超限内容包括：个别楼层楼板不连续；若干楼层有抗侧刚度小于上一层的 70% 或上三层平均值的 80% 的刚度突变；沿高度有伸臂桁架和环带桁架加强层；外框架柱在 F68 层楼面以上有主次柱转换，核心筒外墙有斜接和搭接转换，属构件间断；另有斜柱和局部穿层柱。以上均属一般不规则，无严重不规则。

针对超限情况，主要从提高抗震性能目标、加强结构体系的多道防线、抗震等级调整、增强重要构件的延性等方面采取措施，关键构件抗震设防性能目标和抗震等级如表 8-8、表 8-9 所列。

表 8-8　关键构件抗震性能目标

地震水准	设防烈度地震（中震）	罕遇地震（大震）
层间位移角限值	—	$h/100$
底部加强区及加强层区域核心筒墙	抗剪弹性，压弯及拉弯弹性	满足抗剪截面控制条件；可形成塑性铰，破坏程度轻微，即 $\theta<IO$
一般部位核心筒墙	抗剪弹性，压弯及拉弯不屈服	满足抗剪截面控制条件；可形成塑性铰，破坏程度可修复并保证生命安全，即 $\theta<LS$
连梁	允许进入塑性	最早进入塑性，允许弯曲破坏
巨柱	底部加强区及加强层区域：弹性；其余区域：不屈服	形成塑性铰，破坏程度可修复并保证生命安全，即 $\theta<LS$
顶部转换桁架	弹性	不屈服
伸臂桁架、环带桁架	不屈服	形成塑性铰，破坏程度可修复并保证生命安全，即 $\theta<LS$

注：伸臂或环带加强区含伸臂或环带层及其上、下各一层。

表 8-9　关键构件抗震等级

构件	区域	抗震等级
核心筒	底部加强区	特一级
	伸臂或环带加强区	特一级
	其他区域	一级
巨柱	伸臂或环带加强区	特一级
	其他区域	一级

8.2.8　关键节点设计研究

8.2.8.1　大直径钢管混凝土柱构造及梁柱节点

本工程所用钢管混凝土柱最大直径达 3 000 mm，如何保证外包钢管与内部混凝土的共同工作，即保证由各层钢梁传来的荷载通过梁柱节点及柱内部构造传递给钢管并沿钢管混凝土柱高度有效扩散至混凝土是关系到大直径钢管混凝土设计成败的关键，混凝土收缩、徐变对钢管与内部混凝土共同工作的影响也是关键的问题。试验研究中发现[2]，在合适的构造条件下，由楼层梁传来的剪力可以在 2 倍左右柱直径的高度范围均匀地扩散至钢管混凝土全截面。设计采用的柱构造如图 8-36 所示，其中环板是传递剪力最主要的途径，栓钉、"T"形纵肋和内置的低配筋率钢筋笼对减小混凝土环向收缩和纵向徐变可能的不利影响都有正面效果。

框架梁与钢管混凝土柱连接常用的节点方式是采用等同钢梁翼缘厚度的内环板以 1/4 钢管柱直径的宽度完整地绕柱内壁一周，当柱直径不大时此做法可行，可当柱直径接近 3 000 mm 时，内环板的用钢量甚至可能超过钢梁翼缘本身的用钢量，此做法显然值得探讨。经研究发现，梁柱节点加劲板的尺度更应该与框架梁而不是与柱相关，通过在梁翼缘宽度对应的加劲内环板范围设置封头端板，可以将翼缘的轴力通过相接触的混凝土扩

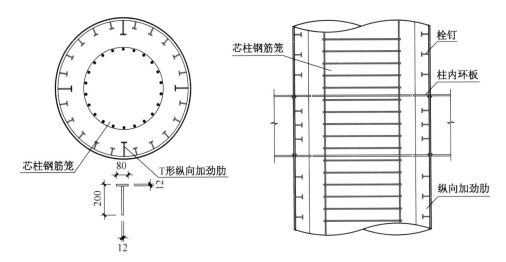

图 8-36 大直径钢管混凝土柱构造 (单位: mm)

散, 传递至钢管混凝土柱整体, 而不是仅仅靠环板的宽度传递至外钢管, 从而有效提高梁端的弯曲约束刚度。通过试验研究[5], 最终梁柱节点采用的构造如图 8-37 所示。

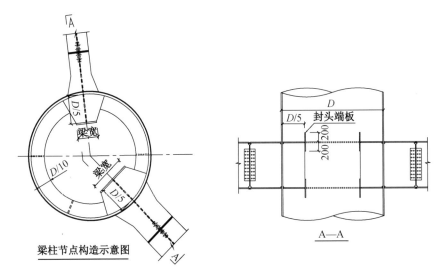

图 8-37 柱-钢框架梁节点

8.2.8.2 伸臂桁架与核心筒相连节点

两个方向的伸臂桁架交汇于核心筒角部, 该处应力集中, 构造处理困难。本项目与清华大学合作, 对两种不同的构造方式进行了试验研究, 一种为伸臂杆件的翼缘于核心筒边收窄, 然后埋入墙内, 双向伸臂相交处采用实心锻件 (图 8-38), 此为传统单向伸臂桁架做法的变体; 另一种是将伸臂杆件宽度调整至与核心筒外墙同宽, 伸臂杆件的翼缘板直接伸进核心筒并外包于墙体的内外两侧, 伸臂高度范围的核心筒角部墙体也全部采用钢板外包 (图 8-39)。两种方式伸臂杆件的腹板均不伸入墙中。试验结果显示, 两种方式均表现出良好的传力性能, 最终均以桁架弦杆屈曲破坏为主要破坏模式, 体现出强节点弱构件的设计原则。相比较而言, 前者的核心筒开裂荷载较低, 在伸臂破坏前核心筒角部伸臂连接处附近混凝土破碎严重, 而后者核心筒开裂荷载较高, 伸臂破坏时核心筒角部无明显破坏现象[6]。同时，由于减少了内埋钢骨对钢筋绑扎的干扰，后者的施工明显方便于前者。综合考虑墙厚、墙配筋等因素，下部 2 道伸臂采用内埋式，上部 1 道伸臂采用外包式。

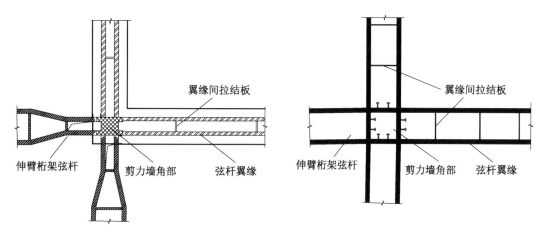

图 8-38　伸臂内埋式　图 8-38

图 8-39　伸臂外包式　图 8-39

8.2.9　优化施工顺序调整结构内力分布

F66 层至屋面的次结构采用上挂下承的支承方式，该部分荷载的传递路径取决于次结构框架的刚度形成过程，即与施工方法和步骤直接相关。位于 F66 层的转换梁高度受建筑要求严格限制（图 8-40），28.350 m 跨度转换梁的允许高度仅为 1 200 mm，为满足这一苛刻要求，需要对次结构框架的刚度形成过程进行设计。

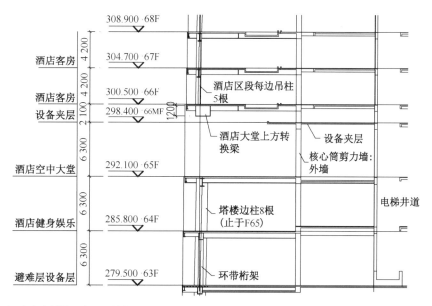

图 8-40　酒店大堂剖面示意图（单位：mm）

初步的分析结果显示，如果按一般的施工顺作工序，先在 F66 层转换梁下设置临时支撑，然后由下往上安装外框结构至 F87 层桁架完成，再拆除临时支撑，上挂下承式转换结构的刚度一次形成，按刚度比例分配到转换梁的荷载将大于其承载能力，需要加大转换梁高度才能满足强度要求；而如果改用将全部荷载悬挂于 F86～F87 层转换桁架的方案，结构的冗余度又偏小。

对于上挂下承式转换结构段，当结构形成整体之后，次结构的荷载传递路径为 3 条：①部分荷载通过次结构柱的压力传至 F66 层转换钢梁；②部分通过次结构柱的拉力传至 F86～F87 层的转换桁架；③部分荷载通过次结构框架的形成空腹桁架传至两侧主结构柱。各方向的传递比例取决于两个因素：一是荷载分布及由结构布置决定的 3 条途径的刚度比例，这是结构布置本身决定的；二是该部分结构刚度的形成过程，这是容易被忽略的一个因素，也是对于某些复杂结构需要强调进行施工模拟分析的原因。

进行施工模拟分析的目的，通常是为了准确反映实际施工过程对结构内力分布的影响，避免设计偏差，也可以通过一定的施工过程的设定，来主动控制和调整结构内力分布，从而使得原来强度不满足要求的构件满足设计要求，对于本工程而言，就是减小上述第一条途径传递到转换梁的荷载，直至转换梁能够承受传到其上的荷载。

减少直接传至转换梁荷载最直接的方法是取消转换梁之上某一楼层的次结构柱，本工程选择了在某层暂时"切断"次结构柱，然后再"接上"的方法。用于"切断"次结构柱的是通常用于临时支撑卸载的千斤顶。被"切断"柱所在楼层 F77 层是通过试算比较确定的，其原则是选择满足前述条件下的最高的楼层，从而保证 F66 层转换梁强度的充分发挥和"切断"楼层下方有最多的楼层能进行顺作施工。

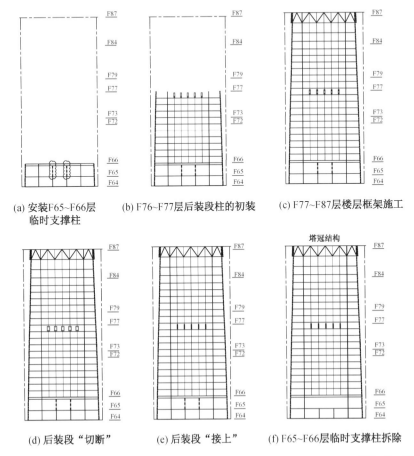

(a) 安装F65~F66层临时支撑柱　　(b) F76~F77层后装段柱的初装　　(c) F77~F87层楼层框架施工

(d) 后装段"切断"　　(e) 后装段"接上"　　(f) F65~F66层临时支撑柱拆除

图 8-41　施工顺序示意

8.3 武汉绿地中心

8.3.1 工程概况

8.3.1.1 工程简介

武汉绿地中心地处武昌滨江商务区中心区域,位于商务区东西主轴西南侧的 A01 地块。武汉绿地中心主塔楼为综合体项目,含有办公、公寓、酒店及会所空间等建筑功能。项目建设单位为武汉绿地滨江置业有限公司;建筑设计单位为华东建筑设计研究院有限公司,合作设计单位为 Adrian Simth + Gordon Gill Architecture;结构设计单位为华东建筑设计研究院有限公司,合作设计单位为 Thornton Tomasetti。

塔楼建筑高度 636 m,结构高度 575 m,主塔楼共 120 层。项目的地上总面积为323 088 m²,包括位于 F4~F62 层的办公空间、F66~F85 层的商务公寓和 F87~F120 层的顶级酒店及会所。该塔楼设有 5 层地下室,包括设备用房、卸货区、车库等,地下室埋深达 30 m。武汉绿地中心效果图如图 8-42 (a) 所示,项目施工现场照片如图 8-42 (b) 所示。

(a) 建筑效果图　　　　　　　　　　(b) 塔楼施工现场

图 8-42　武汉绿地中心

8.3.1.2 主要设计条件

1. 风荷载

根据荷载规范,武汉市基本风压 50 年一遇和 100 年一遇分别为 0.35 kN/m² 和

图 8-43　武汉绿地中心风洞试验现场照片

0.40 kN/m²。用于结构设计的风荷载依据风洞试验的结果进行取值。风洞试验报告提供了每个楼层 X，Y 方向以及扭转风荷载数据，并给出了设计使用的各方向的组合系数，从而在结构设计时考虑塔楼的横风向效应以及扭转风振效应。本工程风洞试验现场如图 8-43 所示[7]。

风洞试验提供的塔楼基底剪力与倾覆力矩如表 8-10 所列。

表 8-10　风洞试验风荷载下塔楼的基底剪力与倾覆力矩

风荷载	V_x/kN	M_y/（kN·m）	V_y/kN	M_x/（kN·m）
100 年一遇风荷载	64 141	21 636 847	61 899	21 600 011
50 年一遇风荷载	56 835	19 172 087	53 894	18 806 684

2. 地震作用

依据抗震审查专家意见，小震、中震和大震反应谱曲线参数为：小震按《建筑抗震设计规范》（GB 50011—2010）和安评报告中加速度最大值取值，放大系数取 2.25，反应谱形状参数按规范和计算的底部总剪力较大者包络设计；中震和大震按规范反应谱取值，但加速度峰值取安评加速度峰值。

可计算得本工程 4% 阻尼比下，小震地震影响系数最大值 $\alpha_{\text{max小震}} = 0.073\,5$，中震 $\alpha_{\text{max中震}} = 0.204$，大震 $\alpha_{\text{max大震}} = 0.368$。

小震、中震及大震的反应谱曲线如图 8-44 所示（均已换算成阻尼比为 4% 的值）。6 s 后反应谱曲线按 6 s 前直线段斜率继续下降。

小震下塔楼基底剪力与倾覆力矩如表 8-11 所列。可以看出，塔楼两个方向的基底剪力与倾覆力矩基本一致。

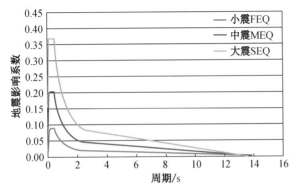

图 8-44　小震、中震及大震的反应谱曲线

表 8-11　多遇地震下塔楼基底剪力与倾覆力矩

地震水准	方向	基底剪力/kN	倾覆力矩/kN
多遇地震	X 向	48 835	11 970 019
	Y 向	49 157	12 022 349

超高层建筑结构设计与工程实践

3. 风洞试验、小震数据比较

塔楼风洞试验百年风、小震下楼层基底剪力和倾覆力矩的比较数据如图 8-45 所示。可以看出，塔楼风荷载基底剪力与倾覆力矩均高于小震，塔楼为风荷载控制。

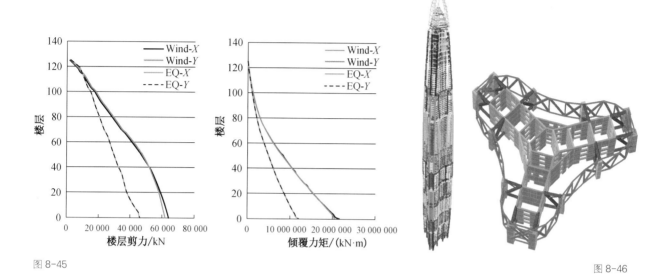

图 8-45

图 8-46

图 8-45 塔楼楼层剪力与倾覆力矩
图 8-46 塔楼主抗侧力体系示意图

8.3.2 塔楼结构体系

8.3.2.1 塔楼抗侧力体系

本项目主楼高度达到 575 m，高宽比也达到 8.5，需要高效的抗侧力体系以保证主楼在风荷载和地震作用下的安全性，以达到预期的性能水平。为此，塔楼设置了双重抗侧力体系。

1. 主要抗侧力体系

塔楼主要抗侧力体系为核心筒-巨柱-外伸臂体系，如图 8-46 所示。塔楼在角部及中部设置 12 根巨柱；在塔楼的 F34～F36 层、F63～F66 层、F97～F99 层以及 F116～F118 层设置 4 道伸臂桁架，连接巨柱与核心筒形成空间抗侧力工作机制。

2. 次级抗侧力体系

(1) 环带桁架（+巨柱）塔楼设置 10 道竖向倾斜及平面为折线形的环带桁架（图 8-47），折线形环带桁架需承受出平面的扭矩。

(2) 柱间支撑（+巨柱）为了提高塔楼（特别是外框）的刚度，提高外框承担的地震剪力比，在底层至 F62 层的每组角部巨柱间布置钢支撑。

(3) 外围钢框架体系（图 8-48）巨柱、重力柱与外框钢边梁刚接以提高外框刚度。

8.3.2.2 塔楼重力体系

塔楼典型办公与酒店楼层的板厚为 125 mm，核心筒内外均采用钢梁和压型钢板组合楼板；典型加强层的楼板厚度为 200 mm 和 150 mm，核心筒内外均采用钢梁和钢筋桁架楼承板。塔楼典型平面如图 8-49 所示。

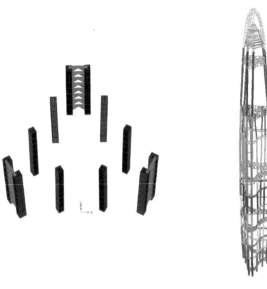

图 8-47

图 8-48

超高层建筑结构设计与工程实践

图 8-47 塔楼环带桁架及柱间支撑示意图

图 8-48 外围钢框架体系

(a) 塔楼低区平面

(b) 中区平面

(c) 高区平面

图 8-49 塔楼典型平面

8.3.3 地基基础设计

塔楼荷载通过核心筒及外围 12 根巨柱传递至桩筏基础（图 8-50）。详勘报告显示微风化细砂岩和微风化砂质泥岩埋深约 50 m（即低于基坑底约 20 m），故须采用桩基础将塔楼重力传至微风化或中风化岩。综合各方面因素，塔楼采用 1 200 mm 直径钻孔灌注桩，持力层采用微风化砂质泥岩（⑥$_{a-3}$层）、中风化砂质泥岩（⑥$_{a-2}$层）、微风化细砂岩（⑥$_{b-3}$层）或中风化细砂岩（⑥$_{b-2}$）。对于砂岩，桩端进入中风化砂岩 $3d \sim 5d$；对于泥岩，桩端宜以微风化泥岩作为持力层，当中风化泥岩较厚时，考虑进入中风化泥岩 $5d \sim 7d$。为了进一步提高桩基承载力及成桩质量，采用桩端后注浆工艺。塔楼采用群桩筏板，筏板厚度为 5 000 mm。根据计算，塔楼最大沉降量约为 43 mm。

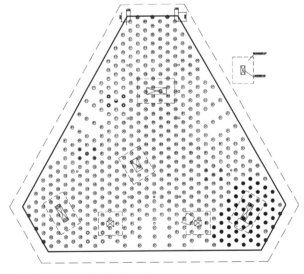

图 8-50 塔楼筏板基础示意图

8.3.4 结构的整体计算分析指标[8]

8.3.4.1 质量与周期

塔楼质量与周期计算结果如表 8-12 和表 8-13 所列。

表 8-12 地震质量（不包括地下室部分）

软件类型	ETABS	PMSAP
重力荷载代表值/t	599 381	600 126

注：单位面积质量 1.86 t/m²。

表 8-13 结构自振周期

软件类型		ETABS		PMSAP	
		周期/s	振型	周期/s	振型
结构基本自振周期	T_1	8.44	X 向	8.58	X 向
	T_2	8.40	Y 向	8.53	Y 向
	T_3	4.49	扭转	5.30	扭转

8.3.4.2 层间位移角

风荷载与小震作用下楼层层间位移角曲线如图 8-51 所示，均小于规范限值，表明结构具有较好的刚度。

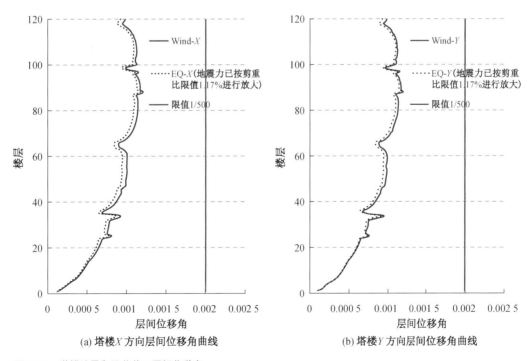

(a) 塔楼 X 方向层间位移角曲线　　　(b) 塔楼 Y 方向层间位移角曲线

图 8-51 塔楼地震和风荷载下层间位移角

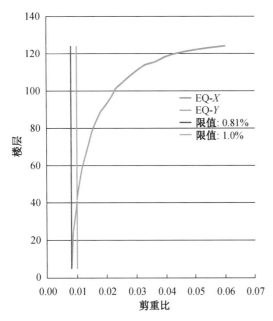

图 8-52 塔楼剪重比计算结果

8.3.4.3 剪重比

塔楼 X, Y 方向剪重比计算结果如图 8-52 所示, 剪重比控制限值 $\lambda = 1.00\%$。其中 X 方向的最小剪重比为 0.81%, Y 方向的剪重比为 0.81%。不满足限值的楼层数两个方向均为 39 层。

8.3.4.4 外框承担的剪力比

塔楼 F63 层楼面以下均在巨柱之间设置了中心支撑。分别统计了纯柱间支撑、不包括柱间支撑的外框以及外框总的框架分担剪力比, 如图 8-53 所示。

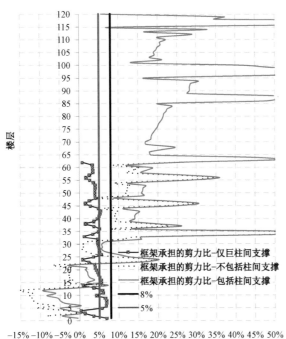

(a) 框架承担的剪力比 (X 方向小震)

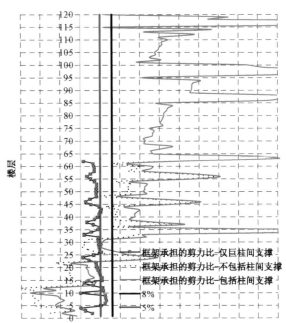

(b) 框架承担的剪力比 (Y 方向小震)

图 8-53 塔楼框架承担的剪力比

塔楼大部分楼层 (F32 层以上) 框架承担的剪力比满足 8% 的要求, 仅底部少数楼层由于巨柱的倾斜方向原因 (塔楼低区为巨柱自底至上向外倾斜) 不满足这一要求, 但在底部楼层增加的中心支撑承担的剪力比约为 5%, 同时在设计中适当提高了底部楼层核心筒墙体的地震剪力。

超高层建筑结构设计与工程实践

8.3.5 塔楼结构设计特点

8.3.5.1 F40层以下巨柱外倾的建筑形态的结构设计对策

塔楼的立面建筑造型为F40层以下巨柱向外倾斜，如图8-54所示，外框剪力分担比较小（底部楼层为负值），与常规设计相比有比较明显的特殊性，结构较不利。结构设计对策如下：

（1）在F66层以下巨柱间设置中心支撑以提高外框剪力分担比，柱间支撑设置如图8-55所示。

（2）为充分发挥外围框架的作用以提高结构刚度，将外围边梁两端改为刚接，加强外框钢梁与重力柱截面。

（3）由于巨柱外倾，外框承担的剪力比较小。针对这一现象，进一步增强了这一部分楼层核心筒剪力墙的抗剪承载力，剪力墙内藏钢板延伸至F40层，如图8-56所示；且F40层以下核心筒剪力墙的设计内力按110%的基底剪力设计。

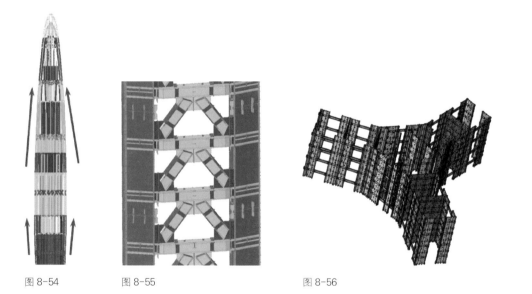

图8-54 巨柱倾斜方向示意图
图8-55 巨柱SC1间支撑
图8-56 剪力墙内藏钢板

图8-54   图8-55   图8-56

8.3.5.2 减少风致响应的建筑形态以及风槽层的设置

塔楼的建筑平面为周边比较平滑的三叶花瓣形，对减少超高层的风致响应有明显的作用；同时，为减少塔楼的横风向响应，塔楼在建筑的F31～F34层楼面、F59～F62层楼面以及F93～F96层楼面的三个角部设置了风槽，风槽的具体设置详见图8-57。

塔楼的风洞试验由RWDI公司完成，如图8-58所示。风洞试验结果与规范标准矩形截面计算值比较表明，在考虑风向效果后，风洞试验顺风向基底剪力为标准矩形截面的88%，横风向基底剪力为标准矩形截面的80%；在考虑顺风向响应与横风向响应的相关性后，由风洞试验得到的风荷载合力约为标准矩形截面基底总剪力的70%[9]。塔楼风荷载相比常规矩形截面的降低非常明显。

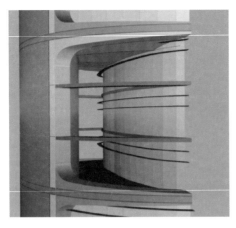

图 8-57

图 8-58

图 8-57 塔楼风
槽层的设置
图 8-58 塔楼风
洞试验

超高层建筑结构设计与工程实践

8.3.5.3 塔冠钢结构设计

塔冠结构复杂的几何形状和受力状况也为塔楼结构设计上的一个重点和难点。塔顶结构位于 F120 层之上，顶部结构高度 61 m，由一个巨型三角形塔冠和一个底边呈三角形的穹拱组成。穹拱三角架在底部与塔冠三角架相连，在 8 m 高度处与塔冠分开形成独立的穹拱。相对于 F120 层，穹拱顶部结构高度 35 m。塔冠结构体系主要由塔冠三角形支架、穹拱三角形支架及幕墙支承构件等部分组成，如图 8-59 所示。

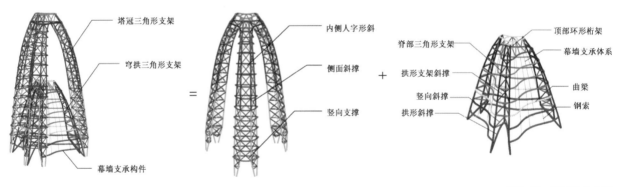

图 8-59　塔冠结构体系

塔冠结构因为建筑形态的需求较多使用曲梁的形式，曲梁在平面内呈曲线形，故支承在曲梁上的幕墙荷载相对曲梁中心存在偏心并由此产生扭矩；同时曲梁的稳定性也需进行专项分析与研究，曲梁的分析与设计为塔冠结构构件设计的难点。

8.3.6　平面折线、 空间倾斜转换桁架受力特点研究

8.3.6.1　设计现状

环带桁架在立面上与巨柱的斜率相同，因此在竖向向内稍微倾斜，倾斜角度为 2°～5°，如图 8-60 所示。另外，为了与建筑平面相配合，环带桁架在平面上呈折线形。因此，在竖向荷载下，环带桁架将受扭。

平面折线形环带桁架立面上也有2°~5°的倾角，
增加了设计的复杂性

图 8-60　平面折线、空间倾斜环带桁架示意图

作用在环带桁架上的出平面扭矩可以转化为作用在环带桁架上、下弦杆的一对水平力组成的力偶。由于环带桁架上、下弦杆与楼面系统相连，所以作用在环带桁架上、下弦杆的水平力可以由楼面系统承担。楼面系统包括压型钢板组合楼板、支撑环带桁架各节点的钢梁和楼面水平斜撑。由于环带桁架在整个结构体系内的重要性，以下各节将分别讨论环带桁架在重力荷载（主要为次结构传递而来）的强度、刚度和稳定性，特别是桁架的抗扭性能。

8.3.6.2　折线形桁架在重力荷载下的扭转

图 8-61、图 8-62 为位于 F97～F99 层楼面间的一层高折线形环带桁架以及作为比较研究的假想直线形桁架。

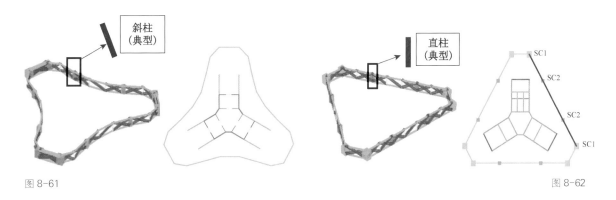

图 8-61

图 8-62

图 8-61　F97～F99 层楼面间实际环带桁架
图 8-62　用作比较研究的假想直线形环带桁架

图 8-63 及图 8-64 分别显示了直线形和折线形桁架上、下弦节点在重力荷载下的位移。荷载组合为 $1.0DL + 1.0LL$，荷载作为点荷载直接作用于环带桁架节点。括号中依次分别是该点在切向（平行于桁架）、法向（垂直于桁架）及 Z 向（竖直方向）的位移，单位符号是 mm。

通过比较可以发现，对于直线形桁架，由于桁架平面为直线形且竖向荷载作用在桁架平面内，因此桁架仅在竖向有较大变形；在切线方向由于桁架受弯表现为上弦的缩短和下弦的伸长；在法线方向的变形为零。相比而言，折线形桁架由于在竖向有一定程度的倾斜，而且同时在平面内也有折角，因此在竖向力的作用下存在较大的出平面位移。

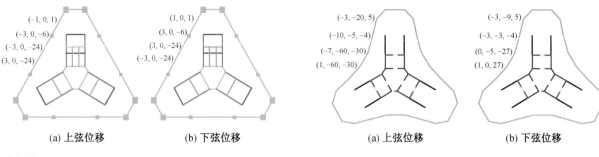

(a) 上弦位移	(b) 下弦位移

图 8-63

(a) 上弦位移	(b) 下弦位移

图 8-64

图 8-63 直线形环带桁架竖向力下位移数据（单位：mm）

图 8-64 折线形环带桁架竖向力下位移数据（单位：mm）

另外，值得注意的是，折线形桁架上、下弦杆同一位置的出平面位移相差较大，为 60 mm。因此折线形环带桁架在没有采取任何加强措施的情况下，平面外的平移刚度和扭转刚度都较低。除了出平面的位移以外，折线形桁架的竖向位移也要略大于直线形桁架。在桁架跨中，直线形桁架的竖向位移为 24 mm，而折线形桁架在相同荷载作用下的竖向位移为 30 mm。

8.3.6.3 楼板平面内的结构构件对环带桁架扭转稳定性的加强

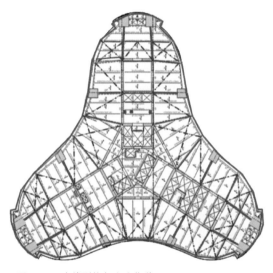

图 8-65 直线形桁架上弦位移

由于环带桁架扭矩的本质等效于上、下弦杆的一对力偶，因此在上、下弦同时布置钢梁是提高环带桁架扭转稳定性的方案。采用三道防线提高折线形环带桁架的抗扭能力，分别为：

（1）在非伸臂桁架层，支撑桁架节点采用 1 000 mm 高钢梁；在伸臂桁架层，支撑桁架节点采用 1 500 mm 高楼面水平桁架；

（2）在桁架节点处采用楼面水平支撑；

（3）桁架上、下弦采用 150 mm 或 200 mm 厚钢筋桁架楼承板。

8.3.6.4 以楼面钢梁为例说明楼板平面内构件对环带桁架扭矩的平衡

图 8-66 所示为当采用楼面梁把环带桁架各节点与核心筒相连后的结构示意图，楼面梁采用 H600×200×10×10。图 8-67 所示为当考虑楼面梁作用时的环带桁架位移。模型中未考虑楼板或楼面支撑的有利作用。

比较图 8-64 和图 8-67 可以看到，在考虑楼面梁的有利作用后，环带桁架的变形急剧下降，最大法向位移从原来的 60 mm 下降为 3 mm；最大扭转位移（上下弦位移差）从原来的 60 mm 减为 5 mm；同时最大竖向位移从原来的 30 mm 减为 15 mm。由此可见，在桁架节点采用楼面梁支撑可以大幅提高环带桁架体系的侧向刚度、抗扭刚度和竖向刚度。增大水平斜撑的构件尺寸，则环带桁架位移可进一步减小，最终施工图设计的楼面钢梁高度为 1 000 mm。

图 8-66

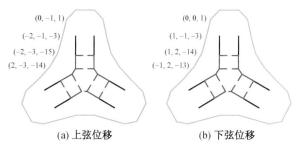

	(0, −1, 1)			(0, 0, 1)
(−2, −1, −3)			(1, −1, −3)	
(−2, −3, −15)			(1, 2, −14)	
(2, −3, −14)			(−1, 2, −13)	

(a) 上弦位移   (b) 下弦位移

图 8-67

图 8-66 提高折线形环带桁架抗扭稳定性策略——设置楼面钢梁

图 8-67 仅设置楼面钢梁的环桁架竖向力下位移数值（单位：mm）

8.3.7 主要图纸及施工照片

8.3.7.1 施工图片

武汉绿地中心主塔楼标准层结构平面图如图 8-68 所示。

巨柱间支撑节点三维模型如图 8-69 所示；环带桁架与巨柱连接典型节点如图 8-70 所示；环带桁架立重力柱节点如图 8-71 所示；伸臂桁架节点如图 8-72 所示。

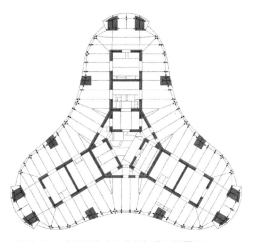

图 8-68 武汉绿地中心典型标准层平面图

图 8-69 武汉绿地中心角部巨柱间支撑节点三维模型

图 8-70 武汉绿地中心环桁架与巨柱连接节点三维模型

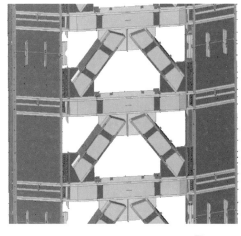

图 8-69   图 8-70

图 8-71

图 8-72

图 8-71 环带桁
架与重力柱连接
节点三维模型
图 8-72 伸臂桁
架三维模型

8.4 上海环球金融中心

8.4.1 工程概况

上海环球金融中心[10,11]位于上海陆家嘴金融贸易区（图 8-73）。此建筑为多功能的摩天大楼，主要用作办公室用途，但也有一些楼层用作包括商贸、宾馆、观光、展览、零售和其他公共设施。主楼地上 101 层，地下 3 层，地面以上高度为 492 m，裙房为地上 4 层，高度约为 15.8 m，整个建筑总面积约为 350 000 m²，其中主楼建筑面积为 252 935 m²，裙房面积 33 370 m²，地下室面积为 63 751 m²。工程的结构设计基准期为 50 年，主楼的安全等级为一级，抗震设防烈度为 7 度，场地特征周期为 0.9 s，基本地震加速度为 0.1g，建筑场地土类别为 Ⅳ 类，抗震设防类别为乙类，设计地震分组为第一组。

工程建筑设计为美国 KPF （Kohn Pedersen Fox Associates） 建筑师事务所，结构设计为美国赖思里·罗伯逊联合股份有限公司 （Leslie E. Robertson Associates），设计监理与审编为森大厦株式会社一级建筑士事务所 （ Mori Building Architects & Engineers）。华东建筑设计研究院有限公司为设计顾问单位并完成施工图的设计工作。入江三宅设计事务所和构造计画研究所株式会社及建筑设备设计研究所株式会社为设计协作单位。

图 8-73 上海环球金融中心全景

8.4.2 结构体系与布置

本工程主楼采用钢管桩加筏板的基础形式，其中主楼核心筒区域采用 $\phi700\times18$ 的钢管桩，有效桩长为 59.85 m，承载力特征值为 5 750 kN；主楼核心筒以外区域采用 $\phi700\times15$ 的钢管桩，有效长度为 41.35 m，承载力特征值为 4 250 kN，裙房部分采用 $\phi700\times11$ 的钢管桩，有效桩长为 29.35 m，承载力特征值为 3 700 kN。主楼区域范围内底板厚度为 4.0~4.5 m，其余范围底板厚度为 2.0 m。

工程上部结构同时采用以下三重抗侧力结构体系（图 8-74）：①由巨型柱（主要的结构柱）、巨型斜撑（主要的斜撑）和周边带状桁架构成的巨型结构框架；②钢筋混凝土核心筒（79 层以上为带混凝土端墙的钢支撑核心筒）；③联系核心筒和巨型结构柱之间的外伸臂桁架。

以上三个体系共同承担了由风和地震引起的倾覆弯矩。前两个体系承担了由风和地震引起的剪力。

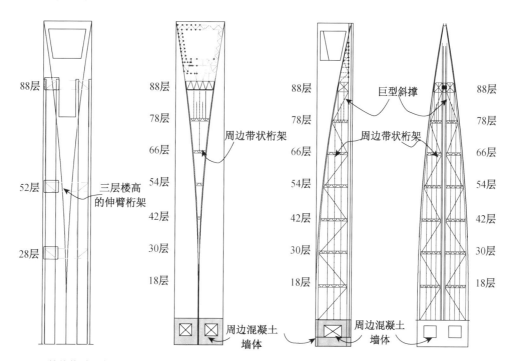

图 8-74　结构体系示意图

混凝土核心筒外周墙体的厚度由下部 1 600 mm 变化至上部的 500 mm，墙、柱混凝土强度等级最高为 C60，巨型斜撑及外伸臂桁架的构件尺寸见表 8-14、表 8-15。

标准办公层及酒店层楼面采用普通混凝土与压型钢板组成的组合楼盖，全厚 156 mm（其中压型钢板部分厚 76 mm，混凝土厚 80 mm）。压型钢板仅用作模板使用，故不做防火喷涂。周边带状桁架下弦所在楼层采用 10 mm 的钢板加 190 mm 厚的混凝土板进行加强，设计中考虑了钢梁与混凝土楼板的组合作用。

建筑结构体系有如下一些特点：

（1）巨型柱、巨型斜撑、周边带状桁架构成的巨型结构具有很大的抗侧力刚度，在建筑物的底部外周的巨型桁架筒体承担了 60% 以上的倾覆力矩和 30%~40% 的剪力，而且与框筒结构相比，避免了剪力滞后的效应，也适当减轻了建筑结构的自重。

表 8-14 巨型斜撑构件的钢板尺寸

楼层	TF/mm	D/mm	图示
F88~F98	20~60	800	
F78~F88	40~80	1 000	
F66~F78	80~100	1 000	
F54~F66	60~100	1 200	
F42~F54	80~100	1 200	
F18~F42	60~100	1 400	
F6~F18	50~80	1 600	

图示：(20, TF/4)中的较大值；栓钉φ19×100@250；内填C40混凝土；(单位：mm)

表 8-15　伸臂桁架的构件尺寸

楼层	弦杆		斜杆		图示
	TF/mm	D/mm	TF/mm	D/mm	
F88~F91	60	600	60	800	
F52~F55	50	1 000	90	800	
F28~F31	50	1 000	90	800	

图示：(20, TF/4)中的较大值；(单位：mm)

(2) 外伸臂桁架在结构中所起的作用较常规的框架-核心筒结构或框筒结构已大为减少，使得采用非贯穿核心筒体的外伸臂桁架成为可能。

(3) 位于建筑角部的巨型柱可起到抵抗来自风和地震作用的最佳效果，型钢混凝土的截面可提供巨型构件需要的高承载力，也能方便与钢结构构件的连接，同时使巨型柱与核心筒竖向变形差异的控制更为容易。

(4) 巨型斜撑采用的内灌混凝土的焊接箱形截面，不仅增加了结构的刚度和阻尼，而且也能防止斜撑构件钢板的屈曲。

(5) 每隔12层的一层高的周边带状桁架不仅是巨型结构的组成部分，同时也将荷载从周边小柱传递至巨型柱，也解决了周边相邻柱子之间竖向变形差异的问题。

8.4.3　地基基础设计

该工程地下3层，埋深为-20 m，为减少主楼外框筒与内框筒之间的沉降差，设计考虑在外框筒下设承力墙，并将该承力墙与内筒的承力墙连接在一起，形成一个刚度极大的井字形空间墙体。

本场地位于长江支流黄浦江的一个河湾附近，场地地势平坦，自然地面标高高于海平线 3.3 m 和 4 m 左右。上海地区土壤为全新世、上更新世及中更新世冲积、三角洲沉积、海岸积土及浅海洋沉积土。花岗岩位于本场地下大约 275 m 处。

该工程的桩设计采用打入式钢管桩（平面图如图 8-75 所示），桩径 700 mm，壁厚 11～18 mm，桩尖的绝对标高分别为 -78 m，-59 m，-43 m。塔楼基础采用厚度约为 4.5 m 的底板，基础底板支撑于现有的桩基之上。

地下室的永久周边墙采用厚度约为 1 m 的地下连续墙。地下连续墙的设计能承受施工及正常使用状态的荷载。此外，地下连续墙也被设计用于有效地减少流入场地的地下水。施工阶段期间，地下连续墙由地下层的楼板以及施工临时支撑或经深层钻孔桩加固的土体共同支撑。在正常使用状态下，地下连续墙是由地下层楼板所支撑。

地下水位于地面以下约 500 mm 处。在挖掘施工过程中会进行降水，但本工程项目不设永久的降水系统。因此，B3 层的底板设计能承受地下水造成的静水压力。

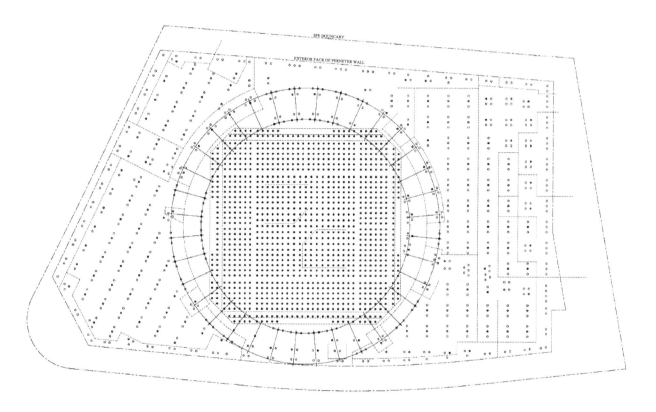

桩标志	桩直径 x 壁厚度（材料类型）	桩底标高	桩数目
●	P-700x18（SKK490）	GL-78000	225
¤	P-200x15（SKK490）	GL-59000	952
○	P-700x11（SKK490）	GL-47000	752
▲H₃	桩反应力		
■H₂	静态荷载试验桩		

图 8-75　桩平面图

8.4.4 整体结构计算分析指标

1. 计算原则

建筑整体结构分析采用了多个三维结构分析程序，包括 CSI 公司的 ETABS（版本 8.0）和 SAP2000（版本 8.0）、中国建筑科学研究院的 SATWE 程序及韩国 MIDAS 公司的 MIDAS/Gen 程序。对结构中较复杂的部分，除了整体结构的分析外，亦以独立模型分析作为补充，例如塔楼顶部、核心筒墙体转换和外伸臂桁架的分析。另外，亦对重要构件和节点进行详细的三维有限元分析。

根据抗震审查意见的要求，在抗震设计中，进行了 7 度设防烈度地震（地面加速度峰值为 $0.1g$）和罕遇地震（地面加速度峰值为 $0.22g$）的弹性时程分析，也考虑了深层软土地基长周期对高柔建筑的影响。另外，附加的弹性时程分析被用来确定建筑物中相对较为薄弱的构件，并与静力推覆分析的结果进行对比。表 8-16 列出了不同地震水平下构件强度校核时对荷载分项系数、构件内力放大系数及材料安全系数的考虑。

表 8-16　不同地震荷载作用下构件强度校核时分项系数的考虑

地震	常遇地震 $(0.035g)$	常遇地震长周期振型反应 $(0.05g)$	基本烈度地震 $(0.1g)$	罕遇地震 $(0.22g)$
荷载系数	考虑	考虑	考虑	不考虑
构件内力放大系数	考虑	考虑	不考虑	不考虑
材料安全系数	考虑	考虑	考虑	不考虑

2. 计算模型

整体计算中钢结构和混凝土梁、柱及斜撑假定为框架单元，而核心筒则假定为壳单元。在 ETABS, SATWE 和 SAP2000 分析中都考虑了 P-Δ 效应和扭转效应，而且考虑了风荷载及地震作用的最不利方向。为提高计算的效率及避免不必要的复杂细节，采用的计算机模型对结构进行了适当的简化。

(1) 模型只模拟抗侧力体系，对大楼整体侧向反应影响较小部分的如楼面梁则被省略。

(2) 在 ETABS 和 SAP2000 模型中，核心筒以外楼板的平面刚度采用了等效的楼面桁架来模拟（类似弹性楼板）。在估算平面等效桁架的构件尺寸时，考虑了由于混凝土楼板开裂所引起对楼板平面刚度的减小，楼板估算刚度的大小对周边桁架及外伸臂桁架所在楼层杆件的内力会产生较大的影响。

对埋置混凝土中的钢结构构件，诸如核心筒周边桁架等，由于计算机难以准确地模拟内力在混凝土和钢结构之间的传递，故此这些埋置的钢结构构件采用计算机整体模型得出的荷载，再以独立的钢结构模型进行分析。

3. 计算结果

(1) 整体分析结果，见表 8-17。

(2) 静力弹塑性的分析结果

罕遇地震作用下，性能控制点对应的建筑顶点位移 X 方向为 1.85 m，Y 方向为 2.14 m，最大层间位移角 X 方向为 1/217，出现在 F69 层，Y 方向为 1/183，出现在 F71 层，均小于规范规定的 1/120 的要求。

塑性铰出现的顺序为：底部核心筒的弯曲铰—周边带状桁架下部巨型斜撑的轴向铰—核心筒的剪切铰—巨型柱的塑性铰。上述结果表明，在罕遇地震下，结构有较好的防倒塌能力，也具有足够的延性。

表 8-17　结构整体分析的主要计算结果

软件		ETABS 模型	SATWE 模型	SAP2000 模型	MIDAS/GEN 模型
周期/s	T_1	6.52	6.24	6.62	6.33
	T_2	6.34	5.93	6.47	6.00
	T_3	2.55	2.17	2.52	2.20
	T_4	2.09	1.84	2.14	1.96
	T_5	1.99	1.72	2.00	1.90
最大层间位移角 （100年重现期风荷载）	X	1/581	1/526	1/559	1/560
	Y	1/901	1/870	1/877	1/880

4. 试验工作

1）整体结构振动台试验

由于上海环球金融中心结构体系的复杂性，以及高度与体型超限，根据抗震专项审查意见的要求，业主委托同济大学土木工程防灾国家重点实验室进行了比例为1:50的整体模拟地震振动台试验。试验按照7度多遇、7度基本烈度、7度罕遇及8度罕遇不同的加速度水平进行试验。试验结果表明，结构在7度多遇及7度基本烈度下基本处于弹性状态，最大层间位移角为1/539及1/707；在7度罕遇地震下，结构出现较小的开裂，最大层间位移角为1/127及1/151，原型结构能够满足我国规范"小震不坏、大震不倒"的要求；在8度罕遇地震下，A型巨型柱的尖角部位出现压碎的现象，底部周边小柱有压屈的现象，但模型完整性良好，前几阶自振频率与7度罕遇相比仅有20%左右的下降，说明结构仍具有较大的抗震潜力。

2）重要部位的节点试验

鉴于本工程节点连接的复杂性和重要性，选择了受力最为复杂的连接巨型柱与巨型斜撑及周边桁架弦杆的钢骨钢筋混凝土节点进行试验研究（图8-76），以考察节点在罕遇地震下节点是否进入塑性及对进入塑性的程度进行判断，试件的比例为1:7。试验结果表明，在7度罕遇地震作用下，该节点基本保持弹性，在上述荷载水平下，按照弹性计算是可行的，在1.33倍7度罕遇地震下，节点内仅有个别点应变发生少量超屈服应变，由

图 8-76　节点试验照片

于在实际设计中节点区域的钢板强度等级较杆件提高一个等级，故节点还可期望有更大的保持弹性的能力，因而具有更大的安全度。

3) 风洞试验

工程委托加拿大西安大略边界层风洞试验室进行了高频测力天平、建筑表面常态及动态的压力试验、风环境的分析测试及气弹试验。根据《上海环球金融中心风工程技术论证会意见》的要求，设计中考虑了下列荷载：

(1) 正常使用状态设计：100 年一遇的风荷载（风速为 43.7 m/s），阻尼比为 2%，选用将来周边环境设定。

(2) 结构强度设计：200 年一遇的风荷载（风速为 46.3 m/s），阻尼比为 2.5%，选用将来周边环境设定。

此外，在进行构件的强度设计时，风荷载乘以 1.1 的放大系数。

8.4.5 结构设计特点、关键技术应用

1. 内核心筒的转换

由于受到建筑平面的限制，大楼的内核心筒在 F57～F61 层及 F79 层进行了转换，F57～F61 层核心筒的转换通过上部核心筒倒插三层的方式解决，同时对搭接部位楼层的楼板厚度进行了加强（图 8-77），考虑到这些楼板受力的复杂性，根据有限元分析的结果，在这些部位楼板底部设置了 10 mm 厚的钢板。为改善筒体的延性，在平面形状变化的角部设置了型钢柱及边缘约束构件并延伸至搭接层以下至少 12 层。F79 层核心筒的转换通过从埋置于上部核心筒延伸至中部核心筒的钢柱完成，另一个次要的荷载传递途径为通过支承在中部核心筒之上的上部核心筒两端的混凝土墙体。上部核心筒之中的钢结构柱子延伸至中部核心筒至少 12 层，以确保竖向荷载得以完全传递（图 8-78）。

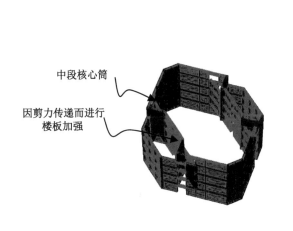

中段核心筒

因剪力传递而进行楼板加强

图 8-77

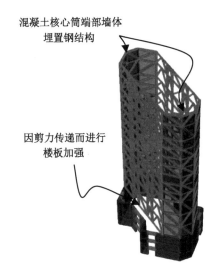

混凝土核心筒端部墙体埋置钢结构

因剪力传递而进行楼板加强

图 8-78

2. 非穿过式外伸臂桁架的设计

由于建筑布局的限制，要使外伸桁架直接通过核心筒是不可行的。然而埋置在核心筒体周边墙体中的三层高的桁架与外伸臂桁架的连接可以提供传力途径，从而形成一个完整的体系（图 8-79），尽管该外伸臂桁架的效率较贯通式有所降低。埋置在核心筒角部的外伸臂桁架的柱子上下延伸，贯穿整个筒体高度以改善其连续性。

图 8-77 F57～F61 层核心筒转换示意图

图 8-78 F79 层核心转换示意图

外伸臂桁架的上、下弦杆与巨型结构均有连接，以增加结构的冗余度。为了减小由于筒体和巨型结构之间不同沉降引起的应力，外伸桁架的斜撑和巨型柱子之间的连接延迟至整体结构完成后进行。为了提供多重传力途径，外伸桁架的上、下弦所在楼层的楼板均进行了加强。采用此方法，即使周边桁架受到破坏，外伸臂桁架的结构作用仍能继续发挥。

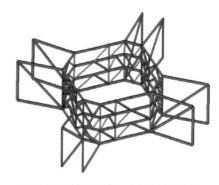

图 8-79　外伸臂桁架与内筒连接示意图

3. 独特的构件截面形式及节点处理

工程巨型柱、周边桁架及巨型斜撑均采用了焊接箱形截面，截面由两块竖向翼缘板和两块水平连接腹板组成。翼缘板的设计使其能承受节点处的所有设计荷载。为此，所有节点连接可仅通过翼缘板平面内相连接，箱形截面的腹板不与节点连接，而是在腹板上留了所示的切口，这样大大简化了巨型结构的节点连接，连接处的几何关系也非常简单，这些连接部位可视为是单层的钢板，被切割成钢桁架的形状，连接处的焊缝不会出现横向应力，此外，该种连接方式施工更为简便，质量也易于保证。图 8-80、图 8-81 为巨形斜撑和巨型箱形截面柱的典型连接详图。

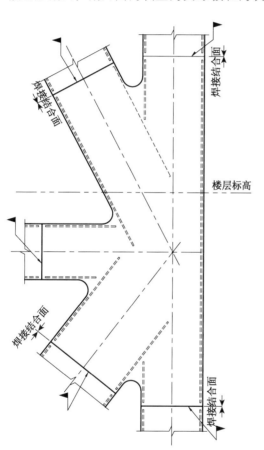

图 8-80

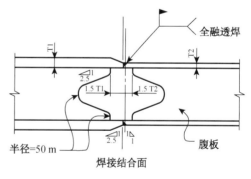

图 8-81

图 8-80　巨型斜撑和巨型柱的连接详图
图 8-81　箱形截面连接示意图

4. 带状桁架与周边斜撑的设计

带状桁架的设计使其能够承受避难层之间周边柱子传来的全部重力荷载。尽管如此，巨型斜撑也同时被设计用以承受周边柱子传来的部分重力荷载。此设计意图为结构提供多重内力传递途径及增加结构的冗余度（图 8-82）。

周边柱子的设计也考虑了巨型斜撑不存在的情况。同样，此设计意图为结构提供多重内力传递途径。周边柱子的设计也考虑了任何一根周边柱或一道带状桁架失效的情况。冗余度的增加也大大加强了结构在偶然荷载作用下的防倒塌能力。

本工程每隔 12 层设置了一道周边带状桁架，尽管周边带状桁架及周边柱子单独均

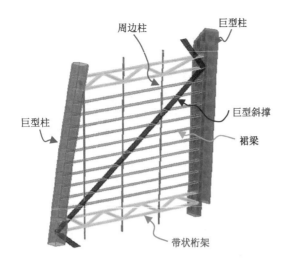

图 8-82 周边带状桁架与周边小柱及巨型斜撑示意图

足以承受 12 层楼层的荷载，但如果在施工中周边柱子上端与上部带状桁架马上固定，随着上部楼层荷载的增加，会使周边桁架产生变形，进而在下部的周边柱子中产生附加的内力，严重时可使底部小柱产生屈曲，整体振动台试验的结果也证实了这点，为此，考虑施工中周边柱子上端与上部带状桁架采用长圆孔临时固定，待上部周边桁架在竖向荷载作用下的变形基本完成后再永久固定。该处理方法将竖向荷载作用下周边带状桁架与周边柱子受力的相互影响降至最小。

5. 顶部钢结构的设计

大楼顶部的钢结构（图 8-83）采用了空间桁架结构体系，其不仅是为了满足建筑外形的需要，而且起着将整个巨型结构连接在一起的重要作用。因此设计时除建立整体模型中采用 ETABS 进行整体计算外，还采用 MIDAS/GEN 及 SAP2000 对上部钢结构进行了单独验算。为减少建筑物顶部的加速度，在 90 层设置了两个各 300 t 的有动力制震装置（VPE，见图 8-84），该装置主要用于减小正常使用状态下大楼顶部的晃动，并可根据大楼顶部晃动的幅值及加速度决定采用静止、有动力、无动力或锁止的状态。经初步分析，采用制震装置后，在风速 26.3 m/s 时，大楼顶点的加速度可减少至 65%。构件设计中角部及有可能两向受力的主要构架采用了箱形截面，而一般的平面桁架采用了节点连接处仅腹板相连的箱形截面以方便连接，楼层平面梁主要采用 H 型钢，对于许多根杆件相交的节点采用了铸钢件。设计中还考虑了施工方案对构件受力的影响，对局部的构件进行了必要的加强。为保证高空施工的质量，构件的连接尽可能采用高强螺栓连接。

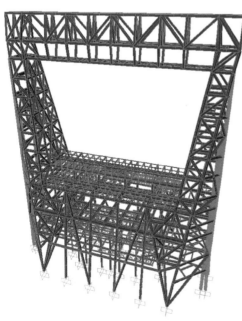

图 8-83

图 8-84

超高层建筑结构设计与工程实践

图 8-83 顶部钢结构
图 8-84 减震装置模型图片

8.4.6 主要图纸

本工程主要图纸如图8-85~图8-96所示。

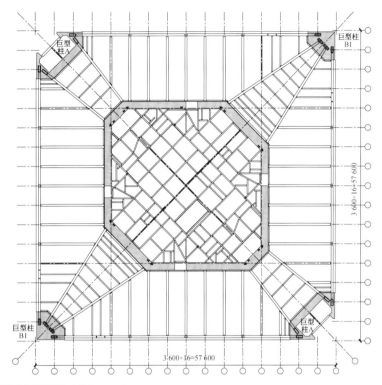

图 8-85 下部标准层平面图（单位：mm）

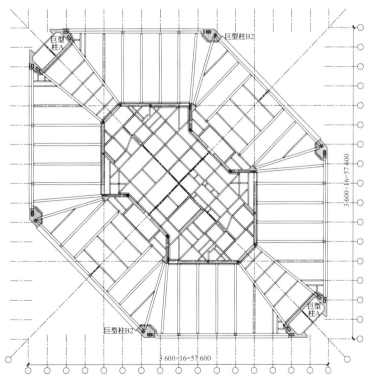

图 8-86 中部标准层平面图（单位：mm）

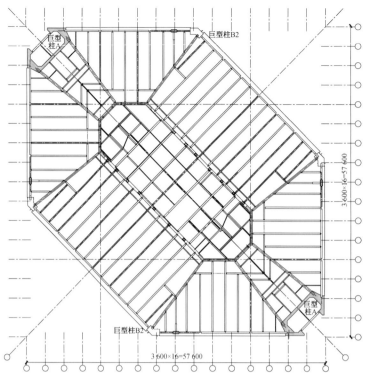

图 8-87　上部标准层平面图（单位：mm）

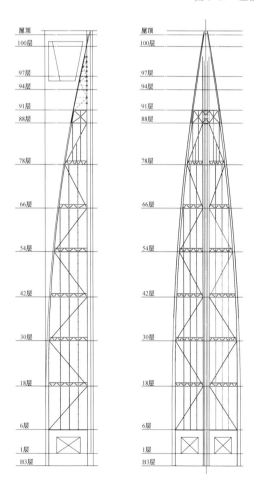

图 8-88　立 面 图

超高层建筑结构设计与工程实践

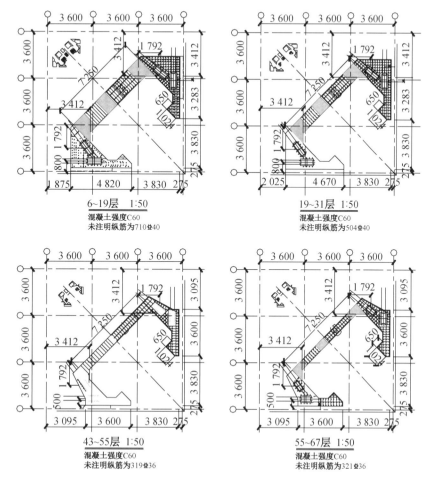

6~19层 1:50
混凝土强度C60
未注明纵筋为710⊈40

19~31层 1:50
混凝土强度C60
未注明纵筋为504⊈40

43~55层 1:50
混凝土强度C60
未注明纵筋为319⊈36

55~67层 1:50
混凝土强度C60
未注明纵筋为321⊈36

图 8-89 巨型柱 A 截面详图 (单位: mm)

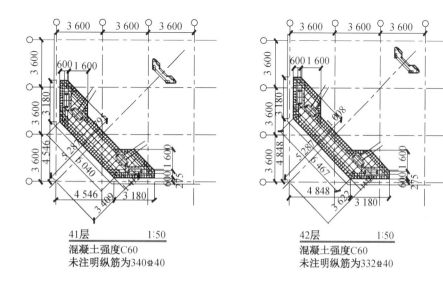

41层 1:50
混凝土强度C60
未注明纵筋为340⊈40

42层 1:50
混凝土强度C60
未注明纵筋为332⊈40

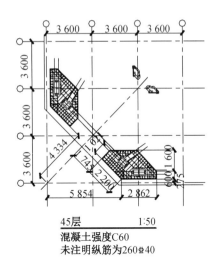

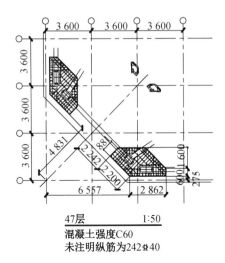

45层　　　　　　1:50
混凝土强度C60
未注明纵筋为260Φ40

47层　　　　　　1:50
混凝土强度C60
未注明纵筋为242Φ40

图 8-90　巨型柱 B 截面详图（单位：mm）

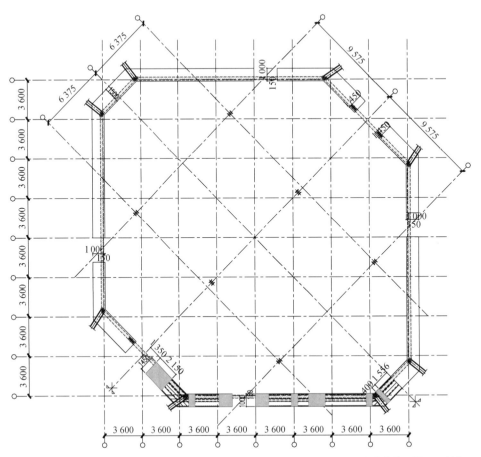

图 8-91　下部剪力墙平面图（单位：mm）

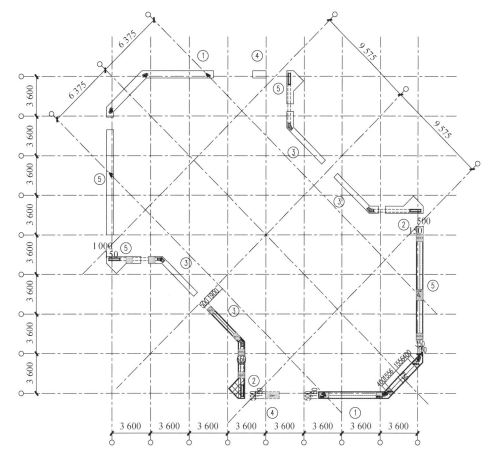

图 8-92　上部剪力墙平面图（单位：mm）

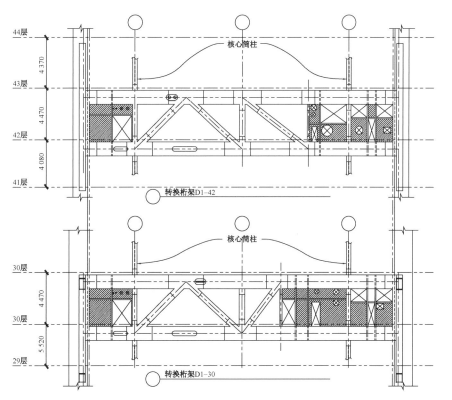

图 8-93　核心筒内部转换桁架典型详图（单位：mm）

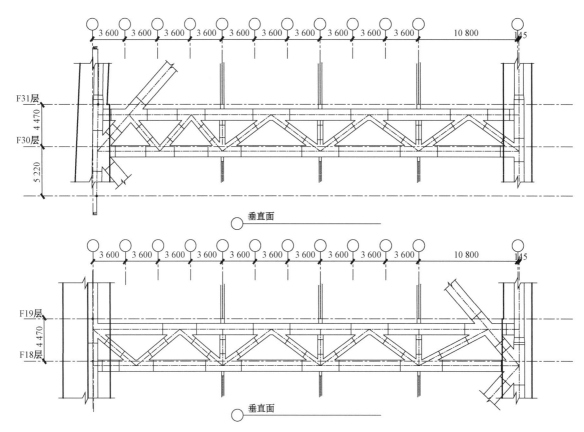

图 8-94 周边带状桁架典型详图 (单位: mm)

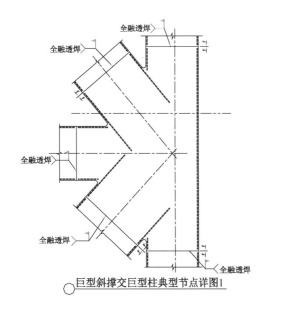

巨型斜撑交巨型柱典型节点详图1

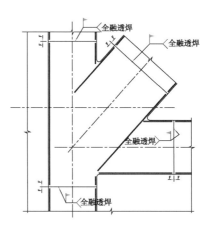

巨型斜撑交巨型柱典型节点详图2

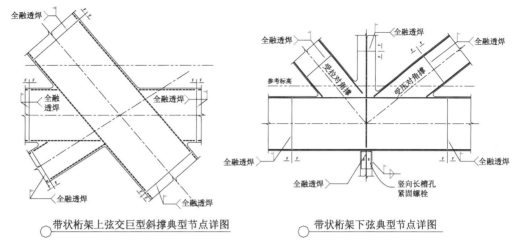

全融透焊 | 全融透焊 | 全融透焊 | 全融透焊
全融透焊 | 全融透焊 | 全融透焊

○ 带状桁架上弦交巨型斜撑典型节点详图　　　○ 带状桁架下弦典型节点详图

图 8-95　典型节点详图

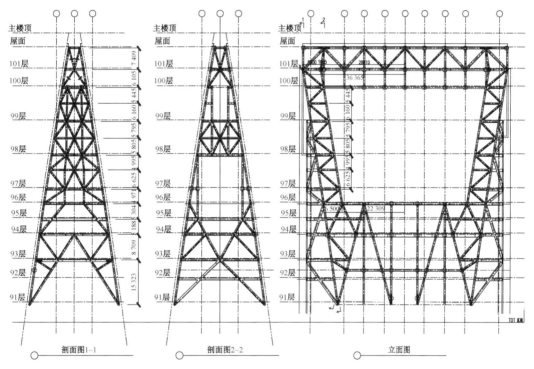

○ 剖面图1-1　　　○ 剖面图2-2　　　○ 立面图

图 8-96　顶部钢结构立面图及剖面图（单位：mm）

8.5　天津周大福金融中心

8.5.1　工程概况

天津周大福金融中心项目位于天津市经济技术开发区内，总建筑面积约 39 万 m²，地上部分由塔楼和裙楼两部分组成，塔楼集办公、服务式公寓和酒店等功能于一体，建筑面积约 25.2 万 m²，97 层，大屋面高度约 443 m，核心筒伸至约 471.15 m，塔楼顶冠钢结构高约 50 m，建筑总高度为 530 m，结构体系为带陡斜撑和带状桁架的钢管（型钢）混凝土框架-钢筋混凝土核心筒结构。裙房建筑面积约 4 万 m²。地上裙房与塔楼之间设结构抗震缝。地下室共 4 层，埋深约 23.3 m，地下室结构不设缝，主要功能为停车库、设备用房及 6 级人防。建筑总平面图如图 8-101 所示，建筑效果图及剖面如图 8-102 所示。

塔楼外立面轮廓凸显了结构竖向抗侧力骨架，陡斜撑（巨型斜柱）沿着建筑外轮廓脊线蜿蜒上升，将角柱、边柱、外框架联系在一起，共同受力，提高了外框的抗侧刚度。立面从底到顶逐渐收小，各层平面呈圆角，减小了风荷载。

本工程抗震设防烈度 7 度（0.15g），Ⅳ 类场地，根据审查专家建议，特征周期按抗规要求根据场地等效剪切波速和覆盖土层厚度插值得到，取值 $T_g = 0.65$ s，经比较按规范取值和按安评取值下的基底剪力，地震动参数按规范取值。50 年一遇基本风压 0.55 kN/m²，用于位移设计，100 年一遇基本风压 0.65 kN/m²，用于承载力设计，B 类地面粗糙度。英国 BMT 实验室完成风洞试验，华南理工大学完成验证试验，初步设计和施工图按照风洞试验结果进行设计。

本工程方案设计由美国 SOM（Skidmore, Owings & Merrill LLP）公司完成，华东建筑设计研究院有限公司负责咨询；裙楼初步设计和抗震审查由华东建筑设计研究院有限公司独立完成，塔楼初步设计和抗震审查由 SOM 和华东建筑设计研究院有限公司共同完成。基坑围护分别由上海建工集团和中国建筑一局（集团）有限公司完成，桩基施工由中国建筑第三工程局有限公司完成，基坑开挖由中国铁建股份有限公司完成，基础底板、地下室及上部结构施工总包由中国建筑第八工程局有限公司负责。已于 2016 年 12 月结构封顶，计划于 2019 年 12 月竣工投入使用。

8.5.2 上部结构体系与布置

塔楼的结构体系为带陡斜撑和带状桁架的钢管（型钢）混凝土框架 + 钢筋混凝土核心筒结构。外框由角柱、陡斜撑（斜柱）和普通边框柱组成。塔楼立面设置 3 道环带桁架，第一道设置在中部 L48M～L51 层，同时也实现下部办公区 9 m 柱距到上部公寓和酒店区 4.5 m 柱距的转换，下部（办公区）框架柱为钢管混凝土柱（CFT），上部（公寓和酒店区）框架柱为劲性混凝土柱（SRC）。其余两道环带桁架设置在 L71～L73 层和 L88～L89 层设备层，在核心筒顶部（471.15～481.15 m）设置一道帽桁架来提高顶部结构的刚度。底部加强区和中部加强区的核心筒采用设置钢板和型钢的组合剪力墙以提高核心筒的延性。外围框架梁为钢梁，楼板采用压型钢板组合楼板。

8.5.2.1 竖向抗侧力构件

塔楼核心筒主要由内外两圈剪力墙组成，采用 C60 混凝土，底层外圈墙厚 1.5 m，随高度逐渐收进减薄，L44 层外圈墙全部收掉。内圈墙厚从底到顶均为 0.8 m。为满足轴压比限值和抗剪要求，在 B2～L23 层和 L44～L54 层外圈墙分别采用内藏 30 mm 和 25 mm 的 Q390C 钢板组合剪力墙，以提高核心筒底部和中部加强区的延性。

塔楼外框组成如图 8-103、图 8-104 所示。下部办公层为钢管混凝土柱，内灌 C80 高强混凝土的钢管混凝土柱，以减小底部构件截面尺寸，直径 1 200～2 300 mm，管壁 25～50 mm 不等；在 L53～L89 层采用 C60 型钢混凝土方柱，截面边长 1 100～1 200 mm，内置型钢，含钢率 4%～5%。L89 层以上外框为 1 000 mm×1 000 mm 或直径 1 000 mm 的纯钢管柱，壁厚 20～30 mm 不等。

8.5.2.2 楼面承重体系

在办公、公寓和酒店主要标准层，楼面采用由 125 mm 厚压型钢板组合楼板，核心筒内则采用 150 mm 钢筋混凝土板。在设备层、避难层和加强层，筒外楼板采用 225 mm 厚压型钢板组合楼板，筒内采用 225 mm 钢筋混凝土板。塔楼典型楼层平面如图 8-105 所示。

8.5.3 地基基础及地下室结构设计

8.5.3.1 地基基础设计

本工程采用桩筏基础。裙房区域底板厚度为 1.4 m（局部柱下为 1.9 m），桩基采用直径 800 mm、桩长 30 m 的钻孔灌注桩。

塔楼区域筏板采用 C50 混凝土，厚度为 5 500 mm，外框边柱下筏板减薄至 5 m。采用大直径超长钻孔灌注桩，桩径 1 000 mm，为提高桩基承载能力和减小沉降，采用桩端、桩侧复式后注浆技术。桩身混凝土设计强度 C45，桩端持力层为⑭₄粉砂层，桩端埋深 97.5 m，有效桩长 71.2 m，单桩承载力特征值为 12 700 kN。通过华东建筑设计研究总院 PWMI 程序计算分析，得到核心筒底沉降变形最大值为 115 mm（图 8-106）。

8.5.3.2 地下室结构设计

本工程地下 4 层，主要功能为人防、车库、商业以及配套设备用房。地下室外墙采用 1 000 mm 厚两墙合一的地下连续墙，混凝土强度等级 C40。除塔楼区域外，底板至 B2 层基本柱网为 6 m×11 m，B2 层以上基本柱网为 12 m×11 m。采用框架体系，柱网内设置双向井格梁。为加强对塔楼的约束，分别对 B1 层和首层的塔楼及周边几跨范围内的楼板加厚。

8.5.4 整体结构计算分析

8.5.4.1 风洞试验

初步设计和施工图按照风洞试验结果进行设计。根据 BMT 的风洞试验报告，10 年回归周期的顶部加速度，测试结果接近 0.075 m/s²，1 年回归周期的顶部加速度，测试结果接近 0.037 m/s²，满足中国规范以及国际通用标准的要求。

8.5.4.2 整体计算指标和主要分析结果[12]

1. 塔楼小震分析结果

塔楼采用 PKPM2010 SATWE 模块进行小震和中震分析，并用 ETABS 软件进行校核计算。考虑扭转耦联，采用反应谱法进行抗震分析，计算时考虑前 45 个振型数，周期折减系数 0.8，分别考虑了偶然偏心、双向地震扭转效应和 P-Delt 效应的影响。在多遇地震下的弹性分析时，阻尼比取 0.04，罕遇地震下的弹塑性时程分析时，阻尼比取 0.05。小震下结构的主要计算结果如表 8-18 所示。

2. 水平地震力调整

1）关于剪重比的内力调整

根据《建筑抗震设计规范》（GB 50011—2010）第5.2.5条，本塔 X 向和 Y 向底部剪重比略小于规范限值。因塔楼基本周期处于反应谱的位移控制段，依据规范条文，各楼层剪力放大系数通过底部的剪力系数的差值 $\Delta\lambda_0$ 计算得到。

2）关于外框剪力分配和调整系数

按多道防线的概念设计要求，为保证作为第二道防线的框架具有一定的抗侧能力，设计过程中对外框承担的剪力予以适当调整。经过计算分析，除下部少数楼层外，外框承担的地震剪力百分比大于10%，但小于底部总剪力的20%。按规范要求，外框剪力按结构底部总剪力标准值的20%和框架部分楼层地震剪力标准值最大值的1.5倍这二者的较小值来调整。

3）弹性时程分析的放大系数

根据7组时程分析结果，发现结构高阵型影响和鞭梢效应比较明显，结构上部楼层剪力时程分析结果大于反应谱结果，故对反应谱结果进行相应放大，并进行构件设计。

表8-18　塔楼整体计算主要计算结果

主要参数		数　值	备　注
总重量		5 018 280.85 kN	
基本周期	T_1	8.3 s	接近45°方向平动
	T_2	8.02 s	接近135°方向平动
	T_3	3.65 s	扭转
	T_4	2.76 s	X 向平动
	T_5	2.66 s	Y 向平动
	T_6	1.5 s	扭转
底部总剪力（地震作用）	X 向	86 073 kN	剪重比 1.72%
	Y 向	87 963 kN	剪重比 1.75%
底部总剪力（100年风荷载）	X 向	52 436 kN	
	Y 向	48 098 kN	
底部总弯矩（地震作用）	X 向	18 590 000 kN·m	
	Y 向	18 560 000 kN·m	
底部总弯矩（100年风荷载）	X 向	14 960 000 kN·m	
	Y 向	13 470 000 kN·m	
层间位移（地震作用）	X 向	1/500	45°方向，80层
	Y 向	1/502	135°方向，80层
层间位移（50年风荷载）	X 向	1/629	81层
	Y 向	1/640	81层
顶点位移（地震作用）	X 向	545.3 mm（1/815）	94层大屋面处
	Y 向	537.6 mm（1/827）	94层大屋面处
顶点位移（50年风荷载）	X 向	467.5 mm（1/951）	94层大屋面处
	Y 向	456.7 mm（1/973）	94层大屋面处

3. 大震弹塑性动力时程分析基本结果

初步设计阶段，采用 ABAQUS 进行结构大震弹塑性动力时程分析。施工图阶段采用 LS-DYNA 进行了结构大震弹塑性动力时程的补充分析。弹塑性分析时考虑结构几何非线性影响，即重力二阶效应。

1）总体分析结果

大震弹塑性动力时程分析结果显示，7 条地震波的平均基底剪力分别为 411 740 kN（X 向）和 424 687 kN（Y 向），相应的剪重比分别为 7.9%（X 向）和 8.2%（Y 向）。X 向和 Y 向的平均顶点位移分别为 2 020 mm 和 1 937 mm，相应的位移角分别为 1/217 和 1/227；在各地震工况下，X 向和 Y 向的最大层间位移角之平均值分别为 1/100 和 1/102。

2）外框的抗震性能评价

经过大震弹塑性动力时程分析发现，框架柱总体处于弹性范围，但 F29～F32 楼层的部分斜柱和边柱汇合处出现塑性，顶层靠近带状桁架处的框架柱普遍出现塑性，框架柱轴压比和轴拉比总体不高，个别斜柱和边柱的轴压比相对较高，最大瞬时轴压比接近 0.97。个别斜柱和角柱的轴拉比相对较高，最大瞬时轴拉比接近 0.92。根据以上大震弹塑性动力时程分析结果，施工图设计阶段对轴压比和轴拉比相对较高的局部外框架斜柱、边柱及角柱进行了管壁加强，壁厚增大约 10%。

8.5.5 结构设计特点、关键技术应用

在本工程中我们利用支撑框架概念，结合建筑立面体型，沿建筑的立面脊线设置陡斜撑，不设伸臂桁架，而结合带状桁架、帽桁架、抗弯框架组成一种特殊的支撑结构体系——带陡斜撑（或斜柱）的框架-核心筒超高层组合结构体系。本体系的特点是在外框中设置了陡斜撑（斜柱），陡斜撑（斜柱）介于框架柱与常规支撑之间，角度比较陡，为 70°～80°，从底层角柱开始倾斜向上，与普通边柱相交、合并、分开或再相交，将外框角柱、普通边柱联系起来，提高外框的抗侧刚度，使得外框承担的地震剪力达到了底部总剪力的 10%。同时，结合带状桁架，提高外围抗侧力体系的整体性。

陡斜撑的布置方式，是借用偏心支撑的概念，在中部区域的支撑不交叉，与中间段水平框架梁、竖直的边柱形成延性支撑框架[13]。陡斜撑与边柱渐近相交，使得其水平分力可在尽可能多的楼层框架梁内传递。在塔楼底部，陡斜撑与角柱平缓合并，使得陡斜撑中的力可通过多个楼层传递。由于陡斜撑倾角比较陡峭，这意味着它们需要同时考虑承担重力荷载，从而提高整个承重体系的效率并能抵消一部分在地震作用下产生的拉力。陡斜撑的设置使得外框的功能介于斜撑体系和框架体系之间，兼具了斜撑体系在小震中的刚度优势和框架体系在大震中的延性优势。

8.5.5.1 考虑地下室侧向水土压力影响的核心筒抗剪设计

本工程地下室轮廓尺度为 171 m×185 m，对于此类大尺度基坑地下室而言，楼板无限刚的假定适用性有限；同时，塔楼偏置于地下室东南角，因塔楼核心筒刚度远远大于周边普通框架，在靠近地下室外墙一侧的水土压力，因传力路径短，很快传递到塔楼核心筒上（如图 8-97 的东侧和南侧），而距离塔楼较远一侧的水土压力（如图 8-97 的西侧

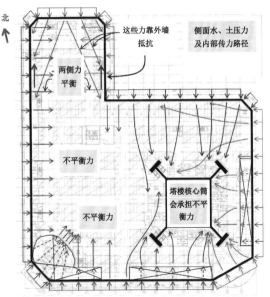

和北侧），因传力路径远，通过梁板的轴向压缩变形和框架柱弯曲变形，逐渐消耗掉这一侧的大部分水土压力，这样导致核心筒承担了不平衡的水土压力（图8-98）。地下室核心筒设计时应考虑侧向水土压力与地震剪力的叠加。

本工程地下室核心筒剪力墙抗剪承载力验算过程中，考虑了中震荷载作用下与侧向水土压力作用下传递到核心筒上的剪力的叠加，以 X 向为例，水土压力引起的核心筒剪力最大可达到中震作用下相应楼层核心筒剪力的27%。

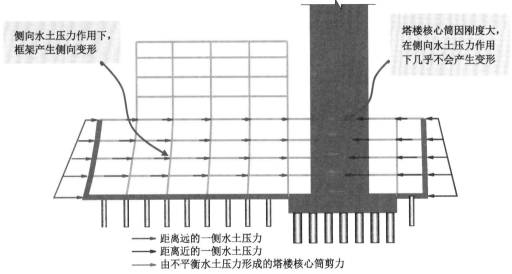

图8-98　地下室侧向水土压力作用的立面示意

8.5.5.2　考虑轴力影响的外围框架梁及楼层梁设计

1. 外围框架梁

对于一般框架-核心筒结构来说，外框架柱为竖直柱或统一斜率的斜柱，外框梁和连接外框与核心筒的楼层梁主要为受弯构件，构件轴力没有或者非常小。而本工程因为建筑的曲面造型，在下部楼层存在外鼓，且因为陡斜撑、角柱和边柱在立面上的斜率不断变化，实际加工为空间折线，在竖向荷载作用下，在陡斜撑、边柱和角柱的内力产生一个水平分量，依靠在外框架梁和连接外框与核心筒的楼层梁中的轴力来平衡，其效果类似环箍效应及空间拱效应（图8-99、图8-100）。

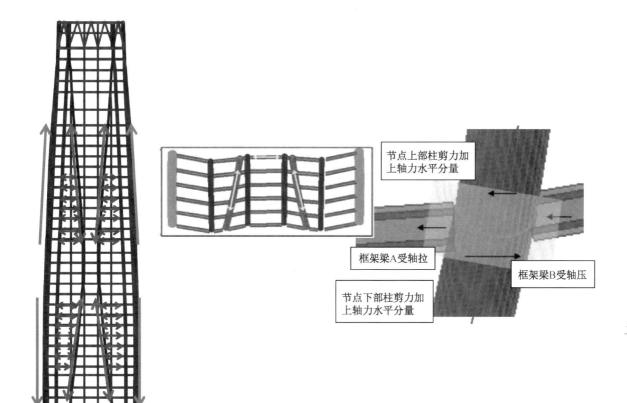

节点上部柱剪力加
上轴力水平分量

框架梁A受轴拉

框架梁B受轴压

节点下部柱剪力加
上轴力水平分量

图 8-99　外框梁轴力计算简图

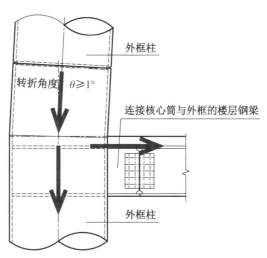

外框柱

转折角度　$\theta \geqslant 1°$

连接核心筒与外框的楼层钢梁

外框柱

图 8-100　外框与核心筒之间的楼层梁轴力计算简图

　　考虑到计算模型中，由于楼板的有利作用使得楼层梁承担的轴力可能比实际受力小，偏不安全，因此，我们对模型中楼板刚度取为 0，从中得出竖向荷载作用下的梁内轴力。

由于陡斜撑在平行框架方向和垂直于框架方向都有倾斜，陡斜撑的轴力水平分量在两个方向都存在。在框架梁截面验算时，将竖向荷载引起的轴力叠加上中震下的框架梁内力，对其进行验算。

2. 连接外框与核心筒的楼层梁

类似外围框架梁，由于塔楼下部楼层外鼓的曲面造型，且外框柱实际为空间折线，如图 8-100 所示，在竖向荷载作用下就会产生一个水平分量，并在楼面梁中被平衡。楼面梁腹板按照其全部承受小震和风工况下的轴力包络值进行设计，楼面梁与外框柱之间的连接节点和螺栓按照中震下的包络值进行设计。螺栓的计算采用自编的验算表格进行设计，综合考虑了剪力、轴力以及螺栓群的附加偏心距影响。

8.5.5.3　典型连接节点设计

1. 钢管混凝土边柱-钢梁连接节点

办公区楼层外框边柱的柱边距离外围楼板边最小仅 200 mm 左右，钢梁与钢管混凝土柱连接时，无法采用满足规范要求的外环板连接形式[14]，而内隔板式连接节点又影响管内混凝土的浇灌质量，故采用内、外加劲环相结合的方式，外环板尽可能做到楼板边，外环板厚度则按照与钢梁翼缘等面积的方式进行换算，内环板则设置 100 mm 宽用于加强管内混凝土与管壁的内力传递。因钢管混凝土边柱管壁厚度较薄，窄外环板的板厚远大于管壁厚度的 1.2 倍，故外环板与柱管壁间的焊缝采用部分熔透的非常规接头（图 8-107）。为考察此节点的传力特性，验证结构设计中的数值计算结果，保证结构安全性，华东建筑设计研究院有限公司联合同济大学、中国建筑第八工程局有限公司对带窄外环板的钢梁—钢管混凝土柱节点进行了 1∶2.5 的缩尺模型试验。试验结果表明当柱边距过小或柱壁受限制不能全熔透施焊时，适当减小外环板宽度，仍具有较好的延性和耗能能力。此类节点可以应用于高烈度区高层建筑的抗震设计，但应控制轴压比，防止不利的破坏模式[15]。

2. L17～L21 层陡斜撑钢管混凝土柱节点

本工程外框陡斜撑在立面上不断变化，从底层与角柱相交上部多次与边柱交汇。其中 L17～L21 层陡斜撑连接节点，陡斜撑与边柱中心线空间上交叉，不共面，交叉处形成一个巨型"X"节点，节点由异形椭圆形钢管混凝土组合柱过渡为两根直径不一的圆钢管混凝土柱，内部布置了多道纵横向加劲板以保证内力的传递。其余各层的陡斜撑连接节点构造与 L17～L21 层类似，L17～L21 层陡斜撑连接节点详见图 8-108。

因为该节点构造复杂，为保证节点具有足够的强度和刚度，对该交叉节点的受力性能进行理论及试验分析，华东建筑设计研究院有限公司也联合同济大学、中国建筑第八工程局有限公司对斜交钢管混凝土柱节点进行了 1∶4 的缩尺模型试验。试验结果表明，其承载力满足设计要求和达到性能目标，节点设计符合"强节点、弱构件"的设计原则，构造合理，安全可靠，同时建议加强钢管内部的纵向及环向加劲肋的尺寸及焊接位置的施工质量；在实际浇筑混凝土的过程中注意振捣，以免钢管根部产生空腔[16]。

8.5.6 主要图纸

本工程主要图纸如图 8-101～图 8-112 所示。

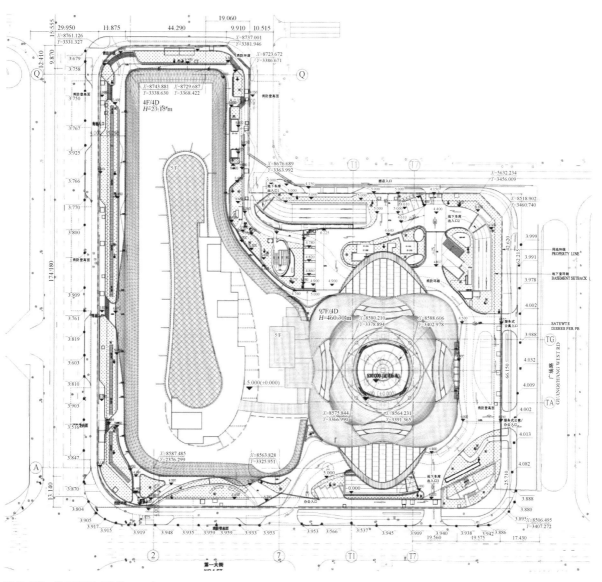

图 8-101 总平面图 (单位: mm)

超高层建筑结构设计与工程实践

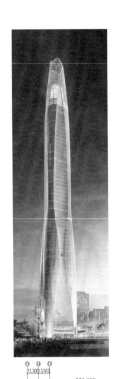

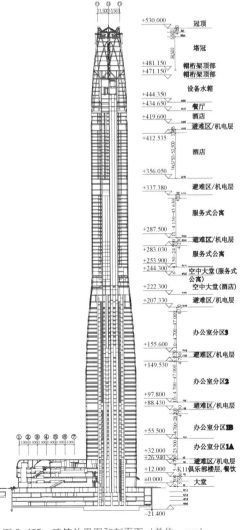

图 8-102　建筑效果图和剖面图（单位：mm）

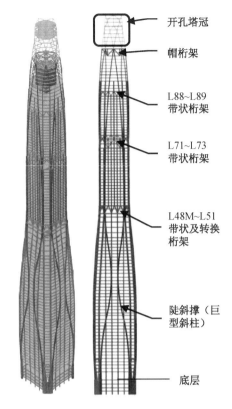

图 8-103　塔楼计算模型及立面简图

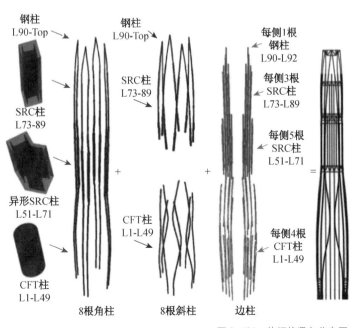

图 8-104　外框柱竖向分布图

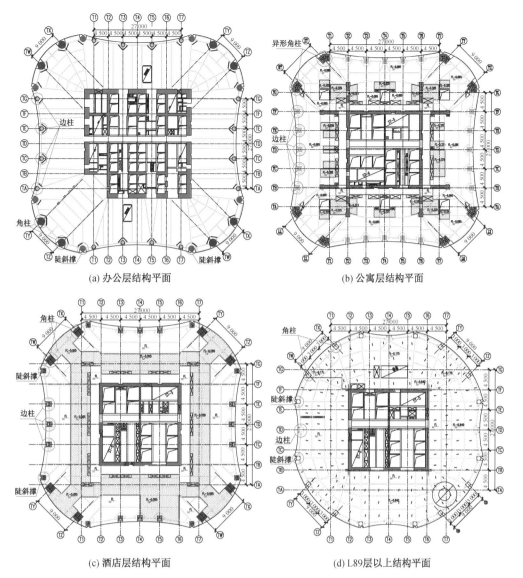

(a) 办公层结构平面

(b) 公寓层结构平面

(c) 酒店层结构平面

(d) L89层以上结构平面

图 8-105 典型标准层结构平面图（单位：mm）

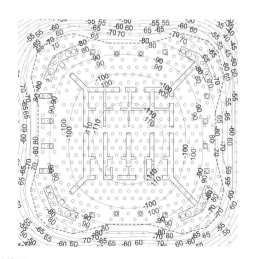

图 8-106 塔楼区域沉降等值线图

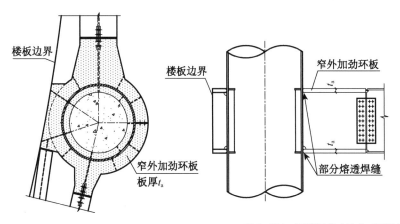

图 8-107 钢管混凝土边柱-钢梁连接节点详图

超高层建筑结构设计与工程实践

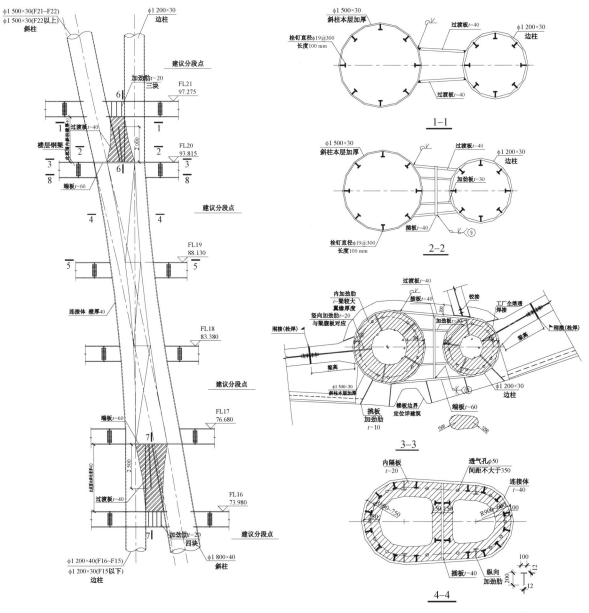

图 8-108 L17~L21 层陡斜撑连接节点

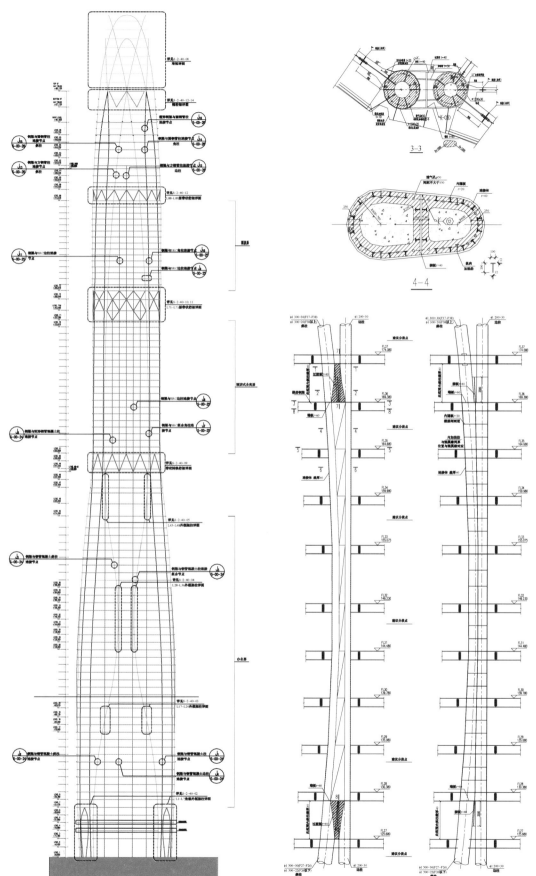

图 8-109 外围
钢框架立面图
图 8-110 L28～
L36 层陡斜撑连
接节点

图 8-109

图 8-110

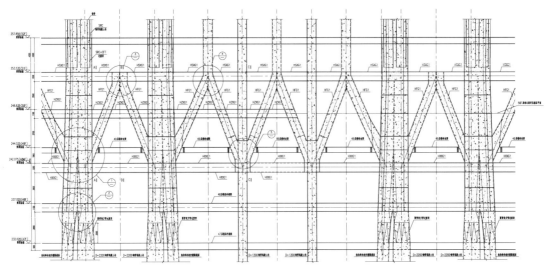

(a) 塔楼L48M~L51层带状转换桁架详图

超高层建筑结构设计与工程实践

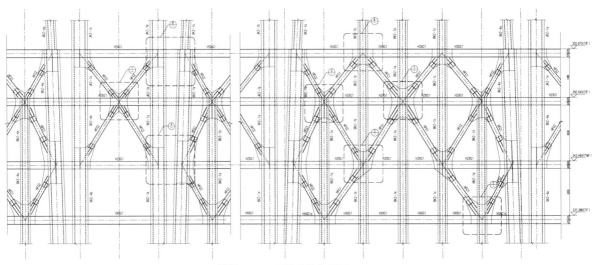

(b) 塔楼F71~F73层带状桁架详图

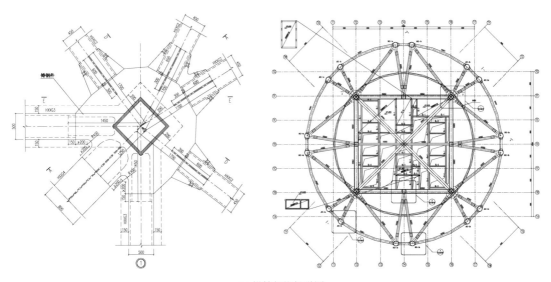

(c) 塔楼帽桁架详图

图8-111 塔楼桁架详图

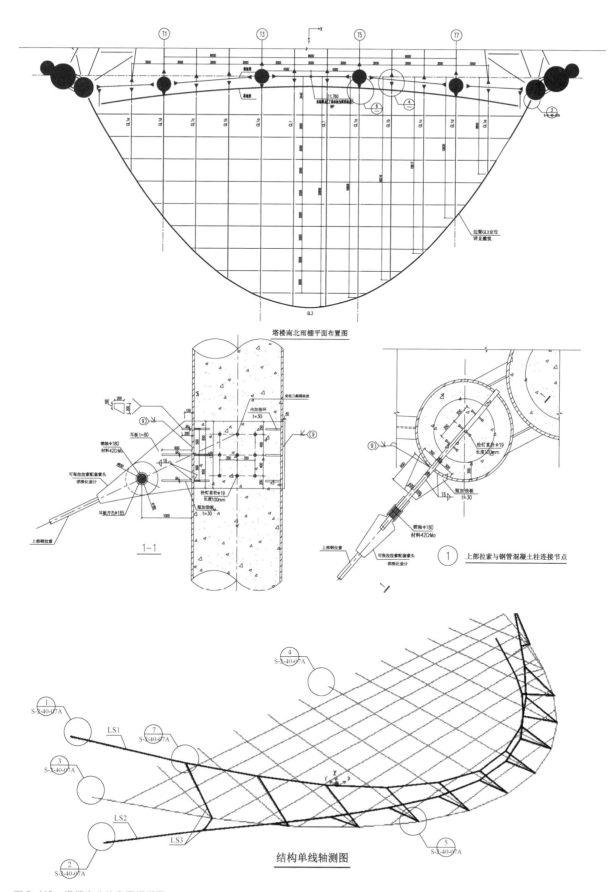

塔楼南北雨棚平面布置图

1-1

① 上部拉索与钢管混凝土柱连接节点

结构单线轴测图

图 8-112　塔楼南北拉索雨棚详图

8.6 天津高银金融 117 大厦

8.6.1 工程概况

天津高银金融 117 大厦[17, 18, 24]位于天津市高青区，近邻天津高铁南站，为天津市高新区软件和服务外包基地综合配套区——中央商务区一期的重要建筑单体（图 8-113）。塔楼首层至 93 层将用作甲级写字楼，94 层至顶层将用作豪华商务酒店。塔楼共 117 层（不含部分夹层），建筑高度约 597 m，结构高度为 597 m。塔楼总建筑面积约 37 万 m²。塔楼平面为正方形，楼层平面随着斜外立面渐渐变小，塔楼首层平面尺寸约 65 m×65 m，渐变至顶层时平面尺寸约 45 m×45 m，高宽比 9.7，是目前国内高地震烈度区最细长的超高层建筑之一。

图 8-113 中央商务区一期全貌

塔楼结构初步设计由奥雅纳（ARUP）完成，结构施工图设计由华东建筑设计研究院有限公司负责完成。

现场试桩及桩基工程于 2008 年启动，2010 年年底开始基础底板施工，至 2016 年主体结构基本封顶。

主要结构设计参数如下：

结构设计基准期：50 年；

结构设计使用年限：50 年（耐久性 100 年）；

建筑结构安全等级：一级；

建筑抗震设防分类：乙类；

地基基础设计等级：甲级；

基础设计安全等级：一级；

抗震设防烈度：7 度；

抗震措施：8 度；

设计基本地震加速度峰值：0.15g；

场地类别：Ⅲ类；

50 年一遇的基本风压：$\omega_0 = 0.5 \ \text{kN/m}^2$；

地面粗糙度类别：B 类。

8.6.2 上部结构体系与布置

1. 抗侧力结构

塔楼抗侧力结构主要由外部巨型支撑筒、巨型框架及内部核心筒组成。巨型支撑筒由 4 根位于建筑平面角部巨柱及巨柱之间的交叉斜撑组成；巨型框架由巨柱及巨柱之间的环带桁架组成；核心筒由剪力墙及其之间的连梁组成；如图 8-114 所示。

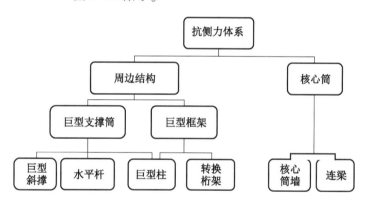

图 8-114　抗侧力结构组成

2. 竖向承重结构

塔楼竖向承重结构主要由外部巨型框架、次框架及内部核心筒组成。巨型框架由巨柱及巨柱之间的环带桁架组成；次框架由次柱及次柱之间的边梁组成；核心筒由剪力墙及其之间的连梁组成；如图 8-115 所示。

3. 楼盖结构

塔楼核心筒内外楼盖结构均采用钢梁上铺压型钢板组合楼板的组合楼盖形式，标准层核心筒外楼板厚度 120 mm，核心筒内楼板厚度 150 mm。

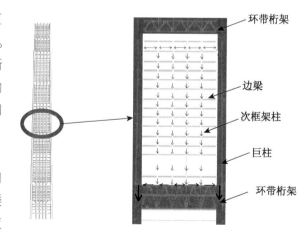

图 8-115　次框架结构示意图

4. 主要构件截面尺寸

巨柱采用异形钢管混凝土柱的形式，从下至上分为 9 个截面，其中底部巨柱最大截面面积约 45 m²，沿高度方向逐渐收缩至顶部截面积约 5.4 m²。巨柱截面示意如图 8-116 所示。

图示	编号	分布范围	面积/m²	平面构造示意图	配钢率/%	主要钢板厚度（非节点区）	配筋率/%	混凝土强度
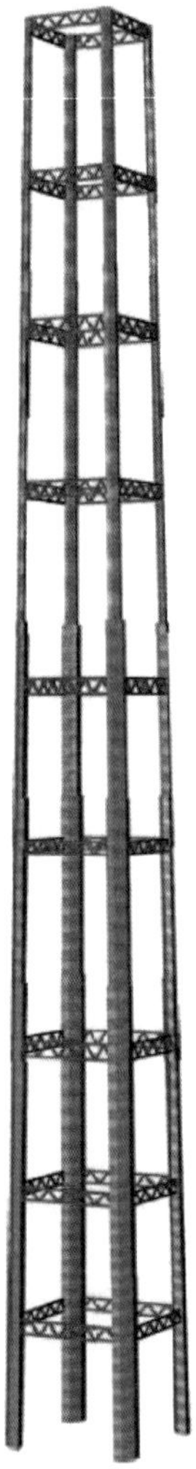	MC9	L108～L116M	54	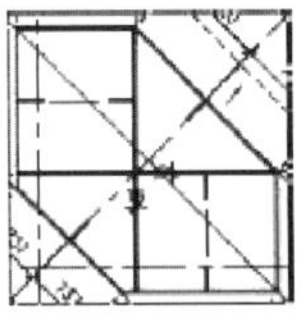	6	30		
	MC8	L97～L108	11	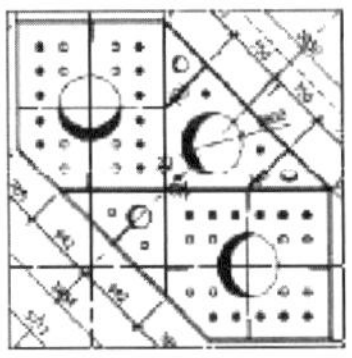	5	30	0.5	C50
	MC7	L81～L97				30		
	MC6	L66～L81	18		4.5	30		
	MC5	L50～L66	27			30		C60
	MC4	L35～L50	36		4	40	0.8	
	MC3	L21～L35	41			40		C70
	MC2	L9～L21	45	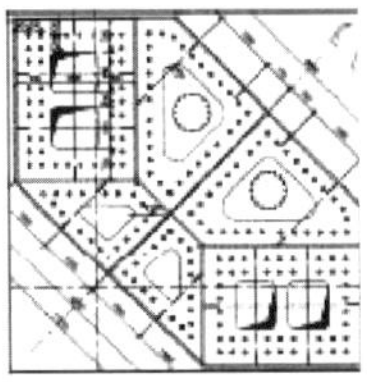	6	40		
	MC1	B1～L9				60		

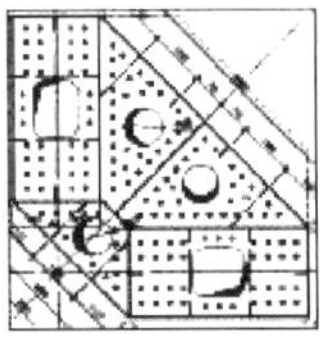

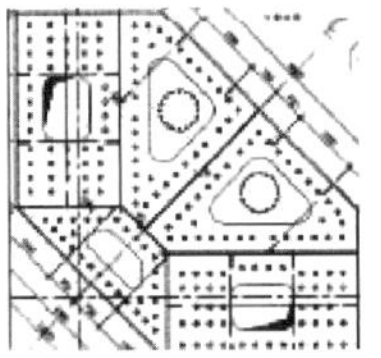

图 8-116　巨柱截面示意图

环带桁架主要起承受次框架传递的竖向荷载作用，结合设备层及建筑避难层每隔
10～15 层设置，其高度为一层高或两层高，其截面形式主要为箱形截面。

374
超高层建筑结构设计与工程实践

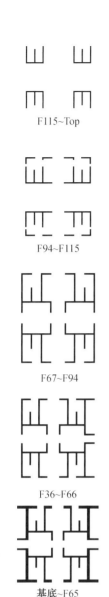

图 8-118　核心筒平面布置示意图

巨型支撑采用箱形截面的形式，在楼面标高处与楼板通过特殊构造连接，在基本不承受楼面竖向荷载的同时，楼面结构提供巨型支撑水平约束刚度，以减小巨型支撑的计算长度，如图 8-117 所示。

核心筒主要采用钢筋混凝土剪力墙的形式，底部剪力墙最大厚度为 1 400 mm，并且内嵌钢板，以解决轴压比问题，其平面布置如图 8-118 所示。

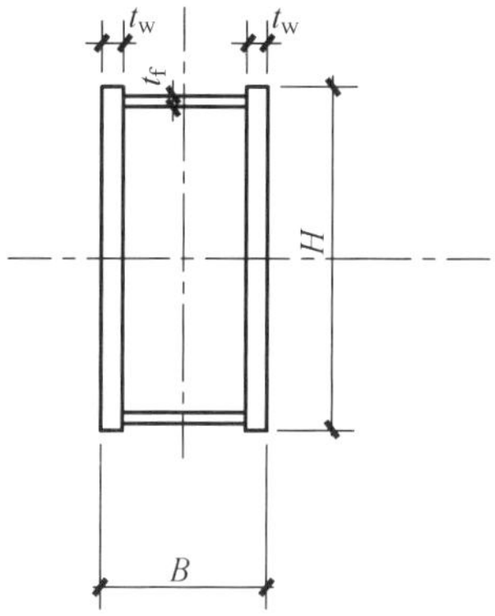

8.6.3　地基基础设计

1. 水文地质条件

本项目建造地点为天津，天津地区土层有明显的粉砂、粉质黏土、粉土互层的特点，属软土地基，且常年地下水位较高。

2. 试桩工程

由于场地存在地下承压水，桩基础必须靠近地面处施工，加上持力层 10-5 层/12-1 层的埋置深度较深，有效桩长 76 m/96 m 的桩基入土深度达到 100 m/120 m。当地超长钻孔灌注桩的应用较少，所以对施工工艺要求较高。为此进行了两组桩径为 1 m 的破坏性试桩（共 8 根），目的是取得更具体的桩基设计与施工参数，从而确定最终桩基方案，试桩参数如表 8-19 所列。

图 8-117　巨型支撑典型截面示意图

表 8-19　破坏性试桩方案

试桩方案	试桩数	持力层	注　浆	试桩最大加载/kN
第一组	S1/S2	10-5	桩底＋桩侧	42 000
	S3/S4	12-1	桩底＋桩侧	42 000
第一组	S1/S2	10-5	桩底＋桩侧	42 000
	S3/S4	10-5	桩底	42 000/39 000

从试桩结果来看，除第二组试桩 S4 号桩在单桩竖向抗压静载试验第二循环中压至 39 000 kN 时发生破坏外，其余试桩均压至最大荷载 42 000 kN 且未发生破坏。

3. 基础设计

根据试桩结果，工程桩采用了桩径为 1 m 和 76 m 有效桩长、桩底＋桩侧联合注浆的桩基形式。由于单桩承载能力为桩身强度控制，单桩承载能力特征值取为 16 500 kN。总桩数为 941 根。

本工程基础筏板厚度为 6.5 m。采用 C50 混凝土（考虑 90 d 混凝土后期强

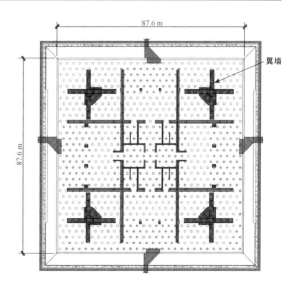

图 8-119　基础平面布置示意图[25]

度)。基础设计中部分考虑了翼墙及上部结构的共同作用。

基础筏板中心点最大预估沉降约为 140 mm，基础平面布置如图 8-119 所示。

8.6.4 整体结构计算分析指标

1. 总质量

塔楼（含两侧部分裙房）基底以上总质量为 81.5 万 t，其中大部分为结构构件自重，结构质量分布如图 8-120 所示。

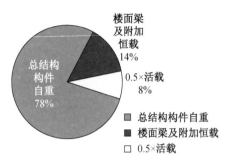

表 8-20 结构自振周期表

自振周期	周期/s	振型方向
T_1	9.25	X
T_2	9.13	Y
T_3	3.57	扭转

图 8-120 结构质量分布示意图

2. 周期振型

结构自振周期如表 8-20 所列，其中第一、第二周期对应 X，Y 向平动振型，第三周期对应扭转振型。

3. 层剪力与倾覆弯矩

结构在风荷载及地震作用下的层剪力及层倾覆弯矩如图 8-121 所示，小震基底剪力

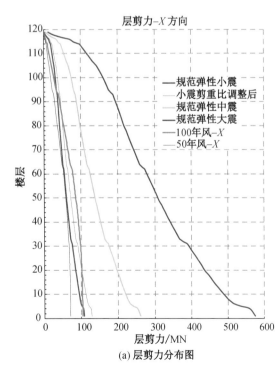

(a) 层剪力分布图

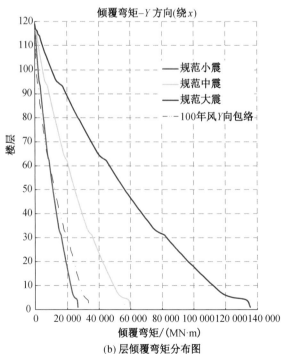

(b) 层倾覆弯矩分布图

图 8-121 层剪力、层倾覆弯矩分布图

与风荷载最大基底剪力基本相当，小震基底倾覆弯矩约为风荷载最大基底倾覆弯矩的65%。

4. 剪重比

计算结果表明塔楼最小剪重比约0.015（图8-122），小震下剪重比地震剪力放大倍数将根据底部实际剪重比与限值0.018，进行全楼整体放大。

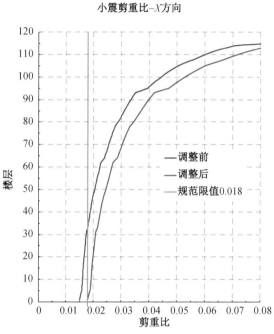

小震剪重比-X方向

图 8-122

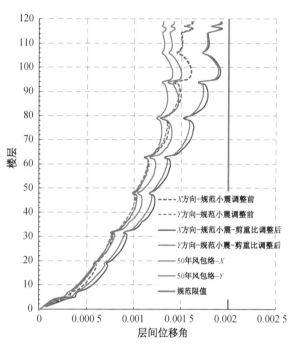

图 8-123

图 8-122 剪重比分布图
图 8-123 层间位移角布图

5. 层间位移

风荷载（50年一遇）最大层间位移角为1/667，小震工况下最大层间位移角为1/614。若将小震按剪重比要求放大1.19倍前后，最大层间位移角为1/516（图8-123）。

6. 刚重比

整体结构刚重比 $\dfrac{EJ_d}{H^2 \sum\limits_{i=1}^{n} G_i}$ = 1.44，符合规范刚重比下限1.4的要求，由于该值小于2.7，在对结构内力和变形的计算中，考虑了重力二阶效应的不利影响。

7. 内外筒剪力与倾覆弯矩

由于设置了巨型支撑，使外筒刚度得到了显著提高。从内外筒层剪力分配情况看，对于一般楼层，外框筒承担的地震剪力占据相应层剪力的约70%以上，其分担剪力明显大于核心筒（约30%）。在巨型框架底部节间，由于核心筒结构尺寸大及裙楼构件的刚度贡献，同时受制于建筑要求，巨型斜撑布置形式由交叉撑变换为人字撑，刚度下降，因而外框筒分担剪力降低至30%～40%，内框筒占60%～70%。相应的外框倾覆弯矩也占结构总倾覆弯矩的大部分。楼层剪力、倾覆弯矩分配如图8-124所示。

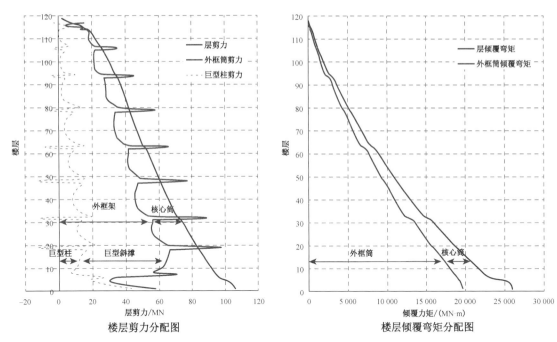

楼层剪力分配图

楼层倾覆弯矩分配图

图 8-124　楼层剪力、倾覆弯矩分配图

8.6.5　结构设计特点及关键技术应用

1. 巨柱设计

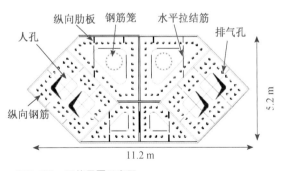

图 8-125　巨柱平面示意图

巨柱采用异形钢管混凝土柱的形式，为目前工程实践中截面最大的构件之一（图 8-125）。其钢板材质主要采用 Q345GJ，大部分巨柱构件含钢率控制在 4% 左右，内部采用 C50～C70 自密实混凝土，并设置钢筋笼，提高构件延性。多腔体内部设置了拉筋及相应竖向肋板防止板件局部失稳。

设计中通过有限元软件对巨柱进行正截面承载力分析；并根据分析结果对巨柱进行承载力校核，如图 8-126 所示。

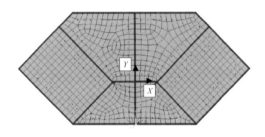

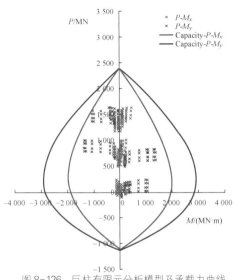

图 8-126　巨柱有限元分析模型及承载力曲线

2. 巨型节点设计

本工程巨型支撑与次框架相互脱开，形成独立的抗侧和竖向传力体系，这种布置方式避免了巨型支撑与次框架之间相互传力导致传力不清晰，也没有了巨型支撑与次框架的连接。但巨型支撑、环带桁架与巨柱连接节点相对复杂，节点区杆件多，板件之间间距小，节点传力路径复杂，节点制作和加工困难，巨型节点示意图如图 8-127 所示。

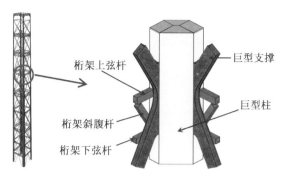

图 8-127 巨型节点示意图

环带桁架、支撑与巨柱连接节点采用大型通用有限元分析软件 ABAQUS 进行，分析结果表明节点内钢结构及混凝土部分均在强度允许范围内。巨型节点应力云图如图 8-128 所示。

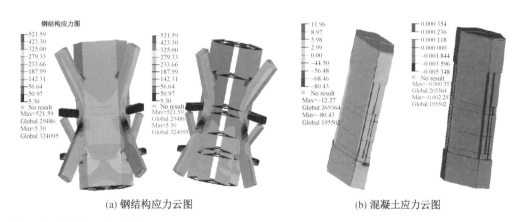

(a) 钢结构应力云图　　　　　　(b) 混凝土应力云图

图 8-128 巨型节点应力云图

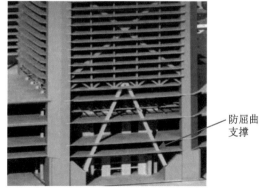

图 8-129 防屈曲布置位置

3. 超长防屈曲支撑（BRB）设计

由于建筑功能的需求，塔楼底区立面采用人字支撑，底部楼层缺失形成大空间，人字支撑只在 5 层楼板受到约束。位于 6 层楼面的支撑水平横杆与环带桁架分离，当遭遇罕遇地震时，人字支撑的压杆易于屈曲，沿水平横杆竖向产生不平衡竖向力和弯矩，水平横杆在支撑拉压轴力作用下产生较大的轴向力，在平面内外易出现屈曲。支撑屈曲和水平横梁的屈曲或破坏将显著降低支撑筒的抗侧力刚度，尤其在关键的超高层建筑的底部加强区。因此在本项目建筑物底部采用了长度约 48 m 的超长防屈曲支撑（图 8-129）。

考虑到支撑大震不屈服性能、建筑外形以及施工吊装可行性等要求，巨型 BRB 设计截面如图 8-130 所示。其外观尺寸为 1 500 mm×900 mm，芯材部分由两段 5 m 长屈服段和其余部分弹性段组成，其中屈服段芯材采用 BLY100 材性，BRB 轴向屈服承载力为 36 000 kN。

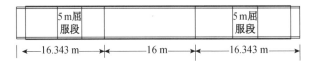

图 8-130　防屈曲支撑示意图

4. 结构构件试验

本工程针对整体结构及主要构件进行了一系列缩尺试验与理论分析，如整体结构振动台、巨柱承载力、巨柱组装焊缝、巨柱抗火以及巨型节点承载力试验（图 8-131～图 8-135)，均对今后类似结构构件的设计具有一定的指导意义。

图 8-131　　　　　　　图 8-132　　　　　　　图 8-133

图 8-131　整体结构振动台试验照片[19]

图 8-132　巨柱承载力试验照片[20]

图 8-133　巨柱耐火试验照片[21]

图 8-134　巨柱组装焊缝试验照片[22]

图 8-135　巨型节点承载力试验照片[23]

图 8-134　　　　　　　　　　　　　图 8-135

8.6.6 主要图纸

1. 结构主要平面图

结构低区平面图、高区平面图如图 8-136、图 8-137 所示。

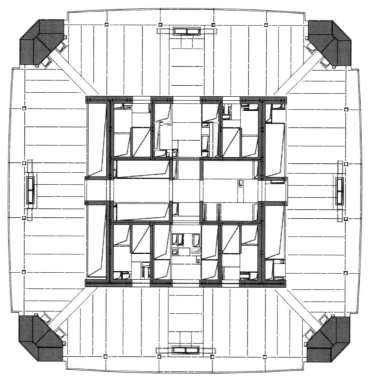

图 8-136 低区平面图

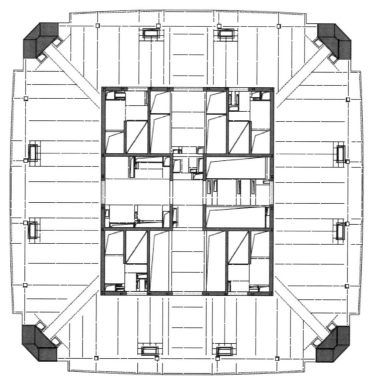

图 8-137 高区平面图

2. 核心筒主要平面图

低区核心筒平面图、高区核心筒平面图如图 8-138、图 8-139 所示。

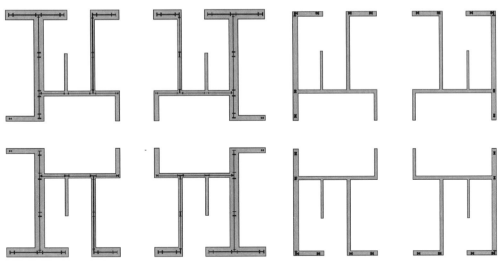

图 8-138 低区核心筒平面图   图 8-139 高区核心筒平面图

3. 巨型支撑框架立面图

巨型支撑框架立面图如图 8-140 所示。

4. 巨柱及节点典型详图

巨柱及节点典型详图如图 8-141、图 8-142 所示。

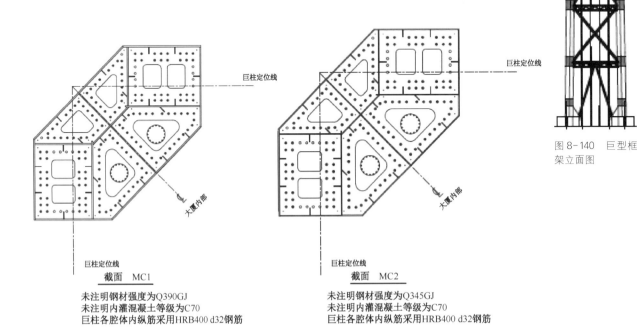

截面 MC1

未注明钢材强度为Q390GJ
未注明内灌混凝土等级为C70
巨柱各腔体内纵筋采用HRB400 d32钢筋

截面 MC2

未注明钢材强度为Q345GJ
未注明内灌混凝土等级为C70
巨柱各腔体内纵筋采用HRB400 d32钢筋

图 8-140 巨型框架立面图

超高层建筑结构设计与工程实践

截面　MC4

未注明钢材强度为Q345GJ
未注明内灌混凝土等级为C60
巨柱各腔体内纵筋采用HRB400 d28钢筋

截面　MC5

未注明钢材强度为Q345GJ
未注明内灌混凝土等级为C60
巨柱各腔体内纵筋采用HRB400 d28钢筋

图 8-141　典型巨型截面图

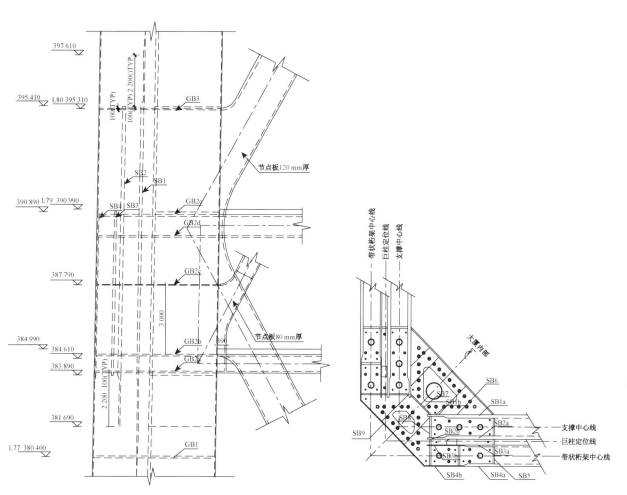

图 8-142　巨型框架典型节点详图

8.7 天津津塔

8.7.1 工程概况

8.7.1.1 工程简介

天津津塔[26]（现更名为"天津环球金融中心"）位于天津市和平区兴安路北侧，海河岸边。本项目由金融街控股股份有限公司投资开发，基地面积 22 257.9 m²，由一幢75 层高的塔楼和一幢 30 层高的公寓楼组成，如图 8-143所示。所有单体下部均设 4 层地下室，并共享同一基础层，其中办公塔楼共 75 层，高度为 336.9 m，是世界上高度最高的钢板剪力墙结构。塔楼结构体系采用钢管混凝土柱框架＋核心钢板剪力墙体系＋外伸刚臂抗侧力体系。

本工程方案设计由美国 SOM（Skidmore，Owings & Merrill LLP）公司完成，华东建筑设计研究院有限公司负责咨询；塔楼初步设计和抗震审查由 SOM 和华东建筑设计研究院有限公司共同完成；施工图设计由华东建筑设计研究院有限公司完成；施工总包为中国建筑一局（集团）有限公司。工程于 2010 年竣工投入使用。

图 8-143　天津津塔项目实景照片

8.7.1.2 主要设计条件

1. 风荷载

经过结构分析，可以得到以下几点主要结论：

(1) 50 年风洞风与 100 年规范风基底剪力的对比如表 8-21 所列。

表 8-21　50 年风洞风与 100 年规范风基底剪力对比

风荷载	基底剪力/kN	
	X 向	Y 向
100 年规范风	28 231	47 052
50 年风洞风	16 945	47 912

表 8-22　50 年风洞风与 100 年规范风层间位移角对比

风荷载	最大层间位移角（规范限值 1/400）	
	X 向	Y 向
100 年规范风	1/503	1/380（顶层）
50 年风洞风	1/1 042	1/403（37 层）

(2) 50 年风洞风与 100 年规范风层间位移角的对比如表 8-22 所列。

塔楼结构设计中，强度控制按 100 年规范风速风洞试验荷载；位移控制按 50 年规范风速风洞试验荷载。

2. 地震作用

(1) 天津市的设防地震烈度为 7 度，设计地震分组为第一组，加速度峰值为 0.15g。

(2) 该工程场地的场地类别为 Ⅲ 类。

(3) 按照抗震规范的规定，多遇地震的特征周期为 0.5 s，地面最大加速度为 55 cm/s²，结构的阻尼比为 0.035，α_{max} 为 0.12。计算时所用的最大地震影响系数为 $\eta_2 \alpha_{max} = 0.135$。

（4）罕遇地震的特征周期为 0.5 s，结构的阻尼比为 0.05。地面最大加速度为 310 cm/s²，最大地震影响系数为 $\alpha_{max} = 0.72$。

8.7.2 塔楼结构体系

8.7.2.1 塔楼抗侧力体系

塔楼房屋高度为 336.9 m，采用"钢管混凝土柱框架＋核心钢板剪力墙体系＋外伸刚臂抗侧力体系"的结构体系（图 8-144～图 8-147），钢板剪力墙为抗侧力体系的重要组成部分，在我国高层建筑中应用较少。塔楼高宽比为 7.88：1。

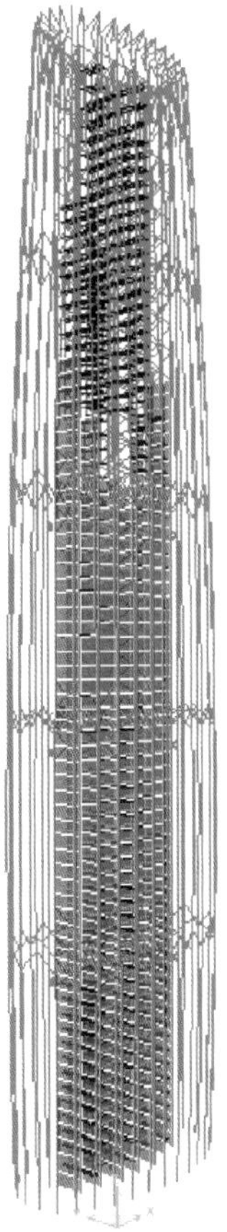

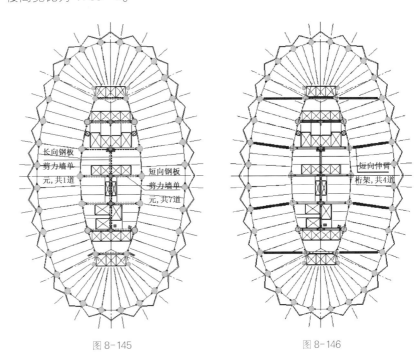

长向钢板剪力墙单元，共1道　短向钢板剪力墙单元，共7道　短向伸臂桁架，共4道

图 8-144　　　　图 8-145　　　　图 8-146

图 8-144　塔楼抗侧力体系
图 8-145　标准层结构平面图
图 8-146　设备层结构平面图

塔楼的外框部分由钢管混凝土柱和宽翼缘钢梁组成，周边典型柱距约为 6.5 m，钢板剪力墙核心筒由钢管混凝土柱和内嵌钢板墙的宽翼缘钢梁组成。钢板剪力墙位于结构的核心筒区域，利用电梯、楼梯和设备机房周边布置。F15 层、F30 层、F45 层、F60 层设置伸臂桁架＋腰桁架加强层，根据分析结果，不同位置的钢板剪力墙单元在不同高度变成钢框架-钢支撑体系。

钢板剪力墙核心筒由钢管混凝土柱的钢框架和内嵌 Q235 的钢板组成。钢板剪力墙墙厚 22～32 mm，标准层典型钢板剪力墙的净尺寸为 7.0 m×3.4 m（宽×高），其高厚比最大达到 155，长轴向 1 片，短轴向 7 片，呈鱼骨状布置于结构的核心筒区域，基本布置在客梯、楼梯和设备机房区域，作为主要的抗侧力构件。根据整体结构的受力特性，在结构的底部主要为弯曲变形，故而通过在主方向布置钢板剪力墙为主要受力构件；到了高区，结构变形以剪切变形为主，在考虑到结构经济性的同时，将钢板剪力墙由钢支撑代替。钢板剪力墙平面及立面图如图 8-148、图 8-149 所示。

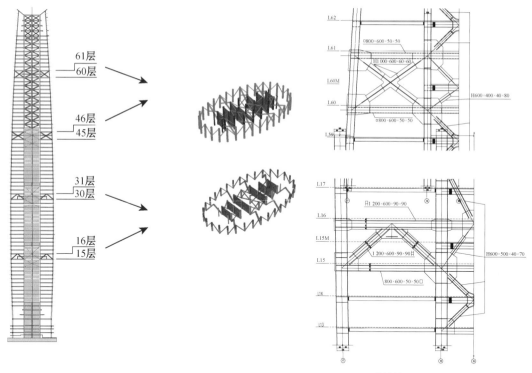

图 8-147 塔楼伸臂桁架示意图（单位：mm）

超高层建筑结构设计与工程实践

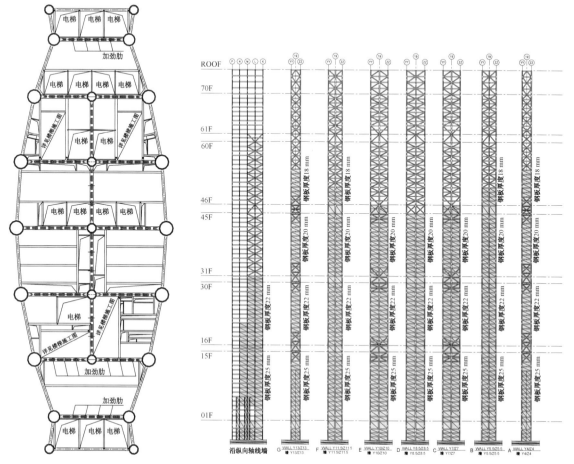

图 8-148 钢板剪力墙平面布置图

图 8-149 塔楼钢板剪力墙立面图

8.7.2.2 塔楼重力体系

塔楼的重力系统由传统的宽翼缘钢框架和组合楼板组成，典型的组合楼板肋高 65 mm，上浇 55 mm 混凝土面层，总板厚为 120 mm。从外框柱到核心筒之间典型组合钢梁梁高 450 mm，典型梁间板跨 3.25 m。外伸桁架由连接内钢板剪力墙核心筒与周边延性抗弯框架的结构钢支撑组成。

8.7.3 地基基础设计

塔楼的基础体系预计由 4 000 mm 厚的常规钢筋混凝土筏式基础组成，并由钻孔灌注桩支撑。钻孔灌注桩的直径为 1 000 mm，延伸至筏基底面以下 60 m，到达粉土层。基础混凝土等级为 C40。

8.7.4 结构的整体计算分析指标

8.7.4.1 质量与周期

塔楼周期计算结果如表 8-23 所列。

表 8-23 结构自振周期

软　件		ETABS	
		周　期	振　型
结构基本自振周期/s	T_1	7.60	Y 向平动
	T_2	7.08	X 向平动
	T_3	5.90	扭转振型
	T_4	2.53	X 向平动
	T_5	2.19	Y 向平动
	T_6	2.14	扭转振型

8.7.4.2 层间位移角

小震和 50 年风洞试验荷载层间位移角曲线如图 8-150 和图 8-151 所示，小于规范限值 1/300。

8.7.4.3 剪重比

塔楼 X，Y 方向剪重比计算结果如图 8-152 所示，根据抗震审查专家建议，楼层剪重比不小于 2.4%，若不满足此值则根据规范要求调整。

8.7.4.4 外框承担的剪力比

塔楼外框承担的剪力比统计结果如图 8-153 所示。

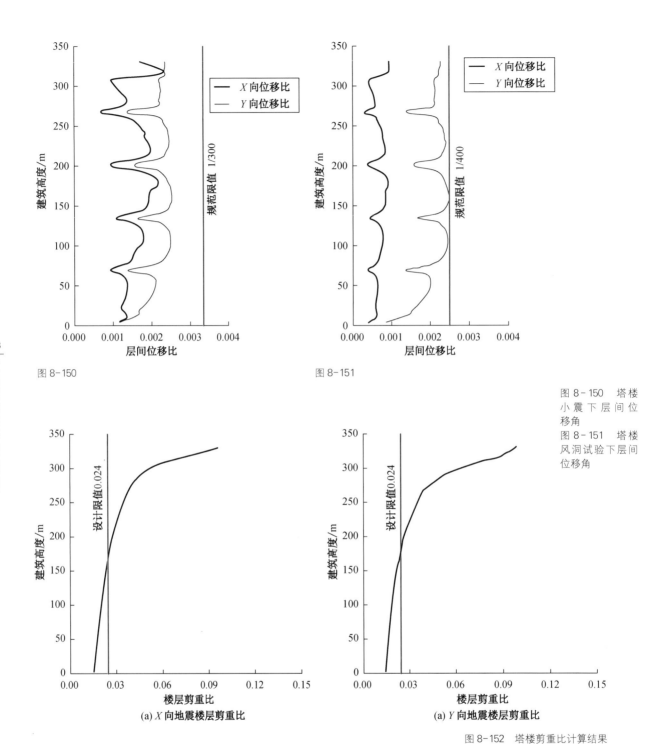

图 8-150

图 8-151

图 8-150　塔楼小震下层间位移角

图 8-151　塔楼风洞试验下层间位移角

(a) X 向地震楼层剪重比

(a) Y 向地震楼层剪重比

图 8-152　塔楼剪重比计算结果

　　本工程抗震设计时，钢框架-钢筋混凝土筒体结构各层框架柱所承担的地震剪力不应小于结构底部总剪力的 25% 和框架部分地震剪力最大值的 1.8 倍这二者的较小者，对于不满足楼层，根据规范要求调整。

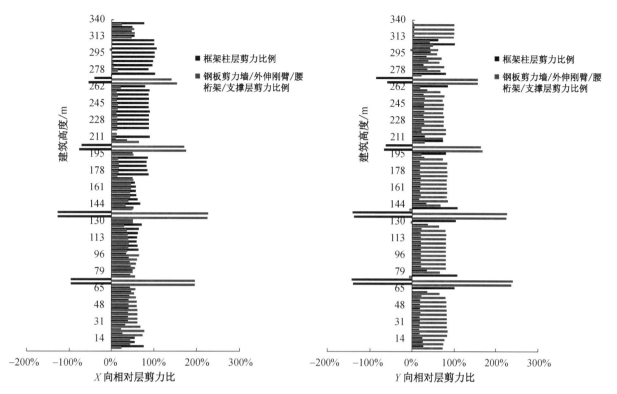

图 8-153 塔楼框架承担的剪力比

8.7.4.5 结构扭转变形验算

考虑 ±5% 偶然偏心影响地震作用下，以及 X，Y 向风荷载作用下楼层最大弹性水平位移与平均水平位移的比值如图 8-154 所示。地震作用下 X 向最大位移比 1.10＜1.20，满足要求；地震作用下 Y 向最大位移比 1.19＜1.20，满足规范要求。

8.7.5 薄钢板剪力墙设计与研究应用

8.7.5.1 钢板剪力墙一般设计原则

钢板剪力墙（SPSW）结构是 20 世纪 70 年代发展起来的一种新型抗侧力结构体系[28]。钢板剪力墙单元由内嵌钢板和竖向边缘构件（柱或竖向加劲肋）、水平边缘构件（梁或水平加劲肋）构成。当钢板沿结构某跨自下而上连续布置时，即形成钢板剪力墙体系。钢板剪力墙作为新型抗侧力构件，具有较大的弹性初始刚度、大变形能力、良好的塑性性能以及稳定的滞回特性等。

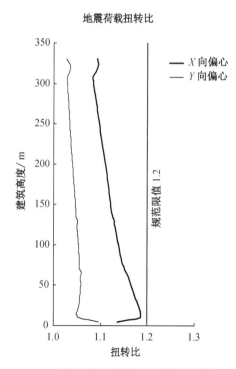

图 8-154 地震作用下位移比验算

塔楼办公楼核心筒开间较大，标准层典型钢板剪力墙的净尺寸为 $7.0 \text{ m} \times 3.4 \text{ m}$（宽×高），钢板剪力墙高厚比最大达到 155，如果采用厚钢板剪力墙理念进行设计，那么建造成本将大幅度上升。塔楼结构采用的是薄钢板剪力墙设计理念，即允许钢板在水平力作用下发生局部屈曲并利用钢板屈曲后强度产生的张力场效应继续抵抗水平力作用，这种利用钢板屈曲后强度的薄钢板剪力墙设计原则总结起来有以下 5 点：

(1) 原则上钢板剪力墙不承担竖向荷载，但在实际情况下，不可避免地要承受竖向荷载作用（如楼面活荷载等）影响产生的压应力。

(2) 在常遇地震作用及风荷载组合设计值作用下，钢板剪力墙设计满足《高层民用建筑钢结构技术规程》（JGJ 99—2015）的要求，即只发生弹性变形而不会发生屈曲（图 8-155）。

(3) 在中震和罕遇地震中，允许钢板发生屈曲，并且钢板屈曲后产生的张力场效应将成为结构抵抗侧向力的主要机制（图 8-156）。

(4) 在中震和罕遇地震作用下，水平向边界单元（梁）端部可以出现塑性铰，但不得出现破坏或丧失强度。

(5) 在中震作用下，竖向边界单元（柱）端部不能出现塑性铰。在罕遇地震作用下，除 16 层以下竖向边界单元不能屈服外，其他柱端部可以出现塑性铰，但不得出现破坏或丧失强度（图 8-157）。

通过以上的设计理念及方法，塔楼钢板剪力墙可以满足正常使用状态和承载力极限状态的要求。

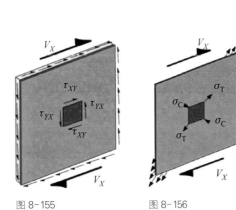

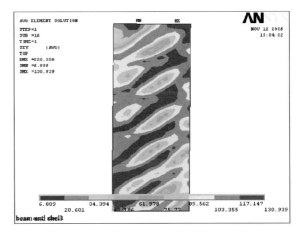

图 8-155　　　　　　　　图 8-156　　　　　　　　　　　　　　　　　　　　图 8-157

图 8-155　小震下的钢板墙
图 8-156　中大震下的钢板墙
图 8-157　薄钢板剪力墙拉力场

8.7.5.2　可承受竖向荷载钢板剪力墙设计

目前国内外主要相关文献和规范，均假定薄钢板剪力墙设计原则是不考虑钢板剪力墙的竖向荷载作用，竖向荷载仅由框架柱承受，在地震水平力作用时，钢板的拉力场效应出现。根据性能要求，在常遇地震的地震荷载及设计风载组合设计值作用下，钢板剪力墙不发生屈曲，保持弹性变形。

根据结构的实际受力情况并结合施工步骤来考虑，即使钢板剪力墙完全后装（主体结构框架安装完毕、混凝土浇捣完成后开始安装钢板剪力墙），主体结构的钢管混凝土柱也会因为附加恒荷载和活荷载等正常使用荷载发生竖向压缩变形；另外，在水平荷载（风荷载和地震作用）作用下，钢管混凝土柱也会发生一拉一压相应的变形。钢板剪力墙与柱紧密联合在一起，因为位移协调的关系，柱子的竖向压缩变形会带动钢板剪力墙产生竖向变形，从而导致钢板剪力墙内出现压应力，经过计算分析，由于柱子的压缩变形导致钢板内产生的压应力数值较大，会导致钢板在正常使用阶段和常遇地震时发生屈曲和鼓曲变形，这种情况无法忽略其影响。这表明实际的情况同目前的规范规程要求发生了严重的冲突，钢板必须承受竖向荷载，即在使用过程中钢板内存在一定的压应力。钢板的纯轴压应力对于钢板的稳定起到主导作用，因此需要通过添加竖向加劲肋的措施保证钢板的稳定性，加劲肋必须设置在适当位置，并具有足够刚度和截面面积才能起到其加劲作用，即在本工程的正常使用阶段，加劲肋的钢板保持弹性；在中震和大震水平力作用下，钢板出现屈曲和拉力场。

加劲肋的数量和刚度是关键。根据完全加劲的要求来确定加劲肋的位置和刚度，由于加劲肋刚度需要和建筑要求，塔楼钢板剪力墙的加劲肋采用双面槽形钢与钢板剪力墙角焊缝连接。普通钢板的竖向加劲肋与钢板周边框架构件相连接，这样在受力状态上将钢板分为几个区格，中大震拉力场也会出现不连续情况。为了达到加劲肋只提高单片钢板剪力墙在小震以及风的作用下的屈曲临界应力而不影响中大震情况下拉力场的形成的目的，针对加劲肋进行了一定的构造措施的改进，即加劲肋两端与钢板剪力墙周边的框架构件脱开，如图 8-158 所示。

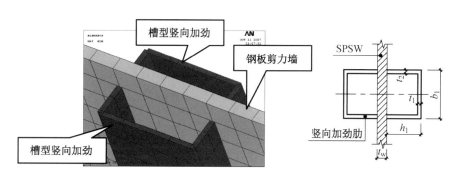

图 8-158　中大震下的钢板墙

钢板剪力墙的槽形竖向加劲肋两端和钢板剪力墙周边框架构件脱开距离与拉力场形成也有一定关系，根据数值分析对比结果，选择竖向加劲肋两端与钢板剪力墙周边框架构件脱开 100 mm，这样既保证钢板剪力墙能承担竖向压力，但又不影响拉力场的形成。如图 8-159、图 8-160 所示，钢板剪力墙的侧移刚度曲线表明，随着加劲肋与楼层梁间缝隙加大，结构侧移刚度逐渐下降，至缝隙 400 mm 时发生质变，钢板剪力墙可能出现失稳，难以满足设计要求。对于钢板剪力墙的稳定性来说，竖向压应力起控制作用，施加加劲肋是必须且有效的保证钢板剪力墙稳定的措施，此外，为了尽量减少竖向加劲肋的施加对钢板剪力墙在中大震拉力场的形成，结合有限元计算分析，加劲肋与周边框架构件脱开 100 mm 是一个合理的数值，这为施工图设计提供了重要理论依据。

为了更好地了解钢板剪力墙抗侧力结构体系的受力特性，并验证结构的安全性和合理性，进行了试验研究[27]，本工程的试验研究在清华大学试验室和中国建筑科学研究院试验室完成。

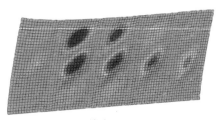

(a) 缝隙100 mm

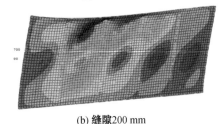

(b) 缝隙200 mm

图 8-159

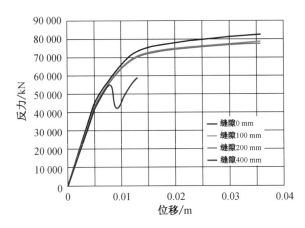

图 8-160

局部模型试验按照原结构中—4层2跨SPSW进行1∶5缩尺比例进行,共进行两个试件的试验。试件一为螺栓连接,钢板墙厚度取5 mm,钢材采用Q235B等级,按照钢板剪力墙不承受竖向荷载,未添加竖向加劲肋。试件二中钢板与边缘构件进行焊接连接,增加了竖向加劲肋以考察该类型钢板剪力墙的性能(图8-161、图8-162)。

图 8-159 竖向加劲肋与钢板剪力墙周边框架脱开距离数值分析
图 8-160 脱开距离对拉力场影响

(a) 试验前   (b) 试验后

图 8-161

(a) 试验前   (b) 试验后

图 8-162

图 8-161 试件一试验照片
图 8-162 试件二试验照片

通过试验及分析,得到以下主要结论:

(1) 钢板墙结构具有较高的承载力、稳定的滞回性能、良好的延性及耗能能力。未设置加劲肋的钢板墙试件一在试验中表现出了很好的延性,但在加载初期($0.3P_u$)即发生了平面外屈曲,其滞回曲线呈一定的"S"形捏拢趋势;设置了加劲肋的钢板墙试件二在试验中未发生平面外屈曲,其滞回曲线呈饱满的纺锤形,具有很好的耗能能力,但其变形能力弱于试件二。螺栓连接钢板墙在试验中的最大层间位移角达1/22;焊缝连接钢板墙在试验中的最大层间位移角达1/60,并且仍具有一定的承载力储备。对于非加劲钢板墙,结构抗震设计时应该考虑并且利用钢板墙结构的屈曲后性能(图8-163、图8-164)。

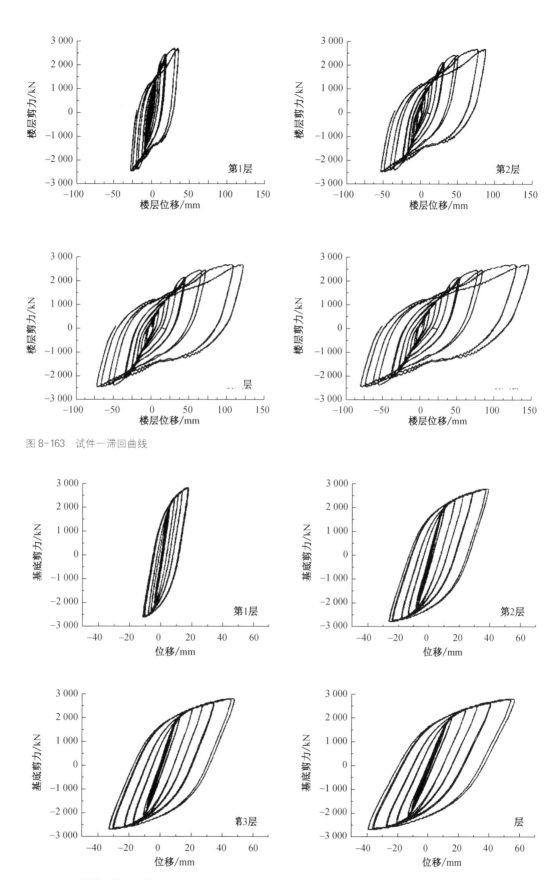

图 8-163 试件一滞回曲线

图 8-164 试件二滞回曲线

（2）试验中第二层为结构底部加强部位的薄弱层，在强震作用下，第二层钢板墙可能会由于塑性变形过大而首先破坏。该楼层的高度在建筑设计时已确定，因此建议在第二层钢板墙处设置必要的加劲肋，使该楼层的刚度及承载力与底部其他楼层相匹配。

（3）在罕遇地震作用下，钢板墙结构的底层边缘约束柱将可能产生较大的轴拉力，有可能在钢板剪力墙尚未充分发挥作用之前被拉断而导致结构整体破坏。说明在进行钢板墙结构抗震设计时，应特别注意边缘柱的受力性能是否满足要求，以充分发挥钢板剪力墙结构的抗侧力性能。

（4）高强螺栓连接钢板墙在弹性阶段即发生较大且密集的噪声。噪声主要是由高强螺栓连接处发生滑移而引起，该声响将可能影响结构的正常使用。焊接连接钢板墙在弹性阶段几乎没有可辨别的噪声，可以满足正常使用要求。

（5）试件二加劲钢板墙的初始刚度较试件一非加劲钢板墙大。焊接连接钢板墙的承载力高于螺栓连接钢板墙的承载力。螺栓连接钢板墙在反复荷载作用下抗侧移刚度退化较快。试件二设置加劲肋有利于提高结构在弹性阶段的刚度及稳定性。

（6）试件一非加劲钢板墙在试验中出现了较大的平面外变形，拉力场作用明显；试件二加劲钢板墙在试验中未发现平面外变形，其拉力场作用不明显。

（7）试件一及试件二在试验中均未发生钢板墙与周边约束框架的连接破坏，表明按照文中提到的计算方法及构造要求得到钢板墙与周边框架梁柱连接的螺栓数量或焊缝尺寸能够满足钢板墙与周边框架连接的受力要求。

8.7.5.3　钢板剪力墙与周边构件的连接节点

钢板剪力墙（SPSW）是项目主结构中最主要的抗侧力构件，其连接方式是否合理，对实际工程与设计假定的吻合性、制作安装的难度、施工的进度以及投资的经济性有着非常重要的影响。对于钢板剪力墙结构体系常用的连接方式有螺栓连接和焊接连接。

SPSW 与周边边缘构件之间的连接通常是通过连接板实现的，两侧连接板同周边边缘构件通常采用焊缝连接的连接方式，而 SPSW 同两侧连接板之间可以采用高强螺栓连接或焊接连接两种方式（图 8-165～图 8-167）。连接应满足"强连接，弱构件"的要求，在考虑到施工造成的初始缺陷等因素的影响下，可靠、合理、经济的连接方式对充分发挥钢板屈曲后效应有着极其重要的意义。

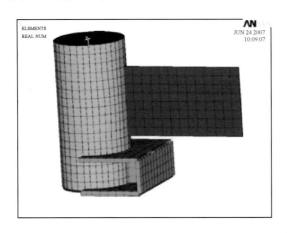

图 8-165　数值分析模型

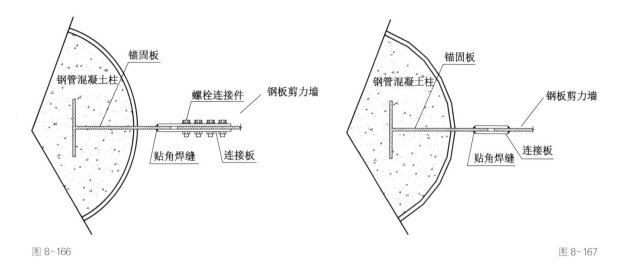

图 8-166

图 8-167

图 8-166　螺栓
连接示意图

图 8-167　焊接
连接示意图

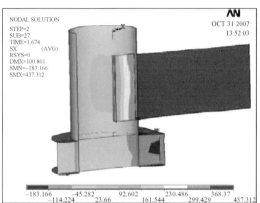

钢板条X向应力/MPa

钢管壁环向应力/MPa

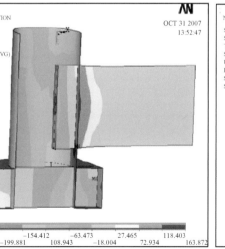

钢管壁Z向应力/MPa

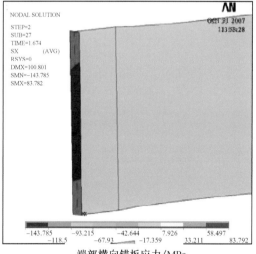

端部横向锚板应力/MPa

图 8-168　极限
状态下模型应力

对于 SPSW 与钢管混凝土边柱的锚固连接节点，与一般的连接节点不同，在中大震
水平力作用下，钢板剪力墙均会出现拉力场，该拉力场与竖向边缘构件（钢管混凝土边
柱）产生一个楼层间的水平拉力作用，该拉力会对钢管混凝土边柱的管壁有一个法向向

外的"拉扯"作用，这与钢管混凝土自身的受力模式（套箍作用）相冲突，需要针对拉力场出现时钢管混凝土"套箍作用"的影响做一定的数值分析评估。

在数值分析模型中，两侧柱截面相同，均为边柱截面。两侧钢管混凝土柱与钢板带连接均按边柱节点做法，其中，一侧采用螺栓连接或者角焊缝连接，另一侧采用对接焊缝连接。钢板剪力墙伸入钢管混凝土柱内 $D/3$（D 为钢管混凝土柱直径），钢板剪力墙端头焊接横向板形成为 T 字形截面，提供锚固力，如图 8-165～图 8-167 所示。

有限元分析结果如图 8-168 所示，在极限状态下，钢板带 X 向应力已超过屈服台阶进入强化段；钢板带拉应力一部分直接通过焊缝传递到钢管壁上，另一部分应力传递到钢管内锚板上，通过锚板与混凝土的黏结力及端头横板传递到混凝土中。锚板拉应力、端头横板弯曲应力均未达到屈服，管壁环向应力均在弹性范围内。

考虑到 SPSW 与钢管混凝土之间连接节点的重要性，针对此节点专门进行了试验研究，试验考察分为两个方面，一方面模拟钢板剪力墙出现水平拉力场后，钢板剪力墙产生的拉力对钢管混凝土柱管壁应力-应变的影响，即钢管混凝土柱"套箍作用"的影响；另一方面，在试件设计上，钢板剪力墙与连接板一侧的连接采用螺栓连接和焊缝连接两种不同连接形式的破坏状态，如图 8-169、图 8-170 所示。

（a）试验前　　　　　　　　　　（b）试验后

图 8-169　试件一试验照片

（a）试验前　　　　　　　　　　（b）试验后

图 8-170　试件二试验照片

主要试验及分析结论如下：

（1）钢板带与钢管混凝土柱采用开长圆孔的摩擦型高强螺栓连接时，在钢板带受拉屈服前螺栓群出现滑移，并进而在连接部位出现净截面破坏。

（2）钢板带与钢管混凝土柱采用对接焊缝或者双面贴角焊缝连接，钢板带受拉出现颈缩现象时，焊缝连接仍未见破坏。

（3）钢板带与钢管混凝土柱采用焊缝连接比螺栓连接受力更为可靠，可以保证连接强度。焊缝形式可采用对接焊缝或者双面角焊缝，钢板带在钢管混凝土柱内的锚固形式是可靠的。

（4）钢板剪力墙对钢管混凝土柱管壁的环向拉应力产生一定影响。钢板带中少部分拉应力直接通过焊缝传递到钢管壁上，大部分拉应力传递到钢管内连接板上，通过连接板与混凝土的黏结力及端头横板传递到混凝土中，钢板带中的拉应力不会导致钢管壁受拉屈服。

（5）在钢管混凝土受竖向轴力作用下，钢板剪力墙引起的环向拉应力可能会导致钢管混凝土壁局部提前屈服，但是对钢管混凝土塑性极限承载力的影响很小。有无钢板剪力墙的拉力影响，钢管混凝土管壁的套箍效应都能够充分发挥。

通过试验研究和数值分析的互相印证，说明了在中大震水平力作用下，钢板剪力墙出现拉力场，该拉力可能会导致钢管混凝土壁局部提前屈服，但是对钢管混凝土塑性极限承载力的影响很小。有无钢板剪力墙的拉力影响，钢管混凝土管壁的套箍效应都能够充分发挥。此外，钢板剪力墙与钢管混凝土柱采用焊缝连接比螺栓连接受力更为可靠，可以保证连接强度。

8.7.6 主要图纸

8.7.6.1 主要结构平面图纸及典型节点

塔楼典型标准层平面图如图 8-171、图 8-172 所示。

图 8-171 中区标准层结构核心筒平面图
图 8-172 中区结构标准层平面图

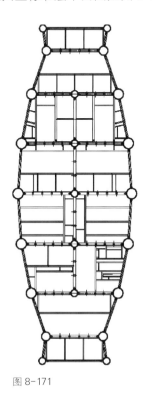

图 8-171

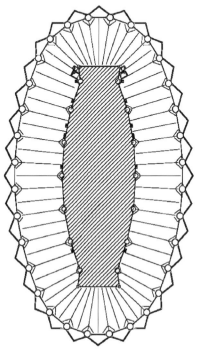

图 8-172

天津津塔典型伸臂桁架做法如图 8-173 所示。

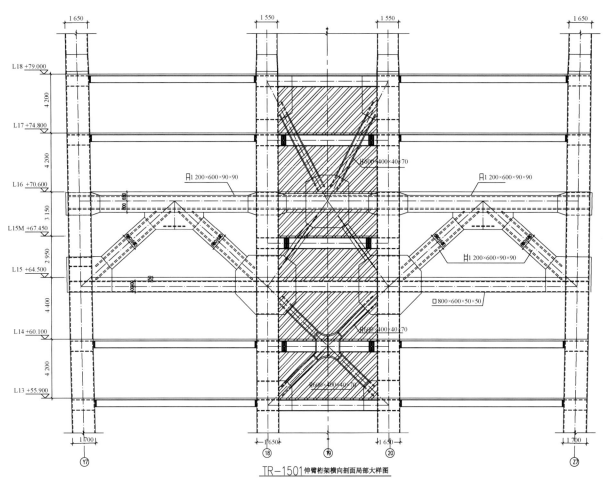

TR-1501 伸臂桁架横向剖面局部大样图

图 8-173　典型伸臂桁架剖面图

8.8　南京金鹰天地广场

8.8.1　工程概况

　　南京金鹰天地广场位于南京市河西区，由一个超高层三塔连体主楼、9～10 层裙房以及 15 层地上停车库组成，地下 4 层。主塔楼与裙房间设置抗震缝，形成各自独立的结构单元。主楼由三栋高度分别为 368 m（76 层）、328 m（68 层）、300 m（60 层）的超高层塔楼 A，B，C 在 200 m 左右的高空连接而形成，连接体共 6 层（43～48 层），高度超过 40 m，最大跨度达到 70 m，是目前世界在建高度最高、连体跨度最大的超高层非对称三塔连体结构[29]，建筑效果图如图 8-180 所示。图 8-183 为空中连体部分的平面图，可以看到，主塔楼不仅高度各异，平面尺寸、布置以及主方向角度也各不相同。

　　该项目的建筑方案由上海新何斐德建筑规划设计咨询有限公司（法国）完成，结构专业从方案到施工图设计均由华东建筑设计研究院有限公司完成。

　　本工程抗震设防烈度为 7 度，设计地震分组第一组，场地类别为 Ⅲ 类。小震作用的计

398

超高层建筑结构设计与工程实践

算采用基于国家抗震规范的反应谱形状函数，并结合地震安全性评价报告提供的地震动参数进行修正，最终采用的多遇地震峰值加速度为 42 gal（1 gal = 1 cm/s²）。中震与大震作用的计算则按照抗震规范执行。

由于本工程为超高层连体建筑，体型特殊，由业主委托同济大学进行了风洞试验。结构计算分析时风荷载根据风洞试验结果确定[30]。承载力计算时，基本风压应按 100 年重现期的风压值 0.45 kN/m² 采用；位移计算时，基本风压按 50 年重现期的风压值 0.40 kN/m² 采用。

8.8.2 上部结构体系与布置

本工程以地下室顶板作为上部结构的嵌固端，具有连体、超高的特点，采用混凝土核心筒 + 型钢混凝土框架 + 伸臂桁架 + 连接体桁架的多重抗侧力结构体系，如图 8-174 所示。三栋塔楼采用框架-核心筒结构体系，结合避难层设置环带桁架和伸臂桁架对塔楼抗侧刚度进行加强。为了提高剪力墙延性并减小剪力墙厚度，核心筒底部外墙采用钢板混凝土剪力墙，最大剪力墙截面厚度为 1 300 mm（钢板 35 mm）。本项目框架柱混凝土最高强度等级为 C70，核心筒最高混凝土等级为 C60（钢板 Q345B）。

空中连接体为钢结构，周边通过 5 层（43～47 层）高的主桁架将各塔楼两两相连，主桁架环绕贯通三栋塔楼，在协调三栋塔楼变形的同时提高各塔楼的抗侧刚度。连体最下层（43 层）设置转换桁架，承担连接体的竖向荷载。连接体主桁架与转换桁架的钢材强度度为 Q390GJC。

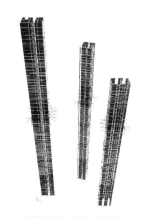
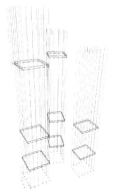
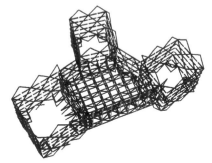

(a) 混凝土核芯筒+伸臂桁架　　　(b) 框架+环带桁架　　　(c) 空中连接体主桁架+转换桁架

图 8-174　连接体结构布置

8.8.3 地基基础设计

根据勘察报告，该工程场地地貌单元为长江漫滩，勘探深度范围内的地下水可分为潜水和弱承压水，抗浮设防水位按建成后室外 ±0.000 下 0.5 m 考虑。

该工程采用钻孔灌注桩基础，配合桩底后压浆技术来加强桩与土层之间的摩阻力和端阻力，并减小桩基绝对沉降量以及各塔楼之间的差异沉降量。塔楼桩直径为 1 000 mm，桩基持力层选择 5-2 中风化泥岩层，有效桩长 46 m，入土深度约 71 m，桩端进入持力层约 7 m。

塔楼桩基承台采用整体筏板形式，塔楼 A 底板厚度约为 5.1 m，塔楼 B 底板厚度约为 3.8 m，塔楼 C 底板厚度约为 3.5 m，裙房桩基承台采用柱下承台＋筏板形式，底板厚度为 1.2 m（承台处局部加厚）。地下室连为整体，不设永久伸缩缝。

8.8.4　整体结构分析

采用 ETABS 和 ANSYS 软件进行整体弹性计算分析与比较。为了准确反映连接体的作用以及框架与核心筒间的内力分配关系，所有楼层仅芯筒内采用刚性楼板假定，芯筒外均为弹性楼板。同时采用弹性时程分析法进行多遇地震下的补充计算，并进行弹塑性动力时程分析，检验结构在罕遇地震下的弹塑性层间位移角，判断塑性铰和裂缝的出现位置并予以加强。

表 8-24　连体结构动力特性

模型	周期/s	U_X	U_Y	R_Z
1	6.84	6.46%	54.15%	6.34%
2	6.52	62.33%	7.15%	2.08%
3	5.86	1.16%	6.99%	59.99%

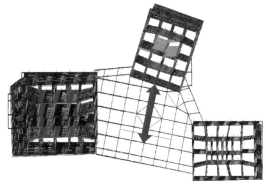

表 8-25　独立塔楼 A 动力特性

模型	周期/s	U_X	U_Y	R_Z
1	7.72	61.15%	6.81%	0.08%
2	7.45	6.62%	57.95%	0.06%
3	4.73	0.09%	0.03%	74.09%

表 8-24 为金鹰天地广场的前三阶模态信息，表 8-25 为独立塔楼 A 的前三阶模态信息，通过对比可以看到，连体结构的平动扭转分量较普通单塔结构明显增加，第一阶振型如图 8-175 所示。对于刚性连接的连体结构，耦合刚度系数取决于结构刚度中心和质量中心的偏心，本项目在设计过程中，以连体标高处的塔楼水平荷载变形差为优化目标，在满足结构整体刚度要求的前提下通过调整各塔楼刚度比，减小了这种平扭耦合效应，使得平动模态的扭转质量参与比最大仅为 6.34%。

表 8-26 为整体结构的质量组成。表 8-27 为结构底层剪重比，按塔楼及总体分别统计。表 8-28 为小震与风荷载作用下的结构位移。

表 8-26　结构质量组成——按塔楼分类

部位	质量/t	比例
塔楼 A	344 604	44.4%
塔楼 B	211 063	27.2%
塔楼 C	186 890	24.0%
连接体	34 101	4.4%
总体	776 658	100%

图 8-175　连体结构平扭耦合效应——第一模态

表 8-27 结构底层剪重比

部位	塔楼 A		塔楼 B		塔楼 C		总体	
	X 向	Y 向	X 向	Y 向	X 向	Y 向	X 向	Y 向
基底剪力/kN	40 893	45 438	31 462	24 399	24 425	23 116	96 780	92 955
剪重比	1.14%	1.27%	1.42%	1.11%	1.23%	1.17%	1.25%	1.20%

表 8-28 小震与风荷载作用下的结构位移

方向		顶点位移/mm	最大层间位移角
X 向 地震	塔楼 A	358	1/678
	塔楼 B	264	1/799
	塔楼 C	215	1/856
Y 向 地震	塔楼 A	397	1/581
	塔楼 B	260	1/836
	塔楼 C	229	1/837
X 向 风载	塔楼 A	293	1/768
	塔楼 B	242	1/880
	塔楼 C	185	1/1 045
Y 向 风载	塔楼 A	381	1/697
	塔楼 B	274	1/849
	塔楼 C	241	1/782

8.8.5 结构设计特点

1. 连接体与塔楼的耦合效应

结合建筑形体以及使用功能等的要求，本工程采用强连接的连体方案。表 8-29 为空中连体标高与各塔楼总高度之比，可以看到，连接体的位置分别接近塔楼 B，C 高度的 2/3 和 3/4，对于塔楼 A 则在高度的 1/2～2/3 之间，总体上均位于各塔楼的中上部位。通过对刚性连体结构中的连接体位置的参数化分析后发现：随着连接体位置的降低，连体结构整体抗侧刚度降低，塔楼的扭转效应增加，且连体以上部分的鞭梢效应增强，因此当连接体处于各塔楼的中上部位时，结构的整体抗震性能最优。表 8-30 为单塔与连体结构的刚重比，合理的连接体位置显著提高了结构的整体稳定性。利用这一有利条件，通过伸臂桁架的效率分析，各塔楼最终仅在连体首层设置了一道伸臂桁架 [图 8-174 (a)]。

表 8-29 连体标高与各塔楼高度比

h/H	塔楼 A	塔楼 B	塔楼 C
	368 m	328 m	300 m
主桁架顶面（标高 225.6 m）	0.613	0.688	0.752
主桁架中心（标高 208.6 m）	0.567	0.636	0.695
主桁架底面（标高 191.6 m）	0.521	0.584	0.639

表 8-30　单塔与连体结构刚重比

方向	独立塔楼 A	独立塔楼 B	独立塔楼 C	三塔连体
X	1.58	1.76	1.74	3.90
Y	1.62	1.58	1.80	3.23

通过对单塔以及连体结构基底倾覆弯矩的对比分析发现（表 8-31），水平地震作用下，各塔楼作为连体结构的"柱子"所承担的局部倾覆弯矩减小，三塔楼竖向构件轴力承担的整体倾覆弯矩在 X，Y 向分别达到总倾覆弯矩的 24.4% 和 26.5%，表明连体后的结构整体作用明显，这是判断连体结构连接强弱的重要指标。局部倾覆弯矩和整体倾覆弯矩的定义如图 8-176 所示。进一步分析还表明，由于在承担侧向荷载时，轴向受力构件的效率要大于受弯构件，因此连体后大部分竖向构件的内力也均有所减小。

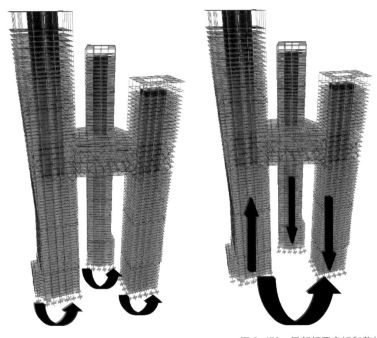

图 8-176　局部倾覆弯矩和整体倾覆弯矩定义

表 8-31　连体结构倾覆弯矩

方向	基底倾覆弯矩 / ($\times 10^7$ kN·m)	局部倾覆弯矩 / ($\times 10^7$ kN·m)	整体倾覆弯矩 / ($\times 10^7$ kN·m)	整体倾覆弯矩比
X 向	1.986	1.500	0.486	24.4%
Y 向	1.806	1.327	0.479	26.5%

2. 风荷载

根据风洞试验结果，对各塔楼连体前后的楼层剪力进行对比分析，以 Y 向为例，如图 8-177 所示，结果表明：塔楼 C 首层剪力连体后较连体前增加了 13 095 kN，塔楼 A 剪力减小 264 kN，塔楼 B 剪力减小 7 468 kN，同时连体部位传递到塔楼 C 风载 5 363 kN，这表明三塔楼刚性连接以后，塔楼 A，B 通过连接体将部分风荷载传递至塔 C，即风载效应在塔楼间存在重分布现象。此处对现行荷载规范计算得到风载进行同样的分析，结果如图 8-178 所示，规范方法计算得到的风荷载没有考虑塔楼间的相互影响，无法准确地反映风载重分布现象，因此对于连体结构是不适用的。

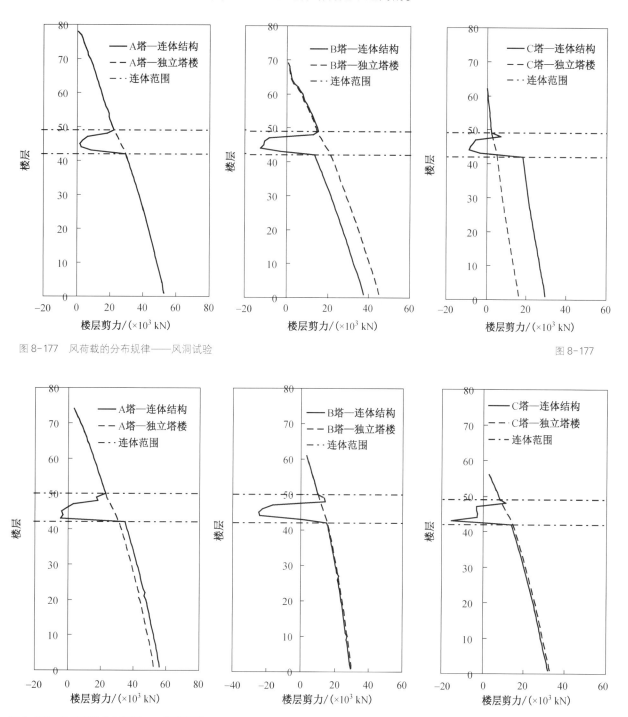

图 8-177　风荷载的分布规律——风洞试验

图 8-177

图 8-178　风荷载的分布规律——荷载规范

3. 连接体设计

本项目中，空中连体不仅承担重力荷载，还起到协调塔楼变形差异以及不同步振动，提高结构整体刚度及整体稳定性的作用。由于三栋塔楼体型与主方向角各异，使得连接体在风载和地震作用下的受力状态较为复杂。此外，塔楼间的不均匀沉降亦会在刚性连接体内产生附加内力。基于这些因素，连接体遵循了以下的设计思路并采取了相应的加强措施。

第一，塔楼的刚度差异越大，连接体的内力也越大，通过调整三塔刚度比，优化各单塔在连体高度处的变形差，不仅能够有效控制连体结构的平扭耦合效应，也会显著改善连接体在协调塔楼不均匀变形时的受力状况。

第二，连接体进行抗震性能化设计，提高重要构件的抗震性能目标，见表 8-32，同时对主要桁架体系进行抗连续性倒塌分析，进一步提高主体结构的安全度；对连接体楼层楼板进行加强，楼板厚度取 200 mm 并根据风载和地震作用下的楼板应力分析结果进行配筋，同时在连接体与塔楼相邻跨设置楼板面内水平支撑。

表 8-32　连接体重要构件抗震性能目标

构件名称	设防烈度地震	罕遇地震
连接体框架柱	中震弹性	—
伸臂桁架、连体楼板	中震不屈服	—
连接体环带桁架	中震弹性	—
连接体主桁架	中震弹性	—
连接体转换桁架	中震弹性	大震不屈服

第三，为了减小塔楼不均匀沉降带来的连接体附加内力，三栋塔楼均选择变形模量较大的中风化泥岩层作为桩基持力层，桩端进入持力层不小于 7 倍桩径，并采用桩底后压浆技术。计算表明，本项目三栋塔楼最大沉降差约为 10 mm。同时根据施工模拟分析结果确定合理的施工顺序，对沉降差敏感的连接体杆件采用延迟安装方案，从而有效减小或消除附加内力的影响。

第四，连接体最大跨度为 70 m，且使用荷载较大，需要考虑竖向地震作用。首先采用竖向振型分解反应谱法对结构进行计算，提取了连接体部位典型构件的内力，并与 10%重力荷载代表值作用下的内力进行了比较，取其包络值进行构件设计。

4. 扭转控制

超高层连体结构的平扭耦合效应明显，因此在动力荷载作用下，结构较易发生整体扭转现象。设计指标反映为扭转第一周期 T_t 提前或与平动第一周期 T_1 之比难以满足规范要求且整体扭转位移比超限，整体扭转周期虽出现在第三阶，但周期比为 0.86，整体结构扭转位移比最大为 1.50。

进一步分析显示，如图 8-179 (a) 所示，刚性连体结构的扭转中心一般位于各塔楼范围以外，其实质是各塔楼之间的平动相位差，且各塔楼的刚度差异越大，相位差越大，但对于每个塔楼，其运动方式仍是平动为主。同时，由于刚性连接体的约束作用，各塔楼自身的扭转模态难以发生，经计算，3 个塔楼的扭转分别出现在第 6、第 11、第 15 模态，与第一平动周期之比分别仅为 0.32，0.21，0.17，表明连接体增强了各塔楼的抗扭刚度。图 8-179 (b) 为连体结构中塔楼 A 的扭转位移比，除底部基层外，绝大部分楼层的扭转位移比均小于 1.1，各塔楼的抗扭刚度优于超高层单塔结构。

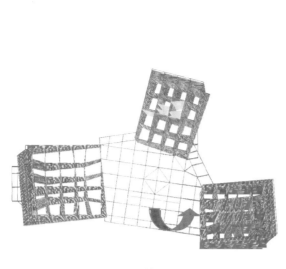

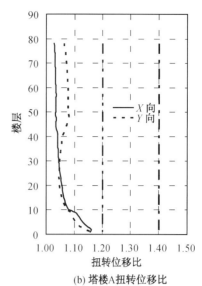

(a) 整体扭转——第三模态　　　　　(b) 塔楼A扭转位移比

图 8-179　连体结构

现行规范对于结构扭转效应的限制条件（扭转周期比和扭转位移比）对于满足刚性楼板假定的单塔结构是适用的。但在连体结构中，整体刚性楼板的假定不成立，同时各组成塔楼相当于单塔结构中的"柱"和"墙"，其抗扭刚度要远大于后者。因此在连体结构的设计中，我们建议：①适当放松整体结构的扭转周期比限制条件，尽量减小平动模态的扭转质量参与比；②降低整体结构的扭转比要求，重点控制连体结构各分塔扭转位移比。

5. 其他设计要点

对框架柱的扭矩分析发现，在地震作用下，最大的扭矩出现在连接体上、下及相邻层的角柱，同时由于塔楼 A 连体以上部分的鞭梢效应显著，该位置的框架柱在中震和大震作用下出现拉力，因此需要对这些框架柱进行拉、扭承载力验算。

对于常规超高层单塔结构，框架中柱主要承担框架平面内的弯矩作用，本项目由于连体跨度较大，连接体相邻楼层的框架柱还需平衡竖向荷载作用下连接体桁架的弯矩，该弯矩值甚至超过框架平面内弯矩，因此需按照双向压弯构件进行设计。此外，由于连接体上、下存在刚度突变的情况，设计时将该位置的框架柱抗震等级提高为特一级。

相较常规单塔结构，刚性连接体提高了各塔楼外框架在地震作用下的抗侧效率，使其承担更多的倾覆弯矩（表 8-33）。因此应采取如提高型钢混凝土柱含钢率等措施，对框架部分进行加强，改善框架部分的延性。

表 8-33　地震作用下各塔楼框架部分承担倾覆弯矩

方向	塔楼 A	塔楼 B	塔楼 C
X 向地震	35.9%	33.9%	43.1%
Y 向地震	41.8%	37.9%	42.2%

6. 振动台试验

为了检验结构的抗震能力，并对相关设计方法进行校核，项目在中国建筑科学研究院振动台实验室进行了模拟地震振动台试验[31]。试验模型长度相似比为1/40,模型总高度为9.2 m(不含底板),自重为9.16 t,加配重45.14 t,为欠质量强度模型,如图8-181所示。经计算,试验水平加速度放大系数为3.0。

小震阶段选用7组地震波(5组天然波+2组人工波)进行三向输入;为减小试验过程中损伤累积的影响,中震阶段的试验从7组大震弹塑性分析地震波中,选取位移和基底反力较大的3组波进行三向输入;大震阶段,再从中震试验的3组地震波中,选择反应最大的1组地震波进行三向输入。

试验对结构的自振特性变化、加速度及位移响应、关键构件(核心筒、框架柱、伸臂桁架、连接体主桁架等)的应力进行了全面监测。试验结果显示:

(1)在Y向小震作用下,三塔振动相位一致,振幅的差异表现出平扭耦联振动,结构最大平均位移角为1/580。

(2)随着地震输入的加大,塔楼A在连体以上部位的振动明显超过其他两栋塔楼,且三塔出现不同相位的平动,造成整体结构的扭转,但整个试验过程,均未出现单塔的扭转现象,结构的损伤主要出现在连梁、部分墙肢和底层框架柱,扭转造成的结构损伤较小。

(3)在7度大震作用下,结构损伤增加,最大层间位移角为1/95,刚性连接体保证了结构较好的整体性,满足抗震设防目标要求。同时,连接体及上、下相邻楼层未出现明显的损伤,表明该位置的结构布置及加强措施是合理的。

(4)模型还进行了超设计设防标准的7.5度大震检验,最大层间位移角达到1/66,但结构的整体变形幅度远小于常规单塔结构,结构保持了较好的整体性,且关键抗侧力构件损伤不严重,说明结构具有良好的变形能力和充足的延性,具有一定的抗震能力储备。

8.8.6 主要图纸

本项目主要图纸如图8-180～图8-183所示。

图8-180

图8-181

图8-180 金鹰天地广场效果图
图8-181 振动台试验模型

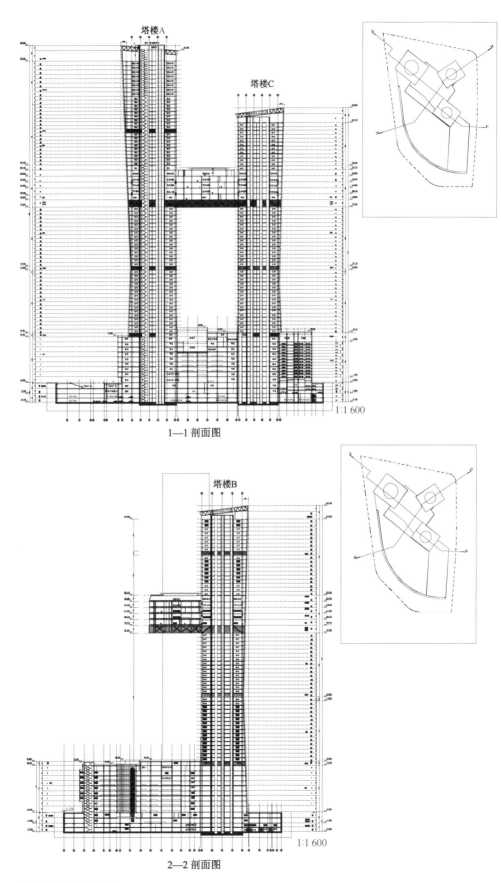

塔楼A

塔楼C

1—1 剖面图

1:1 600

塔楼B

2—2 剖面图

1:1 600

图 8-182　建筑剖面图

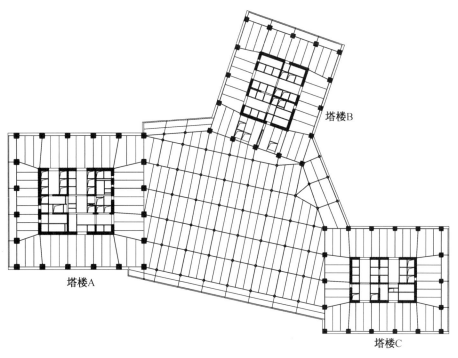

图 8-183　连体楼层平面

塔楼B

塔楼A

塔楼C

8.9　乌鲁木齐绿地中心

8.9.1　工程概况

乌鲁木齐绿地中心[32]位于乌鲁木齐市水磨沟区国际会展片区，地处会展大道与河南东路交汇处东南侧。项目包括 A，B 两栋超高层办公楼双子塔及地下车库（图 8-184）。本项目方案和总体阶段，建筑设计方为上海优埃建筑设计事务所，结构设计由华东建筑设计研究院有限公司完成，施工图设计由新疆建筑设计研究院负责。

塔楼平面为带圆角的正方形，平面尺寸 44.5 m×44.5 m，平面尺寸从上到下保持不变。塔楼地上57 层，地下 3 层，建筑高度258 m，结构大屋面高度 245 m，单塔地上建筑面积约 11.35 万 m²。塔楼10 层左右设一个避难层，将地上分6 个办公区。其典型建筑平面、剖面图如图 8-185、图 8-186 所示。

图 8-184　乌鲁木齐绿地中心效果图

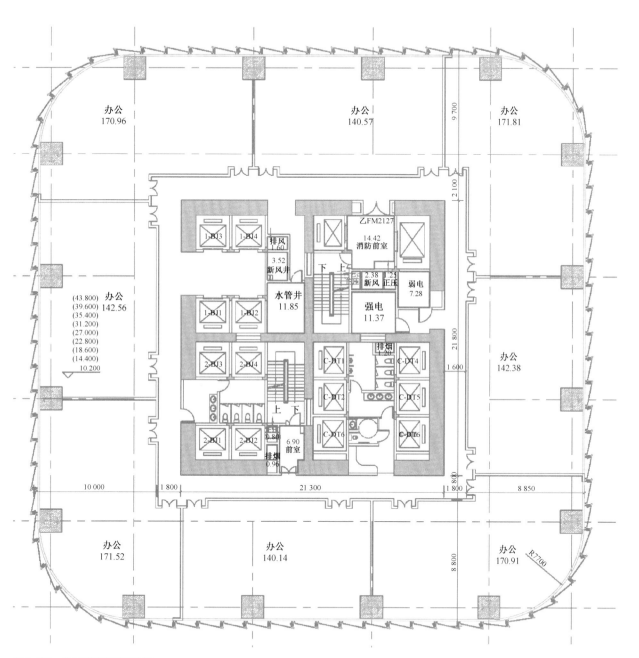

图 8-185 典型建筑平面布置图

本项目抗震设防烈度为 8 度，设计基本地震加速度为 0.20g，地震安评报告表明项目所处位置附近存在断层及大震潜源区，设计基本加速度比规范值提高 15%，即 0.23g。场地类别为 Ⅱ 类场地，场地特征周期为 0.4 s，抗震设防类别为丙类。项目所在地 50 年一遇的基本风压为 0.60 kN/m²。

8.9.2　结构体系与布置

项目所在地为高烈度地震区，对结构抗震性能要求较高。为提高主体结构的抗震性能，本项目在传统的抗震设计基础上引入消能减震技术，在建筑结构中设置黏滞阻尼器，增加结构阻尼。在地震和风荷载作用下，黏滞阻尼器首先耗能，减小主体结构承担的水平力，减轻主体结构破坏程度，提高整体结构的抗震性能。

塔楼主体结构采用框架-核心筒结构，如图 8-187 所示，外框为型钢混凝土柱和钢梁组成，核心筒为钢筋混凝土核心筒。型钢混凝土框架和钢筋混凝土核心筒组成主体结构的双重抗侧力体系，为结构提供抗侧刚度，抵抗水平力。型钢混凝土柱和核心筒墙肢为竖向承重构件，将楼面结构传来的竖向荷载传递至基础。

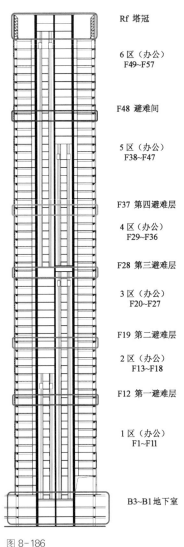

Rf 塔冠

6 区（办公）
F49~F57

F48 避难间

5 区（办公）
F38~F47

F37 第四避难层

4 区（办公）
F29~F36

F28 第三避难层

3 区（办公）
F20~F27

F19 第二避难层

2 区（办公）
F13~F18

F12 第一避难层

1 区（办公）
F1~F11

B3~B1 地下室

图 8-186

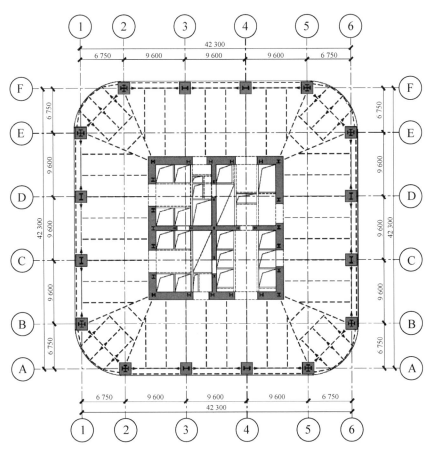

图 8-187

图 8-186　典型建筑剖面图
图 8-187　典型结构平面布置图（单位：mm）

8.9.2.1　框架结构

型钢混凝土柱共 16 个，均匀布置在塔楼的周边，柱距 9.6 m，每条边 4 个。型钢混凝土柱含钢率控制在 4%~5%，8 个角柱内埋十字形型钢，8 个边柱内埋工字形型钢。型钢混凝土柱截面底部为 1.8 m×1.8 m，沿高度向上逐渐缩小为 1.0 m×1.0 m。框架柱的混凝土强度等级从塔楼底部的 C60 逐渐减小为 C50，钢材等级 Q345C。为保证型钢混凝土柱的延性，型钢混凝土柱的轴压比控制在 0.7 以下。

钢框架梁截面主要为 H900×400×20×35，钢材等级为 Q345C。

8.9.2.2　核心筒

核心筒平面呈正方形，平面位置居中，底部尺寸为 21 m×21 m，高宽比约 11.5，核心筒外部尺寸沿结构高度保持不变。核心筒外围墙肢底部厚度 1.2 m，向上逐渐减小为 0.6 m，核心筒内部墙肢底部厚度为 0.7 m，向上逐渐减小为 0.4 m。结合建筑门洞和机电设备管道进出，核心筒剪力墙上布置洞口，合理控制墙肢长度，形成延性较好的墙肢，墙肢间连梁高度为 800 mm 或 1 000 mm。核心筒混凝土强度等级底部为 C60，顶部减小为 C50。为提高核心筒墙肢的延性，在墙肢角部和洞口处设置型钢，形成带钢边框的型钢混凝土剪力墙。

8.9.2.3　楼盖结构

楼盖结构采用钢梁-压型钢板组合楼板，典型梁中距约为 3.2 m。外框架与核心筒之间的楼面梁采用铰接，避免框架柱与核心筒之间竖向变形差引起的二次弯矩。钢-混凝土组合楼板可以减轻塔楼的整体重量，便于施工，且与钢筋混凝土核心筒的连接较好，又适合在腹板开洞，供设备管线穿越，满足建筑净高要求。组合楼板的钢筋会延伸入核心筒的外墙，以作锚固。而栓钉可使楼板与钢梁紧密结合，在地震作用下，这些措施可保证外筒与核心筒共同作用抵抗水平荷载。本工程标准层楼板厚度为 120 mm，设备层的楼板厚度 150 mm。

8.9.2.4　黏滞阻尼器

1. 阻尼器布置

黏滞阻尼器集中布置在 3 个设备层，即 F28，F37 和 F48 层，如图 8-188 所示。设备层层高一般比标准层高，设备层的层间位移也比标准层大，可以在阻尼器两端产生更大的相对变形，耗能效果更好。同时，黏滞阻尼器布置在设备层不影响建筑使用功能。

黏滞阻尼器采用悬臂式布置，在核心筒上设置悬挑桁架，在外框柱与桁架端部之间设置竖向放置的黏滞阻尼器，如图 8-189（a）所示，将层间变形 Δ 转换成悬挑桁架端部与巨型柱的竖向变形差 u_D，如图 8-189（b）所示。因此对于悬臂式布置，阻尼器两端变形放大系数 f 为 D/H[33]。本工程 $D=11$ m，$H=4.7$ m，放大系数约为 2.3，考虑悬挑桁架挠度的影响，放大系数会略小。

地震（风）作用下，悬挑桁架端部会产生 2.3 倍层间位移角的竖向变形，如果悬挑桁架弦杆与上、下层楼板连接在一起，在悬挑桁架处的楼板局部变形过大，楼板将会开裂或破坏，设计中将悬挑桁架与楼板脱开，如图 8-190（a）所示。由于悬挑桁架端部与楼

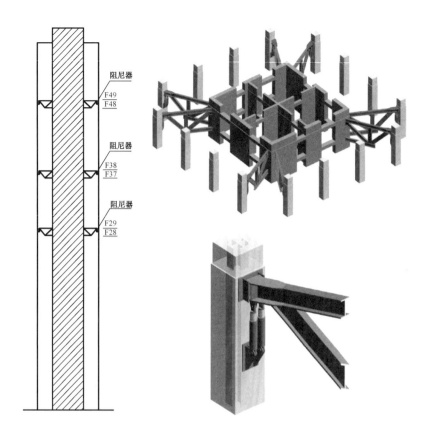

图 8-188 黏滞阻尼器平面布置和立面布置图

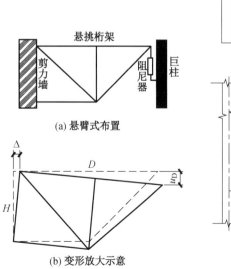

(a) 悬臂式布置

(b) 变形放大示意

图 8-189

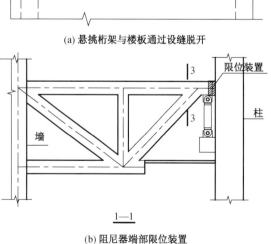

(a) 悬挑桁架与楼板通过设缝脱开

1—1

(b) 阻尼器端部限位装置

图 8-190

图 8-189 悬臂式黏滞阻尼器及其两端相对变形
图 8-190 悬臂式黏滞阻尼器构造

板脱开，悬挑桁架平面外稳定性能较差，在悬挑桁架端部设置限位装置，为悬挑桁架提供平面外约束，限位装置阻止桁架平面外变形，但不限制桁架的竖向变形，为悬挑桁架提供平面外支撑，提高悬挑桁架的整体稳定性。

2. 阻尼器数量

阻尼器的数量结合单个阻尼器的耗能水平以及结构的减震要求综合确定。阻尼器的数量不宜太少，以提高冗余度。本工程每个悬挑桁架端部放置两个阻尼器，若其中一个发生故障时，不至于完全失去耗能能力。每个设备层共8道悬挑桁架，设置16个黏滞阻尼器，全楼在3个设备层放置阻尼器，共48个阻尼器，即使个别发生故障不影响整体耗能水平。

3. 阻尼器参数

结构承担的地震作用、变形、顶部加速度和阻尼力与阻尼系数 C 呈线性变化（图8-191），阻尼系数越大，基底剪力、顶点位移和顶部加速度线性减小，阻尼力线性增大，阻尼器耗能增加。虽然阻尼系数越大，耗能越多，结构响应下降越多，但需选择合适的阻尼系数，避免产生过大的阻尼力，对附加构件提出过高要求。同时由于阻尼系数越大，阻尼器成本也越高。综合耗能需要和经济性，本工程阻尼系数 C 取 $2\,000\ \mathrm{kN}/\ (\mathrm{m/s})^{0.3}$。

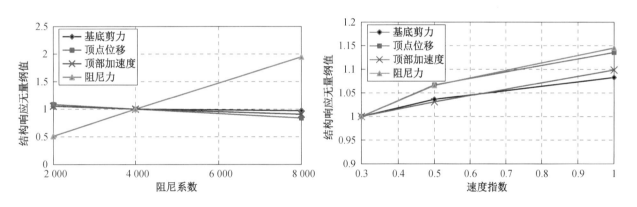

图 8-191

图 8-192

图 8-191　阻尼系数与结构相应的关系图

图 8-192　不同速度指数阻尼力与速度变化关系曲线

速度指数 α 越小，地震响应减小越多，耗能越显著（图8-192）。速度指数对结构地震响应的影响随速度指数增大而减小。罕遇地震和多遇地震下，速度指数对结构地震响应的影响不同；多遇地震下结构响应对速度指数的变化更为敏感。速度指数越小，耗能效果越好，但对产品的构造要求越高，产品性能越难以保证。本工程阻尼指数取0.3，这种等级的阻尼器产品性能大部分厂家都可以保证。

本项目的阻尼器产品参数详见表8-34。

表 8-34　阻尼器产品参数

阻尼系数/[kN·(m·s⁻¹)⁻⁰·³]	阻尼指数	阻尼力/kN	最大冲程/mm
2 000	0.3	2 000	250

8.9.3 地基基础设计

塔楼桩基采用钻孔灌注桩，直径 1 000 mm，持力层为⑧层角砾层，桩有效长度 50～55 m。为提高单桩承载力，减小基础沉降，塔楼钻孔灌注桩均进行桩端注浆，单桩承载力特征值约 11 000 kN。本工程桩身混凝土强度拟采用水下 C50。

塔楼基础埋深约 20.5 m，为塔楼结构高度的 1/12，大于 1/18，满足规范最小埋深要求。

塔楼基础筏板厚度约 3.5 m，核心筒区域底板局部加厚至 4.0 m，筏板混凝土强度等级为 C40。塔楼与纯地下室结构之间设置沉降后浇带。初步估算，塔楼沉降约为 110 mm。

塔楼以外的纯地下室结构拟采用天然地基，持力层大部分位于③层粉土层，局部位于④层角砾层。两层地基土的压缩性有较大差异，为不均匀地基，拟采用褥垫层处理，处理厚度为 0.5～1.0 m，以调节地基的不均匀变形，并适当提高地基的强度与变形稳定性。

塔楼桩基和底板布置如图 8-193 所示。

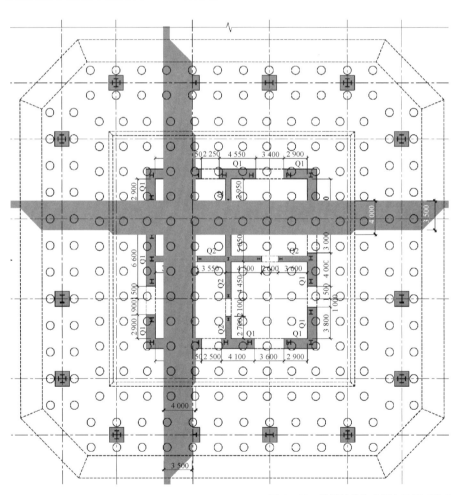

图 8-193 塔楼桩基和底板布置图（单位：mm）

8.9.4 整体结构分析

由于黏滞阻尼器的速度相关性，整体结构分析除了采用线弹性分析确定结构动力特性以及无阻尼器下结构的响应之外，还采用非线性时程分析确定带黏滞阻尼器的结构响应。非线性时程分析中阻尼器采用 MAXWELL 单元模拟[34]，地震波共 7 组，包含 5 组天然波和 2 组人工波。

1. 总质量

塔楼地上总质量约 17.5 万 t，单位面积地震质量约 15.5 kN/m²。质量的 63% 来源于结构构件自重。其中对于结构构件自重（不含楼面钢梁），核心筒所占比例最高，达到 44%；楼板其次，占 32%；框架占 23%。

2. 周期与振型

结构前三阶周期分别为 6.09 s，6.04 s 和 3.79 s，振型分别为 X 向平动、Y 向平动和扭转，扭转周期比为 0.622，结构平动和扭转耦合不明显。

3. 稳定性

整体稳定验算采用刚重比来评价，两个主方向的刚重比分别为 1.74 和 1.76，均大于 1.4 小于 2.7，说明整体结构稳定性满足要求，但需考虑 P-Δ 效应。

4. 地震力

图 8-194 和图 8-195 为各组波计算的基底剪力以及风荷载基底剪力和倾覆力矩。地震作用下的楼层剪力大于风荷载，地震作用的倾覆力矩底部楼层略小于风荷载，其余楼层大于风荷载。

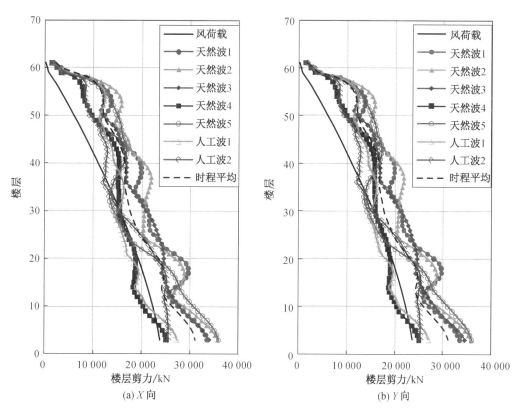

图 8-194　楼层剪力分布图

5. 层间位移角

所有楼层在地震作用和风荷载作用下的层间位移角均小于 1/510，满足规范要求，风载层间位移角小于地震作用，如图 8-196 所示。

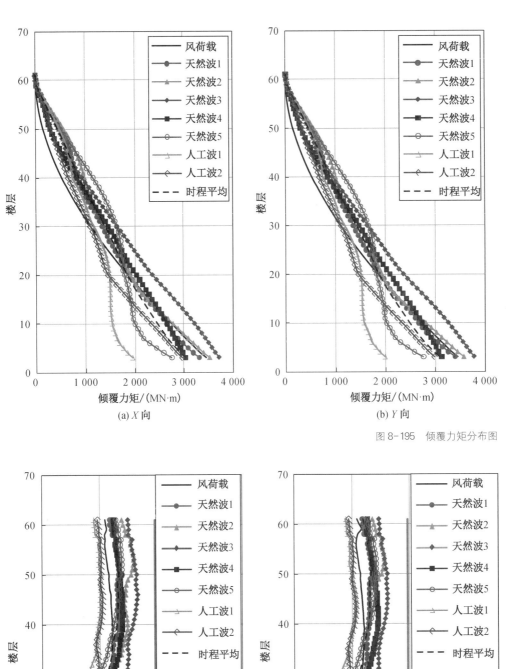

(a) X 向

(b) Y 向

图 8-195　倾覆力矩分布图

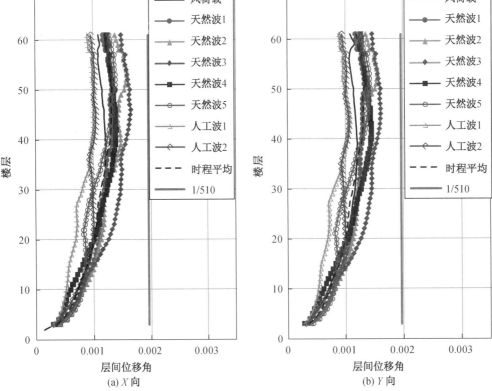

(a) X 向

(b) Y 向

图 8-196　楼层层间位移角分布图

8.9.5 黏滞阻尼器耗能效果

1. 地震作用下阻尼器的减震效果

考虑阻尼器作用时，楼层剪力、倾覆力矩和层间位移角均明显减小。小震、中震和大震下，考虑阻尼器的作用，结构响应的减小比例见表 8-35，随着地震作用的增大，结构响应的减小幅度逐渐减小。有无阻尼器结构响应对比如图 8-197 所示。

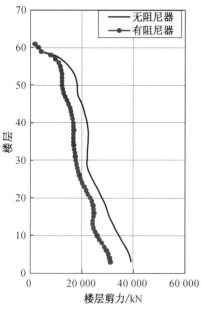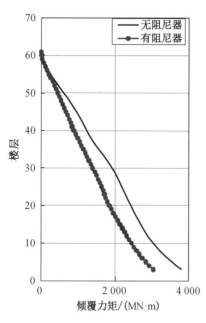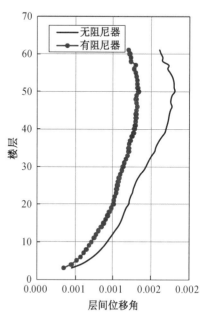

图 8-197　是否考虑阻尼器结构响应的对比

表 8-35　不同地震水准下考虑阻尼器后结构响应减小比例

地震作用水准	基底剪力	基底倾覆力矩	最大层间位移角
小震	21%	19%	26%
中震	15%	12%	16%
大震	9.5%	7%	10%

2. 等效阻尼比

采用《建筑消能减震技术规程》（JGJ 297—2013）建议的方法，计算结构等效阻尼比，小震、中震和大震下的等效阻尼比分别约为 0.06，0.03 和 0.019（表 8-36），设置阻尼器后，结构阻尼比有明显增大。

表 8-36　结构等效阻尼比

地震烈度	方向	天然波 1	天然波 2	天然波 3	天然波 4	天然波 5	人工波 1	人工波 2	时程平均
小震	X 向	0.057	0.050	0.057	0.082	0.066	0.070	0.062	0.064
	Y 向	0.056	0.049	0.056	0.078	0.062	0.067	0.060	0.061
中震	X 向	0.028	0.025	0.027	0.040	0.032	0.032	0.030	0.031
	Y 向	0.028	0.024	0.027	0.039	0.031	0.032	0.029	0.030

地震烈度	方向	天然波1	天然波2	天然波3	天然波4	天然波5	人工波1	人工波2	时程平均
大震	X向	0.017	0.016	0.017	0.025	0.019	0.020	0.019	0.019
	Y向	0.017	0.015	0.017	0.024	0.019	0.020	0.018	0.019

3. 阻尼器耗散能量比较

图 8-198 为阻尼器的滞回曲线，小震、中震和大震下阻尼耗能能量的比例为：小震：中震：大震＝1.0：5.5：14。不同地震作用水准下的阻尼器等效阻尼比不同，随着地震作用增加，阻尼器提供的等效阻尼比逐渐减小，但阻尼器的耗能随着地震作用的增加而明显增大。

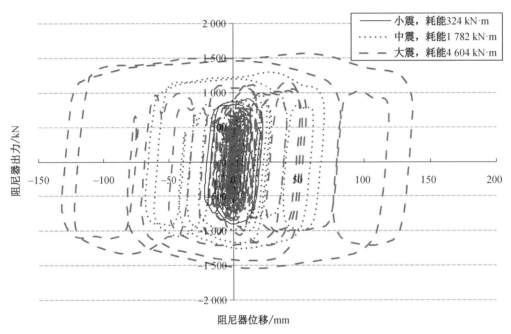

图 8-198 不同地震水准下阻尼器耗散能量比较

8.10 参考文献

[1] 华东建筑设计研究院有限公司. 长沙国金中心抗震超限设计专家审查报告 [R]. 2012.

[2] 黄良. 长沙国金中心 T1 塔楼总体结构设计 [J]. 结构工程师，2015，31 (4)：15-22.

[3] 周健，陈锴，张一锋，等. 武汉中心结构设计 [J]. 建筑结构，2012，42 (5)：8-12.

[4] 同济大学土木工程学院建筑工程系. 武汉中心钢管混凝土柱及柱梁连接节点试验研究之二，带多层框架梁钢管混凝土柱试验研究 [R]. 2012.

[5] 同济大学土木工程学院建筑工程系. 武汉中心钢管混凝土柱及柱梁连接节点试验研

究之一，框架梁与钢管混凝土柱连接节点试验研究［R］.2012.

［6］聂建国，丁然，樊建生，等．武汉中心伸臂桁架-核心筒剪力墙节点抗震性能试验研究［J］.建筑结构学报，2013，34（9）：1-12.

［7］YI J，ZHANG J W，LI Q S. Dynamic characteristics and wind-induced response of a super-tall building during typhoons［J］. Journal of Wind Engineering and Industrial Aerodynamics，2013，121（7）：116-130.

［8］黄良．武汉绿地中心主塔楼结构设计［J］.施工技术，2015，44（5）：40-45.

［9］RWDI.武汉绿地中心主塔楼风荷载研究最终报告书［R］.2012.

［10］袁兴方等．上海环球金融中心［M］//上海市建设和管理委员会科学技术委员会．上海高层超高层建筑设计与施工．上海：上海科学普及出版社，2004.

［11］上海环球金融中心抗震审查报告书［R］.

［12］天津周大福中心项目塔楼超限高层抗震设防专项审查报告［R］. Skidmore，Owings & Merrill LLP, Chicago，USA，上海：华东建筑设计研究院有限公司，2012.

［13］ROSSI Pier Paolo. A design procedure for tied braced frames［J］. Earthquake Engng Struct. Dyn.，2007，36：2227-2248.

［14］哈尔滨工业大学，中国建筑科学研究院．钢管混凝土结构技术规程：CECS 28：2012［S］.北京：中国计划出版社，2012.

［15］天津周大福金融中心窄外环板式钢梁-钢管混凝土柱节点试验研究报告［R］.上海：同济大学，2015.

［16］天津周大福金融中心钢管混凝土柱交叉节点试验报告［R］.上海：同济大学，2015.

［17］周建龙，包联进，等．巨型框架支撑筒体结构设计关键技术研究［R］.上海：华东建筑设计研究院有限公司，2013.

［18］李志铨，何伟明，等．天津市高新区软件和服务外包基地综合配套区中央商务区一期项目——高银117大厦［R］.ARUP，2010.

［19］田春雨，肖从真，等．天津高银117大厦模拟地震振动台模型试验报告［R］.北京：中国建筑科学研究院建研科技股份有限公司，2012.

［20］曹万林，等.117大厦巨型柱试验报告［R］.北京：北京工业大学，2011.

［21］楼国彪，等.117大厦巨型钢管混凝土柱抗火性能研究［R］.上海：同济大学土木工程学院，2012.

［22］孙飞飞，等．巨型钢管混凝土柱截面组装焊缝性能试验报告［R］.上海：同济大学，2013.

［23］赵宪忠，等．天津117大厦巨型节点试验报告［R］.上海：同济大学土木工程学院，2013.

［24］包联进，汪大绥，等．天津高银117大厦巨型支撑设计与思考［J］.建筑钢结构进展，2014，16（2）：43-48.

［25］周建龙，包联进，等．天津高银117大厦基础设计研究［J］.建筑结构，2012，42（5）：19-23.

［26］天津津塔超限高层抗震审查报告［R］.上海：SOM & 华东建筑设计研究院有限公司，2007.

[27] 天津津塔项目钢板剪力墙及其节点试验试验报告 [R].北京：清华大学，2007.

[28] RAFAEL SABELLI S E. Steel Design Guide 20 [M]. American Institute of Steel Construction，Inc.，2007.

[29] 汪大绥，姜文伟，芮明倬，等．超高层连体结构关键技术研究 [R].上海：华东建筑设计研究院有限公司，2013.

[30] 同济大学土木工程防灾国家重点实验室．南京金鹰天地广场项目风荷载研究[R]. 2012.

[31] 中国建筑科学研究院．南京金鹰天地广场塔楼模拟地震振动台模型试验报告[R]. 2014.

[32] 陈建兴，包联进，汪大绥．乌鲁木齐绿地中心黏滞阻尼器结构设计 [J].建筑结构，2017，47 (8)：54-58.

[33] 陈建兴．超高层建筑耗能减震技术研究与应用 [R].上海：华东建筑设计研究院有限公司，2014.

[34] 周云．金属耗能减震结构设计 [M].武汉：武汉理工大学出版社，2006.